职业技术教育装备制造类专业系列特色教材
职业技术教育交通运输类专业系列特色教材

电工电子技术

主　编　田红光　田媛媛
副主编　温亚飞　胡俊　宋沛乐　李呈祺
主　审　段云冬

西南交通大学出版社
·成都·

图书在版编目（CIP）数据

电工电子技术 / 田红光，田媛媛主编. -- 成都：西南交通大学出版社，2024.9 -- ISBN 978-7-5643-9960-3

Ⅰ．TM；TN

中国国家版本馆 CIP 数据核字第 2024P74G17 号

Diangong Dianzi Jishu
电工电子技术

主　编／田红光　田媛媛	策划编辑／陈　斌
	责任编辑／张文越
	封面设计／吴　兵

西南交通大学出版社出版发行
（四川省成都市金牛区二环路北一段 111 号西南交通大学创新大厦 21 楼　610031）
营销部电话：028-87600564　　028-87600533
网址：http://www.xnjdcbs.com
印刷：四川森林印务有限责任公司

成品尺寸　185 mm×260 mm
印张　24.25　　字数　604 千
版次　2024 年 9 月第 1 版　　印次　2024 年 9 月第 1 次

书号　ISBN 978-7-5643-9960-3
定价　58.00 元

课件咨询电话：028-81435775
图书如有印装质量问题　本社负责退换
版权所有　盗版必究　举报电话：028-87600562

前　言

《电工电子技术》是覆盖面很广的一门专业基础课程，具有很强的理论性和实用性。本书根据中职课程基本要求和装备制造类、交通运输类等专业人才培养目标及规格的要求，依照中职电工电子技术课程大纲编写而成的，可作为中职非电类专业的基础课程教材，也可作为电工电子技术职业技能鉴定的相关培训教材，还可以作为相关工程技术人员的参考教材。

本书作为中职类教材，以"技术应用能力培养"为主线，以"学懂、弄会、能做"为目标，内容涵盖电工篇、电子篇、提升篇三大篇章，共17个项目。本书参与编写的老师长期从事中职电工电子类专业科目教学或从事国防科技行业电工电子技术研究，在编写时编者按照学习者的认知规律，对内容排布循序渐进，逐步提高，既有理论部分深入浅出的讲解又有丰富的实训演练，为学习者学习打下基础，为从业者就业练好技能。本书教学任务按照90~156个学时设计。

本书有如下特点：

（1）根据职业教育的教学规律和新特点、新形势，合理确定学习者应该具备的知识结构和能力结构，科学设置篇章结构、教学目标、重难点、知识脉络与例题，使之具有创新性、新颖性和科学性。

（2）以项目为主线，突出任务特色，将新技术、新工艺融入到教学内容中，力求教材即是工艺，教材即是标准。

（3）明确项目目标和任务目标，并特别提出了课程思政目标；优化知识结构，兼顾全面与重点，力求学有余力的学习者可以拓展延伸学习，让有所困难的学习者掌握基础知识。

本书由洛阳铁路信息工程学校田红光、田媛媛任主编，由洛阳铁路信息工程学校温亚飞、胡俊、宋沛乐、李呈祺任副主编。项目一、项目十二由田媛媛编写，项目八、项目十一、项目十三由田红光编写，项目二、项目三、项目十七由宋沛乐编写，项目四、项目五由李呈祺编写，项目六、项目九、项目十四、项目十六由温亚飞编写，项目七、项目十、项目十五由胡俊编写。

在编写过程中，编者参考了国内外一些专家和学者的研究成果及相关文献书籍，在此表示感谢！本书的出版得到了洛阳铁路信息工程学校及行业专家的大力支持，特此感谢！

由于编者水平和实践经验有限，书中难免存在不足之处，敬请使用本书的读者批评指正。

编　者

2023年12月于洛阳

目 录

电 工 篇

项目一　安全用电 ·· 1

项目二　直流电路 ·· 8
　　任务一　电路的组成、作用及状态 ··· 9
　　任务二　电路的基本物理量 ·· 12
　　任务三　欧姆定律 ··· 21
　　任务四　电阻的串联、并联电路 ·· 24
　　任务五　基尔霍夫定律 ·· 31

项目三　电路分析方法 ·· 46
　　任务一　电源的两种模型及其等效变换 ··· 46
　　任务二　电阻星形连接与三角形连接的等效变换 ····································· 51
　　任务三　支路电流法 ··· 55
　　任务四　叠加定理 ··· 58
　　任务五　戴维南定理 ··· 61

项目四　正弦交流电路导论 ·· 71
　　任务一　正弦交流电压、电流的基本概念 ·· 72
　　任务二　正弦量的各类表示法 ··· 81
　　任务三　正弦交流电路中的简单元件 ·· 87
　　任务四　正弦交流电路中的功率 ·· 95

项目五　三相正弦交流电路 ·· 106
　　任务一　三相正弦交流电压 ·· 107
　　任务二　三相电源、三相负载的联接法 ··· 109
　　任务三　线电压（电流）与相电压（电流）的关系 ······························· 113
　　任务四　三相正弦交流电路中的功率 ·· 125
　　任务五　对称三相正弦交流电路的简单分析和计算 ······························· 129

电 子 篇

项目六　常用半导体器件 ········ 138

任务一　半导体二极管 ········ 139
任务二　半导体三极管 ········ 146

项目七　直流稳压电源 ········ 157

任务一　整流电路 ········ 158
任务二　滤波电路 ········ 165
任务三　稳压电路 ········ 168
任务四　集成稳压器 ········ 173
任务五　晶闸管单相可控整流电路 ········ 179

项目八　放大电路与集成运算放大器 ········ 189

任务一　单管基本放大电路 ········ 190
任务二　分压式偏置放大电路 ········ 195
任务三　多级放大电路 ········ 198
任务四　负反馈放大器 ········ 202
任务五　集成运算放大器 ········ 206

项目九　数字电路基础 ········ 222

任务一　数制与码制 ········ 223
任务二　基本逻辑门电路和常见复合逻辑门 ········ 226
任务三　逻辑代数和逻辑函数的化简 ········ 231
任务四　组合逻辑电路的分析与设计 ········ 233

项目十　时序逻辑电路 ········ 246

任务一　基本 RS 触发器 ········ 247
任务二　常用集成触发器 ········ 253
任务三　寄存器 ········ 258
任务四　计数器 ········ 264
任务五　集成计数器及应用 ········ 270

提 升 篇

项目十一　常用电工工具及仪器仪表 ·················· 282
    任务一　常用电工工具及其使用 ·················· 283
    任务二　万用表的使用 ·················· 293
    任务三　钳形电流表的使用 ·················· 298

项目十二　导线的连接 ·················· 304
    任务一　导线的剖削与连接 ·················· 305
    任务二　导线绝缘层的恢复 ·················· 313

项目十三　常用照明电路 ·················· 318
    任务一　电能表 ·················· 318
    任务二　简单照明电路的装接 ·················· 322
    任务三　两地控制灯照明线路 ·················· 324
    任务四　多路开关控制多盏灯电路 ·················· 328

项目十四　三相异步电动机的控制和连接 ·················· 334
    任务一　常用低压电器的认识与使用 ·················· 335
    任务二　三相异步电动机的认识和使用 ·················· 343
    任务三　三相异步电动机控制线路的分析及安装 ·················· 351

项目十五　5 V直流稳压电源的制作 ·················· 359

项目十六　八路抢答器 ·················· 364

项目十七　循迹小车 ·················· 372

参考文献 ·················· 380

电工篇

项目一　安全用电

【任务导入】

电在我们的生活当中可谓是无处不在,灯光照明、动力交通、通信社交、军事航天、取暖制热、防暑降温、农业牧业等都离不开电。很多人都认为它是一个比较现代的产物,其实人类很早就认识到了电,从最早的雷电和静电现象,到后来电磁感应现象,人类不断在探索电的本质。电的革新不断地改变着人们的生活方式,也推动了世界文明的不断进步。

电力是一种神奇的能源,它可以点亮黑暗,也可以摧毁一切。它可以让我们享受文明,也可以让我们遭受灾难。所以我们应该珍惜和利用好电力,时时刻刻要注意用电安全。

【教学目标】

知识目标

(1) 掌握安全用电的基本常识。
(2) 了解预防触电的安全措施。

能力目标

(1) 学会查看家庭中各种家用电器的标识。
(2) 会分辨不同情况下安全距离的大小。

素质目标

(1) 养成良好的操作习惯
(2) 具备良好的职业道德素养和社会责任感。
(3) 具备电工作业人员的综合素质和职业素养。

思政目标

通过介绍电流对人体的伤害和触电事故的严重后果,让学生深刻认识到安全用电的重要性,引导学生树立安全意识,明确作为未来电气工程师或电工的责任,即确保自己和他人的安全,避免由于疏忽大意而造成的不必要的伤害和损失。

重难点

(1) 安全电压在生活中的应用。

（2）安全距离的界定。
（3）触电方式和预防触电的方法。

电是现代物质文明的基础，它的应用无处不在。随着电气设备和家用电的广泛应用，从而发生触电事故的也越来越多。安全是人类生存的基本需求之一，也是人类从事各种活动的基本保障。那么我们在日常生活、工作中如何既能正确、高效地利用电能，又能保障人身、设备等的安全呢？我们必须先了解一下安全用电的相关知识。

一、触电与安全电压

1. 触电的概念及分类

触电一般指人体直接接触带电体，或者通过其他导电途径（如电弧）触及带电体而引起的局部受伤或者死亡的现象。触电会对人体造成各种伤害，如损伤呼吸、心脏和神经系统，使人体内部组织受到破坏，乃至最后死亡。根据对人体伤害程度的不同，触电可分为电击和电伤两种。

电击是指电流通过人体时所造成的内伤。人体内部器官受到损害，轻者肌肉痉挛，内部组织损伤，造成发麻发热，严重时会造成呼吸困难、昏迷窒息、心脏停搏，甚至死亡。通常意义上说的触电就是电击，触电死亡大部分也是由电击造成的。

电伤是指电流的热效应、化学效应、机械效应以及在电流本身的作用下造成的人体外伤。常见的是熔化或蒸发的金属微粒等侵入皮肤造成人体创伤，严重时也可危及生命。电伤又分为灼伤、电烙印和皮肤金属化三类。触电时电击和电伤会同时对人体产生危害，我们在日常用电时一定要严格按照安全规程操作，注意用电安全。

2. 电流对人体的危害

电流通过人体所造成的危害，与以下因素有关。

1）人体电阻

人体电阻主要包括人体内部电阻和皮肤电阻。人体皮肤在触电时对人身起一定的保护作用，皮肤电阻一般是指手和脚的表面电阻，它随皮肤的清洁、干燥程度及接触电压等变化。一般来说人体电阻不是固定不变的，它的数值随着接触电压的升高而下降。不同的人，其人体电阻不同，通常人体电阻为 $10^3 \sim 10^5 \Omega$，如果皮肤有损伤或者皮肤角质外层破坏时，人体电阻会降低，相同电压下电流会增大，对人体造成的伤害也越大。

2）电流的大小

通过人体的电流越大，人体的生理反应越明显，感觉越强烈，因而伤害也越严重。表 1.1 为通过人体电流（工频）大小与人体受伤害程度的关系。从表中可以看出，感觉电流一般不会对人体造成伤害，但当电流增大时，感觉就会越来越明显；摆脱电流在一般情况下不会对人体造成不良后果；如果通过人体的电流在 50 mA 以上，就会有生命危险。

表 1.1 通过人体电流（工频）大小与人体受伤害程度的关系

名 称	定 义	对成年男性	对成年女性
感觉电流	人体感到有轻微刺痛或麻颤的最小电流	1.1 mA	0.7 mA
摆脱电流	人体触电后能自主摆脱电源的最大电流	16 mA	10 mA
致命电流	在较短时间内通过人体最短路径（左胸—左手）危及生命的最小电流	30~50 mA	

3）电流频率

在相同的电流强度下，不同频率电流对人体的影响程度不同。频率为 28~300 Hz 的电流对人体影响较大，最严重的是频率为 40~60 Hz 的电流。交流电的频率偏离工频越远，对人体的伤害就越低，当电流频率大于 20 kHz 时，所产生的损害作用明显减小，用于理疗的一些仪器一般采用这个频率。

4）电流通过人体的途径

电流通过人体的途径不同，对人体的伤害程度也不同。电流通过人体的头部，会使人昏迷而死亡；电流通过脊髓，会导致截瘫等严重损伤；电流通过中枢神经或有关部位，会引起中枢神经系统严重失调甚至死亡；电流通过心脏，会引起心室颤动，致使心脏停止跳动而死亡。实践证明，从左手到脚是最危险的电流途径，因为此时心脏直接处在电路中。

5）电流的持续时间

电流作用于人体时间的长短决定着电流对人体的伤害程度。电流通过人体的时间越长，人体由于电流的作用发热出汗，同时电流对人体组织也有电解作用，使人体的电阻逐渐变小，在电压一定的情况下，电流逐渐增大，对人体组织的破坏更大，后果更严重。电击能量超过 50 mA·s 时，人体就会有生命危险。一般来说，通过人体电流的时间越长，允许通过的电流越小。因此，当发生触电事故时，应及时让人体与带电体分离，以减少电流对人体的伤害。

3. 安全电压

触电对人体造成伤害的直接原因是人接触带电体后，电流通过人体并对其产生伤害。我们把人体或动物接触到设备的一个或多个可触及带电体时，通过人体或动物身体的电流称为接触电流。也就是说，人体触及电压之后才产生了接触电流。所以为了降低或避免触电事故的发生，在电气设备和装置的设计中，必须预先考虑到可能的接触电压，并把它限制在安全的范围内，这就是所谓的"接触电压限值"。我们可以认为，电压限值及低于限值的电压在规定的条件下，对人体不构成威胁。电压限值与人体阻抗、可接触部分、电气系统、外部环境等有一定的关系。不同环境下电压限值有所不同，具体可参加国家标准《特低电压（ELV）限值》（GB/T 3805—2008）。

安全电压是指不致使人直接致死或致残的电压，一般环境条件下允许持续接触的"安全特低电压"是 36 V。因为接触 36 V 以下的电压时，通过人体的电流不会超过 50 mA，因此行业规定安全电压为不高于36 V。另外，金属容器内、隧道内、水井以及周围有大面积接地导体等工作地点狭窄、行动不便的环境应采用12 V安全电压；水上作业等特殊场所应采用6 V安全电压。

二、常见的触电方式

人体触电方式主要有单相触电、两相触电和跨步电压触电三种。

1. 单相触电

单相触电是指人体与大地之间互不绝缘的情况下，人体的某一部位触及三相电源线中任意一根导线，电流从带电导线经过人体流入大地而造成的触电伤害。单相触电又可分为中性线接地和中性线不接地两种。

1）中性线接地的单相触电

如图1.1（a）所示，站立在地面上的人手触及相线L_3，电流由相线L_3经过人手、身体、脚、大地、中线再回到相线L_3，形成闭合回路。这时人体所触及的电压基本上是相电压，在低压动力和照明线路中为220 V，这是很危险的。

2）中性线不接地的单相触电

如图1.1（b）所示，当站立在地面上的人手触及电源的相线L_3时，由于另外两根相线与大地间存在对地电容，所以有对地的电容电流从L_1、L_2两相流入大地，并全部经人体流到相线L_3。一般来说，导线越长，对地的电容电流越大，其危险性也越大。

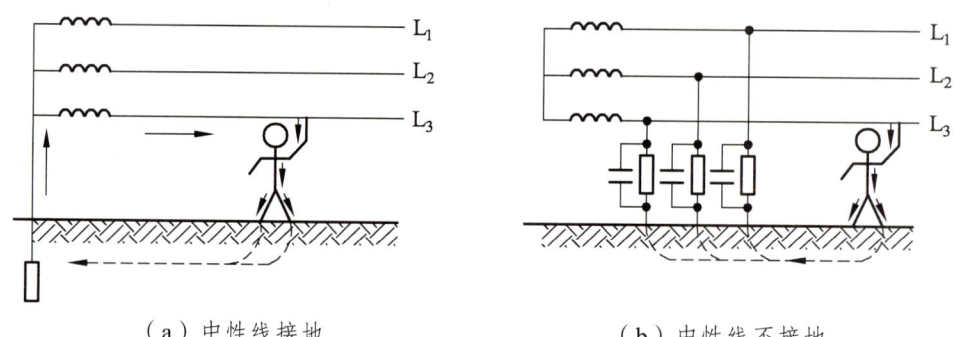

（a）中性线接地　　　　　　　　（b）中性线不接地

图1.1　单相触电

2. 两相触电

两相触电也叫相间触电，是指人体与大地绝缘的情况下，人体不同的两处部位同时接触到两根不同的相线，或者同时触及电气设备的两个不同相的带电部位，电流由一根相线经过人体流到另一根相线，从而形成环形闭合通路。这是最危险的一种触电形式，如图1.2所示。相间触电加在人体上的是线电压380 V，并且电流大部分通过心脏，所以造成的后果十分严重。

3. 跨步电压触电

高压电线或者电气设备发生接地故障时,因触地而有电流流入地下,电流在触地点周围产生电压降。当人走近带电体触地点且未与大地绝缘的情况下,两脚之间会形成电势差,引起跨步电压触电,如图1.3所示。跨步电压与跨步的大小成正比,并且离带电体触地点越近,跨步电压越大。因此,跨步越大越危险,越靠近带电体越危险。一般来说,带电体触地点20 m以外的跨步电压减小到近似为零,可以认为比较安全。

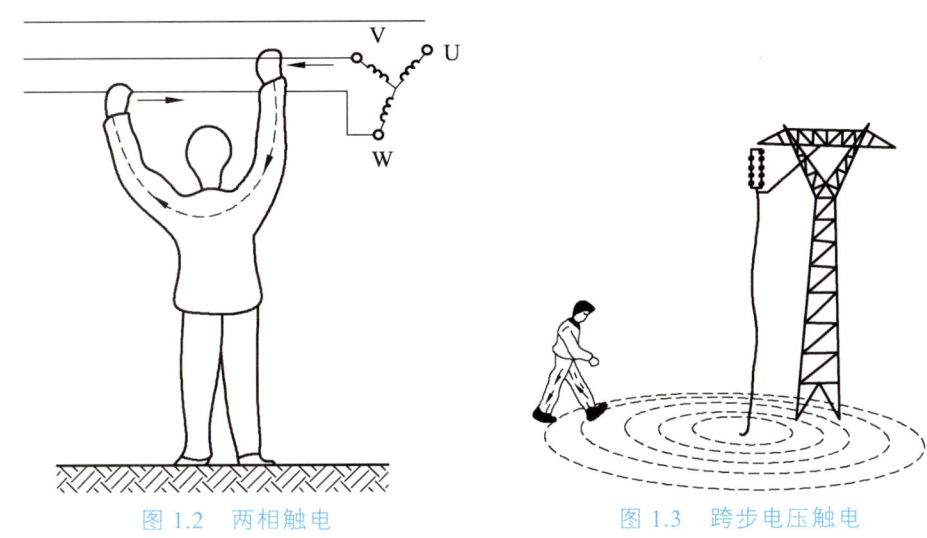

图1.2 两相触电　　　　图1.3 跨步电压触电

三、保护接地和保护接中线

1. 保护接地

按规定,在电压低于1 000 V电源中性点不接地的电力网中,或电压高于1 000 V的电力网中都应采用保护接地。即把电动机、变压器、铁壳开关等电气设备的金属外壳用电阻很小的导线同接地极可靠地连接,如图1.4(a)所示。

采用保护接地后,即使因电气设备绝缘损坏而漏电,当人体触及外壳时,由于人体电阻远大于接地极的电阻,因此几乎不会有电流经过人体。一般接地极电阻应小于4 Ω,通常采用埋在地中的铁棒、钢管作为接地极。

2. 保护接中线

电压低于1 000 V电源中性点接地的电力网,应采用保护接中线(也称零线)。即把电气设备的金属外壳和中性线相接,如图1.4(b)所示。当电动机外壳接中线后,如果有一相因绝缘损坏而碰壳时,则该相短路,立即烧断熔丝,熔断器断路,该相电路被断开,或者触发其他保护电器动作而迅速切断电源,避免发生触电事故。此外,为防止零线回路断开时零线出现相电压而发生触电事故,零线上不得安装熔断器和断路器。

需注意,在同一电力网中,不允许一部分设备接地而另一部分设备接中线,否则接地设备发生触碰设备金属外壳故障时,零线电位升高,接触电压可达到 220 V,这样就增加了发生触电事故的危险性。

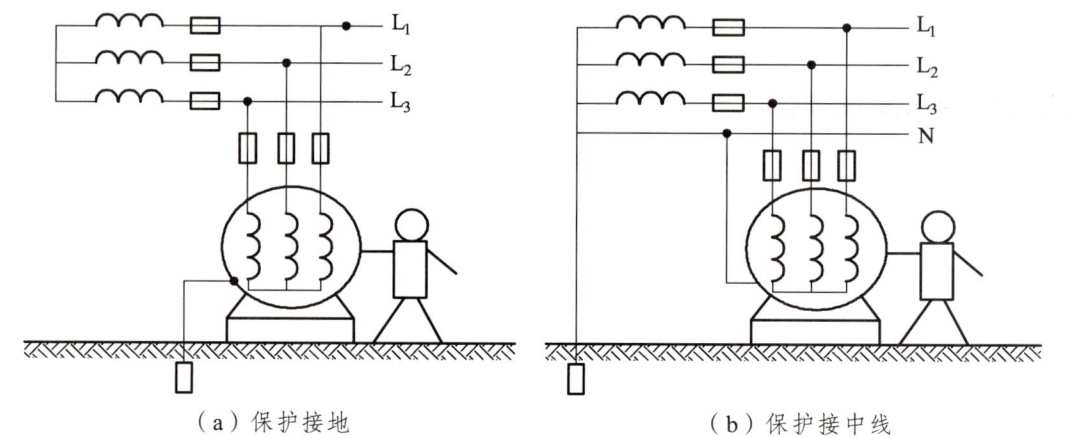

图 1.4　保护接地和保护接中线

四、安全距离

为了防止人体触及或接近带电体造成触电事故,为了避免车辆或其他器具碰撞或过分接近带电体造成事故,以及为了防止火灾、防止过电压放电和各种短路事故,为了操作方便,在带电体与地面之间、带电体与其他设施和设备之间、带电体与带电体之间均需保持一定的安全距离。安全距离的大小取决于电压的高低、设备的类型、安装的方式等因素。表 1.2 和表 1.3 分别为《国家电网公司电力安全工作规程(配电部分)》带电作业时人身与带电体的安全距离和高压线路、设备不停电时的安全距离。

表 1.2　带电作业时人身与带电体的安全距离

电压等级/kV	10	35	110	220	500	750	1000	±500	±800
安全距离/m	0.4	0.6	1.0	1.8(1.6)	3.4(3.2)	5.2(5.6)	6.8(6.0)	3.4	6.8

表 1.3　高压线路、设备不停电时的安全距离

电压等级/kV	10 及以下	35	110	220	500	750	1000	±500	±800
安全距离/m	0.7	1.0	1.5	3.0	5.0	8.0	9.5	6.8	10.1

五、安全用电常识

防止触电是安全用电的核心,因为没有任何一种保护措施或者保护装置是万无一失的。为防止触电事故的发生,除了应该采取一系列的安全措施外,最重要的是要提高我们安全用电的意识和警惕性。在工作中应注意以下几点:

（1）凡裸露的导体、绝缘损坏的导线及接地端，在不知是否带电的情况下，绝不能用手触摸。如要判断其是否带电，必须使用完好的验电设备。此外，凡暴露于电器外的接头，应及时进行绝缘防护，并将其置于人体不易触及的位置。

（2）在修理电气设备用具时，不应带电操作，即使是更换熔丝，也应先切断电源。如必须带电操作，则必须采取相应的安全措施。如人应站在绝缘板上，或穿绝缘鞋、戴绝缘手套等，并且有专人在场监护，以防事故发生。

（3）手电钻、电风扇等电气设备的金属外壳必须要有专用的接零导线。

（4）移动行灯、机床照明灯等，应使用 36 V 及以下的限值电压。在特别潮湿的场所，应使用不高于 12 V 的电压。

（5）当有人触电时，如在开关附近，应立即切断电源；如附近无开关，应尽快用干燥的木棍等绝缘物体打断导线或挑开导线使其脱离触电者，绝不能用手去拉触电者。如伤者脱离电源后已昏迷或停止呼吸，应立即进行人工呼吸并送医院抢救。

小　结

人体直接接触带电体或者通过其他导电途径（如电弧）触及带电体而引起的局部受伤或者死亡的现象称为触电。电流对人体的伤害形式主要有电击和电伤两种。

电流对人体伤害程度的因素主要与人体电阻、电流大小、电流频率、电流流过人体路径、持续时间、人体状态等有关。

人体触电方式主要有单相触电、两相触电及跨步电压触电等。防止人身触电的措施有保护接地和保护接中线。应掌握安全用电常识，保持安全距离，树立安全用电意识。

思考与练习

1. 电流对人体伤害程度的因素主要有哪些？
2. 什么叫触电？常见的触电方式有哪些？
3. 什么是保护接地和保护接中线？两者都适用于哪些场合？
4. 谈一谈在家庭用电中怎样才能做到安全用电和节约用电？
5. 当遇到他人发生触电时，我们应该怎么做？

项目二　直流电路

【任务导入】

在工业生产、居民生活和研究实验中，一般大多数需要采用交流电，但是在某些场合（电路控制、电解、电镀等）则需要用到直流电，对于绝大多数的电子设备、国防科技应用都需要使用稳定的直流电源供电，因而研究直流电路对于我们科学发展来说意义非凡。本章介绍电路组成和电路模型，讲述电流、电压、电能、电功率等基本物理量；讨论欧姆定律、基尔霍夫定律等电路基本定律。

【教学目标】

知识目标

（1）熟悉电流、电压、电阻、电功率、电功等常用的物理量。
（2）了解常用电气元件的电路符号，能看懂电路图的连接关系。
（3）熟练掌握欧姆定律的两种形式，明确 U、I、R、E、r 之间的关系。
（4）准确辨识简单电路电阻的串、并联关系，掌握两种连接形式中每个元件上电压、电流与总电压、总电流的关系。
（5）掌握基尔霍夫定理。

能力目标

会分析简单电路的逻辑关系，能够看懂电路图，会计算各元器件上相关物理量的电气属性值。

素质目标

（1）培养学生在学习中增强看图识图能力。
（2）提高小组合作探究学习的精神。

思政目标

通过介绍直流电路在高铁牵引供电系统、制动系统等方面的应用，让学生直观感受到直流电路在现代交通领域中的重要作用，从而激发学生对直流电路学习的兴趣和热情。同时，引导学生探索直流电路技术的最新进展和未来发展趋势，培养他们的好奇心和求知欲。

重难点：

（1）基本物理量间既有相似点，又有不同点，需要甄别记忆。
（2）熟练掌握两个欧姆定律，能够进行求解。
（3）运用基尔霍夫定律进行电路分析。

任务一 电路的组成、作用及状态

知识目标
（1）熟悉电路的基本组成及各部分的作用。
（2）理解电路的三种工作状态。

能力目标
能够识别简单的电路图。

素质目标
绘制日常照明电路的电路图。

思政目标
通过介绍直流电路在新能源、智能电网等领域的应用前景和发展趋势，激发学生的创新思维和求知欲。同时，组织学生进行小组讨论或课题研究等活动，培养他们的团队协作能力和解决问题的能力。

重难点
区分通路、短路、开路的特点，深刻理解短路状态及其危害性。

电流流经的路径叫作电路。电路是为了完成某一或某种任务需要由一些电气设备或者电路元件按一定方式组合起来的。电路的种类很多，由直流电源供电的电路称为直流电路；由交流电源供电的电路称为交流电路；由晶体管放大元件组成将信号进行放大的电路称为放大电路。

在日常生活中，把一个小灯泡通过导线与电池组连接，中间再使用开关来控制发光与熄灭，这样就组成了一个简易的照明电路。在工作和学习中我们接触到的很多电器，例如：手电筒、空调、电动车、电视机等，他们都具有相同的特点，也就是都需要电源、开关、导线和负载。

一、电路的组成

电路的功能不同，其复杂程度也不相同。最基本的电路是由电源、开关、负载、导线组成的，图 2.1 所示即为最简单的电路。

电源是把其他形式的能量转换成电能的装置。例如：光伏发电技术可以实现将太阳能转换成电能，新能源汽车可以把三元或者磷酸铁锂电池中的化学能转换成电能，柴油机发电机可以把机械能转换为电能等。

开关是用来控制电路接通或者断开的装置。例如：家中配电箱内的空气开关，墙壁上的电灯、风扇开关等。

负载也叫用电器，是用来把电能转换成其他形式能量的装置。例如：电动车可以把电能转化为机械能，吹风机可以把电能转化为动能和内能等。

导线是用来连接电源和负载的器件。例如：我国建设的特高压输电工程，教学楼内的配电线路等。

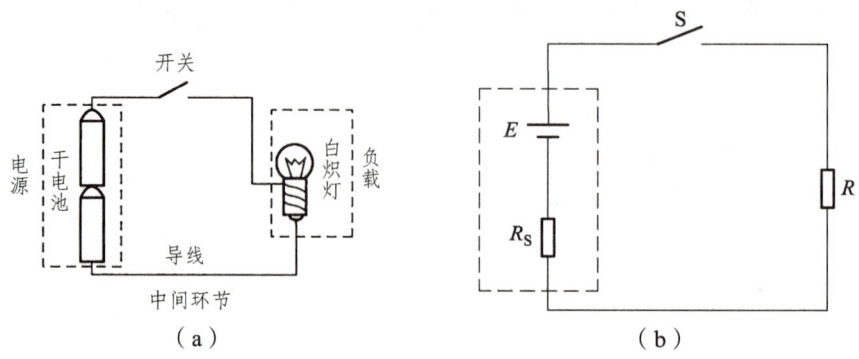

图 2.1 电路的组成

二、电路模型

在图 2.1（a）所示的电路在分析电气元件的实际接法时是很清晰的，但要用它对电路进行定量分析和计算时就很困难。所以通常用一些简单的却能表征电路性能的理想元件来代替部分实际电气元件。因而，一个实际电路就可以用多个理想元件的组合来模拟，这样的电路称为电路模型，如图 2.1（b）所示。

建立电路模型具有十分重要的意义。实际加工制造、生产生活中所用的电气设备的器件种类复杂，而理想电路元件只有有限的几种，因此电路模型的建立就使电路的分析大大简化。电路模型还反映了电路的主要性能，忽略了它的次要性能，因而电路模型只是实际电路的近似，二者并不完全等同。

关于电路模型的概念还有几点需要说明的是：

（1）理想电路元件是具有某种确定的电磁性能的元件，是一种理想的模型，实际中并不存在，但它在电路的理论分析与研究中起着重要的作用。

（2）不同的实际电路部件，只要具有相同的主要电磁性能，在一定条件下可用同一模型表示。如只表示消耗电能的理想电阻元件 R、只表示存储磁场能量的理想电感元件 L、只表示存储电场能量的理想电容元件 C 等。这三种最基本的理想元件可以代表种类复杂的各种负载。

（3）同一个实际电路部件在不同的应用条件下的模型可以有不同的形式。如实际电感器应用在低频电路中时，可以用理想电感元件 L 代替；而用在较高频电路中时则可以用理想电感元件 L 与理想电阻元件 R 串联代替，而用在更高频率电路中时，又可以用理想电感元件 L 与理想电阻元件 R 串联后再与理想电容元件 C 并联代替。

三、电路的作用

在实际电路中，电路可以实现的作用是多种多样的，我们可以主要归纳为以下两类：

（1）能够实现能量的传输、分配与转换。例如：为了改变发电量和用电量分布不均匀的西电东送工程，吹风机可以把电能转化为动能和内能。对于其中能量传输的电路，由于输送和转换能量的规模一般较大，输送距离很远，因而要求尽可能地减少损耗以提高效率。

（2）能够实现信息的传递、控制与处理。例如：扬声器电路可以实现"声信号——电信号——声信号"的传递、控制和处理功能，加工生产过程中的自动调节，各种输入数据的数值处理，信号的存贮等，虽然数据信息数量很小，要求能准确地传递和处理信号，保证不失真，如柴油机使用的测排温的传感器"K"型热电偶，柴油机测量高温水和低温水的压力变送器是将压力转化成微小电压。

四、电路的工作状态

根据电源与负载之间连接方式的不同，电路的工作状态可分为三种：通路、断路和短路三种，这三种工作状态各有其作用和特点。

（1）通路。通路也可以称作闭路，是指电源与负载在导线的连接下接通时的工作状态，是电力系统正常工作时的状态，也是持续时间最长的状态，此时，电路中有电流流通，根据负载的大小，又可以分为满载、轻载和过载三种情况，如图2.2所示。

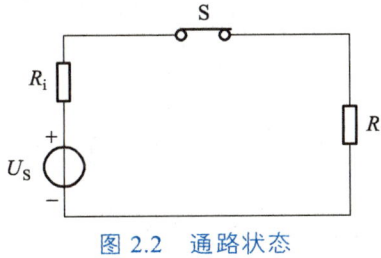

图 2.2　通路状态

（2）断路。断路也可以称作开路，是指电源与负载在导线的连接下未接通时的工作状态，此时，电路中没有电流流通，电源不向负载传送电能。如图2.3所示。在实际电路中，电气设备间的连接未按标定力矩紧固或因其他情况而产生的松动，会造成接触不良故障，此时电路也属于断路状态。

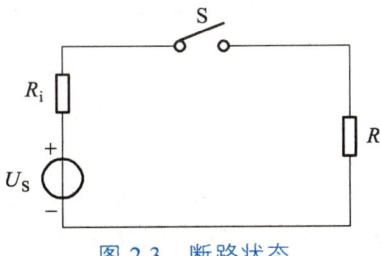

图 2.3　断路状态

（3）短路。短路也可以称作捷路，是指电源不经过负载直接由导线连接时的状态，此时，电路中有很大的电流流通，如图2.4所示。电力系统正常运行的同时会由于各种故障出现不正常运行状态。可分为横向故障和断线故障。横向故障也称短路故障，对电力系统危害最大且最常见的就是短路。产生短路的主要原因是电气设备载流部分的相间绝缘或相对地绝缘被损坏。在实际电路中，电源一旦发生短路，线路上的电流将很快超过额定电流，消耗大量的能量进行发热，因而可能会烧坏电源或其他电气设备，造成火灾事故。所以，我们应该严禁出现短路事故。

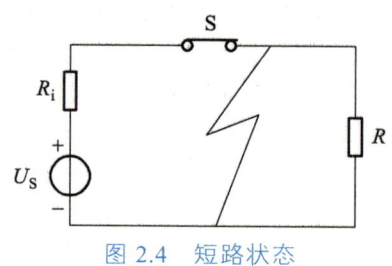

图 2.4　短路状态

这三种状态，在我们生活中随处都可以看到，如：将电灯的开关合上，电灯发亮，这就是一种通路状态，如果开灯的同时，打开空调、冰箱、电视、电脑、抽油烟机、热水器等，这时负载较多，就容易出现过载现象，当过载时，电路容易冒烟起火，发生火灾。

任务二　电路的基本物理量

知识目标
了解并掌握电路的基本物理量，认识并理解电流的热效应。

能力目标
能够分析电路的作用，会用来解释日常生活中的现象。

素质目标
培养学生逻辑思维能力和分析问题解决问题的能力。

思政目标
在讲解电压时，介绍电压在电力输送中的重要作用以及节能减排的意义；在讲解电阻时，强调电阻在电路保护中的关键作用以及安全用电的重要性，培养学生的职业道德和社会责任感。

重难点
基本物理量间既有相似点，又有不同点，需要甄别记忆。

不同的电灯发出的明暗程度有所不同，不同的用电器安装的电池型号也不尽相同，行驶在大海中的驱逐舰披荆斩棘、维护国防安全；飞驰在轨道上的地铁与高铁风驰电掣、一日千里，那么它们所消耗的电能大小与强度怎么衡量呢？

一、电　流

一般情况下，物质都是由分子组成，分子由原子组成，而原子又由带正电的原子核和带负电的电子组成。在一般的状态下，原子核所带的正电荷与核外电子所带的负电荷数相等而使原子呈现电中性，物质对外不显电性。假如给予一定的外加条件，如外接电源，就能使金属或某些溶液中的电子发生有规则的运动，也就是，在导体的内部存在电荷，电流是在电场力的作用下，由电荷的定向移动产生的。电流既有大小也有方向。

1. 电流的方向

人们规定正电荷定向移动的方向为电流的方向。需要注意的是：电荷的定向移动形成电流，电子流的方向是负电荷移动的方向，与正电荷移动的方向相反，因此，金属导体中，电流的方向与电子流的方向是相反的，如图2.5所示。

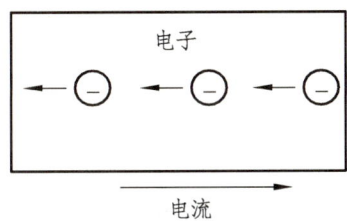

图2.5 金属导体中的电流方向

2. 电流的大小

在电学中通常用电场强度来衡量电流的大小。电流强度就是1 s内通过导体横截面积的电荷量的多少，即

$$I = \frac{Q}{t} \tag{2-1}$$

式中，I为电流强度，A；Q为电荷量，C；t为时间，s。

如果在1 s内通过某一导体截面积的电荷量是1 C，那么它的电流强度就是1 A。在实际使用时，人们常把电流强度简称为电流，我国法定计量单位是以国际单位制（SI）为基础的，电流的单位是安培，简称安，用字母A表示。除安培外，电流的常用单位还有微安（μA）、毫安（mA）、千安（kA）。他们之间的换算关系是：

$$1 \text{ kA} = 10^3 \text{ A}$$

$$1 \text{ mA} = 10^{-3} \text{ A}$$

$$1 \text{ μA} = 10^{-3} \text{ mA} = 10^{-6} \text{ A}$$

【例2.1】某电器的导线中在1 min内通过该导体横截面积的电荷量为180 C，试求通过该导体中的电流是多少？

解：由题意知：$t = 1 \text{ min} = 60 \text{ s}$，
又因为

$$I = \frac{Q}{t} = \frac{180 \text{ C}}{60 \text{ s}} = 3 \text{ A}$$

所以，通过该导体中的电流为3 A。

3. 电流的分类

电流可以分为直流和交流两种。大小和方向都不随时间发生变化的电流，称为直流电流，简称直流（写作 DC）；大小和方向都随时间发生变化的电流，称为交流电流，简称交流（写作 AC）。

二、电　压

在电路中，电场力搬运电荷做功，将电能转化为其他形式的能。为了衡量电场力对电荷的做功能力，引入电压这一物理量。电场力把单位正电荷由 a 点搬运到 b 点所做的功称为两点间的电压，用 U_{ab} 表示，即

$$U_{ab} = \frac{W_{ab}}{Q} \qquad (2\text{-}2)$$

式中，W_{ab} 为电功，J；U_{ab} 为电压，V；Q 为电荷量，C。

在国际单位制中，电压的单位是伏（V），在实际使用中，电压的常用单位还有微伏（μV）、毫伏（mV）、千伏（kV）。它们之间的换算关系是：

$$1 \text{ kV} = 10^3 \text{ V}$$

$$1 \text{ mV} = 10^{-3} \text{ V}$$

$$1 \text{ μV} = 10^{-3} \text{ mV} = 10^{-6} \text{ V}$$

电压和电流一样，不仅有大小，而且也有方向，即有正、负。电压的方向由正极指向负极，也就是说，由电位高的地方指向电位低的地方；对于负载来讲，电流流入负载的一端为正极，电流流出负载的一端为负极，也就是说，负载中电压实际方向与电流方向一致。

对于电压和电流在电路中的实际方向只有两种可能，如图 2.6 所示。我们先以电流为例进行说明，图 2.6（a）中，当有正电荷从 A 端流入，并从 B 端流出时，习惯上称电流从 A 端流向 B 端，反之图 2.6（b）认为电流从 B 端流向 A 端。实际分析电路时，有时会对某一段电路中的电流实际流向很难预先判断出来，为了解决这个问题，引入"参考方向"的概念。

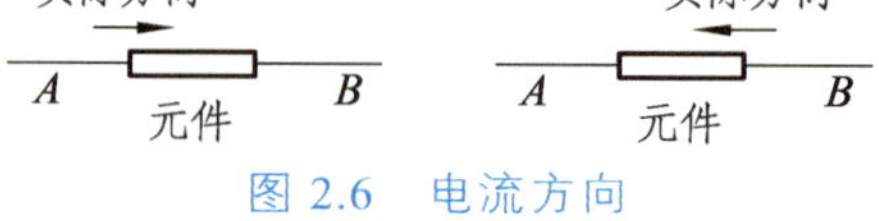

图 2.6　电流方向

在图 2.7 中，任意选定一个方向为电流的参考方向（图中实线表示），电流的实际方向（图中虚线表示）不一定和参考方向一致。把电流看作代数量，当电流的参考方向和实际方向一致时，如图 2.7（a）所示，判定电流为正值；当电流的参考方向和实际方向相反时，如图 2.7（b）所示，电流为负值。因此，在确定电流的参考方向情况下，电流值的正负反映了电流的实际方向。

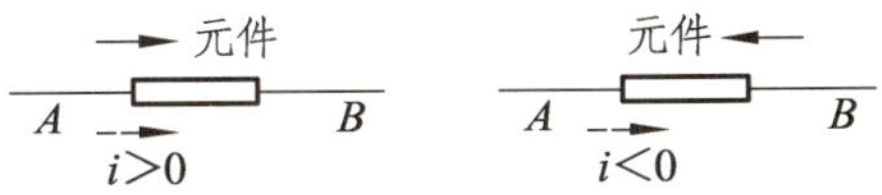

图 2.7 电流的参考方向

特别说明：电流的参考方向是任意指定的，在电路中一般用箭头表示，有时也用双下标表示，如 i_{AB}，表示参考方向由 A 指向 B。

同理，电压的实际方向也只有两种，把电压当作代数量。如图 2.8 所示，任意选定电压的参考方向为左正右负，当电压的参考方向和实际方向一致时，电压为正值；当电压的参考方向和实际方向相反时，电压为负值。

特别说明：电压的参考方向是任意指定的，在电路中一般用正（+）、负（-）极性表示，正极指向负极的方向就是电压的参考方向。有时也可以用箭头表示，或者用双下标表示，如 u_{AB}，表示参考方向由 A 指向 B，如图 2.8 所示。

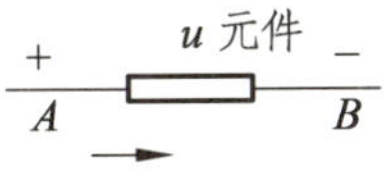

图 2.8 电压的参考方向

参考方向在电路分析中起着重要的作用。引入电流和电压的参考方向之后，分析任何电路之前都要先设定各处的电流和电压参考方向。对任意一段电路的电压和电流的参考方向可以独立、加以任意地指定。当指定电流从标着电压"+"极性的一端流入，并从标着"-"极性的另一端流出时，即电流的参考方向和电压的参考方向一致，把电流和电压的这种参考方向称作关联参考方向，如图 2.9 所示。

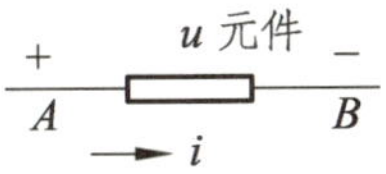

图 2.9 电压和电流的关联参考方向

【例 2.2】如图 2.10 所示，请判断电流的实际方向。

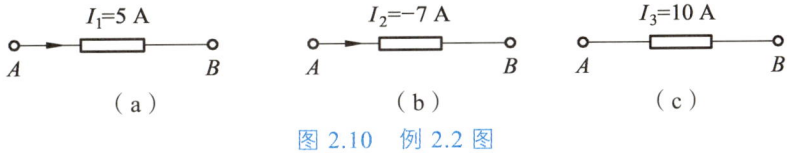

图 2.10 例 2.2 图

解：（1）图 2.10（a）中电流的参考方向由 A 到 B，$I_1 = 5\ \text{A} > 0$，为正值，因而电流的实际方向和参考方向相同，即从 A 到 B。

（2）图 2.10（b）中电流的参考方向由 A 到 B，$I_2 = -7\ \text{A} < 0$，为负值，因而电流的实际方向和参考方向相同，即从 B 到 A。

（3）图 2.10（c）中电流的参考方向没有明确给出，因而不能判断电流的实际方向。

三、电 位

在电路图的分析中,我们经常会遇到比较某元器件引脚与一个固定点间的电压高低,此时,我们会把这个固定点称为参考点,把电路中需要比较点与固定点之间的电压称为各个比较点的电位。我们通常使用字母 V 来表示电位,它的单位与电压的单位相同,为伏特。

我们认为规定参考点的电位为零,在电路图中用符号"⊥"来表示参考点。为帮助理解,我们用教学楼的层数来举例,如果我们选定大地为参考点,那么地面上的建筑为一、二、三层,地面下的实验室为负一、负二层;如果我们选定教学楼的二楼为参考点,那么原来的教学楼一楼将变为负一楼,地面下的实验室将变为负二、负三楼,原来的教学楼三楼也将变为一楼。因此,当我们选定参考点后,电路中各点的电位便随之确定。

在电路中,任意两点间的电位差就是这两点间的电压之差,所以,我们也把电压称为电位差(U_{ab}),即

$$U_{ab} = V_a - V_b \tag{2-3}$$

由于电路中电位的选择理论上可以是电路中的任意位置,因而电位的数值具有相对性。它随着参考点的变化而变化,因此,如果抛开参考点直接谈论电位是没有意义的。但是,任意两个参考点间的电位差也就是电压是具有绝对性的,如上文中提到的教学楼的相对位置,不论如何选择参考点,负一楼与二楼的位置差永远是中间相差了两层,因此电压具有绝对性。

【例 4.3】试求图 2.11 所示电路中 C 点的电位。

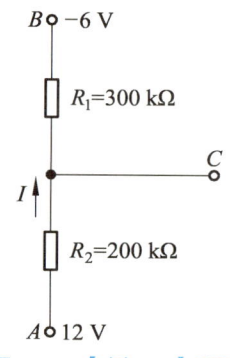

图 2.11 【例 4.3】题图

解: 由题意得:

$$I = \frac{V_A - V_B}{R_1 + R_2} = \frac{12 - (-6)}{(300 + 200) \times 10^3} A = 3.6 \times 10^{-5} A$$

又有

$$U_{AC} = V_A - V_C = R_2 I$$

因而

$$V_C = V_A - R_2 I = [12 - 200 \times 10^3 \times 3.6 \times 10^{-5}] V = 4.8 V$$

答:电路中 C 点的电位为 4.8 V。

四、电动势

我们知道,电源能发出电能是因为非静电力能够把正电荷由负极移到正极,他是在电路中将其他形式的能量转换成电能。而电动势就是衡量电源能量转换本领的物理量,用符号 E 来表示,即

$$E = \frac{W_{外}}{Q} \tag{2-4}$$

电动势与电压、电位的单位相同都是伏特(V)。电源的电动势只存在于电源内部,它的方向规定为:在电源的内部由负极指向正极,当电源两端不接负载的时候,电源的电压在数值上等于电源的电动势,但两者的方向是相反的。

电动势与电压是容易混淆的两个概念。它们的区别主要体现在以下三点:一是,电动势是表示非静电力把单位正电荷从负极经电源内部到正极所做的功,而电压则是电场力把单位正电荷从电场中 A 点移动到 B 点所做的功;二是,电动势的方向是由低电位指向高电位,也就是电位升高的方向,而电压的方向是由高电位指向低电位,也就是电压降的方向;三是,电动势只存在于电源的内部,而电压不仅存在于电源两端,而且也存在于电源的外部电路。

五、电阻与电导

1. 电 阻

电流在流过导体时,导体对电流会存在阻碍作用,我们把这种导体对电流的阻碍作用称为电阻,用字母 R 来表示,电阻的电位为欧姆,用字母 Ω 表示,在实际使用中,电阻的常用单位还有毫伏(mΩ)、千欧(kΩ)或者兆欧(MΩ)。他们之间的换算关系是:

即

$$1 \text{ k}\Omega = 10^3 \Omega$$

$$1 \text{ M}\Omega = 10^6 \Omega$$

一段导体电阻值的大小,可以由微欧表测量得出大致数值,微欧表如图 2.12 所示。

图 2.12 微欧表

2. 电阻定律

需要注意的是：电阻是导体的固有属性，导体的电阻只与导体的材料、横截面积、长度和温度有关，因此电气设备的电阻在生产出厂时便是一个基本保持不变的定值。

实验证明：在恒定的温度下，导体的电阻与该导体的截面积 S 成反比，与导体的长度（L）成正比，也与导体的材料性质（ρ）有关，这个规律就称为电阻定律。用公式表示为：

$$R = \rho \frac{L}{S} \tag{2-5}$$

式中，ρ 为电阻率，$\Omega \cdot m$；L 为导体的长度，m；S 为导体的横截面积，m^2；R 为电阻，Ω。

表 2.1 列出了常见导体材料在 20 ℃ 时的电阻率。

表 2.1 常见导体材料在 20 ℃ 时的电阻率

物质分类	材料名称	电阻率/（$\Omega \cdot m$）
导体	银	1.65×10^{-8}
	铜	1.75×10^{-8}
	铝	2.83×10^{-8}
	铂	1.06×10^{-7}
	钨	5.3×10^{-8}
	锰铜	4.4×10^{-7}
	康铜	5.0×10^{-7}
	镍铬铁	1.0×10^{-7}
半导体	碳	1.0×10^{-7}
	锗	0.60
	硅	2.300
绝缘体	塑料	10^{15}
	云母	10^{11}
	玻璃	10^{10}
	熔凝石英	75×10^{16}

研究表明：导体的电阻还与温度有关，温度对导体的影响如下：

温度升高，使物质分子的热运动加剧，带电粒子的碰撞次数增加，即自由电子的移动受到的阻碍增加。

因此，一般的金属材料，在温度升高后，导体的电阻增大。

在常温下，几乎所有的导体的电阻值与温度之间都有如下的近似关系：

$$R_2 = R_1[1 + \alpha t_2 - t_1] \tag{2-6}$$

式中，α 为电阻的温度系数（1/ ℃）。它等于温度升高 1 ℃ 时，导体电阻的变化值与原电阻值的比值。

【例 2.4】 因施工需要，需架设一段长度 200 m 铝导线，其截面积为 $6\,mm^2$，试求这根导线的电阻。

解： 由题意知：铝的电阻率为 $\rho = 2.83 \times 10^{-8}\ \Omega \cdot m$，L = 200 m，S = 6 mm² = 6×10^{-6} m²

又因为

$$R = \rho \frac{L}{S} = 2.83 \times 10^{-8} \times \frac{200}{6 \times 10^{-6}} = 0.94(\Omega)$$

所以，这根导线的电阻为 0.94 Ω。

3. 电 导

电导是用来衡量导体导电能力的物理量，它在数值上等于电阻的倒数，用字母 G 来表示，单位是西门子（S），即：

$$G = \frac{1}{R} \tag{2-7}$$

电阻越大，导体的导电性能越差，而电导越大，导体的导电性能越好。不同的材料种类他们的导电性能存在不同。根据材料导电性能的不同，我们可以将材料划分为：绝缘体、半导体、导体和超导体，他们的导电能力依次增强。

六、电功与电功率

在电路的分析和计算中，由于正常工作情况下，总是伴随着电能和其他形式能量的交互，因而能量和功率的计算是十分重要的，同时由于安全性和自身系统条件的限制，在电气元器件的使用过程中要注意电压、电流、功率等值是否过载。

1. 电 功

电流在流过负载的时候，负载会消耗电能进而转化为其他形式的能量，如：热水壶把电能转化为了内能，电动机把电能转化为了机械能等等。我们把电流做功转化为其他形式能量的过程叫作电功，用字母 W 表示，单位为焦耳，用字母 J 表示。

上文在讲述电压时候提到，如果 a、b 两点间的电压为 U，把电荷 Q 由 a 点搬运到 b 点时，电场力所做的功为：（由式子 2-2 变形可得）

$$W = UQ \tag{2-8}$$

又因式（2-1）可知

$$Q = It \tag{2-9}$$

所以

$$W = UIt \tag{2-10}$$

式中，U 为电压，V；I 为电流，A；t 为时间，s。

工程上常用千瓦时为电功的单位,千瓦时又叫作"度",它们的换算关系是

$$1 \text{ kW·h} = 3.6 \times 10^6 \text{ J}$$

2. 电功率

电流在单位时间内通过负载所做的功称为电功率,简称功率,用字母 P 来表示,它是衡量电气元器件做功能力大小的物理量,其表达式为

$$P = \frac{W}{t} \tag{2-11}$$

又因为

$$W = UIt \tag{2-12}$$

所以

$$P = UI = \frac{U^2}{R} = I^2 R \tag{2-13}$$

若电能的电位为 J,时间的单位为 s,那么电功率的单位为瓦特,简称瓦,用字母 W 来表示。在实际使用中,功率的常用单位还有毫瓦(mW)、千瓦(kW)。它们之间的换算关系是:

$$1 \text{ kW} = 10^3 \text{ W}$$

$$1 \text{ mW} = 10^{-3} \text{ W}$$

【例 2.5】一台教室常用的一体机的功率约为 600 W,平均每天因教学使用 4 h,国家电网收取的电费为每度电 0.56 元,试求一个学期(90 天)的电费是多少。

解: 一体机的功率 $P = 600 \text{ W} = 0.6 \text{ kW}$

一体机的使用总时长为 $t = 4 \times 90 = 360 \text{ h}$

则有一体机一个学期的耗电量为 $W = Pt = 0.6 \times 360 = 216 \text{ kW·h}$

因此一个学期的电费为 $216 \times 0.56 = 120.96$ 元

七、电流的热效应

生活中我们经常会遇到打开电灯时,电灯不仅伴随着发光,而且还有发热的现象,这种电流在流过导体时产生热量的现象,叫作电流的热效应。

实验证明:电流在通过金属导体时,导体产生的热量与电流的平方、导体的电阻和流经导体的时间成正比。这个规律被称为焦耳定律,数学表达式表示如下:

$$Q = I^2 R t \tag{2-14}$$

式中:Q 为热量,J;I 为电流,A;R 为电阻,Ω;t 为时间,s。

在实际的生活和工业生产中,电流的热效应既有有利的一面,也有不利的一面。我们可

以利用电流的热效应制成电烙铁、吹风机、烧水器等电气产品，也可以利用电流的热效应衍生的直流融冰技术对冬季的高压线进行融冰保证供电的可靠性和安全性；同时，电流的热效应也有不利的一面，表现在它会加速导线的绝缘层老化、温度过高会缩短电气设备的使用寿命，严重时还可能引发火灾，是一种潜在的安全隐患。

现如今，锂离子电池因其具有高能量密度、自放电率低及循环寿命长等优势而被广泛应用于陆军作战系统和民用新能源车辆中，助推我国新能源行业快速蓬勃发展，那么特种车辆在高海拔的地区工作时，由于温度极低，锂离子电池阻抗增大、峰值功率和可用容量会急剧下降，因此，研发人员基于电流的热效应实现了锂电池可控短路快速自加热技术，同时当工作在热带地区时，由于温度较高，电池包又产生大量热量，具有自燃的风险，因而需要液冷机组对电池包进行散热。从锂电池的可靠、安全、有效工作中，我们看到了电路基本规律的应用，因而，可以从电路的基本原理出发进行探索研究，为新业态和新形势赋予更多的生命力。

任务三　欧姆定律

知识目标

熟悉并掌握欧姆定律，会计算电路中各个基本物理量。

能力目标

在实际电路中，能够通过测量和计算，理解电流、电压和电阻的关系。

素质目标

培养学生逻辑思维能力和分析问题解决问题的能力。

思政目标

（1）培养科学精神与严谨态度

强调欧姆定律的实验验证过程，让学生认识到科学规律的发现离不开严谨的实验和观察。引导学生树立科学精神，尊重实验事实，不轻易接受未经证实的结论。

（2）激发创新思维与探索精神

介绍欧姆定律在电路分析中的广泛应用及其发展历程，激发学生的探索欲望和创新思维。

鼓励学生提出新的问题和假设，并通过实验进行验证和探索，培养其独立思考和解决问题的能力。

重难点

对内电路与外电路的理解。

通过上一个任务的学习，我们认识了电压、电流和电阻等物理量，那么这些物理量在同一个闭合回路中，是孤立的存在还是互相存在制约的关系？接下来我们一起来探究电路的欧姆定律。

一、一段无源支路的欧姆定律

对于一个完整的闭合回路，一段无源支路指的是电源外，只含有电阻而不包含电源的路径，如下图 2.13 所示。

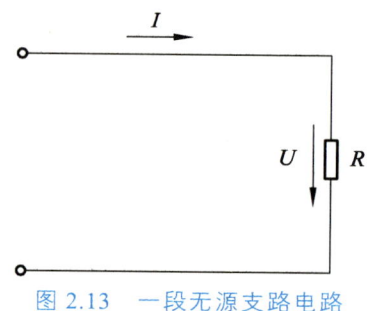

图 2.13　一段无源支路电路

通过实验可以证明：流过导体上的电流 I 与该段导体两端的电压 U 成正比，与该段导体上的电阻 R 成反比。用公式可以写成：

$$I = \frac{U}{R} \qquad (2\text{-}15)$$

式中，I 为电流，A；U 为电压，V；R 为电阻，Ω。

【例 2.6】一支手电筒的电源采用 3 V 的干电池进行供电，工作电流约为 200 mA，试求手电筒的灯丝电阻大约是多少？

解：已知电源电压 $U = 3$ V，工作电流 $I = 200$ mA $= 0.2$ A

由 $I = \dfrac{U}{R}$ 可得

$$R = \frac{U}{I} = \frac{3}{0.2} = 15 \quad (\Omega)$$

答：手电筒的灯丝电阻大约为 15 Ω。

【例 2.7】试用欧姆定律求出图 2.14 中未知的电压、电流或电阻值。

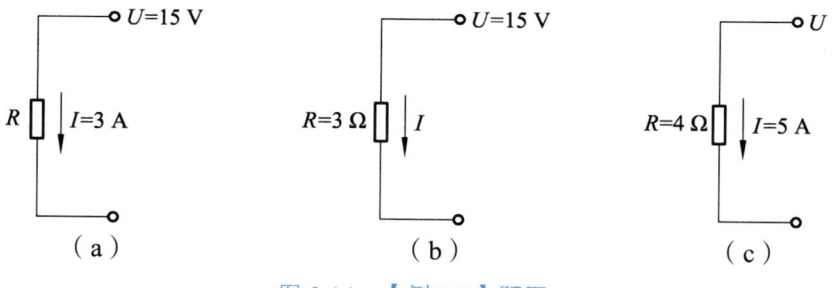

图 2.14　【例 2.7】题图

解：
对图 2.14（a）：

$$R = \frac{U}{I} = \frac{15}{3} = 5 \text{ （}\Omega\text{）}$$

对图 2.14（b）：

$$I = \frac{U}{R} = \frac{15}{3} = 5 \text{ （A）}$$

对图 2.14（c）：

$$U = IR = 5 \times 4 = 20 \text{ （V）}$$

答：所求的电压、电流或电阻值依次为 5 Ω、5 A 和 20 V。

如果横坐标（纵坐标）为电阻元件的电压，纵坐标（横坐标）为电阻元件的电流，画出电压和电流的关系曲线，这条曲线称作该元件的伏安曲线。线性电阻元件的伏安特性曲线在 u-i（i-u）平面内是一条通过坐标原点的直线，如图 2.15 所示。

欧姆定律只适用于线性电阻，反映了电阻元件上电压和电流之间的约束关系。其伏安特性曲线如图 2.15 所示，是一条通过原点的直线，即电压和电流是线性关系，说明电阻 R 是不随电压和电流变化而变化的，是导体本身固有的一种性质，是一个定值，不存在比例关系。因此该式只能用来计算电阻的大小，不能当作电阻的定义式。

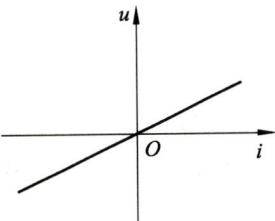

图 2.15 线性电阻元件的伏安特性曲线

二、全电路欧姆定律

全电路是指含有电源的闭合回路，它包含内电路和外电路组成的整体，内电路一般含有电源和电源的内阻。电源外部的电路称为外电路。如图 2.16 所示，图中虚线框的部分代表电源的内部电路。

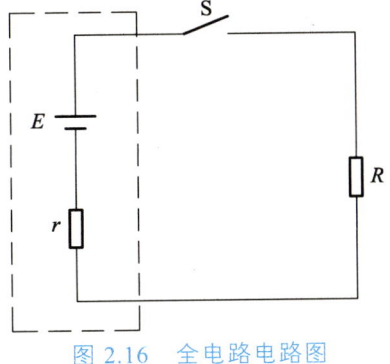

图 2.16 全电路电路图

通过实验可以证明：在全电路中电流 I 与电源电动势 E 成正比，与电路中的总电阻 $R+r$（全电路内外电阻之和）成反比，这就是全电路的欧姆定律。用公式表示为：

$$I = \frac{E}{R+r} \tag{2-16}$$

式中，I 为电流，A；E 为电源电动势，V；R 为外电阻，Ω；r 为内电阻，Ω。

进一步做数学变换得：

$$E = Ir + IR \tag{2-17}$$

式中，Ir 是内电路上的电压降（也可以称为内压降），IR 是外电路上的电压降（也可以称作电源的端电压 U）。

上文我们提到：电源的电动势是衡量电源能量转换本领的物理量，它不会随外电路的改变而改变，但电源的端电压却不是定值，他会因内阻的改变而改变。在生活中，我们可能会遇到，刚买的新电池安装到钟表中，钟表正常使用，此时电池内阻可以忽略不计，但随着时间的推移，内阻增大，端电压便随之减小，当端电压小于钟表的正常工作电压时，钟表便停止工作，因而，电源电动势是一个定值，它等于内外电路的电压降之和。

全电路处于三种状态时，电路中电压与电流的关系见表 2.2。

表 2.2　电路中电压与电流的关系

电路状态	负载电阻	电路电流	外电路电压
通路	$R =$ 常数	$I = \dfrac{E}{R+r}$	$U = E - Ir$
开路	$R \to \infty$	$I = 0$	$U = E$
短路	$R \to 0$	$I = \dfrac{E}{r}$	$U = 0$

任务四　电阻的串联、并联电路

知识目标

理解电阻串并联电路的定义，熟练掌握串并联电路的特点并能够计算串并联电路的等效电阻。

能力目标

具备分析复杂电气控制线路的能力，掌握串并联在实际中的应用，如分压器、电压表电流表扩大量程等。

素质目标

培养学生学会总结、学会思考，能够根据需要选取合适的电路连接方式。

思政目标

分析智能电网中电阻串联、并联电路的应用及其对于提高电网稳定性和可靠性的作用等；结合串并联电路的特点，提醒学生人生不是单行道，选择职业教育也能成就出彩人生。通过这些内容的介绍，让学生认识到电路技术与社会发展的紧密联系以及自己作为未来电气工程师的责任和使命。

重难点

串并联电路的特点。

根据不同的功能需要，我们可以设计出不同的电路，不同的电路构成形式虽然实际位置可能存在差异，但其连接形式却是相对固定的，下面我们一起来探究电路的连接形式。

一、电阻的串联电路

1. 电阻串联的特点

在一段电路中，把两个或两个以上的电阻首尾依次相连接，中间没有其他分支，这样的连接方式称为电阻的串联，如图 2.17 所示。

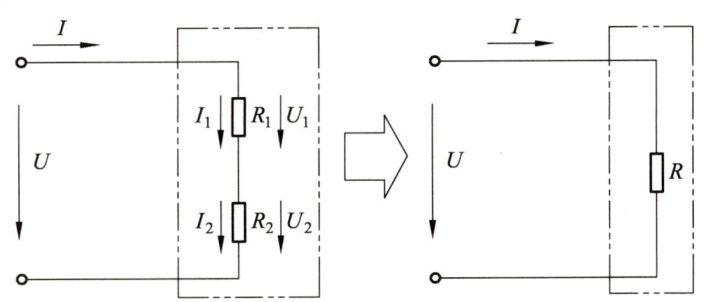

图 2.17 电阻的串联及等效电路

电阻的串联电路具有以下的特点：

（1）串联电路中流过任意一个电阻的电流都相等，即

$$I_1 = I_2 = I_3 = \cdots = I_n = I \tag{2-18}$$

（2）串联电路的总电阻（等效电阻）等于各串联电阻之和，即

$$R = R_1 + R_2 + R_3 + \cdots + R_n \tag{2-19}$$

（3）串联电路两端的总电压等于各电阻两端的电压之和，即

$$U = U_1 + U_2 + U_3 + \ldots + U_n \tag{2-20}$$

（4）串联电路消耗的总功率等于各电阻上消耗的功率之和，即

$$P = P_1 + P_2 + P_3 + \cdots + P_n \tag{2-21}$$

（5）串联电路中各电阻上的电压与各电阻的阻值成正比，即

$$U_n = IR_n \tag{2-22}$$

由欧姆定律，我们可以推出：

$$\frac{U_n}{U} = \frac{I_n R_n}{IR} \tag{2-23}$$

又因为式（2-18），我们可以得出：

$$U_n = \frac{R_n}{R} U \tag{2-24}$$

我们一般把式（2-23）叫作串联电路的分压公式。
（6）串联电路中各电阻上消耗的功率与其阻值成正比。

2. 电阻的串联电路的应用

（1）用几个电阻串联以获得较大的电阻。
（2）采用几个电阻串联构成分压器，使同一电源能供给几种不同的电压，如图2.18所示。
（3）当负载的额定电压低于电源电压时，可用串联电阻的方法将负载接入电源。
（4）限制和调节电路中电流的大小。
（5）串联分压电阻，可以扩大电压表量程。

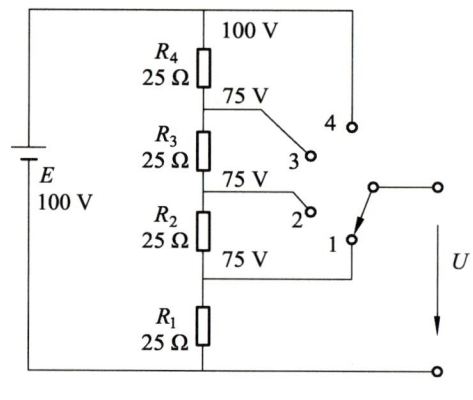

图 2.18　分压器

【例 2.8】如 2.19 所示，用一个满刻度偏转电流为 50 μA，电阻 R_g 为 2 kΩ 的表头制成 100 V 量程的直流电压表，应串联多大的附加电阻 R_f？

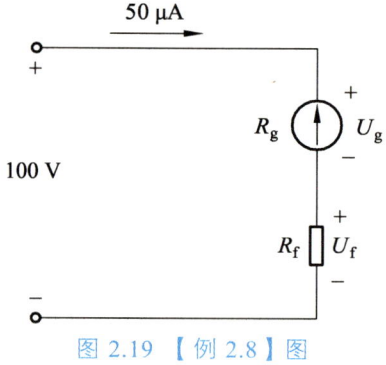

图 2.19　【例 2.8】图

解：满刻度时表头电压为

$$U_g = R_g I = 2 \times 50 = 0.1 \text{ V}$$

附加电阻电压为：

$$U_f = 100 - 0.15 = 99.9 \text{V}$$

带入公式，得

$$99.9 = \frac{R_f}{2+R_f} \times 100$$

解得：

$$R_f = 1\,998 \text{ k}\Omega$$

答：应串联的附加电阻为 1998 kΩ。

二、电阻的并联电路

1. 电阻并联的特点

把两个或两个以上的电阻的两端分别接到电路中相同两点之间，使每个电阻两端分得的电压都相等，这种电阻的连接方式称为电阻的并联，如下图 2.20 所示。

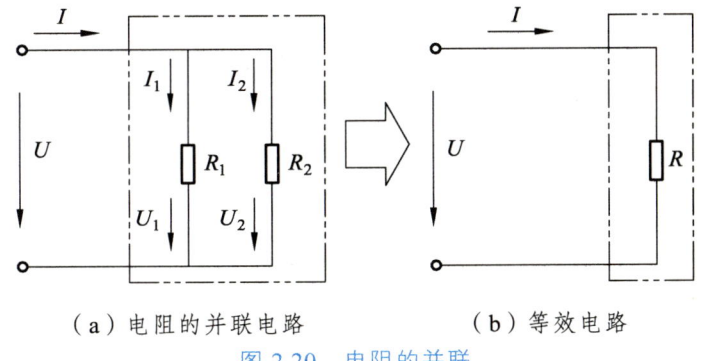

（a）电阻的并联电路　　　（b）等效电路

图 2.20　电阻的并联

电阻的并联电路具有以下的特点：

（1）并联电路中的总电流等于流经各支路的电流之和，即

$$I = I_1 + I_2 + I_3 + \cdots + I_n \tag{2-25}$$

（2）并联电路的总电阻（等效电阻）的倒数等于各并联支路电阻的倒数之和，即

$$\frac{1}{R} = \frac{1}{R_1} + \frac{1}{R_2} + \frac{1}{R_3} + \cdots + \frac{1}{R_n} \tag{2-26}$$

当只有两个电阻进行并联时：

$$R = \frac{R_1 R_2}{R_1 + R_2} \tag{2-27}$$

由式（2-28）可以得出并联电阻的总电阻小于任何一个并联电阻的阻值。

（3）并联电路两端的总电压等于各支路电阻两端的电压，即

$$U_1 = U_2 = U_3 = \cdots = U_n = U \tag{2-28}$$

（4）并联电路消耗的总功率等于各电阻上消耗的功率之和，即

$$P = P_1 + P_2 + P_3 + \cdots + P_n \quad (2\text{-}29)$$

（5）并联电路中各电阻上的电流与各电阻的阻值成反比，即

$$I_n = \frac{U}{R_n} \quad (2\text{-}30)$$

由欧姆定律，我们可以推出：

$$\frac{U_n}{U} = \frac{I_n R_n}{IR} \quad (2\text{-}31)$$

又因为式（2-25），我们可以得出：

$$I_n = \frac{R}{R_n} I \quad (2\text{-}32)$$

我们一般把式（2-32）叫作并联电路的分流公式。

（6）并联电路中各电阻上消耗的功率与其阻值成反比。

【例 2.9】计算如图 2.21 所示电阻并联电路的总电阻阻值。

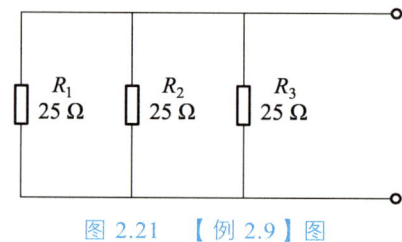

图 2.21　【例 2.9】图

解：由题意可得：该电路为并联电路，因而所求总电阻为：

$$\frac{1}{R} = \frac{1}{R_1} + \frac{1}{R_2} + \frac{1}{R_3} = \frac{1}{35} + \frac{1}{30} + \frac{1}{25} = \frac{107}{1\,050}$$

因而

$$R = \frac{1\,050}{107} \approx 9.81 \; \Omega$$

答：所求电路的总电阻为 9.81 Ω。

2. 电阻的并联电路的应用

（1）工作电压相同的负载都是采用并联接法。对于供电线路中的负载，一般都是并联接法，负载并联时各负载自成一个支路，如果供电电压一定，各负载工作时相互不影响，某个支路电阻值的改变，只会使本支路和供电线路的电流变化，而不影响其他支路。

（2）利用电阻的并联来获得较小电阻。

（3）具有分流作用。并联分流电阻，可以扩大电流表量程。

【例 2.10】如图 2.22 所示，用一个满刻度偏转电流为 50μA，电阻 R_g 为 1 kΩ 的表头制成

量程为 50 mA 的直流电流表，应并联多大的分流电阻 R_2？

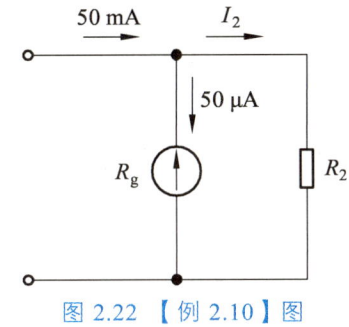

图 2.22 【例 2.10】图

解：由题意已知，$I_1 = 50\mu A$，$R_1 = R_g = 1000 \Omega$，$I = 50$ mA，代入公式得

$$50 = \frac{R_2}{1000+R_2} \times 50 \times 10^3$$

解得：$R_2 \approx 1.001 \ \Omega$

答：应并联的分流电阻为 $1.001 \ \Omega$

三、电阻串联、并联的比较与分析

电路的串联和并联都是电路的基本连接形式，二者的差异主要体现在连接特点、工作特点以及开关控制特点等方面，如表 2.3 所示。

表 2.3 串联电路与并联电路特点比较

项目	串联电路	并联电路
连接特点	元器件依次顺序连接，不存在分支现象，只有一条路径	元器件并列连接，存在若干支路
工作特点	任一元器件故障，电路整体无法工作，波及范围较大	若支路出现故障，只有故障所在支路无法工作，波及范围较小
开关控制特点	电路中任一开关可控制整个电路的工作	干路开关可控制整个电路，支路开关只能控制该支路的通断

在直流电路的计算中，判断电路中电阻的串并联关系对于解决整个电路问题是非常重要的。也可以说，电路的串并联关系搞不清，问题就无法解决。为了较快地正确找出该电路电阻的串并联关系，可以使用字母标点法，就是在电路中电势相同的点标上同一字母，电势不同的点标上不同的字母。这样，电源及各电阻两端均带上了字母，接着把电路拆开重新组合，即把各电阻的字母相同的端点连接在一起，最后把电源接上，经过这些步骤，就将电路化为易于看清串并联关系的等效电路了。

用这种方法将电路变换后可判断该电路是简单电路亦或是复杂电路。这里说的简单电路复杂电路不是指形式上的简单复杂，而是指简单电路就是通过串并联关系最终可化为只有一个闭合路径的电路，复杂电路则是通过串并联关系最终不能化为单一闭合路径的电路。

四、电阻的混联电路

在实际工业应用的电路中,电路的连接方式往往不是单纯的串联连接或者并联连接,一般他们都会在电路中同时出现,这种既含有电阻的串联,又含有电阻的并联的连接方式,叫作电阻的混联电路。

只有一个电源作用的电阻串、并联电路,可用电阻串、并联化简的办法,化简成一个等效电阻和电源组成的单回路,这种电路又称简单电路。反之,不能用串、并联等效变换化简为单回路的电路则称为复杂电路。简单电路的计算步骤是:首先将电阻逐步化简成一个总的等效电阻,算出总电流(或总电压),然后用分压、分流的办法逐步计算出化简前原电路中各电阻的电流和电压。

【例 2.11】如图 2.23 所示,已知 $U_1 = 440\text{ V}$,$R_3 = 100\text{ }\Omega$,$R = 200\text{ }\Omega$,试求:

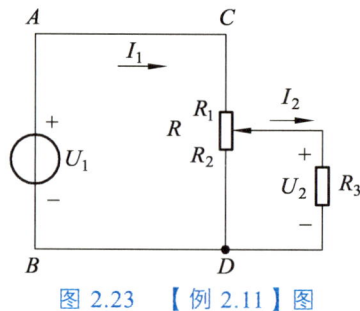

图 2.23 【例 2.11】图

1. 当 $R_2 = 100\text{ }\Omega$ 时,U_2 为多少?分压器的输入功率、输入功率及分压器自身消耗的功率是多少?

2. 当 $R_2 = 50\text{ }\Omega$ 时,输出电流 I_2 是多少?

解:(1)当 $R_2 = 100\text{ }\Omega$ 时,A、B 的等效电阻 R_{AB} 为 R_2 和 R_3 并联后,再与 R_1 串联后构成,因而:

$$R_{AB} = R_1 + \frac{R_2 R_3}{R_2 + R_3} = 100 + \frac{100 \times 100}{100 + 100} = 150\text{ }(\Omega)$$

分压器 R_1 段流过的电流为:

$$I_1 = \frac{U_1}{R_{AB}} = \frac{440}{150} = 2.93\text{ }(A)$$

电阻 R_3 上流过的电流可由分流公式求出:

$$I_2 = I_1 \frac{R_2}{R_2 + R_3} = 2.93 \times \frac{100}{100 + 100} = 1.47(A)$$

$$U_2 = I_2 R_3 = 1.47 \times 100 = 147(V)$$

分压器的输入功率为:

$$P_1 = U_1 I_1 = 440 \times 2.93 = 409.2(W)$$

分压器的输出功率为：

$$P_2 = U_2 I_2 = 147 \times 1.47 = 216.09 (\text{W})$$

分压器自身消耗的功率为：

$$P = I_1^2 R_1 + (I_1 - I_2)^2 R_2 = 2.93^2 \times 100 + (2.93 - 1.47)^2 \times 100 = 1.07 (\text{kW})$$

（2）当 $R_2 = 50\ \Omega$ 时，

$$R_{AB} = R_1 + \frac{R_2 R_3}{R_2 + R_3} = 150 + \frac{50 \times 100}{50 + 100} = 183.33\ (\Omega)$$

分压器 R_1 段流过的电流为：

$$I_1 = \frac{U_1}{R_{AB}} = \frac{440}{183.33} = 2.40\ (\text{A})$$

电阻 R_3 上流过的电流可由分流公式求出：

$$I_2 = I_1 \frac{R_2}{R_2 + R_3} = 2.40 \times \frac{50}{50 + 100} = 0.8 (\text{A})$$

任务五　基尔霍夫定律

知识目标
（1）理解支路、节点、回路、网孔的定义并能在电路中正确地找出。
（2）掌握基尔霍夫的电压、电流定律。

能力目标
掌握运用基尔霍夫电压、电流定律分析复杂电路的能力。

素质目标
通过学习基尔霍夫定律，会进行简单的电路分析以及解决生活中常见的电路问题。

思政目标
（1）科学精神与创新思维
介绍基尔霍夫定律的发现过程及其在科学史上的地位，引导学生了解科学发现的艰辛与伟大，培养学生的科学精神。鼓励学生思考基尔霍夫定律的推广应用，以及如何在现有基础上进行创新，培养学生的创新思维和探究精神。
（2）爱国情怀与社会责任
通过介绍中国科学家在电路分析方面的贡献，如中国学者在国际上创立的研究电阻网络的创新理论等，激发学生的爱国情怀和民族自豪感。引导学生思考电路在社会发展中的应用及其对社会进步的影响，培养学生的社会责任感。

重难点

用基尔霍夫定律分析复杂电路。

在电路分析中,我们不仅会遇到只含有一个电源和若干电阻进行串并联连接的简单电路,而且也可能会遇到含有多个电源和若干电阻的复杂电路,这种电路无法用电路的串、并联知识进行化简,也不能使用欧姆定律进行电路分析,此时我们就需要利用基尔霍夫定律进行分析。基尔霍夫定律出现于 1845 年,由德国科学家古斯塔夫·基尔霍夫(Gustav Robert Kirchhoff)提出的,具体包括两条定律。

在学习基尔霍夫定律前,我们先了解若干复杂电路的专有名词,下面我们结合图 2.26 进行学习。

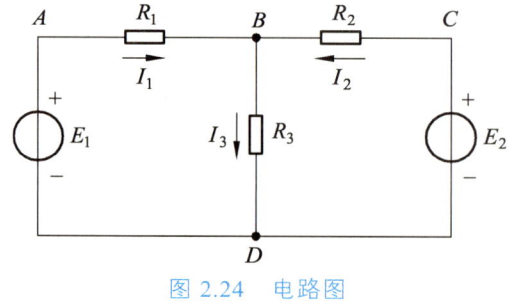

图 2.24 电路图

1. 支　路

由一个或者几个元件首尾连接构成的一段无分支的电路称为支路。如图 2.24 所示其中 BAD、BCD 和 BD 都是支路。

2. 节　点

电路中三条或者三条以上支路的连接点叫作节点。如图 2.24 所示其中 B 点和 D 点称为节点。

3. 回　路

电路中由一条或者多条支路所组成的闭合电路称为回路。如图 2.24 所示其中 $ABDA$、$BCDB$、和 $ABCDA$ 称为回路。

4. 网　孔

内部不含有支路的电气回路叫作网孔。如图 2.24 所示其中 $ABDA$ 和 $BCDB$ 称为网孔,它的内部不含有支路。

一、基尔霍夫电流定律

基尔霍夫电流定律也称基尔霍夫第一定律或节点电流定律,英文是 Kirchhoff's Current Law,简称为 KCL,它是用来确定连接在同一节点上的各条支路电流关系的。由于电流的连续性，电路中任何位置都不能堆积电荷，因而，在任一时刻，流入某一个节点的电流之和必然等于由该节点流出的电流之和，用公式可以表示为：

$$\sum I_\text{入} = \sum I_\text{出} \quad (2\text{-}33)$$

其中，∑符号是求和符号，表示对一系列的数求和，也就是把它们一个一个加起来。

我们仍然以图 2.24 为例，针对节点 B 列出 KCL 方程，I_1 和 I_2 是流入节点 B，而 I_3 是流出节点 B 的，因而可以得出：

$$I_1 + I_2 = I_3$$

或将上式改写为 $I_1 + I_2 - I_3 = 0$

即基尔霍夫定律也可以改写成：

$$\sum I = 0 \quad (2\text{-}34)$$

也就是说在任一瞬间，一个节点上电流的代数和恒等于零。规定参考方向指向节点的电流取正号，反之则取负号。

基尔霍夫定律通常应用于节点，也可以把它推广应用于包围部分电路的任一假设的闭合面。如图 2.25 所示的闭合面包围的是一个三角形电路，有三个节点，应用节点电流定律可列出：

$$I_A = I_{AB} - I_{CA}$$
$$I_B = I_{BC} - I_{AB}$$
$$I_C = I_{CA} - I_{BC}$$

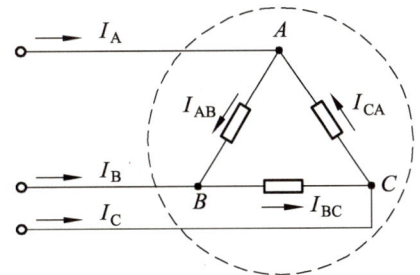

图 2.25　基尔霍夫定律推广应用图

上列三式相加，推出

$$I_A + I_B + I_C = 0$$

或

$$\sum I = 0$$

由此可见，在任一瞬时，通过任一闭合面的电流的代数和也恒等于零。

【例 2.12】如图 2.26 中，$I_1 = 2\,\text{A}$，$I_2 = -3\,\text{A}$，$I_3 = -2\,\text{A}$，试求 I_4。

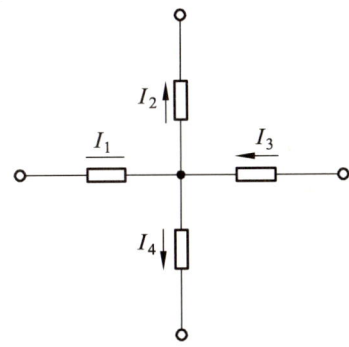

图 2.26　【例 2.12】电路图

解：由基尔霍夫电流定律可列出

$$I_1 - I_2 + I_3 - I_4 = 0$$

带入数值得：

$$2-(-3)+(-2)-I_4 = 0$$

解得

$$I_4 = 3 \text{ A}$$

二、基尔霍夫电压定律

基尔霍夫电压定律也称基尔霍夫第二定律或节点电压定律，英文是 Kirchhoff's Voltage Law，简称为 KVL，它是用来确定回路中各段电压间的关系的。在电路中的任意闭合回路中，各段电压的代数和等于零，这就是基尔霍夫第二定律，用公式可以表示为：

$$\sum U = 0 \tag{2-35}$$

在使用 KVL 列回路方式时，需要注意：

（1）要选取回路电压的绕行方向。回路电压绕行方向可以根据求解方程的便利性任选，可以顺时针，也可以逆时针。

（2）要明确参考方向。选定回路电压的绕行方向后要注意回路中各部分电压代数和的正负，如果回路中电阻的电流参考方向与回路的电压绕行方向相同，该电阻的电压为正，否则为负。如果电源电动势的实际方向（即从电源的正极经电源内部到电源负极）与回路电压绕行方向相同，电动势取正，否则取负。

下面我们以图 2.27 为例进行推导：

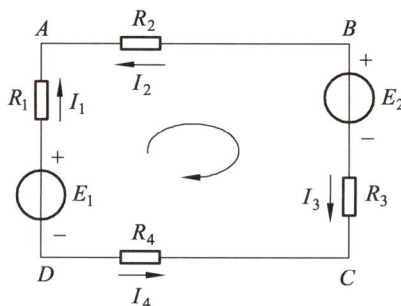

图 2.27 闭合回路电路图

在图 2.27 中，我们选择顺时针方向绕行一周，列出基尔霍夫电压方程可得：

$$U_{cd} + U_{da} + U_{ab} + U_{bc} = 0$$

即

$$-E_1 + I_1 R_1 - I_2 R_2 + E_3 + I_3 R_3 - I_4 R_4 = 0$$

或

$$I_1R_1 - I_2R_2 + I_3R_3 - I_4R_4 = E_1 - E_3$$

由此，我们可以推出基尔霍夫电压定律（KVL）的另一种表达形式，即

$$\sum IR = \sum E \qquad (2\text{-}36)$$

由式（2-36）可知，在任一回路的参考方向上，回路中电动势的代数和恒等于电阻上电压降的代数和。其中当电动势的方向与所选循环方向一致时，取负值，反之，则取正值；当电流的参考方向与回路循环方向一致时，则该电阻上所产生的电压降取正值，反之取负值。

在实际应用中，基尔霍夫电压定律不仅应用于闭合回路，也可以将它推广应用于不闭合的回路，只要将不闭合两端间电压列入回路电压方程中即可，这就是 KVL 的推广应用。如下图 2.28 所示，A、B 两点间电压 U_{ab}，根据 KVL 列出方程为：

$$-E_1 + I_1R_1 - I_2R_2 + U_{ab} - I_4R_4 = 0$$

即

$$U_{ab} = -I_1R_1 + I_2R_2 + I_4R_4 + E_1$$

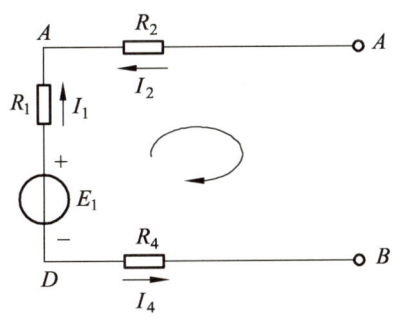

图 2.28　不闭合回路电路图

【例 2.13】试计算图 2.29 所示电路中各元件的功率。

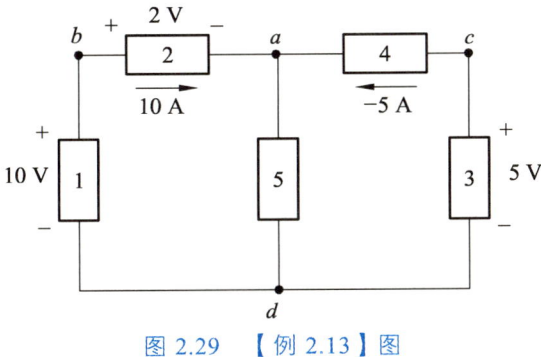

图 2.29　【例 2.13】图

解： 为计算功率，先计算电流、电压。

元件 1 与元件 2 串联：$i_{ab} = i_{ba} = 10\,\text{A}$，元件 1 发出功率：

$$P_1 = 10 \times 10 = 100\ (\text{W})$$

元件 2 接受功率：

$$P_2 = 10 \times 2 = 20 \text{（W）}$$

元件 3 与元件 4 串联，$i_{dc} = i_{ca} = -5\,\text{A}$，元件 3 发出功率：

$$P_3 = 5 \times -5 = -25 \text{（W）}$$

即接受 25 W。

取回路 $cabdc$，应用 KVL，有

$$u_{ca} - 2 + 10 - 5 = 0$$

解得

$$u_{ca} = -3 \text{ (V)}$$

元件 4 接受功率：

$$P_4 = (-3) \times (-5) = 15 \text{（W）}$$

取节点 a，应用基尔霍夫电流定律，可列出：

$$i_{ad} - 10 - (-5) = 0$$

解出

$$i_{ad} = 5 \text{ (A)}$$

取回路 $adba$，应用基尔霍夫电压定律，有

$$u_{ad} - 10 + 2 = 0$$

解出

$$u_{ad} = 8 \text{（V）}$$

元件 5 接受功率：

$$P_5 = 8 \times 5 = 40 \text{（W）}$$

根据功率平衡：

$$100 = 20 + 25 + 15 + 40$$

证明计算无误。

答：元件 1 发出功率 100 W；元件 2 接受功率 20 W；元件 3 接受功率 25 W；元件 4 接受功率 15 W；元件 5 接受功率 40 W。

小　结

（1）电路：电流流经的路径。电路的工作状态：通路、断路和短路。

（2）电流：1 s 内通过导体截面积的电荷量称为电流，用字母 I 表示。电流的单位是安培，简称安，符号为 A。

（3）电压是衡量电场做功本领大小的物理量，用字母 U 表示。电压的单位是伏特，简称伏，符号为 V。

（4）电阻是衡量导体对电流的阻碍作用的物理量，用字母 R 表示。电阻的单位是欧姆，简称欧，符号为 Ω。

（5）电功率是电流在单位时间内通过负载所做的功称为电功率，简称功率，用字母 P 来表示。

（6）流过导体上的电流 I 与该段导体两端的电压 U 成正比，与该段导体上的电阻 R 成反比，这就是一段无缘支路的欧姆定律。在全电路中电流 I 与电源电动势 E 成正比，与电路中的总电阻 $R+r$（全电路内外电阻之和）成反比，这就是全电路的欧姆定律。

（7）在一段电路中，把两个或两个以上的电阻首尾依次相连接，中间没有其他分支，这样的连接方式称为电阻的串联。把两个或两个以上的电阻的两端分别接到电路中相同两点之间，使每个电阻两端分得的电压都相等，这种电阻的连接方式称为电阻的并联。

（8）基尔霍夫电流定律（KCL）：在任一时刻，流入某一个节点的电流之和必然等于由该节点流出的电流之和。

$$\sum I_\text{入} = \sum I_\text{出}$$

（9）基尔霍夫电压定律（KVL）：在电路中的任意闭合回路中，各段电压的代数和等于零。

$$\sum U = 0$$

思考与习题

一、练一练

练习一：电位值、电压值的测定

（一）任务准备

1. 任务原理

电路中某点的电位等于该点到零点之间的电压。零电位点的改变，各点电位相应改变。而任意两点间的电压是不变的，所以电位是相对的，而电压是绝对的。

2. 任务器材

万用表，直流电源、若干电阻、三只（50 mA）直流电流表。

（二）任务实施

（1）先从直流源调出 $U_{s1} = 12$ V，$U_{s2} = 10$ V，关掉电源。

（2）取出图 2.30 中的所需的各电阻，并按图接线。

（3）合上电源开关（注意正负号），用万用表（直流电压 20 V 挡）分别测出表 2.4 中的各电位值和电压值，并将数据填入表 2.4 中。（注意：如果电压表反接时，读数将出现负号，需要及时对调电压表的接线。）

表 2.9　电位值、电压值测量数据表

参考点	电位				电压		
	V_A	V_B	V_C	V_D	U_{AB}	U_{BC}	U_{BD}
D							
C							

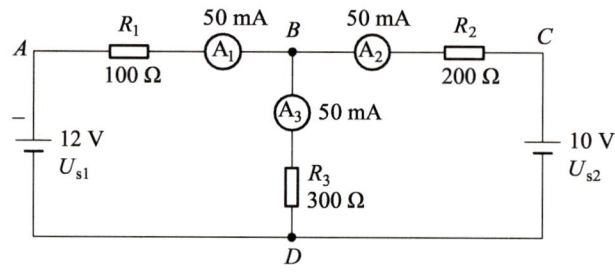

图 2.30　电位值、电压值测量电路图

（三）任务评价

对任务实施的完成情况进行检查，并将结果填入表 2.5。

表 2.5　任务评价表

项目	序号	内容	配分	评分标准	得分	备注
电位值、电压值的测量	1	电路连接正确	30	各元器件按规定电路图连接，电路可正常工作。（30 分）		
	2	电位值的测量	30	规范使用万用表，测量数据正确。（30 分）		
	3	电压值的测量	30	1. 规范使用万用表，测量数据读数正确。（15 分） 2. 计算是否满足 $U_{AB}=V_A-V_B$（15 分）		
	4	安全文明生产	10	操作符合"清洁、清扫、整理、整顿、安全、素养"要求（10 分）		
		总分				

练习二：基尔霍夫定律的验证

（一）任务准备

1. 任务原理

基尔霍夫定律是电路中最基本、最重要的定律之一，它概括了两个定律：
① 流入节点的电流的代数和恒等于零。即 $\sum I=0$。
② 电路中任一点闭合回路中的电压的代数和恒等于零。即 $\sum U=0$。

2. 任务器材

万用表、直流电流表、若干电阻。

（二）任务实施

（1）将直流电源调到 $U_{S1}=12\text{ V}$、$U_{S2}=10\text{ V}$，关掉电源。

（2）取出电路图 2.31 中所需的各电阻及直流电流表 50 mA，按图接好线路。

（3）合上电源开关，用电流表分别测出 I_1、I_2、I_3，并将数据记入表 2.5 中。用万用表（20 V 档）分别测量表 2.6 中的各电压，并将数据记入表中。

表 2.6　基尔霍夫定律验证电路图数据表

测量项目	I_1	I_2	I_3	U_{AB}	U_{BC}	U_{CD}	U_{AD}	U_{BD}
测量值								

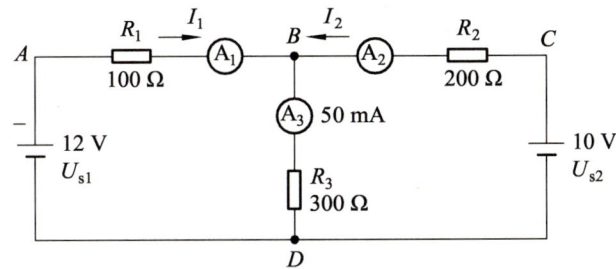

图 2.31　基尔霍夫定律验证电路图

（三）任务评价

对任务实施的完成情况进行检查，并将结果填入表 2.7。

表 2.7　任务评价表

项目	序号	内容	配分	评分标准	得分	备注
基尔霍夫定律的验证	1	电路连接正确	30	各元器件按规定电路图连接，电路可正常工作。（30分）		
	2	基尔霍夫电流定律的验证	30	规范使用电流表，测量数据读数正确。（15分） 2.证明节点 B 是否满足 $\sum I=0$。（15分）		
	3	基尔霍夫电压定律的验证	30	1.规范使用万用表，测量数据读数正确。（15分） 2.分别证明回路 ABDA、ABCDA 是否满足 $\sum U=0$。（注意：应先列出方程，再代入上表测量数据计算。）（15分）		
	4	安全文明生产	10	操作符合"清洁、清扫、整理、整顿、安全、素养"要求（10分）		
总分						

二、巩固与提高

（一）填空题

1．电路一般由_____、_____、_____和_____四部分组成。

2．电路有通路、_____和_____三种状态，其中_____时，电路中会有大电流，从而损坏电源和导线，应尽量避免。

3. 电荷的_____形成电流，电流用符号_____表示，国际单位是_____，常用单位还有_____和_____。

4. 电流方向习惯上规定以_____移动的方向为电流的方向，因此，电流的方向实际上与自由电子和负离子移动方向_____。

5. 电压又称_____，用字母_____表示，国际单位是_____。

6. 导体对电流的_____作用称为电阻，用符号_____表示，单位是_____。比较大的单位还有_____、_____。

7. 在一定温度下，导体电阻的大小与导体的_____、_____和_____有关，可用公式表示为_____。

8. 电阻率的大小反映了物质的_____能力，电阻率小、容易导电的物体称为_____；电阻率大，不容易导电的物体称为_____。

9. 电路中某点的电位是指电路中_____与_____之间的电压；电位与参考点的选择_____关，电压与参考点的选择_____关。

10. 参考点的点位规定为_____，低于参考点的电位为_____值，高于参考点的电位为_____值。

11. 已知 A、B 两点之间的电压为 5 V，A 点的电位为 2 V，则 B 点的电位为_____。

12. 对于电源来说，既有电动势，又有端电压，电动势只存在于电源_____部，其方向由_____极指向_____极；端电压只存在于电源外部，只有当电源_____时，电源的端电压和电源的电动势才相等。

13. 当电源具有一定值的内阻时，在通路状态下，端电压_____电动势；在断路状态下，端电压_____电动势（填写"大于""等于"或"小于"）

14. 如图 2.32 所示，为一电阻的伏安特性曲线，该电阻为_____Ω；当它两端的电压为 0 时，其电阻为_____Ω，流过的电流为_____A。

15. 两个电阻的伏安特性如图 2.33 所示，则 R_a 比 R_b_____（大、小），R_a = _____，R_b_____。

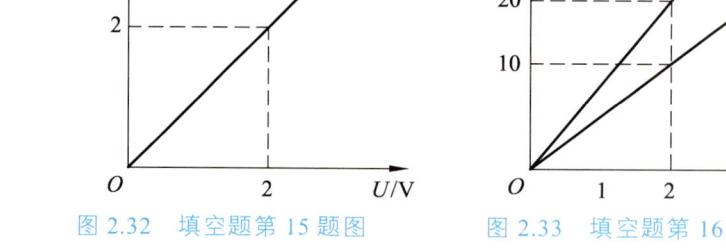

图 2.32　填空题第 15 题图　　图 2.33　填空题第 16 题图

16. 电流做功的过程，实质上就是将_____能转化为_____能的过程，电流所做的功称_____，用字母_____表示，单位是_____。

17. 电能的另一个常用单位是_____，即通常所说的 1 度电，它的焦耳的换算关系为 1 kW·h = _____J。

18. 电流在_____所做的功，称为电功率；当流过用电器的电流一定时，电功率与电阻值成_____比；当加在用电器两端电压一定时，电功率与电阻值成_____比。

19. 一个标有"220 V，40 W"的灯泡，它在正常工作条件下的电阻是_____Ω，通过灯丝的电流是_____A。

20. 电阻串联可获得阻值_____的电阻，还可以扩大_____表的量程；电阻并联可获得阻值_____的电阻，还可以扩大_____表的量程，工作电压相同的负载几乎都是_____联使用的。

21. 电路中_____叫作支路；_____支路的汇交点叫作节点；电路中_____都叫作回路，其中，最简单的回路又叫作_____或者_____。

22. 基尔霍夫电流定律指出：流过电路任一节点_____为零，其数学表达式为_____；基尔霍夫电压定律指出：从电路的任一点出发绕任意回路一周回到该点时，_____为零，其数学表达式为_____。

（二）判断题

1. 导体中电流的方向与电子流动的方向一致。（ ）

2. 电流表必须串接在被测电路中。（ ）

4. 电路中两点的电压等于这两点间的电位差，所以两点的电压与电位的参考点有关。（ ）

5. 电源电动势的大小由电源本身的性质决定，与外电路无关。（ ）

6. 电路中选择的参考点改变了，各点的电位也将改变。（ ）

7. 金属导体中电子移动的方向就是电流的方向。（ ）

8. 导体两端有电压，导体中才会产生电流。（ ）

9. 电压是衡量电场力做功本领的物理量。（ ）

10. 电路中参考点改变，各点的电位也将改变。（ ）

11. 电源电动势的大小由电源本身性质所决定，与外电路无关。（ ）

12. 电路无论空载还是满载，电源两端的电压都保持恒定不变。（ ）

13. 在开路状态下，开路电流为零，电源端电压也为零。（ ）

14. 功率越大的电器，通过它的电流做的功越多。（ ）

15. 用电器正常工作的基本条件是供电电压等于用电器的额定电压。（ ）

16. 把"25 W，220 V"的灯泡接在"1 000 W，220 V"发电机上时灯泡会烧坏。（ ）

17. 通过电阻上的电流增大到原来的2倍时，它所消耗的功率也增大到原来的2倍。（ ）

18. 如果电源被短路，输出的电流最大，此时电源输出的功率也最大。（ ）

19. 电阻并联后的总电阻值总是小于任一电阻的阻值。（ ）

20. 在电阻分压电路中，电阻值越大，其两端分得的电压就越高。（ ）

21. 电阻两端电压为10 V时，电阻值为10 Ω，当电压升至20 V，电阻值将为20 Ω。（ ）

22. 每一条支路中的元件，仅是一只电阻或一个电源。（ ）

23. 电路中任一网孔都是回路，电路中任一回路都可以称为网孔。（ ）

24. 电路中任意一个节点上，流入节点的电流之和，一定等于流出该节点的电流之和。（ ）

（三）选择题

1. 若将一段电阻为 R 的导线均匀拉长至原来的 4 倍，则电阻变为（ ）。

A. 4R　　　　　　B. 16R　　　　　　C. 1/4R　　　　　　D. 1/16R

2. 某电阻两端加 15 V 电压时，通过 3 A 的电流；若在两端加 18 V 电压时，通过它的电流为（ ）。

A. 1 A　　　　　　B. 3 A　　　　　　C. 3.6 A　　　　　　D. 5 A

3. 两根同种材料的电阻丝，长度之比为 1∶2，横截面积之比为 3∶2，则它们的电阻之比为（ ）。

A. 3∶4　　　　　　B. 1∶3　　　　　　C. 3∶1　　　　　　D. 4∶3

4. 以下叙述不正确的是（ ）。

A. 电压和电位的单位都是伏。

B. 电压是两点间的电位差，它是相对值。

C. 电位是某点与参考点之间的电压。

D. 电位是相对的，会随参考点的改变而改变。

5. 下列关于电流说法正确的是（ ）。

A. 通过的电量越多，电流就越大。

B. 通电时间越长，电流就越大。

C. 通电时间越短，电流就越大。

D. 通电一定电量时，所需时间越短，电流就越大。

6. 通过一个导体的电流是 5 A，经过 4 min，通过导体横截面的电量是（ ）

A. 20 C　　　　　　B. 50 C　　　　　　C. 1 200 C　　　　　　D. 2 000 C

7. 电源电动势是衡量（ ）做工本领大小的物理量。

A. 电场力　　　　　　B. 外力　　　　　　C. 电源力

8. 电路中任意两点电位的差值称为（ ）。

A. 电动势　　　　　　B. 电压　　　　　　C. 电位

9. 电路中任意两点的电压高，则（ ）。

A. 这两点的电位都高

B. 这两点的电位差大

C. 这两点的电位都大于零

10. 在电路计算时与参考点有关的物理量是（ ）。

A. 电压　　　　　　B. 电位　　　　　　C. 电动势

11. 两根材料相同的导线，截面积之比为2∶1，长度之比1∶2，那么，两根导线的电阻之比是（　　）

A. 1∶1　　　　　B. 4∶1　　　　　C. 1∶4　　　　　D. 1∶2

12. 导体的电阻不但与导体的长度、横截面积有关，而且还与导体的（　　）有关。

A. 电流　　　　　B. 电压　　　　　C. 距离　　　　　D. 材质

13. 电源电动势是2 V，内电阻是0.1 Ω，当外电路断路时，电路中的电流和端电压分别为（　　）

A. 0　2 V　　　　B. 20 A　2 V　　　C. 20 A　0　　　D. 0　0

14. 在上题中，当外电路短路时，电路中的电流和端电压分别为（　　）

A. 0　2 V　　　　B. 20 A　2 V　　　C. 20 A　0　　　D. 0　0

15. 用电压表测得电路端电压为0，这说明（　　）

A. 外电路断路　　　　　　　　　B. 外电路短路

C. 外电路上电流比较小　　　　　D. 电源内电阻为零

16. 在全电路中，当负载短路时，电源内压降（　　）

A. 为零　　　　　B. 等于电源电动势　　C. 等于端电压

17. 一段导线的电阻与其两端所加的电压（　　）

A. 一定有关　　　B. 一定无关　　　C. 可能有关

18. "12 V，6 W"的灯泡，接入6 V电路中，通过灯丝的实际电流是（　　）。

A. 1 A　　　　　B. 0.5 A　　　　C. 0.25 A　　　　D. 0.125 A

19. 一度电可供"220 V，40 W"的灯泡正常发光的时间是（　　）

A. 20 h　　　　　B. 40 h　　　　　C. 45 h　　　　　D. 25 h

20. 若某电源开路电压为120 V，短路电流为2 A，则负载从该电源获得的最大功率是（　　）

A. 240 W　　　　B. 60 W　　　　　C. 600 W　　　　D. 480 W

21. 在电阻串联电路中，相同时间内，电阻越大，发热量（　　）

A. 越小　　　　　B. 越大　　　　　C. 无法确定　　　D. 相等

22. "220 V，100 W"的灯泡经一段导线接在220 V的电源上时，它的实际功率为81 W，则导线上损耗的功率是（　　）

A. 19 W　　　　　B. 9 W　　　　　C. 10 W　　　　　D. 38 W

23. 两导体并联时的电阻值为2.5 Ω，串联时的电阻值为10 Ω，则两个导体的电阻值（　　）

A. 一定都是5 Ω　　　　　　　　　B. 可能都是5 Ω

C. 不一定相等　　　　　　　　　D. 可能都是10 Ω

24. 给内阻为9 kΩ，量程为1 V的电压表串联电阻后，量程扩大为10 V，则串联电阻为（　　）

A. 1 kΩ　　　　　B. 90 kΩ　　　　C. 81 kΩ　　　　D. 99 kΩ

（三）综合题

1. 在图 2.34 中，$U_{AB} = -7\,\text{V}$，试问 A、B 两点哪点电位高并说明理由。

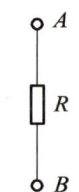

图 2.36　综合题第 1 题图

2. 三个电阻的阻值关系为 $R_1 > R_2 > R_3$，并联后的等效电阻为 R。试问 R_1、R_2、R_3、R 四个电阻哪个最大？哪个最小？

3. 已知一段电路的电阻值为 $3\,\text{k}\Omega$，流过这段电路的电流值为 $40\,\text{mA}$，试求这段电路电阻两端的电压为多少？

4. 将两个大小为 $20\,\Omega$ 和 $30\,\Omega$ 的电阻串接在 $150\,\text{V}$ 的电源上，则电路的总电流是多少？如果将电源电压扩大一倍，电路的总电流又为多少？

5. 电源的电动势为 $1.5\,\text{V}$，内阻为 $0.2\,\Omega$，外电路的电阻为 $1.3\,\Omega$，试求电路中的电流和外电路电阻两端的电压。

6. 一台抽水用的电动机，功率为 $2.5\,\text{kW}$，每天工作 6 小时，问一个月（按 30 天计算）消耗多少度电？

7. 已知电源的电动势为 $3\,\text{V}$，内电阻为 $0.9\,\Omega$，求电路中的电流和端电压。

8. 一个 $10\,\Omega$ 的电阻通过 $0.5\,\text{A}$ 的电流，电阻消耗的电功率是多少？一个 $20\,\Omega$ 的电阻接在 $16\,\text{V}$ 的电压上，它的功率又是多少？

9. 某用电器上的线绕电阻的额定值为 $10\,\text{W}/250\,\Omega$，试求其额定电流，当该电器正常工作时，其工作电压不得超过多大的数值？

10. 标有"$2\,\text{kW}$，$220\,\text{V}$"的电炉，求：

（1）电炉正常工作时的电流；

（2）电炉的电阻；

（3）如果每天使用 3 h，一个月（按 30 天计算）消耗的电能；

（4）如果把它接到 $110\,\text{V}$ 电源上，实际消耗的功率。

11. 在下图 2.35 中，试求 a 点的电位。

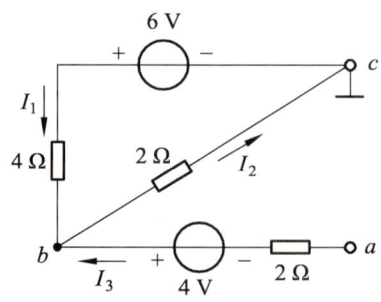

图 2.35　综合题第 11 题图

12. 如下图 2.36 所示电路，已知 $U_1 = 5\text{ V}$，$U_3 = 3\text{ V}$，$I = 2\text{ A}$，求 U_2、I_2、R_1、R_2 和 U_S。

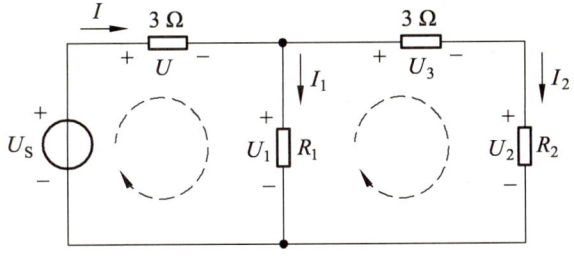

图 2.36　综合题第 12 题图

13. 求下图 2.37 所示电路中的电流 I_1 和电压 U_2。

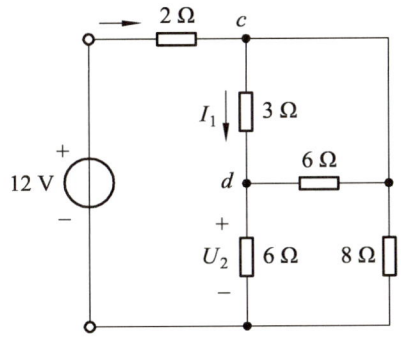

图 2.37　综合题第 13 题图

14. 如图 2.38 所示的电路中，支路、节点、网孔和回路各有多少？

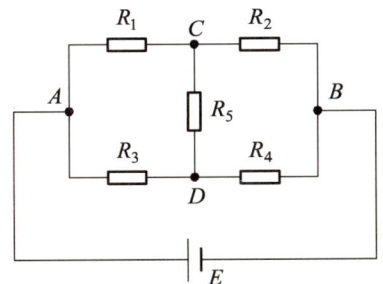

图 2.38　综合题第 14 题图

15. 列出图 2.39 所示电路中回路 1 和回路 2 的 KVL 方程式。

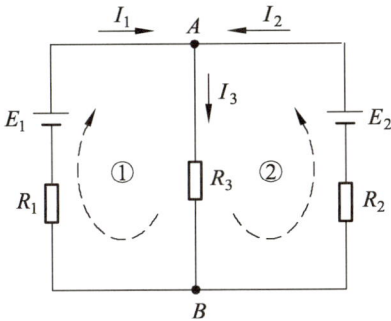

图 2.39　综合题第 15 题图

项目三　电路分析方法

【任务导入】

分析与计算电路要应用欧姆定律和基尔霍夫定律,但在实际应用中往往有许多复杂电路,计算过程极为繁杂。因而,要根据电路的特点结构去寻找分析与计算的简洁办法。本章以电阻电路为例,将重点介绍几种常用的电路分析方法,如电源等效变换法、支路电流法、叠加原理、戴维南定理等,这是电路分析、电气控制和电子技术的基础。

【教学目标】

知识目标

掌握线性电路的一般方法及常用定理,具体包括电源等效变换法、支路电流法、节点电压法、叠加定理、戴维南定理等内容。

能力目标

能够运用电路原理,会分析复杂电路。

素质目标

培养学习者自主学习新知识的能力以及在学习中掌握分析问题、解决问题的能力。

思政目标

鼓励学生运用不同的电路分析方法解决实际问题,挑战传统思维,培养他们的创新意识和解决问题的能力。同时,通过介绍电路分析方面的最新研究成果和技术进展,激发学生的求知欲和探索欲。

重难点

会使用电源等效变换法、支路电流法、节点电压法、叠加定理、戴维南定理等方法和原理进行复杂电路的分析与求解。

任务一　电源的两种模型及其等效变换

知识目标

掌握线性电路中电源等效变换法的定义与求解过程。

能力目标

掌握用电源等效变换法求解电路问题的使用前提与求解方法。

素质目标

能够清晰准确识别电路连接方式与变换方法,在工作现场能够快速准确判断。

思政目标

在分组讨论、案例分析等环节中,强调团队协作的重要性。通过共同完成任务,培养学生的团队协作精神。

重难点

电压源和电流源等效变换的方法。

一个电源可以用两种不同的电路模型来表示。一种是用理想电压源与电阻串联的电路模型来表示,我们把它叫作电源的电压源模型;另一种是用理想电流源与电阻并联的电路模型来表示,称为电源的电流源模型。

一、电压源模型

电压源是一个理想二端元件,其图形符号如图 3.1(a)所示,用 U_S 来表示电压源的电压,"+""−"表示为电压的参考极性。任何一个电源或者信号源,它们一般都是由电压源 U_s 和电源内阻 R_0 来构成。我们在进行电路的逻辑分析的时候,需要把它们分开,构成如图 3.1(b)所示的电压源模型,简称为电压源。图中,U_S 为电源的端电压,R_L 为负载电阻,I 为通过负载电阻的电流。

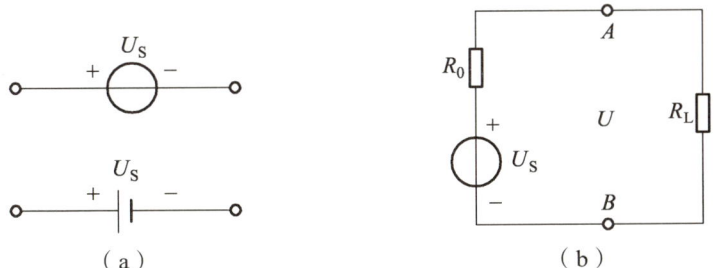

图 3.1 电压源电路

由图我们可以列出方程:

$$U = U_S - IR_0 \tag{3-1}$$

根据方程,我们可以得出电压源的外特性曲线,如图 3.2 所示。当电压源开路时,$I = 0$,$U = U_0 = U_S$;当发生短路时,$U = 0$,$I = I_S = \dfrac{U_S}{R_0}$。当电源内阻 R_0 越小时,其表现的直线特性越平。

当 $R_0 = 0$ 时,电压 U 恒等于电动势 U_S,为一个定值,而其中的电流 I 则是任意的,由负载电阻 R_L 和电压 U 本身来决定,这样的电源被称为理想电压源,其外特性曲线是与水平轴(I)平行的一条直线,如图 3.2 示。

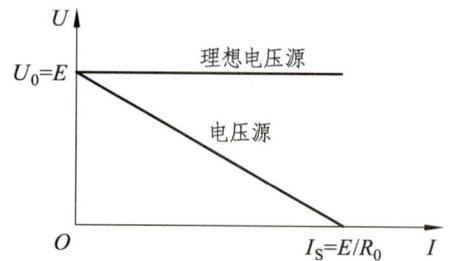

图 3.2 电压源与理想电压源外特性曲线

理想电压源是理想的电源。如果电路中一个电源的内阻远小于负载的总电阻值，也就是当 $R_0 \ll R_L$ 时，内压降约等于零，此时电源的电动势近似等于电源的端电压，可以认为是理想电压源。一般我们可以把稳压电源当作理想电压源。

二、电流源模型

电源除了用电压源来进行表示外，还可以用电流源来进行表示。电流源也是一个二端元件，其图形符号如图 3.3（a）所示，用 I_s 来表示电流源的电流，电流源一侧的箭头表示电流源的参考方向。如图 3.3（b）所示，该电路图是用电流来表示的电源电路模型，也就是电流源模型，简称为电流源。该电路是由电阻 R_0 支路和电阻 R_L 支路并联组成。

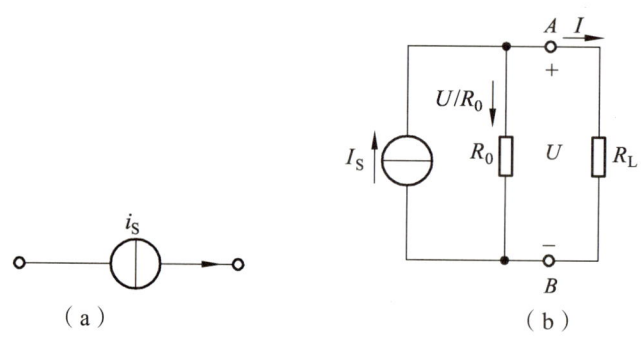

图 3.3 电流源电路

由图我们可以列出方程：

$$I = I_s - \frac{U}{R_0} \tag{3-2}$$

根据方程，我们可以得出电流源的外特性曲线，如图 3.4 所示，当电流源开路时，$I = 0$，$U = U_0 = R_s I_s$；当发生短路时，$U = 0$，$I = I_s$。当电源内阻 R_0 越大时，其表现的直线特性越陡。

当 $R_0 = +\infty$（等于把电阻 R_0 支路开路）时，电流 I 恒等于电流 I_s，为一个定值，而其两端的电压 U 是任意的，由电流 I_s 和负载电阻 R_L 来决定，我们把这样的电源称为理想电流源，其外特性曲线是与垂直轴（U）平行的一条直线，如图 3.4 所示。

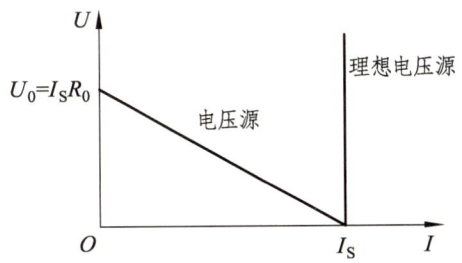

图 3.4　电流源和理想电流源的外特性曲线

理想电流源也属于理想电源。如果电路中负载的总电阻值远小于电源的内阻，也就是当 $R_L \ll R_0$ 时，此时，$I \approx I_S$，基本保持为一个定值，可以认为是理想电流源。一般我们把晶体管近似当作理想电流源。

三、电压源与电流源等效变换的条件

在两种电源模型中，我们发现电压源模型的外特性和电流源模型的外特性是相同的。因而，电源的两种电路模型相互间可以进行等效变换。

观察式（3-1）和式（3-2），把式（3-1）的等式两边同时除以 R_0，并进行移项，可得如下：

$$I = \frac{U_S}{R_0} - \frac{U}{R_0} \qquad (3\text{-}3)$$

此时，若令 $I_S = \dfrac{U_S}{R_0}$，则式（3-3）和式（3-2）所示的两个方程完全相同，即式（3-1）和式（3-2）所示的两个方程完全相同，也就是电压源和电流源的外特性相同，所以电压源和电流源可在一定条件下进行等效变换，如下图 3.5 所示。

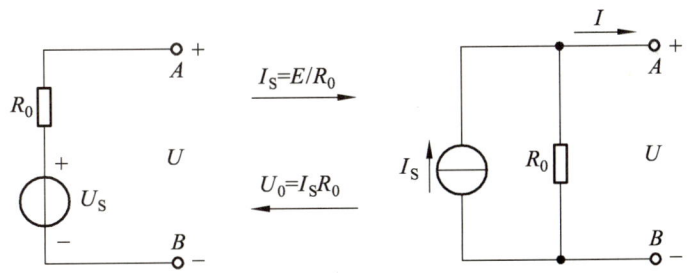

图 3.5　电压源和电流源的等效变换

需要注意的是：

（1）电压源模型和电流源模型的等效关系只是对外电路而言的，至于对电源内部，则是不等效的。

（2）理想电压源和理想电流源之间不能进行等效变换。

（3）在进行变换的过程中应注意电流源电流和电压源电压的极性。

【例 3.1】试用电压源与电流源等效变换的方法计算图 3.6 中电流 I 为多少。

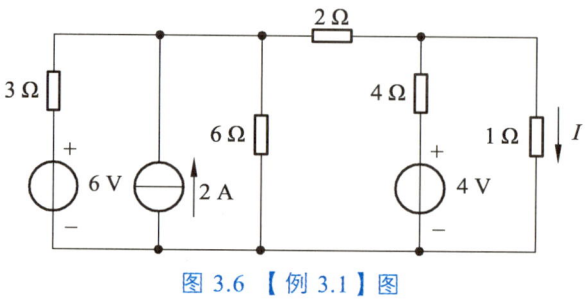

图 3.6 【例 3.1】图

解：经观察可以得出，该图由左至右可依次进行变换，变换过程如下图所示：

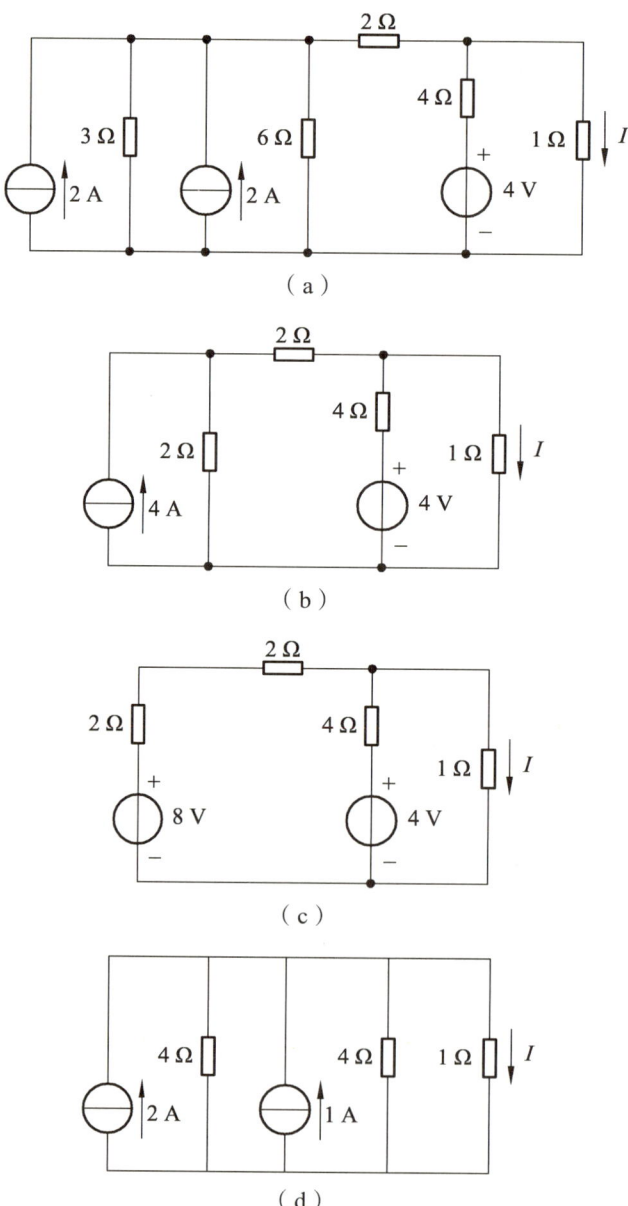

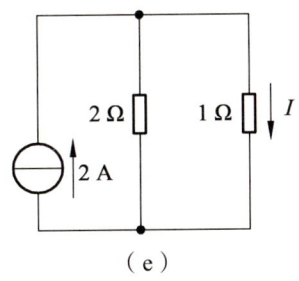

图 3.7 【例 3.1】变换过程图

根据图 3.7（e）可以得出

$$I = \frac{2}{2+1} \times 3\text{A} = 2\text{A}$$

答：电流 I 为 2 A。

任务二　电阻星形连接与三角形连接的等效变换

知识目标

认识星形连接和三角形连接的电阻电路，掌握两者等效变换的方法。

能力目标

掌握含有大量电阻电路的化简与变换方法，培养细致的观察能力。

素质目标

能够准确快速使用等效变换方法化简电路。

思政目标

引导学生关注电阻连接等效变换在现实生活中的应用场景，如电子设备的设计、制造和维护等。通过实际案例的分析和讨论，让学生认识到自己所学知识的社会价值和意义，增强其社会责任感。

重难点

电阻的星形连接和三角形连接电路的识别。

三个电阻元件首尾相连，连成一个三角形，就叫作三角形连接，简称△形连接，如图 3.8（a）所示。三个电阻元件的一端连接在一起，另一端分别连接到电路的三个节点，这种连接方式叫作星形连接，简称 Y 形连接，如图 3.8（b）所示。

在电路分析中，常利用 Y 形网络与△形网络的等效变换来简化电路的计算。在图 3.8 所示的△形网络与 Y 形网络中，若电压 U_{12}、U_{23}、U_{31} 和电流 I_1、I_2、I_3 都分别相等，则两个网络对外是等效的。据此，可导出 Y 形连接电阻 R_1、R_2、R_3 与△形连接电阻 R_{12}、R_{23}、R_{31} 之间的等效变换关系。

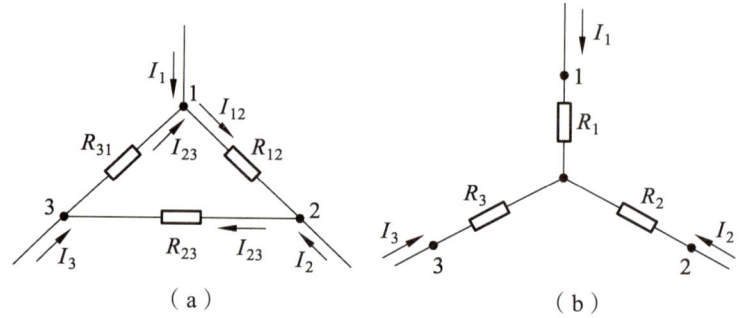

图 3.8　电阻的三角形和星形连接

应用 KVL 于图 3.8（a）中的回路 1231，有

$$R_{12}I_{12} + R_{23}I_{23} + R_{31}I_{31} = 0$$

由 KCL，有

$$I_{23} = I_2 + I_{12}$$

$$I_{31} = I_{12} - I_1$$

将三式联立，得：

$$R_{12}I_{12} + R_{23}(I_2 + I_{12}) + R_{31}(I_{12} - I_1) = 0$$

经过整理后，得

$$I_{12} = \frac{R_{31}}{R_{12} + R_{23} + R_{31}}I_1 - \frac{R_{23}}{R_{12} + R_{23} + R_{31}}I_2$$

$$U_{12} = R_{12}I_{12} = \frac{R_{31}R_{12}}{R_{12} + R_{23} + R_{31}}I_1 - \frac{R_{12}R_{23}}{R_{12} + R_{23} + R_{31}}I_2 \tag{3-4a}$$

同理可求得

$$U_{23} = \frac{R_{12}R_{23}}{R_{12} + R_{23} + R_{31}}I_2 - \frac{R_{23}R_{31}}{R_{12} + R_{23} + R_{31}}I_3 \tag{3-4b}$$

$$U_{31} = \frac{R_{23}R_{31}}{R_{12} + R_{23} + R_{31}}I_3 - \frac{R_{12}R_{31}}{R_{12} + R_{23} + R_{31}}I_1 \tag{3-4c}$$

对于图 3.8（b）有：

$$U_{12} = R_1I_1 - R_2I_2 \tag{3-5a}$$

$$U_{23} = R_2I_2 - R_3I_3 \tag{3-5b}$$

$$U_{12} = R_3I_3 - R_1I_1 \tag{3-5c}$$

比较式（3-4）和式（3-5）可知：若要满足等效条件，两组方程式 I_1、I_2、I_3 前面的系数必须相等，即

$$R_1 = \frac{R_{12}R_{31}}{R_{12}+R_{23}+R_{31}} \qquad (3\text{-}6a)$$

$$R_2 = \frac{R_{23}R_{12}}{R_{12}+R_{23}+R_{31}} \qquad (3\text{-}6b)$$

$$R_1 = \frac{R_{31}R_{23}}{R_{12}+R_{23}+R_{31}} \qquad (3\text{-}6c)$$

式（3-6）就是从已知的△形连接电阻变换为等效 Y 形连接电阻的计算公式。解方程组（3-6），可得：

$$R_{12} = \frac{R_1R_2+R_2R_3+R_3R_1}{R_3} = R_1+R_2+\frac{R_1R_2}{R_3} \qquad (3\text{-}76a)$$

$$R_{23} = \frac{R_1R_2+R_2R_3+R_3R_1}{R_1} = R_2+R_3+\frac{R_2R_3}{R_1} \qquad (3\text{-}7b)$$

$$R_{31} = \frac{R_1R_2+R_2R_3+R_3R_1}{R_2} = R_3+R_1+\frac{R_3R_1}{R_2} \qquad (3\text{-}7c)$$

式（3-7）就是从已知 Y 形连接电阻变换为等效△形连接电阻的计算公式。

若作△形（或 Y 形）连接的三个电阻相等，则变换后的 Y 形（或△形）连接的三个电阻也相等。设△形连接的三个电阻 $R_{12}=R_{23}=R_{31}=R_\triangle$，则等效 Y 形连接的三个电阻为

$$R_Y = R_1 = R_2 = R_3 = \frac{R_\triangle}{3} \qquad (3\text{-}8)$$

反之

$$R_\triangle = R_{12} = R_{23} = R_{31} = 3R_Y \qquad (3\text{-}9)$$

【例 3.2】图 3.9 所示的电路中，已知 $U_s=225\text{V}$，$R_0=1\ \Omega$，$R_1=40\ \Omega$，$R_2=36\ \Omega$，$R_3=50\ \Omega$，$R_4=55\ \Omega$，$R_5=10\ \Omega$，试求各电阻的电流。

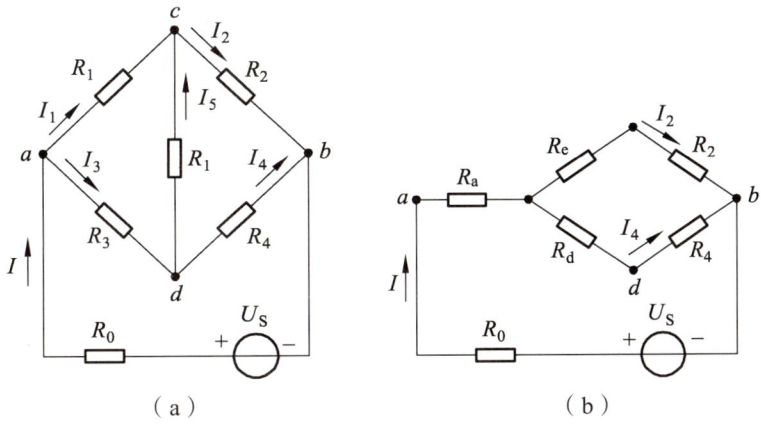

图 3.9 【例 3.2】电路图

解：将△形连接的 R_1、R_3、R_5 等效变换为 Y 形连接的 R_a、R_c、R_d，如图 3.10（b）所示，代入式（3-6）求得：

$$R_a = \frac{R_3 R_1}{R_5 + R_3 + R_1} = \frac{50 \times 40}{10 + 50 + 40} = 20(\Omega)$$

$$R_c = \frac{R_1 R_5}{R_5 + R_3 + R_1} = \frac{40 \times 10}{10 + 50 + 40} = 4(\Omega)$$

$$R_d = \frac{R_5 R_3}{R_5 + R_3 + R_1} = \frac{10 \times 50}{10 + 50 + 40} = 5(\Omega)$$

图 3.9（b）是电阻混联网络，串联的 R_c、R_2 的等效电阻 $R_{c2} = 40\ \Omega$，串联的 R_d、R_4 的等效电阻 $R_{d4} = 60\ \Omega$，二者并联的等效电阻为

$$R_{ab} = \frac{40 \times 60}{40 + 60} = 24(\Omega)$$

R_a 与 R_{ab} 串联，a、b 间桥式电阻的等效电阻为

$$R_i = 20 + 24 = 44(\Omega)$$

桥式电阻的端口电流为

$$I = \frac{U_S}{R_0 + R_i} = \frac{225}{1 + 44} = 5\ （A）$$

R_2、R_4 的电流分别为

$$I_2 = \frac{R_{d4}}{R_{c2} + R_{d4}} I = \frac{60}{40 + 60} \times 5 = 3\ （A）$$

$$I_4 = \frac{R_{c2}}{R_{c2} + R_{d4}} I = \frac{40}{40 + 60} \times 5 = 2\ （A）$$

为了求得 R_1、R_3、R_5 的电流，从图 3.10（b）求得

$$U_{ac} = R_a I + R_c I_2 = 20 \times 5 + 4 \times 3 = 112\ （A）$$

回到图 3.9（a）所示电路，得

$$I_1 = \frac{U_{ac}}{R_1} = \frac{112}{40} = 2.8\ （A）$$

并由基尔霍夫电流定律得：

$$I_3 = I - I_1 = 5 - 2.8 = 2.2(A)$$

$$I_5 = I_3 - I_4 = 2.2 - 2 = 0.2(A)$$

答：电阻 R_0 上的电流为 5 A；电阻 R_1 上的电流为 2.8 A；电阻 R_2 上的电流为 3 A；电阻 R_3 上的电流为 2.2 A；电阻 R_4 上的电流为 2 A；电阻 R_5 上的电流为 0.2 A。

任务三　支路电流法

知识目标
掌握支路电流法的使用方法与使用条件。

能力目标
初步掌握分析复杂电路的能力。

素质目标
能够准确快速使用支路电流法求解相关物理量。

思政目标
在讲解支路电流法使用过程中，注意锻炼学生的逻辑思维能力，使他们学会如何条理清晰地分析问题、建立数学模型并求解。在解题过程中，强调每一步推导的严谨性，确保方程组的建立和求解准确无误。这有助于培养学生严谨的科学态度，使他们养成严谨细致的工作习惯。

重难点
支路电流法的实际应用。

我们一般把不能用电阻串并联等效变换求解物理量的电路称为复杂电路。下面我们介绍一种求解复杂电路的基本方法——支路电流法。

一、支路电流法

应用基尔霍夫电流定律（KCL）和基尔霍夫电压定律（KVL）分别对节点和回路列出含有所求未知量的方程组，然后联立求解出各未知量的方法叫作支路电流法。同时，如果电路有 n 个节点，可以列出（$n-1$）个独立节点电流方程；如果电路有 b 条支路，则能够列出 $b-(n-1)$ 个独立电压方程。

二、支路电流法的应用

下面我们以图 3.10 为例，来说明使用支路电流法的过程。
（1）该电路的支路数 $b=3$，支路电流有 I_1、I_2、I_3 三个。
（2）节点数 $n=2$，因此可以列出 $n-1=2-1=1$ 个独立的基尔霍夫电流方程。
（3）支路数 $b=3$，因此可列出 $b-(n-1)=3-(2-1)=2$ 个独立的基尔霍夫电压方程。
应用基尔霍夫定律列方程得：
对于左边的回路：$I_1R_1+I_3R_3=E_1$
对于右边的回路：$I_2R_2+I_3R_3=E_2$

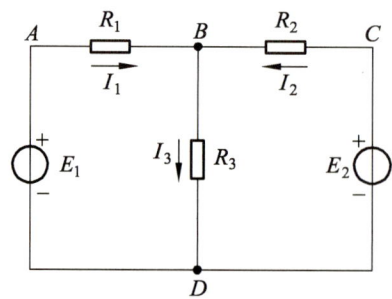

图 3.10 支路电流法示例图

由以上的例子，可以推出使用支路电流法求解的一般步骤：
（1）分析电路，得出电路的支路数 b，同时选定各支路电流的参考方向并标在电路图上。
（2）利用基尔霍夫定律分别列出独立的电压、电流方程。注意：在利用基尔霍夫电压定律列方程时，为了使所列出的每一个方程都是独立的，应该使新选的回路中至少有一条支路是已选过的回路中未曾选过的新支路。一般情况下，网孔一定是独立的，且网孔数等于所需独立回路数。
（3）联立列出的方程组，求出各支路电流。

【例 3.3】如图 3.11 所示为一直流发电机工作的电路图，其中：U_{S1} U_{s1} = 130 V、R_1 = 1 Ω；电阻负载 R_3 = 24 Ω，蓄电池组中 U_{S2} U_{s2} = 117 V、R_2 = 0.6 Ω，试求各支路电流和各元件的功率。

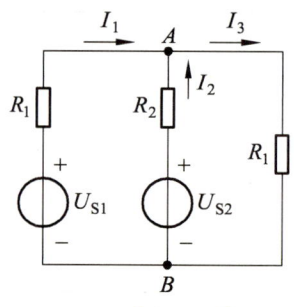

图 3.11 【例 3.3】图

解：由题意得：该电路的支路数 $b = 3$，支路电流有 I_1、I_2、I_3 三个变量。
应用基尔霍夫电流定律对节点 A 列出方程可得：

$$-I_1 - I_2 + I_3 = 0 \qquad ①$$

观察图可知该图有两个网孔，我们均选择顺时针方向为参考绕行方向，对左右两个网孔列出方程可得②③，

$$I_1 R_1 - I_2 R_2 = U_{S1} - U_{S2} \qquad ②$$

$$I_2 R_2 + I_3 R_3 = U_{S2} \qquad ③$$

联立式子①②③，将 $R_1 = 1\,\Omega$，$R_2 = 0.6\,\Omega$，$R_3 = 24\,\Omega$ 带入方程组得：

$$I_1 = 10\,\text{A}，\quad I_2 = -5\,\text{A}，\quad I_3 = 5\,\text{A}。$$

U_{S1} 发出的功率为

$$P_{S1} = U_{S1}I_1 = 130 \times 10 = 1300 \text{ (W)}$$

U_{S2} 发出的功率为

$$P_{S2} = U_{S2}I_2 = 117 \times -5 = -585 \text{ (W)}$$

此处功率的数值为 -585 W，说明它此时没有发出功率，而是在吸收功率。因此 U_{S2} 从电路中吸收的功率为 585 W。

各电阻接受的功率为：

$$P_1 = I_1^2 R_1 = 10^2 \times 1 = 100 \text{ (W)}$$

$$P_2 = I_2^2 R_2 = -5^2 \times 0.6 = 15 \text{ (W)}$$

$$P_3 = I_3^2 R_3 = 5^2 \times 24 = 600 \text{ (W)}$$

【例 3.4】 如图 3.12 所示，若 $E_1 = 20$ V，$E_2 = 10$ V，$R_1 = R_3 = 2\ \Omega$，$R_2 = R_4 = 4\ \Omega$，请使用支路电流法求出各支路电流。

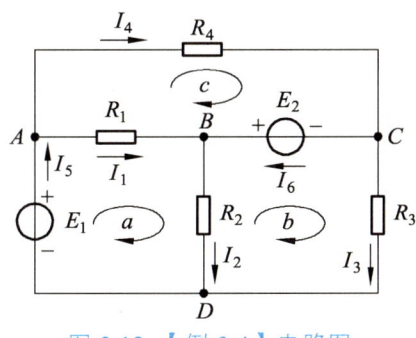

图 3.12 【例 3.4】电路图

解： 依题意并根据该电路的结构可以分析出，电路的支路数 $b = 6$，支路电流有 I_1、I_2、I_3、I_4、I_5、I_6 六个变量，独立节点有 A、B、C 三个，网孔有三个，根据基尔霍夫电流方程列出方程：

节点 A：$I_1 + I_4 - I_5 = 0$

节点 B：$-I_1 + I_2 - I_6 = 0$

节点 C：$I_3 - I_4 + I_6 = 0$

选定 3 个网孔，假定网孔的绕行方向如图所示，根据基尔霍夫电压定律列出 3 个独立回路电压方程：

对回路 a：$I_1 R_1 + I_2 R_2 - E_1 = 0$

对回路 b：$-I_2 R_2 + I_3 R_3 + E_2 = 0$

对回路 c：$-I_1 R_1 + I_4 R_4 - E_2 = 0$

联立回路 a、b、c 方程，解得各支路电流：

$$I_1 = 2.5 \text{A}, I_2 = 3.75 \text{A}, I_3 = 2.5 \text{A}$$

$I_4 = 3.75\text{A}$,$I_5 = 6.25\text{A}$,$I_6 = 1.25\text{A}$

从该题我们也可以看出，当电路的支路数目较多时，利用支路电流法列出的联立方程数目也较多，使得求解过程也比较麻烦。因此，支路电流法适合于支路数较少的复杂电路的分析计算。

任务四　叠加定理

知识目标

应用叠加定理求电流或电压。

能力目标

掌握使用叠加定理解决复杂电路问题的能力。

素质目标

能够快速准确使用叠加定理求解实际电路问题中相关物理量。

思政目标

引导学生从不同角度分析问题，如从电源、负载、电路结构等多个视角出发，全面理解叠加定理的应用场景和限制条件。通过多视角分析，提高学生在复杂环境中的应变处理能力和培养学生的全面性和深入性思维能力。

重难点

叠加定理的实际应用。

在图3.13（a）所示的电路中有两个电源，各支路中的电流是由这两个电源共同作用产生的。对于线性电路，任何一条支路中的电流，都可以看成是由电路中各个电源（电压源或电流源）分别单独作用时，在此支路中所产生的电流的代数和，这就是叠加定理。

下面我们以图3.13中的电流参数I_1为例来进行说明叠加定理的正确性。

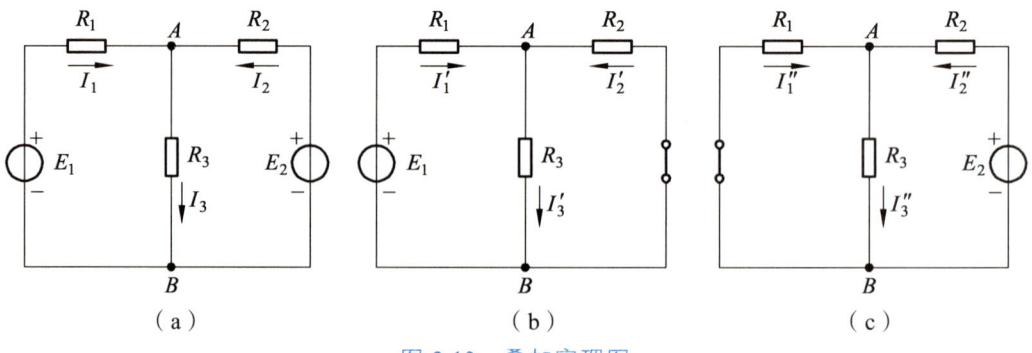

图3.13　叠加定理图

它可以用支路电流法求出，即应用基尔霍夫定律列出方程组

$$\begin{cases} I_1 + I_2 - I_3 = 0 \\ E_1 = R_1 I_1 + R_3 I_3 \\ E_2 = R_2 I_2 + R_3 I_3 \end{cases} \qquad (3\text{-}3)$$

解得

$$I_1 = \frac{R_2 + R_3}{R_1 R_2 + R_2 R_3 + R_3 R_1} E_1 - \frac{R_3}{R_1 R_2 + R_2 R_3 + R_3 R_1} E_2 \qquad (3\text{-}4)$$

设

$$\begin{cases} I_1' = \dfrac{R_2 + R_3}{R_1 R_2 + R_2 R_3 + R_3 R_1} E_1 \\ I_1'' = \dfrac{R_3}{R_1 R_2 + R_2 R_3 + R_3 R_1} E_2 \end{cases} \qquad (3\text{-}5)$$

于是

$$I_1 = I_1' - I_1'' \qquad (3\text{-}6)$$

显然,I_1' 是当电路中只有 E_1 单独作用时,在第一支路中所产生的电流,如图 3-13(b)所示。而 I_1'' 是当电路中只有 E_2 单独作用时,在第一支路中所产生的电流,如图 3-13(c)所示。因为 I_1'' 的方向同 I_1 的参考方向相反,所以带负号。

同理

$$I_2 = I_2'' - I_2' \qquad (3\text{-}7)$$

$$I_3 = I_3' + I_3'' \qquad (3\text{-}8)$$

所谓电路中只有一个电源单独作用,就是假设先将其余电源均除去(将各个理想电压源短接,即其电动势为零;将各个理想电流源开路,即其电流为零),但是它们的内阻(如果给出的话)仍应计及。

用叠加定理计算复杂电路,就是把一个多电源的复杂电路化为几个单电源电路来进行计算。

从数学上看,叠加定理就是线性方程的可加性。由于前面支路电流法得出的都是线性代数方程,所以支路电流或电压都可以用叠加定理来求解。但功率的计算就不能用叠加定理。如图 3.13(a)所示,以电阻 R_3 上的功率为例,显然

$$P_3 = R_3 I_3^2 = R_3 {I_3' + I_3''}^2 \neq R_3 I_3'^2 + R_3 I_3''^2$$

这是因为电流的平方与功率成正比,而不是与功率不成正比,它们之间不是线性关系。

叠加定理不仅可以用来计算复杂电路,而且也是分析与计算线性问题的普遍原理,适用范围非常广泛。

使用叠加定理时的注意事项:

(1)只能计算线性电路条件下的电压和电流,不能计算功率,同时在非线性电路中叠加定理不成立。

(2)在看成由电路中单一电源(电压源或电流源)作用时,如果需要去掉电压源就是把电压源短路处理,如果需要去掉电流源就是把电流源断路处理。

(3) 叠加时要注意电压和电流的参考方向，所求的是代数和。

【例 3.5】 试用叠加原理求图 3.14（a）所示电路中的电压 U 和电流 I。

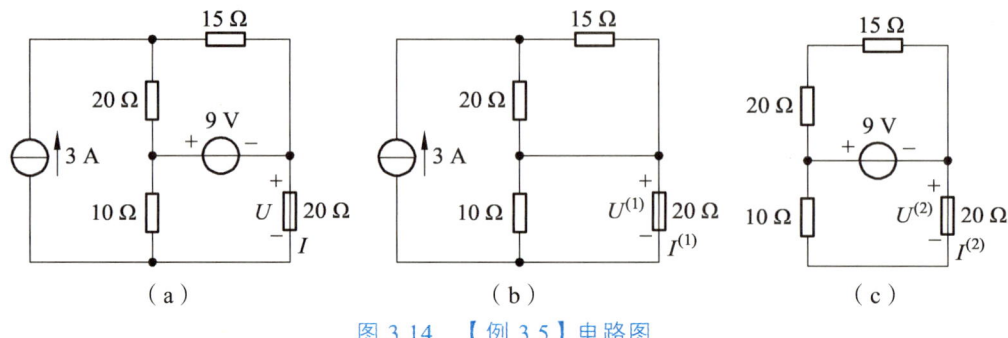

图 3.14 【例 3.5】电路图

解：先画出两个电源分别作用时的电路如图（b）和（c）所示。

（1）当 3 A 电流源单独作用时，将 9 V 电压源置零后用短路代替，电路如图（b）所示。

$$I^{(1)} = \frac{10}{10+5} \times 3 = 2 \text{ (A)}; \quad U^{(1)} = 5I^{(1)} = 5 \times 2 = 10 \text{ (V)}$$

（2）当 9 V 电压源单独作用时，将 3 A 的电流源置零后用开路代替，电路如图（c）所示。

$$I^{(2)} = -\frac{9}{10+5} = -0.6 \text{ A}; \quad U^{(2)} = 5I^{(2)} = 5 \times (-0.6) = -3 \text{ V}$$

（3）3 A 的电流源和 9 V 的电压源共同作用时进行叠加求出 U 和 I。

$$U = U^{(1)} + U^{(2)} = 10 + (-3) = 7 \text{ V}$$

$$I = I^{(1)} + I^{(2)} = 2 + (-0.6) = 1.4 \text{ A}$$

答：所示电路中的电压为 7 V，电流为 1.4 A。

【例 3.6】 现有如图 3.15 所示的电路图，已知 $U_S = 6 \text{ V}$，$I_S = 3 \text{ A}$，$R_1 = 2 \text{ Ω}$，$R_2 = 6 \text{ Ω}$，试用叠加原理求电路各支路电流，并计算 R_2 上消耗的功率。

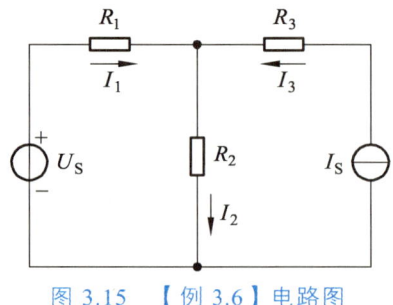

图 3.15 【例 3.6】电路图

解：由电路结构可知，电路中有两个独立电源，应分为两个电路进行计算，每个独立电源单独作用的电路如下图 3.16（a）、（b）所示，假定各支路的电流参考方向如图所示。

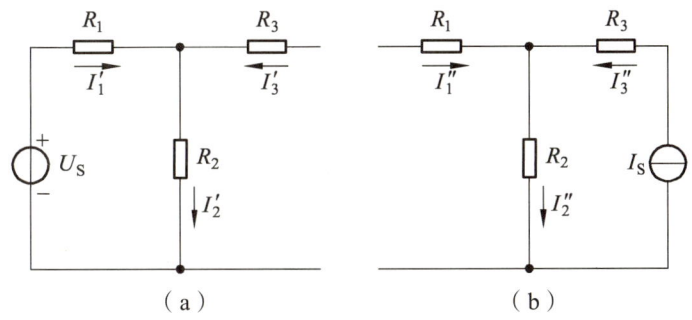

图 3.16　电路图

在图 3.16（a）所示电路中，各支路电流为：

$$I_1' = I_2' = \frac{U_S}{R_1 + R_2} = \frac{6}{2+4} = 1 \text{（A）}$$

$$I_3' = 0$$

在图 3.16（b）所示电路中，各支路电流为：

$$I_3'' = 3 \text{（A）}$$

$$I_1'' = -\frac{R_2}{R_1 + R_2} I_3'' = -\frac{4}{2+4} \times 3 = -2$$

$$I_2'' = \frac{R_1}{R_1 + R_2} I_3'' = \frac{2}{2+4} \times 3 = 1 \text{（A）}$$

根据叠加定理有：

$$I_2 = I_2' + I_2'' = \frac{U_S}{R_1 + R_2} - \frac{R_2}{R_1 + R_2} I_S$$

R_2 上消耗的功率为：$P_2 = I_2^2 R_2 = 2^2 \times 4 = 16(\text{W})$。
应当注意，$P_2' + P_2'' = (I_2')^2 R_2 + (I_2'')^2 R_2 = 1^2 \times 4 + 1^2 \times 4 = 8$（A）
显然 $P_2 \neq P_2' + P_2''$，所以功率计算不能采用叠加定理。

任务五　戴维南定理

知识目标

应用戴维南定理求电流或电压。

能力目标

培养学生接受电工术语能力、自主学习新知识能力、制订学习计划的方法能力、解决实际问题的工作能力。

素质目标

能够快速准确使用戴维南定理求解实际电路问题中相关物理量。

思政目标

介绍戴维南定理的发现历程和科学家们的探索精神,引导学生树立科学探索的意识,勇于面对挑战,不断追求真理。

重难点

戴维南定理的具体应用。

一、二端网络

二端网络是指通过引出一对端钮与外电路连接的网络。二端网络中的电流从一个端钮流入,从另一个端钮流出,二端网络也称为单口网络。

内部含有独立电源的二端网络称为有源二端网络,符号为 No。内部不含有独立电源的二端网络称为无源二端网络,符号为 Na,如图 3.17 所示。无源二端网络可以等效为一个电阻。有源二端网络不论其电路复杂与否,对于外电路而言,都可以用一个简单的含有电源的等效电路来代替。

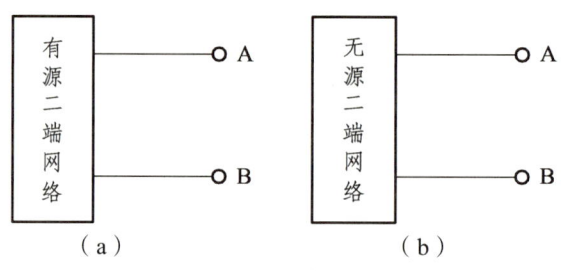

图 3.17 二端网络图

二、戴维南定理

任何一个有源二端线性网络都可以用一个电动势(E)的理想电压源和内阻(r)串联的电源来等效代替。等效电源的电动势(E)就是有源二端网络的开路电压(U_O),等效电源的内阻(r)等于有源二端网络中全部电源均归零后所得到的无源二端网络从端口看进去的等效电阻。

【例 3.7】求图 3.18 所示电路的戴维南等效电路。

解:先求开路电压 U_{OC},如图 3.18 所示:

$$I_1 = \frac{5}{0.4+0.8} = 4.2 \text{ (A)}$$

$$I_2 = 10 \text{ ?A}$$

$$U_{OC} = -3.6I_2 + 0.8I_1 = -3.6 \times 10 + 0.8 \times 4.2 = -32.64 \text{ (V)}$$

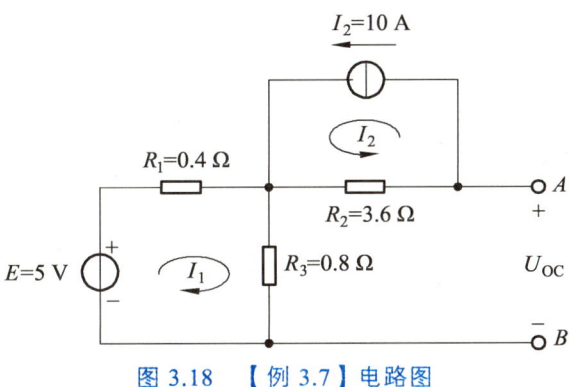

图 3.18 【例 3.7】电路图

然后求等效电阻 R_i，如图 3.19（a）所示：

$$R_i = 3.6 + \frac{0.4 \times 0.8}{0.4 + 0.8} \approx 3.87 \ (\Omega)$$

接着画出戴维南等效电路，如图 3.19（b）所示，其中

$$U_{OC} = -32.64 \text{ V} \qquad R_i \approx 3.87 \ \Omega$$

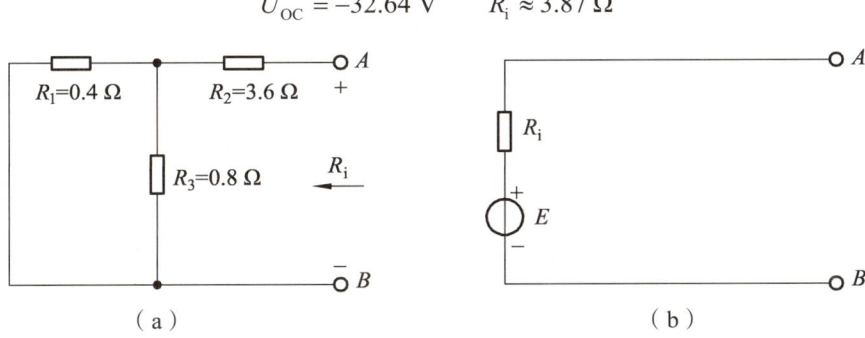

（a） （b）

图 3.19 等效电路图

【例 3.8】如图 3.20（a）桥式电路中，已知 $U_S = 10$ mV，$R_6 = 2 \ \Omega$，$R_1 = 3 \ \Omega$，$R_2 = 5 \ \Omega$，$R_3 = 1.4 \ \Omega$，$R_4 = 1 \ \Omega$，$R_5 = 1.5 \ \Omega$，$R_6 = 2 \ \Omega$，试求：

1. 求电阻 R_5 中的电流 I_5？
2. 当 R_5 增大时，电流 I_5 如何变化？

解：（1）将图 3.20（a）原桥式电路变换为 3.20（b）的形式。然后求 a 与 b 两端的开路电压 U_{OC}。当 a 与 b 两端开路时，有

$$R_{cd} = \frac{(R_1+R_2) \times (R_3+R_4)}{(R_1+R_2)+(R_3+R_4)} = \frac{(3+5) \times (1.4+1)}{(3+5)+(1.4+1)} \approx 1.85 \ (\Omega)$$

$$U_{cd} = \frac{U_S}{R_6+R_{cd}} R_{cd} = \frac{10 \times 10^{-3}}{2+1.85} \approx 4.8 \times 10^{-3} \ (\text{V})$$

$$U_{ca} = \frac{U_{cd}}{R_1+R_2} R_1 = \frac{4.8 \times 10^{-3}}{3+5} \approx 1.8 \times 10^{-3} \ (\text{V})$$

$$U_{cb} = \frac{U_{cd}}{R_3 + R_4} R_3 = \frac{4.8 \times 10^{-3}}{1.4 + 1} \times 1.4 \approx 2.8 \times 10^{-3} \text{ (V)}$$

$$U_{oc} = U_{ac} + U_{cb} = -U_{ca} + U_{cb} = -1.8 \times 10^{-3} + 2.8 \times 10^{-3} = 10^{-3} \text{ (V)}$$

（2）将 a 与 b 两端开路，使所有电压源短路、电流源开路，如图 3.20（c）所示，求等效电阻 R_O。

可知，$R_O = 2.5\ \Omega$。

（3）画出戴维南等效电路，如图 3.20（d）所示。

$$I_5 = \frac{U_{OC}}{R_O + R_5} = \frac{10^{-3}}{2.5 + 1.5} = 2.5 \times 10^{-4} \text{ (A)}$$

$$I_5 = \frac{U_{OC}}{R_O + R_5} = \frac{10^{-3}}{2.5 + 2} = 2.2 \times 10^{-4} \text{ (A)}$$

（4）因为开路电压 U_{OC}、等效电阻 R_O 由 U_S，R_1，R_2，R_3，R_4，R_6 取值所决定，所以在 U_S，R_1，R_2，R_3，R_4，R_6 取值不变的情况下，当 R_5 阻值增大时，由图 3.20（d）可知，电流 I_5 的数值减小。

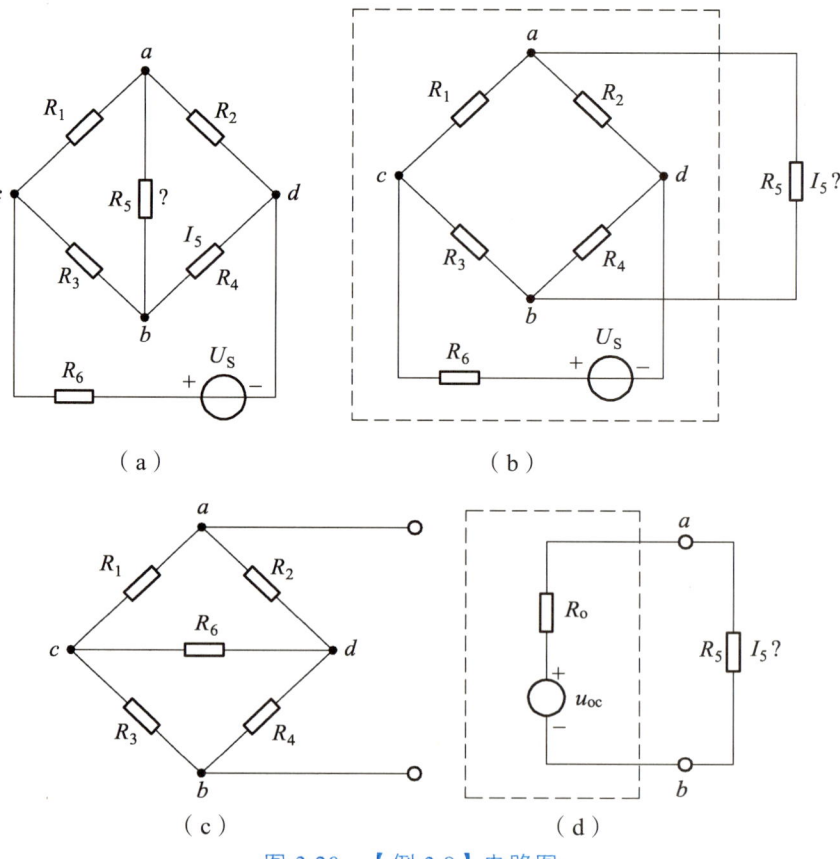

图 3.20 【例 3.8】电路图

三、戴维南定理的应用

应用戴维南定理求解某一支路电流或电压的一般步骤如下：
（1）将电路分解为有源二端网络部分和未求解支路，同时将未求解支路从电路中断开。
（2）求解出有源二端网络的开路电压（U_O）。
（3）将有源二端网络中全部电源均归零（电压源断路处理，电流源开路处理），进而得到一个无源二端网络，求解出从端口方向看进去的等效电阻（r）。
（4）用等效电压源模型代替有源二端网络，再将所求支路接入，得到单一回路的简单电路，应用欧姆定律求出所求支路的电流或电压。

小　结

（1）两种电源模型的等效互换的条件：

$$I_s = \frac{U_s}{R_0}$$

（2）△——Y 电阻网络的等效变换：

$$R_Y = \frac{\triangle 形相邻电阻的乘积}{\triangle 形电阻之和}$$

$$R_\triangle = \frac{Y形电阻两两乘积之和}{Y形对面的电阻}$$

其中当三个电阻相等时，$R_Y = \frac{1}{3}R_\triangle$ 或 $R_\triangle = 3R_Y$

（3）支路电流法是应用基尔霍夫电流定律（KCL）和基尔霍夫电压定律（KVL）分别对节点和回路列出含有所求未知量的方程组，然后联立求解出各未知量的方法。如果电路有 n 个节点，可以列出（$n-1$）个独立节点电流方程。如果电路有 b 条支路，则能够列出独立电压方程的个数为 $b-(n-1)$ 个。

（4）叠加定理：在线性电路中，任何一条支路中的电流，都可以看成是由电路中各个电源（电压源或电流源）分别作用时，在此支路中所产生的电流的代数和。

（5）二端网络是指通过引出一对端钮与外电路连接的网络。

（6）含独立源的二端线性电阻网络，对其外部而言都可用电压源和电阻串联组合等效代替。电压源的电压等于网络的开路电压 U_{OC}，电阻 R_i 等于网络除源后的等效电阻。

思考与习题

一、练一练
练习：叠加定理和戴维南定理的验证
（一）任务准备
1. 任务原理
（1）在线性电路中，几个电源同时作用产生的效果等于每个电源单独作用产生效果的叠加，称叠加定理。

（2）一个含源二端网络，可以用一个电源来等效，其电源电压等于网络的开路电压，其电源内阻等于网络除源后的等效电阻，如图3.21。

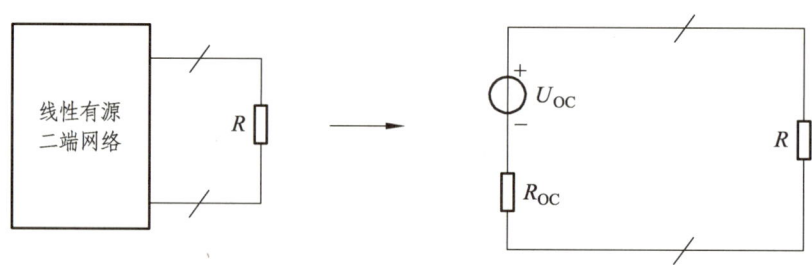

图 3.21 含源二端网络的等效电路

2. 任务器材

万用表、直流 50 mA 电流表、直流稳压电源及若干电阻。

（二）任务实施

1. 叠加定理的验证

（1）先将直流电源调至 U_{s1} = 12 V，U_{s2} = 10 V，关掉电源。取出电阻 100 Ω，200 Ω，300 Ω，50 mA 电流表和开关 S_1、S_2，并按图 3.22 接线。

（2）合上电源，将开关 S_1 合向"1"，开关 S_2 合向"4"，读电流表读数 I_1，用万用表测 U_{BD1} 记入表 3.1 中；

将开关合向"2"，S_2 合向"3"，读电流表读数 I_2，用万用表测 U_{BD2} 记入表 3.1 中；

将开关合向"1"、合向"3"，读电流表读数 I，用万用表测 U_{BD} 记入表 3.1 中。

2. 戴维南定理的验证

（1）将图 3.22 开关 S_1 合向"1"、S_2 合向"3"，拔掉 R_3，用万用表（直流20 V挡）测开路电压 U_{BD}，记入表 3.2 中。

（2）将图 3.22 开关 S_1，S_2 同时合向短路一侧（2和4），用万用表（欧姆挡）测量除源后的二端网络电阻 R_{BD}，记入表 3.2 中。

表 3.1 叠加定理实验数据表

U_{s1} 单独作用	I_1		U_{BD1}
U_{s2} 单独作用	I_2		U_{BD2}
U_{s1}，U_{s2} 同时作用	I 侧		U_{BD} 侧
计算	$I = I_1 + I_2$		$U_{BD} = U_{BD1} + U_{BD2}$

表 3.2 戴维南定理实验数据表

测量的项目	开路电压 U_{BD}	等效等组 R_{BD}
测量的数据		
计算 R_3 的电流	$I = U_{BD}/(R_{BD} + R_3) =$	

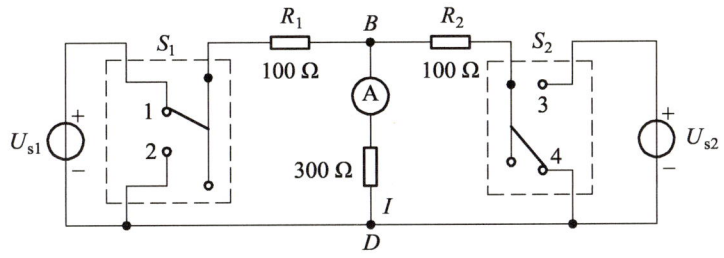

图 3.22 叠加定理、戴维南定理实验电路图

(三)任务评价

对任务实施的完成情况进行检查,并将结果填入表 3.3。

表 3.3 任务评价表

项目	序号	内容	配分	评分标准	得分	备注
叠加定理和戴维南定理的验证	1	电路连接正确	30	各元器件按规定电路图连接,电路可正常工作。(30 分)		
	2	数据处理	30	(1)由表 3.1 的测量数据,计算 R_3 的电流 I 和电压 U_{BD},并将结果记入表中,测量的 I、U_{BD} 与计算的 I、U_{BD} 是否相同?(20 分)(2)由表 3.2 的测量数据,计算 R_3 的电流 I,并将结果记入表 3.2 中。(10 分)		
	3	原理的验证	30	比较表 3.1 和表 3.2,两种方法的电流 I 结果是否一样?从而证明叠加定理和戴维南定理的正确性。(30 分)		
	4	安全文明生产	10	操作中遵守要求(10 分)		

二、巩固与提高

(一)选择题

1. 用叠加定理计算图 3.23 中的电流 I 为( )。

A. 20 A B. −10 A C. 10 A D. 30 A

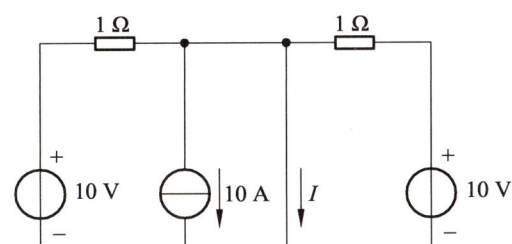

图 3.23 选择题第 1 题图

2. 叠加定理用于计算( )。

A．线性电路中的电压、电流和功率。

B．线性电路中的电压和电流。

C．非线性电路中的电压和电流。

（二）综合题

1. 将图 3.24 所示的各电路化简为一个电压源与一个电阻串联的组合。

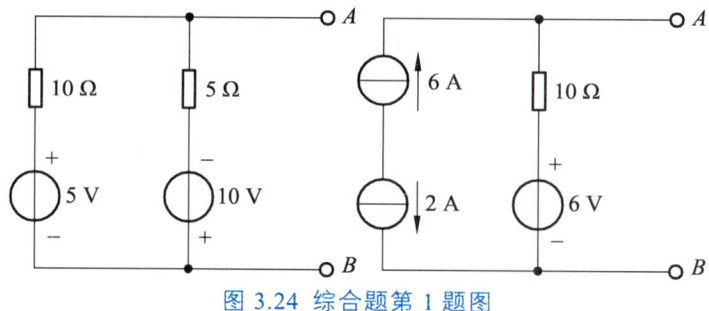

图 3.24　综合题第 1 题图

2. 试用戴维南定理计算图 3.25 所示电路中 R_1 支路的电流及其两端电压。

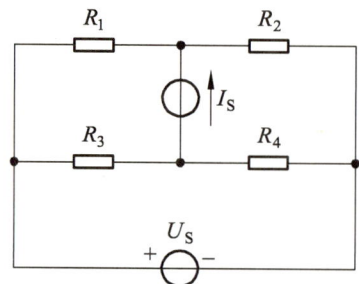

图 3.25　综合题第 2 题图

3. 用戴维南定理计算图 3.26 所示电路中的电流 I。

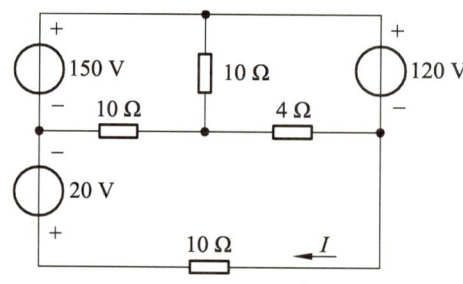

图 3.26　综合题第 3 题图

4. 在运用戴维宁定理求有源二端网络的等效电阻时，不作用的电压源和电流源应怎样处理？

5. 在下图 3.27 电路中，已知 $U_1 = 130\ \text{V}$，$U_2 = 117\ \text{V}$，$R_1 = 1\ \Omega$，$R_2 = 0.6\ \Omega$，$R_3 = 24\ \Omega$，用支路电流法（戴维南定理、叠加原理）求 I_3 的值。

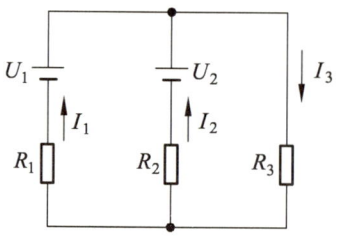

图 3.27　综合题第 5 题图

6. 应用戴维南定理计算图 3.28 中 1 Ω 电阻中的电流。

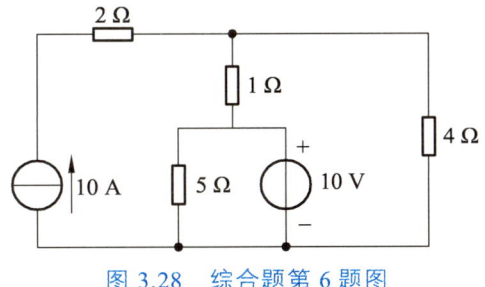

图 3.28　综合题第 6 题图

7. 应用戴维南定理计算图 3.29 中 2 Ω 电阻中的电流。

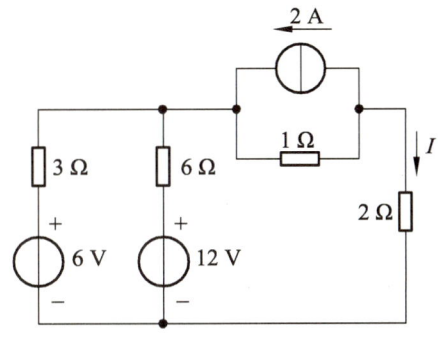

图 3.29　综合题第 7 题图

8. 如图 3.30 中 $I_S = 2\text{ A}$，$U = 6\text{ V}$，$R_1 = 1\text{ Ω}$，$R_2 = 2\text{ Ω}$。如果：
（1）当 I_S 的方向如图中所示时，电流 $I = 0$；
（2）当 I_S 的方向与图示相反时，则电流 $I = 1\text{ A}$；
试求线性有源二端网络的戴维南等效电路。

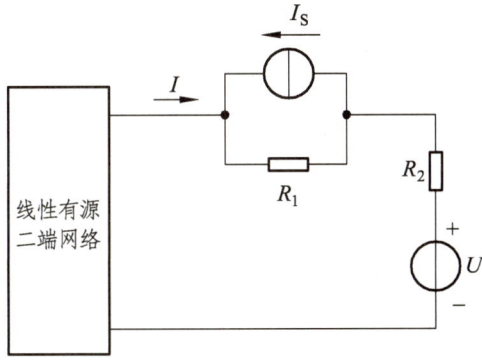

图 3.30　综合题 8 题图

9. 求图 3.31 所示的电路中 R 支路的电流。已知 $U_{S1} = 10\text{ V}$，$U_{S2} = 6\text{ V}$，$R_1 = 1\text{ Ω}$，$R_2 = 3\text{ Ω}$，$R = 6\text{ Ω}$。

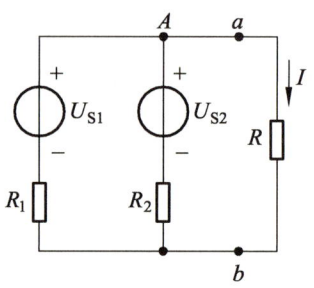

图 3.31 综合题第 9 题图

10. 电路如图 3.32 所示，已知 $U_S = 5\text{ V}$，$I_S = 2\text{ A}$，$R_1 = 5\text{ Ω}$，$R_2 = 10\text{ Ω}$，试用支路电流法求各支路电流及各元件功率。

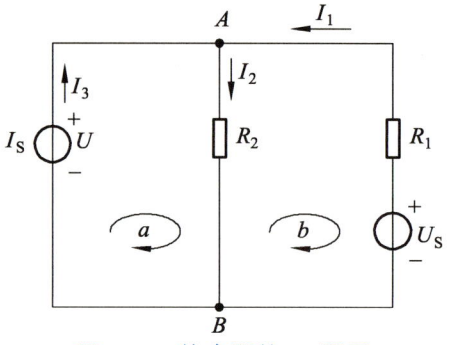

图 3.32 综合题第 10 题图

11. 一个无源二端网络的戴维南等效电路是什么？如何求有源二端网络的戴维南等效电路？

12. 用戴维南定理求下图 3.33 所示电路中 10 Ω 电阻的电流 I。

13. 试用叠加定理计算图 3.34 所示电路中的电流源上的电压 U。

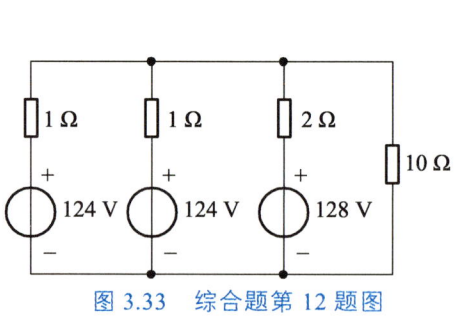

图 3.33 综合题第 12 题图　　图 3.34 综合题第 13 题图

项目四　正弦交流电路导论

【任务导入】

所谓的正弦交流电路，指的就是以正弦交流电源为输入，并且电路各部分因电源输入所产生的电压以及电流的波形均按照正弦函数波形规律，随时间推进而不断变化的电路。交流发电机中所产生的电动势和输出的电流，都是随着时间按照正弦函数波形规律而变化的，是常见的正弦交流电源。如果没有特殊说明，一般情况下，在日常生活中和工业生产上所提到的交流电，都指的是正弦交流电。因此，正弦交流电路的基础理论知识以及分析方法，在电工基础课程中，占有非常重要的一环。

正弦交流电在现实中的应用范围十分广泛。经由发电厂发出的电压是正弦交流电压；常用的音频信号发生器输出的信号波形也是正弦波；各种各样交流电动机使用的也是正弦交流电；而对于一些必须要使用直流供电的设备或者情况，也通常是交流供电，之后再通过整流设备转换成直流电。

总体来说，正弦交流电对于直流电，它具备如下几个显著优点：

1. 负载方面

相比于直流电机，交流电机简单、方便、实用、可靠。最典型的就是交流鼠笼式异步电动机，相对直流电机，它价格低廉，工作可靠，性能稳定，也无须更换碳刷。

2. 输电配电方面

正弦交流电可以利用变压器设备来升高和降低电压，便于输送、分配和转换。

3. 电源变换方面

正弦交流电可以通过采用整流装置，快捷、经济地转化为所需要的直流电。

【教学目标】

知识目标

（1）了解并掌握正弦交流电路中基本物理量的含义以及它们之间的关系。

（2）掌握相量法的基础、复数与相量的关系，并能够将相量法应用在简单的交流电路分析计算当中。

（3）掌握正弦交流电路中，纯电阻负载电路、纯电容负载电路、纯电感负载电路的特点。

（4）掌握正弦交流电路中，瞬时功率、有功功率、无功功率、视在功率等功率参数的含义以及计算方法，并能够进行简单计算。

（5）了解并掌握功率因数的含义、计算方法。

能力目标

增强学生学习能力、实际分析和解决问题的能力。

素质目标

培养学生创造性思维、逻辑思维,提高学生对电工学的兴趣。

思政目标

介绍我国在正弦交流电路技术领域的成就和贡献,如特高压输电技术、智能电网建设等。通过这些实例激发学生的爱国热情和民族自豪感,让他们认识到自己所学知识的社会价值和意义。

重难点

(1)正弦交流电路的基本物理量。
(2)正弦交流电路的各种功率含义及计算。
(3)正弦交流电路的功率因数的含义。
(4)应用相量法的正弦交流电路分析方法。

任务一 正弦交流电压、电流的基本概念

知识目标

了解并掌握正弦交流电路中基本物理量的含义以及它们之间的关系。

能力目标

能够熟练地对正弦交流电路中的物理量进行换算,并能够根据正弦交流电的函数图像写出正弦交流电的函数表达式。

素质目标

根据已知条件推出未知条件,培养学生的探究精神。

思政目标

通过介绍正弦交流电的发现和应用过程,激发学生的探索精神和求知欲,鼓励他们勇于探索未知领域。

重难点

理解并掌握数形结合的方法,将正弦交流电表达式和其函数图像建立联系。

一、正弦交流电压的产生

法拉第电磁感应定律告诉我们:当某一回路的磁通量发生变化的时候,该回路中就会产生感应电动势。

在物理学上,人们通常用磁感线来描述磁场的存在。磁感线又叫磁力线,是英国著名物理学家法拉第最先发明并引入的。在磁场中所画出的一些曲线,使这些磁场中的曲线上任何

一点的切线方向都跟这一点的磁场方向相同,这些曲线就叫作磁感线,它们代表着磁场的走向以及磁场的强弱。应该注意的是,磁感线是为了形象地研究磁场而人为假想出来的曲线,并不是客观存在于磁场中的真实曲线。如图 4.1 所示,为两种常见磁铁的磁感线。

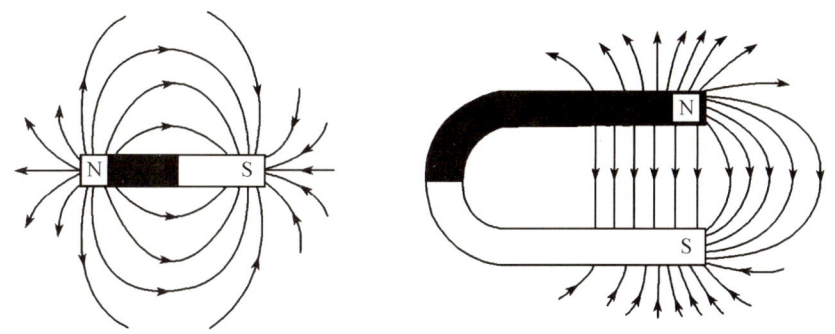

图 4.1　条形磁铁和 U 形磁铁的磁感线

如图 4.2 所示,当某个串联小灯泡闭合回路其中的一部分导体在磁场里做切割磁感线的运动(线圈 a - b - c 做逆时针旋转运动),即该闭合回路的一部分与磁场之间发生了相对运动时,该闭合回路(线圈 a - b - c)内的磁通量发生了变化。根据法拉第电磁感应原理,我们可以知道,该回路内产生了感应电动势,且因为导体作圆周运动和磁场为特定磁场的原因,该电动势为正弦交流电动势,即波形随着时间的推移而按照正弦函数规律周期性变化的电动势。因为该回路闭合,且存在正弦交流电动势,因此根据电压与电流的关系,该回路中出现了电流,且该电流为与正弦交电动势变化的频率相同的正弦交流电流。此时,如果产生的电动势、电流足够大,则在线圈 a - b - c 中串联的小灯泡就可以正常发亮,这就是单相交流发电机的基本原理。一般情况下,我们把在磁场中旋转的部分(线圈 a - b - c)称为电枢,而把产生磁场的磁铁(或电磁铁)称为磁极。

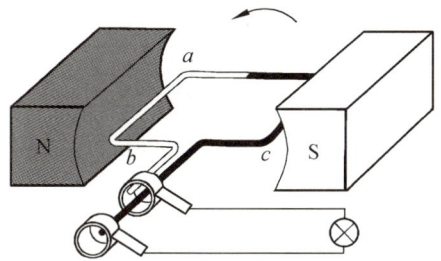

图 4.2　单相交流发电机原理示意图

二、正弦交流电压、电流的特点

前面我们学习的是直流电路,其特点为:电流和电压的大小及方向始终保持不变,是不会随着时间而发生变化的,反映在坐标系中,其函数图线是一条平行于时间轴的直线,如图 4.3 所示。

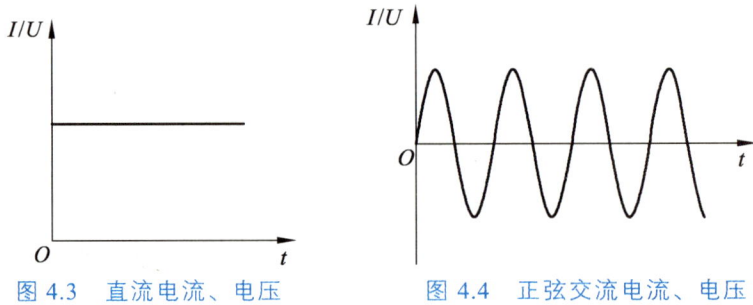

图 4.3 直流电流、电压　　图 4.4 正弦交流电流、电压

而对于正弦交流电压、电流，即波形随着时间的推移而按照正弦函数规律周期性变化的电压和电流，其大小和方向都在随时间变化而不断地发生改变。其波形如图 4.4 所示。

因为正弦交流电压、电流的方向是在不断变化的，所以在电路图上所标注的方向指的是他们的参考方向，即为正半周期时候电压、电流的方向。因此在正半周期时电压、电流的数值为正值，而在负半周期时，电压、电流的实际方向与所标注的参考方向相反，其数值应该为负值。如图 4.5 所示，图中实线箭头表示电流的参考方向，虚线箭头分别表示在正半周和负半周时电流的实际方向。

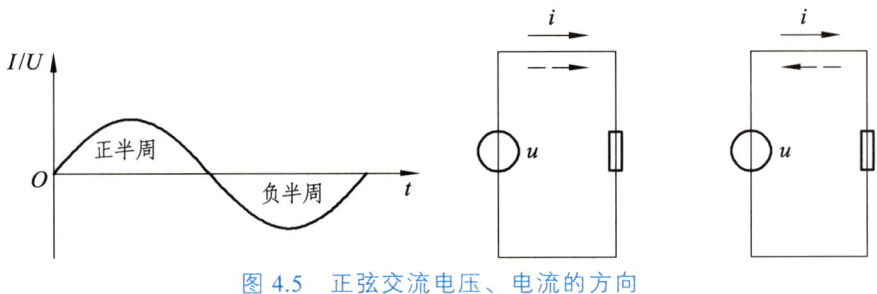

图 4.5 正弦交流电压、电流的方向

正弦交流电压、电流等按照正弦函数变化规律的物理量，常常被统称为正弦量。在之后的学习中我们经常见到各种各样的正弦量。对于任一正弦量，其具有三个要素，只要确定这三个要素的参数，这个正弦函数就被唯一确定了。

我们已经知道正弦交流电压、电流是按照正弦函数规律变化的，因此交流电路中的正弦电压、正弦电流、正弦电动势的一般数学表达式为：

$$u(t) = U_m \sin(\omega t + \varphi_u)$$
$$i(t) = I_m \sin(\omega t + \varphi_i)$$
$$e(t) = E_m \sin(\omega t + \varphi_e)$$

（4-1）

在接下来的内容里，我们将着重介绍以上一般数学表达式（4-1）中的各个组成部分及其含义。

三、正弦交流电压、电流的基本物理量

在本小节中，我们将要学习一些与正弦交流电压、电流息息相关的基本物理量的概念、表示符号、单位、计算方法，以及它们之间相互的换算关系。

1. 瞬时值、最大值、有效值

1)瞬时值

正弦交流电压、电流随着时间推移按正弦函数规律变化,我们将正弦交流电压、电流在某一具体时刻(时间点)的数值称为该正弦交流电压、电流在该时刻的瞬时值。正弦交流电压、电流、电动势的瞬时值分别用小写字母 u、i、e 来表示。如果写成函数表达式的形式,也可以写作 $u(t)$、$i(t)$、$e(t)$,表示 u、i、e 为时间 t 的函数,而时间 t 则是这三者的自变量。式子(4-1)其实就是正弦电压、正弦电流、正弦电动势瞬时值的一般数学表达式。

举例如图 4.6 所示,该正弦交流电压的瞬时值表达式为 $u(t)=10\sin\omega t$,在 t_1 时刻,电压瞬时值大小为 $10\sin\omega t_1$;而在 t_2 时刻,对应的电压瞬时值大小为 $10\sin\omega t_2$。

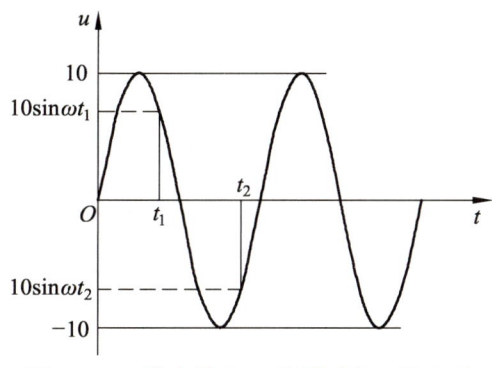

图 4.6　正弦交流电压的瞬时值、最大值

2)最大值

正弦交流电压、电流函数波形图纵轴上最大的数值即为其对应的最大值,最大值等于最大的瞬时值。最大值也可以叫作峰值或者振幅(值)。正弦交流电压、电流、电动势的最大值用大写字母下加角标小写的 m 来表示,分别为 U_m、I_m、E_m。

如前图 4.6 所示,该正弦交流电压的函数图形纵轴上最大的数值为 10 V,即最大的瞬时值,为该正弦交流电压的最大值。因此我们由图形可以得到,电压最大值 $U_m=10$ V。

值得一提的是,对于某一个给定的正弦交流电压或电流,其最大值只有一个,且是一个固定的数值(常数),它不是时间的函数,不会随着时间变化而变化。

3)有效值

通过上面的介绍,我们知道了正弦交流电压、电流的瞬时值是随着时间变化的参数,但是实际应用中,常常没有必要表示出其每时每刻的值;而最大值则反映了该电压、电流变化幅度的大小,但是对衡量电路做功本领的作用不大。因此,为了更精确地反映出该电流、电压在电路中做功的平均效果,我们提出了有效值的概念。

正弦交流电流的有效值是根据其热效应等效原理来定义的,其定义为:在同一个电阻 R 上面分别通上正弦交流电流 $i(t)$ 和直流电流 I,如果在相同时间 t 内(该时间 t 应为正弦交流电流周期的正整数倍),两者产生的热量相等,则表明该直流电流 I 与正弦交流电流 $i(t)$ 做功效果相等。此时,该直流电流 I 的数值称为该正弦交流电流 $i(t)$ 的有效值,如图 4.7 所示。对于正弦交流电压、电动势而言,它们的有效值定义和电流相同,此处不再赘述。正弦交流电压、电流、电动势的符号分别用大写的 U、I、E 来表示。

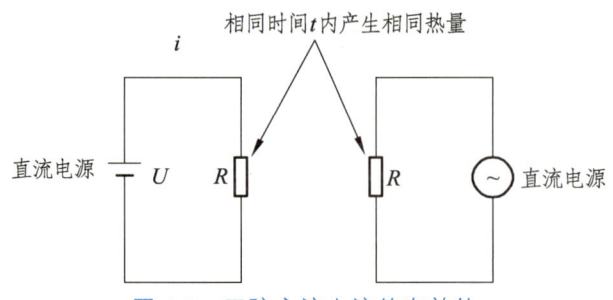

图 4.7 正弦交流电流的有效值

通过理论计算，正弦量的最大值是有效值的 $\sqrt{2}$ 倍。即正弦交流电压、电流、电动势的最大值和有效值有以下关系：

$$\begin{aligned} U_\mathrm{m} &= \sqrt{2}U \\ I_\mathrm{m} &= \sqrt{2}I \\ E_\mathrm{m} &= \sqrt{2}E \end{aligned} \qquad (4\text{-}2)$$

通常情况下，如果不特殊强调，我们所说的正弦交流电压、电流、电动势的大小都指的是有效值。例如，一般电灯、风扇等电气设备铭牌上面标注的都是有效值；交流电流表、交流电压表测得的读数也都是有效值。但在某些特殊情况下也会写最大值，比如设备的绝缘击穿电压。同样，在接下来交流电路的学习当中，若无特殊说明，各电压电流参数均指的是有效值。

2. 周期、频率、角频率

1）周期

正弦交流电压、电流的瞬时值从零逐渐增加到最大值，然后减小到零，再变为负的最大值，又回到零。交流电经过这样一次完整变化所需要的时间称为正弦交流电的周期。如果从函数图形上来看，则是该正弦函数的一个最小完整波形单元所占用的时间，如图 4.8 所示。

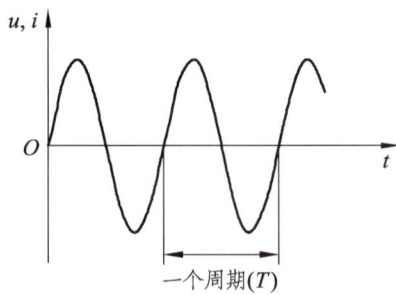

图 4.8 正弦交流电的周期

周期用字母 T 表示，单位是秒（s），此外，常用的单位还有毫秒（ms）、微秒（μs），它们之间的换算关系是 $1\text{ s} = 10^3\text{ms} = 10^6\text{μs}$。

2）频 率

单位时间（1 s）内，正弦交流电重复出现或者说变化的次数称为频率。如果从函数图形上来看，频率等于 1 秒钟时间内，该正弦函数的最小完整波形单元所重复出现的次数。

频率用小写字母 f 表示，它的单位是赫兹（Hz），此外，常用的单位还有千赫兹（kHz）、兆赫兹（MHz），他们之间的换算关系是 $1MHz = 10^3 kHz = 10^6 Hz$。

我们已经知道，对于正弦交流电而言，如果从其函数图形上来看，频率指的是 1 s 内其函数波形图最小完整波形单元出现的次数，而周期则是一个最小完整波形单元所占用的时间。由此可以推出，频率和周期之间存在以下关系：

$$f = \frac{1}{T} \text{ 或 } T = \frac{1}{f} \tag{4-3}$$

3）角频率

单位时间（1 s）内，正弦交流电所变化的电角度称为角频率，用希腊字母 ω 表示。即：

$$\omega = \frac{\alpha}{t} \tag{4-4}$$

式中，ω 的单位是弧度每秒（rad/s）。

角频率 ω 和周期 T、频率 f 三者之间存在以下换算关系：

$$\omega = \frac{2\pi}{T} = 2\pi f \tag{4-5}$$

【例 4.1】 已知在某一正弦交流电压的函数图像当中，该交流电压的波形在 1 s 重复出现或者说变化的次数为 50 次，试确定该正弦交流电压的频率、周期、角频率。

解： 由题目条件知，该正弦交流电压在 1 s 内变化了 50 次，联系频率的概念可知，该正弦交流电压的频率

$$f = 50 \text{ Hz}$$

由频率和周期、频率和角频率的换算公式得

$$T = \frac{1}{f} = \frac{1}{50} = 0.02 \text{ s}$$

$$\omega = 2\pi f = 2\pi \times 50 = 100\pi \text{ rad/s}$$

3. 相位、初相位、相位差

式子（4-1）是正弦电压、电流、电动势的一般数学表达式，我们以其中的正弦电流表达式 $i(t) = I_m \sin(\omega t + \varphi_1)$ 为例，介绍相位的概念。

1）相位

对于正弦电流 $i(t) = I_m \sin(\omega t + \varphi_1)$ 而言，$(\omega t + \varphi_1)$ 称为该正弦量的相位，或者称相位角，它反映了一个正弦量随时间变化的趋势和进程。可以看到，相位 $(\omega t + \varphi_1)$ 中包含自变量 t，因此，相位会随着时间 t 的推移而不断发生变化，反映在函数图像上则是函数波形随着时间的

推移而向前推进。

2）初相位

相位$(\omega t+\varphi_i)$包含自变量t，因此会随着时间的推移而不断发生变化。而初相位则是特指当时间$t=0$时的相位，也即φ_i。它反映了该正弦量的初始值，或者说是初始位置。习惯上，我们取$-180°\leqslant\varphi\leqslant180°$，也就是初相位的绝对值始终小于等于$180°$。

3）相位差

在正弦交流电路当中，经常会出现两个及两个以上的同频率的电压或者电流，而我们往往在分析该电路的过程中，需要比较这些正弦量之间的相位关系。这里我们定义，任意两个同频率正弦量的相位之差，称为这两个正弦量的相位差。通常我们用"超前"和"滞后"来描述任意两个同频率正弦量之间的相位关系。相位差反映了两个同频率正弦量各自达到最大值的先后次序。

例如：已知$i_1(t)=I_{1M}\sin(\omega t+\varphi_1)$，$i_2(t)=I_{2M}\sin(\omega t+\varphi_2)$，$\varphi_1>\varphi_2$，根据表达式可以看出，这两个正弦电流的频率相同，而初相位不同，它们的函数图形如图4.9所示。则根据相位差的定义，两个正弦交流电流$i_1(t)$和$i_2(t)$的相位差为：

$$\Delta\varphi=(\omega t+\varphi_1)-(\omega t+\varphi_2)=\varphi_1-\varphi_2 \tag{4-6}$$

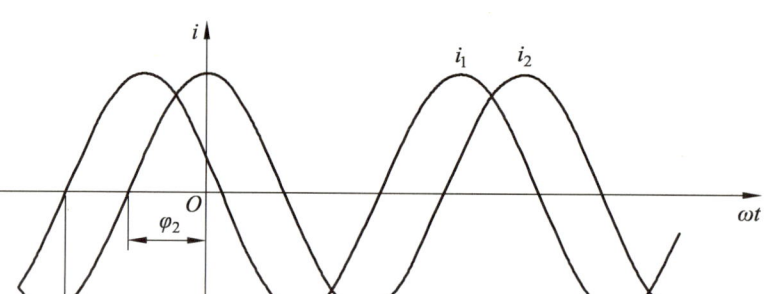

图4.9　正弦交流电流示意图

由此，我们可以得到如下几个结论：

（1）同频率的正弦量的相位之差。就等于他们的初相位之差，与自变量时间t无关，是一个固定的常数。即使改变坐标轴的时间起点，虽然正弦量的初相位会随之改变，但是每个正弦量之间的相位差始终保持不变。

（2）由于$\varphi_1>\varphi_2$，因此相位差$\Delta\varphi>0$，这时，电流i_1的相位超前于电流i_2的相位，或者说电流i_1超前于电流i_2；而电流i_2的相位则滞后于电流i_1的相位。

根据两个正弦量相位差的不同，有以下几种特殊情况：

（1）当$\Delta\varphi=0$时，称两个正弦量同相；

（2）当$\Delta\varphi=180°$，也就是$\Delta\varphi=\pi$时，称这两个正弦量反相；

（3）当$\Delta\varphi=90°$，也就是$\Delta\varphi=\dfrac{\pi}{2}$时，称这两个正弦量正交。

当然，我们以上讨论的都是相同频率的正弦量，如果所比较的两个正弦量频率不同，则相位差的计算式中就会包含自变量 t，也就是说，相位差会随着时间 t 的推移而不断变化，这种情况下讨论相位差就没有太大意义了。

【例 4.2】已知某一正弦交流电压 u 的函数表达式为 $u(t)=380\sin(314t+60°)$ V，某一正弦交流电流 i 的函数表达式为 $i(t)=10\sin(\omega t-45°)$ A，求两者之间的相位差，并描述该交流电流和交流电压之间的相位关系。

解： 给定的正弦电压和正弦电流是同频率的正弦量，因此它们的相位差就等于它们的初相位之差，已知 $\varphi_1=60°$，$\varphi_2=-45°$，则两者之差为

$$\Delta\varphi=\varphi_1-\varphi_2=105°$$

即电压超前于电流 105°，而电流则滞后于电压 105°。

四、正弦量的三要素

正弦量的三要素分别是最大值（U_m、I_m、E_m）、初相位（φ）、角频率（ω）。它们分别在一个正弦量当中表征着不同的含义，分别是：

（1）最大值：反映了正弦量的波动变化范围，也就是波形高于横轴的最大高度；
（2）初相位：反映了正弦量波形的初始位置。
（3）角频率：反映了正弦量波形随时间 t 变化的快慢。

根据给定的正弦量三要素，我们可以画出该正弦量在坐标系中的函数图像；反之，根据给定的函数图像，我们可以从中提取出该图像所表示正弦量的三要素，进而根据三要素写出该正弦量的函数表达式。

【例 4.3】已知某一正弦交流电压 u 的最大值 $U_m=380$ V，频率为 $f=50$ Hz，初相位 $\varphi=45°$，试写出该电压 u 的表达式。

解： 根据角频率和频率之间的换算公式，可得

$$\omega=2\pi f=2\pi\times 50=314 \text{ (rad/s)}$$

故该电压 u 的表达式为：

$$u(t)=380\sin(314t+45°)\text{V}$$

【例 4.4】已知某一正弦交流电压 u 的函数图像如图 4.10 所示，试根据函数图像上所提供的信息，确定该正弦交流电压的最大值、初相位，并写出其函数表达式（角频率用 ω 表示）。

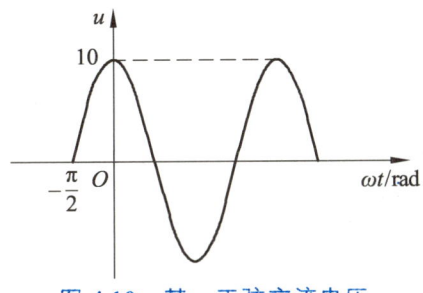

图 4.10 某一正弦交流电压

解：由题图可知，该正弦交流电压的最大值为 10 V，故有

$$U_m = 10 \text{ V}$$

继续观察题图，该正弦交流电压的图像向左平移了 $\dfrac{\pi}{2}$，也就是在相位上加了 $\dfrac{\pi}{2}$，因此初相位为

$$\varphi = \dfrac{\pi}{2}$$

根据以上条件。可以得到该正弦交流电压的函数表达式为

$$u(t) = 10\sin\left(\omega t + \dfrac{\pi}{2}\right) \text{ V}$$

【例 4.5】已知某一正弦交流电压 u 的函数图像如图 4.11 所示，试根据函数图像上提供的信息，确定该正弦交流电压的最大值、角频率、频率，并写出其函数表达式（已知其初相位是 $\dfrac{\pi}{2}$）。

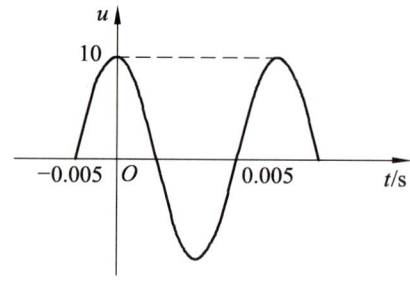

图 4.11　某一正弦交流电压

解：由题图可知，该正弦交流电压的最大值为 10 V，故有

$$U_m = 10 \text{ V}$$

继续观察题图题，该正弦函数的一个最小完整波形单元所占用的时间是 0.02 s，根据周期的定义，可以得到

$$T = 0.02 \text{ s}$$

再根据周期、频率、角频率的换算公式，可得

$$\omega = \dfrac{2\pi}{T} = \dfrac{2\pi}{0.02} = 314 \text{ (rad/s)}$$

$$f = \dfrac{1}{T} = 50 \text{ Hz}$$

根据以上条件，可以得到该正弦交流电压的函数表达式为

$$u(t) = 10\sin\left(314t + \dfrac{\pi}{2}\right) \text{ V}$$

任务二 正弦量的各类表示法

知识目标

了解并掌握复数的相关知识，掌握相量法的概念以及基本应用方法，并能够运用相量法对简单交流电路进行分析。

能力目标

培养学生学习能力和应用相量法分析、解决问题的能力。

素质目标

培养学生将数学工具灵活地运用在实际问题中的能力。

思政目标

在正弦交流电路的设计和应用过程中，强调节能减排和环境保护的重要性。鼓励学生思考如何在正弦交流电路的设计中融入绿色、低碳的理念，为实现可持续发展贡献自己的力量。

重难点

相量法在计算中的运用。

一、正弦量的函数、波形表示法

在之前的内容中我们发现，对于任一个正弦量，无论是正弦电流、还是正弦电压，我们大体上有两种方式去表示，分别是：用函数表达式表示；用画在平面直角坐标系中的函数波形图表示。

实际上，正弦量有三种常用的表示方法，分别是：函数式表示法、波形图表示法以及相量表示法。

1. 函数式表示法

通过一个数学函数表达式，把正弦量的瞬时值表示出来的方法，称为函数式表示法。此时，正弦量是时间 t 的函数，而时间 t 则是所要表示正弦量的自变量。例如，正弦交流电压的瞬时值 u、正弦交流电流的瞬时值 i 可表示如下：

$$u(t) = U_m \sin(\omega t + \varphi_u)$$
$$i(t) = I_m \sin(\omega t + \varphi_i)$$
（4-7）

当一个正弦量的三要素（最大值、角频率、初相位）都确定后，我们就可以写出该正弦量的数学函数表达式。通过函数式来表示正弦量，就可以利用数学手段和工具，对该正弦量进行一系列的分析、计算，这是通过函数式来表示正弦量的优点之一。

2. 波形图表示法

刚才我们提到，正弦量可以用一个数学函数表达式来表示，而如果将函数式所表示函数的图像画在平面直角坐标系当中，就成为了我们通过波形图来表示正弦量的方法。例如，某个正弦交流电流，就是利用波形图来表示的，如下图 4.12 所示。

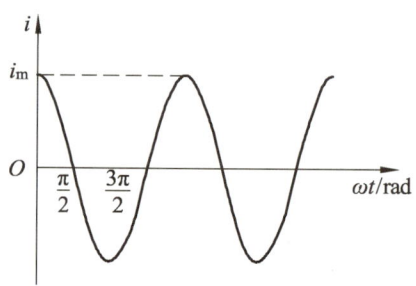

图 4.12　某个正弦交流电流的波形图

画正弦量的波形图时，纵坐标选取该正弦量的瞬时值（比如电压瞬时值 u、电流瞬时值 i、电动势瞬时值 e）；而对于横坐标，可以选择电角度 wt（单位：弧度 rad），也可以选择时间 t（单位：秒 s），在选择时应该视具体情况而定。通过波形图来表示正弦量，可以从图像上很直观地得到正弦量的最大值、初相位等重要参数；同时如果把多个正弦量的波形图放在同一个平面直角坐标系当中，这样不同正弦量之间的相位关系、变化趋势等信息也一目了然。这是通过函数式来表示正弦量的优点之一。

3. 相量表示法

对于正弦量而言，如果遇到一系列频率相同的正弦量混合分析计算的问题，通过以上两种表示方法来解决还是比较烦琐的。为了简化同频正弦交流量的计算，最有效的方法是采用相量、相量图来表示正弦量，进而进行下一步的分析计算。而这种通过相量、相量图分析计算的方法，我们称为相量法。

相量法是线性电路正弦稳态分析的一种简单易行的方法，接下来我们将要详细介绍这种分析方法，以及其所依据的数学基础。

二、复数概述

复数及其运算是在电路分析中应用相量法的数学基础，在本部分内容里，我们将简要介绍复数的一些知识，随后我们将学习正弦量的相量表示方法，并学习通过相量、相量图来分析和解决一些简单的正弦交流电路中的问题。

1. 复数的基本概念

回顾从自然数系逐步扩充到实数系的过程，可以发现，数系的每一次扩充都与实际需求密切相关。根据我们之前在数学中所学关于实数的知识知道，一个数的二次方一定是大于等于零的，因此 $x^2+1=0$ 这样的方程是没有实数解的。但是如果想让 $x^2+1=0$ 仍有解该怎么办呢？我们设想引入一个新数字 i，使 i 是方程 $x^2+1=0$ 的解，即令 $i^2 = i \times i = -1$。把这个新数字 i 添加到实数集当中，得到了一个新数集，称之为复数集。复数集是全体复数所构成的数集。

我们把形如 $a+b_i$（a、b 属于实数集 R）的数叫作复数，其中 i 叫作虚数单位。复数通常用一个字母表示，例如字母 z，即 $z=a+b_i$。这一表示形式我们称之为复数的代数形式，或代数表示方法。对于任一复数 $z=a+bi$，以后不做特殊说明，a、b 都属于实数集。其中 a 称作复数 z 的实部，b 称作复数 z 的虚部。这里有一点需要读者着重注意，有时候在电学等学科中，因为 i 代表了正弦交流电流瞬时值，所以用了临近了的字母 j 作为虚数单位，且这时往往将虚部 b 写在虚数单位 j 后面，这样，上面介绍的复数 $z=a+bi$ 在电学中就写做了 $z=a+jb$。

2. 复数的几何表示方法

根据复数的定义可知，任意一个复数 $z=a+jb$，都可以用一个有序实数对（a，b）唯一确定，因为有序实数对（a，b）和平面直角坐标系中的点一一对应，因此复数集合可以与平面直角坐标系中的点集之间一一对应。比如复数 $z=a+jb$ 可以用图 4.13 中的点 $Z(a,b)$ 来表示。

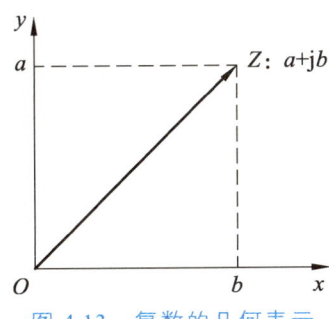

图 4.13　复数的几何表示

我们知道平面向量可以用一个有序实数对来表示，而有序实数对又和复数是一一对应的，因此我们这里除了用点外，还可以应用平面向量来表示复数。例如复数 $z=a+jb$，如前图 4.13 所示，点 Z 的横坐标是 a，纵坐标是 b，连接 OZ，该平面向量 $\overrightarrow{OZ}$ 则表示了复数 $z=a+jb$。并且规定，相等的向量表示同一个复数。向量 $\overrightarrow{OZ}$ 的模叫作复数 $z=a+jb$ 的模，记作$|z|$或者$|a+jb|$。由模的定义可知：$|z|=|a+jb|=\sqrt{a^2+b^2}$，也就等于平面向量 $\overrightarrow{OZ}$ 的长度。

这个建立了平面直角坐标系来表示复数的平面称为复平面，横轴称为实轴，纵轴称为虚轴，这种用向量表示复数的方法构成了正弦量相量法的雏形。

到目前为止，我们得到了复数的平面向量表示方式，即将复数 $z=a+jb$ 表示为一个平面向量，但是这种方式不利于得到辐角（平面向量与实轴的夹角）、模等信息，因此我们还可以用极坐标的方式来表示复数。如图 4.14，已知该复数 $z=a+jb$ 所对应的平面向量与实轴的夹角为 α，而该平面向量的长度，也就是复数的模为 $r=|z|=|a+jb|=\sqrt{a^2+b^2}$，这时复数 z 可以用极坐标表示为 $z=r\angle\alpha$，也成为复数的极坐标式。相比于之前的代数形式 $z=a+jb$，极坐标式 $z=r\angle\alpha$ 能直接看出复数的模、辐角，也更方便进行乘法、除法运算。

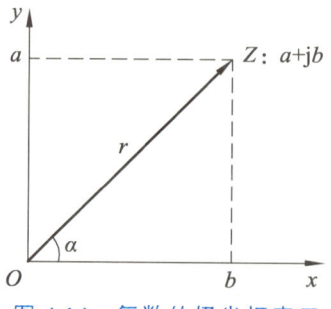

图 4.14　复数的极坐标表示

3. 复数的运算方法

1）复数的加、减运算

我们规定，复数的加、减法法则如下：

设 $A = a + jb$，$B = c + jd$ 是任意的两个复数，那么

$$A + B = (a+c) + j(b+d)$$
$$A - B = (a-c) + j(b-d)$$

（4-8）

复数的加、减运算也可以通过在复平面上用平面向量的平行四边形法则作图完成，如图 4.15 所示。

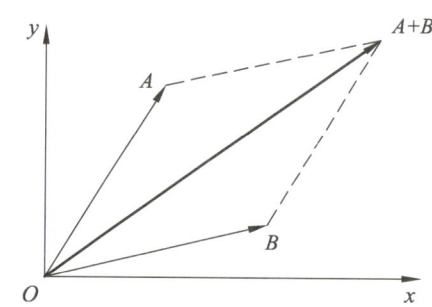

图 4.15　复数加减运算的平行四边形法则

【例 4.6】已知复数 $A = 3 + j4$，$B = 6 + j8$，试求：（1）$A + B$；（2）$A - B$。

解：根据复数的加减法则可得

$$A + B = (3+6) + j(4+8) = 9 + j14$$
$$A - B = (3-6) + j(4-8) = -3 - j4$$

2）复数的乘、除法运算

复数的乘、除法运算用极坐标式比较方便，其运算法则为：两个复数相乘，结果等于两个复数的模相乘、辐角相加；两个复数相除，结果等于两个复数的模相除、辐角相减。

【例 4.7】已知现有 $A = a + jb$，$B = c + jd$ 两个复数，它们各自的模、辐角等参数如图 4.16 所示。试求：（1）复数 A、B 的乘积；（2）复数 A 除以复数 B 的商。

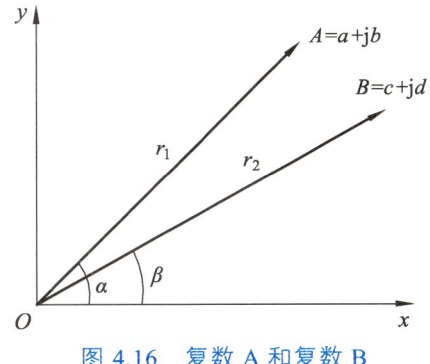

图 4.16　复数 A 和复数 B

解：观察题图所给条件，根据复数极坐标的表示方法，我们可以直接写出复数 A 和复数 B 的极坐标式，分别为 $A = r_1 \angle \alpha$ 和 $B = r_2 \angle \beta$，那么

复数 A、B 相乘：$A \cdot B = r_1 \angle \alpha \cdot r_2 \angle \beta = r_1 \cdot r_2 \angle \alpha + \beta$

复数 A、B 相除：$\dfrac{A}{B} = \dfrac{r_1 \angle \alpha}{r_2 \angle \beta} = \dfrac{r_1}{r_2} \angle \alpha - \beta$

4. 共轭复数的概念

一般地，当两个复数的实部相等，虚部互为相反数的时候，这两个复数互为共轭复数。虚部不等于 0 的两个共轭复数也被称作共轭虚数。

例如 3 + j4 和 4 − j4；j5 和 − j5 就是两对共轭复数。

三、简单的相量法应用

在本小节内容中，我们将要学习如何将复数工具应用于正弦交流量的计算。

1. 正弦量的相量表示法

一个正弦量是由它的最大值、角频率和初相位这三个要素决定的。在正常情况下，正弦交流电路当中各部分的电压、电流都是与电源角频率相同的正弦量。因此，在具体分析计算交流电路中各部分电压、电流的时候，可以把角频率这一要素作为已知量进行处理，仅分析每个正弦量的最大值、初相位这两要素就可以了，这样就达到了简化正弦量计算的目的。

我们已经知道，复数的极坐标表示法包含了复数的模和辐角两个要素，如果用复数的模表示正弦量的最大值或有效值，而用复数的辐角表示正弦量的初相位，则这时一个复数就可以表示一个正弦量。在相量法当中，把表示正弦量的复数称作相量，通常用在最大值或有效值的字母上加一个"·"来表示。比如正弦交流电压、电流、电动势的最大值相量可以表示为 $\dot{U}_m$、$\dot{I}_m$、$\dot{E}_m$，有效值相量可以表示为 $\dot{U}$、$\dot{I}$、$\dot{E}$。

复数可以用 $z = a + jb$ 的代数式表示，也可以用形如 $z = r \angle \alpha$ 的极坐标式来表示，也可以用坐标系中的平面向量来表示。因此，正弦量的相量也可以用代数式、极坐标式和相量图来表示。同样地，复数的各种运算法则对于相量而言也同样适用。

应该注意的是，我们在上面内容中强调的是用相量来表示正弦量，而非等于正弦量。正

弦量是时间 t 的函数,包括最大值、角频率、初相位三个要素;而相量则是仅仅包含最大值、和初相位两个要素的常数,并不会随自变量时间 t 的推移而变化。因此,在应用相量法解决问题的时候,只能说通过相量"表示"了正弦量,或者说"代替"了正弦量进行运算,但是不能说正弦量"等于"相量。

【例 4.8】 已知一正弦交流电压的瞬时值表达式为 $u(t)=100\sin(\omega t+45°)$ V。试求该正弦交流电压的:(1)最大值相量的极坐标表达式;(2)最大值相量的代数表达式。

解: 由题目所给在正弦交流电压的表达式的,该正弦量的最大值和初相位分别为

$$U_m = 100 \text{ V}, \quad \varphi = 45°$$

根据相量的极坐标式表示法,可得

$$\dot{U}_m = 100\angle 45° \text{ V}$$

要得到正弦量的代数表达式可以作图得到。将上面得到的最大值相量画在复平面中,如图 4.17 所示。

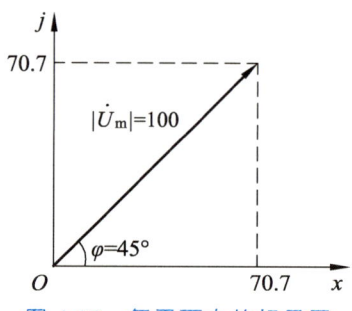

图 4.17 复平面中的相量图

根据画好的相量图,可得该最大值相量的纵坐标 a 和横坐标 b 分别为

$$a = 100 \div \sin 45° = 70.7$$
$$b = 100 \div \sin 45° = 70.7$$

根据复平面上的坐标,可得该最大值相量的代数表达式为

$$\dot{U}_m = 70.7 + j70.7 \text{ V}$$

2. 应用相量法分析正弦交流电路

当我们得到一个正弦量的瞬时值表达式时,通常情况下,首先按照相量法的要求,根据所给的瞬时值表达式提取出最大值、初相位两个要素,写出相量的极坐标表达式;写出表达式后,再根据相量辐角、模的关系在复平面画出相量图(当图中包含多个相量时,往往可以省略不画坐标轴);最后根据需要,按照相量的运算法则,具体问题具体分析、计算。

【例 4.9】 如图 4.18 为一部分电路,已知现有两个正弦交流电流,它们的瞬时值表达式分别为 $i_1(t)=10\sin\omega t$ A 和 $i_2(t)=10\sin(\omega t+120°)$ A,试求流过电阻 R 的电流 i 的瞬时值表达式,并说明电流 i 与电流 i_1 和电流 i_2 的相位关系。

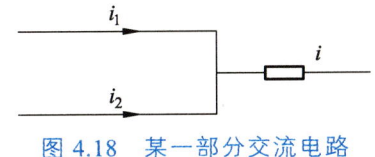

图 4.18 某一部分交流电路

解： 由题目条件可得，两个电流的最大值相量分别为

$$\dot{I}_{1m} = 10\angle 0°$$
$$\dot{I}_{2m} = 10\angle 120°$$

根据基尔霍夫电流定律可知，流过电阻 R 的电流应该为两个电流之和，即

$$\dot{I}_{1m} + \dot{I}_{2m} = 10\angle 0° + 10\angle 120°$$

由相量极坐标表达式作相量图如下图 4.19

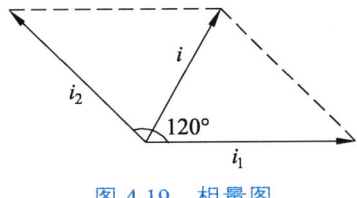

图 4.19 相量图

由平面几何知识可得，叠加后的电流相量模为 10，辐角为 60°，故

$$\dot{I}_{1m} + \dot{I}_{2m} = 10\angle 0° + 10\angle 120° = 10\angle 60° \text{ A}$$

将叠加后的电流相量还原为瞬时值表达式，则最大值等于相量的模值 10，而初相位等于相量的辐角 60°。因此电流 i 的瞬时值表达式可写为：

$$i(t) = 10\sin(\omega t + 60°) \text{ A}$$

通过观察相量图可以清晰地看出来电流 i 超前于电流 i_1 的电角度为 60°，而滞后于电流 i_2 的电角度为 60°。

任务三　正弦交流电路中的简单元件

知识目标

（1）了解并掌握正弦交流电路中简单元件：电阻 R、电容 C、电感 L 的基本概念、参数以及伏安特性。
（2）能够运用相量法对简单交流电路进行初步的分析计算。

能力目标

培养学生分析正弦交流电路中具体元件能力。

素质目标

培养学生将所学知识融会贯通、加以运用的能力。

思政目标

鼓励学生通过实验和仿真等手段,深入探索电阻、电感、电容在不同条件下的表现,培养他们的探索精神。

重难点

掌握单一电阻元件 R、电容元件 C、电感元件 L 电路的电压电流相位特点,并结合相量图进行分析。

一、正弦交流电路中的电阻元件

在正弦交流电路中,电阻的符号如图 4.20 所示,和直流电路中的电阻元件一样,用大写的字母 R 来表示。单位是欧姆(Ω)。

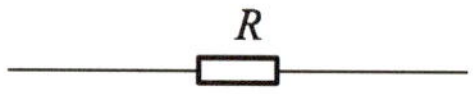

图 4.20 正弦交流电路中的电阻元件

当正弦交流电压加在线性电阻元件两端时,电阻中就会产生一个同频率的正弦交流电流。在正弦交流电路中,经过线性电阻元件的电流和它两端加的电压之间仍然满足我们在直流电路中学习的欧姆定律,即

$$I = \frac{U}{R} \tag{4-9}$$

通过同一个电阻的正弦交流电压和正弦交流电流相位相同(同相),也就是说,电阻元件不会改变电压、电流的相位,通过电阻元件的电压和电流没有相位差。这是正弦交流电路电阻元件很重要的一个特点,如例 4.10 所示。

【例 4.10】如图 4.21 为一部分电路,已知正弦交流电压的瞬时值表达式为 $u(t) = 10\sin(\omega t + 90°)$ V,线性电阻元件 R 的阻值为 10 Ω。试求流过电阻 R 的正弦交流电流 i 的瞬时值表达式,并说明电流 i 与电压 u 的相位关系。

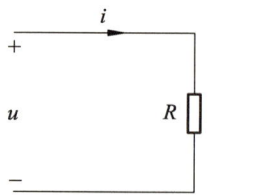

图 4.21 某一部分电阻正弦交流电路

解:由题目条件可得,电压的相量

$$\dot{U}_m = 10\angle 90° \text{ V}$$

由欧姆定律得

$$\dot{I}_m = \frac{\dot{U}_m}{R} = \frac{10\angle 90°}{5} = 2\angle 90° \text{ A}$$

将电流相量还原为正弦量瞬时值的函数表达式形式，得

$$i(t) = 2\sin(\omega t + 90°) \text{ A}$$

分别作出电压与电流的相量图，如下图 4.22 所示

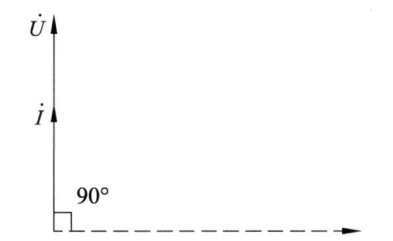

图 4.22　电压相量、电流相量的相量图

由相量图可以直观地看出，电压 u 和电流 i 同相。

二、正弦交流电路中的电容元件

在正弦交流电路中，电容的符号如图 4.23 所示，用大写的字母 C 来表示。其单位是法拉（F），由于法拉（F）这一单位太大，在实际应用中，多采用微法（uF）、纳法（nF）和皮法（pF）。它们之间的换算关系为

$$1\text{F} = 10^6 \mu\text{F} = 10^9 \text{nF} = 10^{12} \text{pF} \tag{4-10}$$

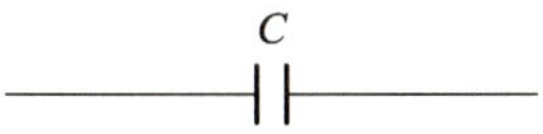

图 4.23　正弦交流电路中的电容元件

当正弦交流电压加在电容元件两端时，电容元件中就会产生一个同频率的正弦交流电流。在正弦交流电路中，经过电容元件的电流的最大值（或有效值）和它两端加的电压的最大值（或有效值）之间满足以下关系。

$$X_C = \frac{U}{I} \tag{4-11}$$

其中，X_C 称作容抗，或者电容电抗，反映了交流电路中电容元件对电流的阻碍作用，这一点和电阻类似，但绝对不能把容抗 X_C 和电阻 R 混为一谈。容抗 X_C 的单位和电阻一样，也是欧姆（Ω）。容抗的大小和正弦交流电路中的频率有关、也和电容的参数 C 的大小有关，具体可表示为

$$X_c = \frac{1}{\omega C} = \frac{1}{2\pi f C} \quad (4\text{-}12)$$

通过观察式子（4-12）可以发现，在电容参数 C 一定的情况下，容抗 X_C 的大小仅仅与正弦交流电路的频率有关。故正弦交流电路的频率越高，容抗 X_C 越小，其对电流的阻碍作用越小；反之正弦交流电路的频率越低，则容抗 X_C 越大，其对电流的阻碍作用越大。让正弦交流电路的频率无限趋近于 0，但是不等于 0，这时容抗 X_C 就会非常大，趋向于正无穷，也就是对电流的阻碍能力趋向于无限大，因此对于直流电路，其频率为 0，那么电容元件相当于断路状态，是不能正常工作的，因此，电容元件对电流阻碍作用的特点可以概括为"通高频、阻低频、隔直流、通交流"。

除此之外，电容元件还有一个很重要的特点，即对于通过电容元件的电压和电流，它们的相位是不相等的，也就是存在相位差，这一点和电阻不同。在正弦交流电路中，加在电容元件两端的电压在相位上滞后于通过电容元件的电流 90°，或者说通过电容元件的电流在相位上超前于两端的电压 90°。这是正弦交流电路电容元件很重要的一个特点，如例题 4.11 所示。

【例 4.11】如图 4.24 为一部分电路，电压的瞬时值表达式 $u(t)=10\sin\omega t$ V，电容元件 C 的容抗 X_C 为 5 Ω。试求流过电容 C 的正弦交流电流 i 的瞬时值表达式，并说明电流 i 与电压 u 的相位关系。

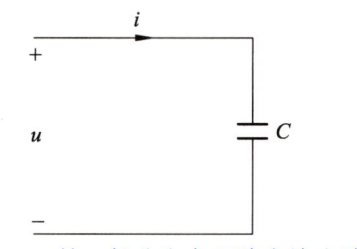

图 4.24　某一部分电容正弦交流电路

解：由题目条件可得，电压的最大值相量为

$$\dot{U}_m = 10\angle 0° \text{ V}$$

由正弦电路电容元件电压最大值与电流最大值的关系可得，电流的最大值（注意，这里不是相量）为

$$I_m = \frac{U_m}{X_C} = \frac{10}{5} = 2 \text{ A}$$

再由正弦电路电容元件电压相量滞后于电流相量 90°的相位关系可得，电流的最大值相量为

$$\dot{I}_m = 2\angle 90° \text{ A}$$

将电流相量极坐标形式还原为正弦量瞬时值的函数表达式形式，得

$$i(t) = 2\sin(\omega t + 90°) \text{A}$$

作出相量图，如下图 4.25 所示

图 4.25　电压与电流的相量图

通过电压、电流的相量图可以很直观地看出，电压 u 滞后于电流 i 的电角度为 90°，电流 i 超前于电压 u 的电角度为 90°。

三、正弦交流电路中的电感元件

在正弦交流电路中，电感的符号如图 4.26 所示，用大写的字母 L 来表示。其单位是亨利（H），除了亨利（H）以外，常用的单位还有毫亨（mH）、微亨（uH）。它们之间的换算关系为

$$1H = 10^3 \text{ mH} = 10^6 \mu H \tag{4-13}$$

图 4.26　正弦交流电路中的电感元件

在正弦交流电路中，经过电感元件的电流的最大值（或有效值）和它两端加的电压的最大值（或有效值）之间满足以下关系。

$$X_L = \frac{U}{I} \tag{4-14}$$

其中，X_L 称作感抗，或者电感电抗，反映了交流电路中电感元件对电流的阻碍作用，和容抗 X_C 一样，这一点也和电阻类似，但绝对不能把感抗 X_L 和电阻 R 混为一谈。感抗 X_L 的单位和电阻一样，也是欧姆（Ω）。感抗的大小和正弦交流电路中的频率有关、也和电感的参数 L 的大小有关，具体可表示为

$$X_L = \omega L = 2\pi f L \tag{4-15}$$

通过观察式子（4-15）可以发现，在电感参数 L 一定的情况下，感抗 X_L 的大小仅仅与正弦交流电路的频率有关。故正弦交流电路的频率越高，感抗 X_L 越大，其对电流的阻碍作用越大；反之正弦交流电路的频率越低，则感抗 X_L 越小，其对电流的阻碍作用越小。进一步考虑，如果让正弦交流电路的频率 f = 0，则交流电路变成了直流电路，这时感抗 X_L = 0，也就是失去了对电流的阻碍能力，因此对于频率 f = 0 的直流电路，电感元件在其中相当于短路状态。

总的来说，电感元件对电流阻碍作用的特点可以概括为"通低频、阻高频"。

除此之外，电感元件也有一个很重要的特点，即对于通过电感元件的电压和电流，相位

是不相等的,也就是存在了相位差,这一点和电阻不同。在正弦交流电路中,加在电感元件两端的电压在相位上超前于通过电感元件的电流 90°电角度,或者说通过电感元件的电流在相位上滞后于两端的电压 90°电角度。这是正弦交流电路电感元件很重要的一个特点,如例题 4.12 所示。

【例 4.12】 如图 4.27 为一部分电路,正弦交流电压的瞬时值表达式 $u(t)=10\sin\omega t$ V,电感元件 L 的感抗 X_L 为 5 Ω。试求流过电感 L 的正弦交流电流 i 的瞬时值表达式,并说明电流 i 与电压 u 的相位关系。

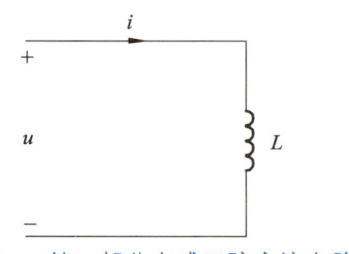

图 4.27 某一部分电感正弦交流电路

解:由题目条件可得,电压的最大值相量为

$$\dot{U}_\mathrm{m}=10\angle 0° \text{ V}$$

由正弦电路电感元件电压最大值与电流最大值的关系可得,电流的最大值(注意,这里不是相量)为

$$I_\mathrm{m}=\frac{U_\mathrm{m}}{X_L}=\frac{10}{5}=2 \text{ A}$$

再由正弦电路电容元件电压相量超前于电流相量 90°的相位关系可得,电流的最大值相量为

$$\dot{I}_\mathrm{m}=2\angle -90° \text{ A}$$

将电流相量还原为正弦量瞬时值的函数表达式形式,得

$$i(t)=2\sin(\omega t-90°) \text{ A}$$

作出电压与电流的相量图,如下图 4.28 所示

图 4.28 电压相量、电流相量的相量图

通过电压、电流的相量图可以直观地看出,电压 u 超前于电流 i 90°电角度,电流 i 滞后于电压 u 90°电角度。

四、运用相量法的简单正弦交流电路分析与计算

在上面我们介绍的是仅仅包含单一元件的电路，但是在实际电路的分析计算当中，往往同时包含电阻 R、电感 L、电容 C 中两个及两个以上的元件。因此，在本部分内容中我们将通过例子，初步讨论当正弦交流电路中含有多个不同的元件，该如何用相量法进行分析。

【例 4.13】如图 4.29 为一电容 C 与电阻 R 串联的正弦交流电路。其中，电源电压的瞬时值表达式未知，线路电流 i 的瞬时值表达式为 $i(t) = 10\sin 25t$ A，电阻元件 R 的阻值为 $10\sqrt{3}$ Ω，电容元件 C 的参数为 0.004 F。

试求：（1）流过电阻元件的电流瞬时值 i_R 的表达式和流过电容元件的电流瞬时值 i_C 的表达式；（2）电阻 R 上的电压瞬时值 u_R 的表达式；（3）电容 C 的容抗 X_C；（4）电容 C 上的电压瞬时值 u_C 的表达式；（5）电容 C 上的电压 u_C 与电阻 R 上的电压 u_R 的相位关系；（6）电源电压 u 的瞬时值表达式；（7）根据求得参数，画出包含电容电压相量、电阻电压相量、电源电压相量、线路电流相量的相量图。

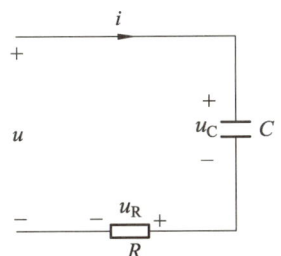

图 4.29 电容电阻串联交流电路

解：（1）由于题目所给正弦交流电路整体上是串联关系，因此电容电流 i_C、电阻电流 i_R、线路电流 i 应该是相同的，而线路电流是已知条件，故有

$$i_C(t) = i_R(t) = i(t) = 10\sin 25t \text{ A}$$

（2）因为正弦交流电路当中电阻元件两端电压和通过的电流仍满足欧姆定律，故由欧姆定律得，电阻电压得瞬时值表达式 u_R 为

$$u_R = i_R \times R = 10\sin 25t \times 10\sqrt{3} = 100\sqrt{3} \sin 25t \text{ V}$$

（3）题目已经给出线路电流 i 的表达式，对比正弦交流电流瞬时值表达式通式 $i(t) = I_m \sin(\omega t + \varphi)$ 可以看出，线路电流 i 角频率 ω 为 25rad/s，而整个电路每个正弦量的角频率都应该相同，即都为 25 rad/s，都根据正弦交流电路当中电容元件的计算公式，得到电容 C 的容抗 X_C 为：

$$X_C = \frac{1}{\omega C} = \frac{1}{25 \times 0.004} = 10 \text{ Ω}$$

（4）根据正弦交流电路当中电容元件的两端电压最大值和通过的电流最大值之间的关系，得到加在电容 C 两端的电压最大值 U_m 为：

$$U_m = I_m X_c = 10 \times 10 = 100 \text{ V}$$

同样根据对比正弦交流电流瞬时值表达式通式 $i(t) = I_m \sin(\omega t + \varphi)$ 可知，电流 i 的初相位为 $0°$，再根据正弦交流电路中电容元件上电压滞后于电流 $90°$ 的特点可得，电容电压 u_C 的初相位应该是 $-90°$，因此可写出电容电压 u_C 的瞬时值表达式为

$$u_C(t) = 100\sin(25t - 90°)\text{V}$$

（5）在前面已经求得电阻电压瞬时值表达式为 $u_R = 100\sqrt{3}\sin 25t$ V，也求得了电容电压瞬时值表达式为 $u_C(t) = 100\sin(25t - 90°)$V，通过对比电阻相位与电压相位可知：电阻电压 u_R 超前于电容电压 u_C $90°$ 电角度，电容电压 u_C 滞后于电阻电压 u_R $90°$ 电角度。

（6）根据串联电路分压原理，电源电压 u 应该等于电容电压 u_C 加上电阻电压 u_R。但是和直流电路不同，电容电压 u_C 和电阻电压 u_R 是两个相位不同的正弦量，不能直接相加减，这里我们先用相量表示电容电压 u_C 和电阻电压 u_R，通过相量进行计算和分析则要更简单。

电容电压 u_C 和电阻电压 u_R 的最大值相量分别为

$$\dot{U}_{Cm} = 100 \angle -90° \text{ V}$$

$$\dot{U}_{Rm} = 100\sqrt{3} \angle 0° \text{ V}$$

作出相量图如图 4.30 所示

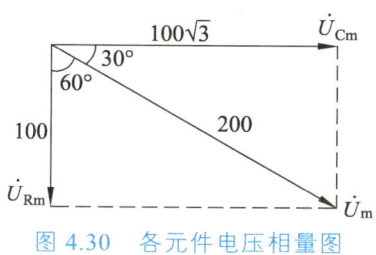

图 4.30　各元件电压相量图

通过观察几何关系可以看出电阻电压相量和电容电压相量叠加后，得到的电源电压相量模值为 200 V，辐角为 $-30°$。因此，电源电压相量为

$$\dot{U}_m = 200 \angle -30° \text{ V}$$

将其还原为瞬时值表达式，得到

$$u(t) = 200\sin(25t - 30°)\text{V}$$

（7）电源电压相量、电阻电压相量、电容电压相量已经在图 4.30 上标注，现仅仅需要将线路电流相量标注在相量图上，所有电压、电流参数的最大值、相位关系就一目了然了，如图 4.31 所示。

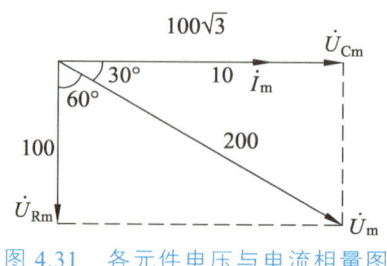

图 4.31　各元件电压与电流相量图

任务四 正弦交流电路中的功率

知识目标

（1）了解并掌握正弦交流电路中瞬时功率、有功功率、无功功率等功率的概念、含义以及计算方法。

（2）学习功率因数、功率因数角的含义与计算方法，和提高功率因数的意义以及措施。

素质目标

培养学生理论知识与实际应用相结合的能力。

思政目标

结合功率计算和分析，引导学生认识到节能减耗的重要性。通过优化电路设计、提高功率因数等手段，减少能源浪费，降低环境污染。介绍可再生能源在电力系统中的应用，以及它们对环境保护的贡献。鼓励学生关注绿色电力的发展趋势，积极参与节能减排行动。

重难点

有功功率、无功功率的含义与计算方法；功率因数的含义与计算方法。

一、瞬时功率

某一电路或者某一电路元件，在任一瞬间所吸收或发出的功率称为瞬时功率。和直流电路中的功率一样，瞬时功率等于这一瞬间加在该电路或元件两端的电压和通过其电流的乘积，即：

$$p(t) = u(t) \times i(t) \tag{4-16}$$

和正弦交流电压、电流的瞬时值一样，瞬时功率 $p(t)$ 也是时间 t 的函数，会随着时间 t 的推移而不断变化。对于一般的正弦交流电路来说，其电压和电流是同频率的，但是在相位上一般是不同的。假设现有一正弦交流电流电路端口的电压、电流取关联参考方向，且电压电流不同相，电压、电流的瞬时值表达式分别为

$$i(t) = I_m \sin(\omega t + \varphi_i)$$
$$u(t) = U_m \sin(\omega t + \varphi_u)$$
$$\varphi_u \neq \varphi_i$$

则瞬时功率为

$$\begin{aligned} p(t) &= u(t) \times i(t) = U_m \sin(\omega t + \varphi_u) \times I_m \sin(\omega t + \varphi_i) \\ &= U_m I_m \left[\sin \frac{2\omega t + \varphi_u}{2} \times \sin \frac{2\omega t + \varphi_i}{2} \right] \\ &= U_m I_m \left[\sin \frac{(2\omega t + \varphi_u + \varphi_i) + (\varphi_u - \varphi_i)}{2} \times \sin \frac{(2\omega t + \varphi_u + \varphi_i) - (\varphi_u - \varphi_i)}{2} \right] \end{aligned} \tag{4-17}$$

$$= \frac{1}{2}U_m I_m \cos(\varphi_u - \varphi_i) - \frac{1}{2}U_m I_m \cos(2\omega t + \varphi_u + \varphi_i)$$

式子（4-17）表明，瞬时功率 $p(t)$ 可以看作是两个部分进行叠加而形成的。其中式（4-17）结果的左边部分为一固定值（常数）；而右边部分是时间 t 的函数，随着时间 t 的推移而发生不断变化，且仔细观察可以发现，电路输入端的正弦交流电压、电流的角频率都是 ω，而式（4-17）右边部分的角频率是 2ω，说明其变化速度是输入端电流、电压的两倍。如图 4.32 所示。

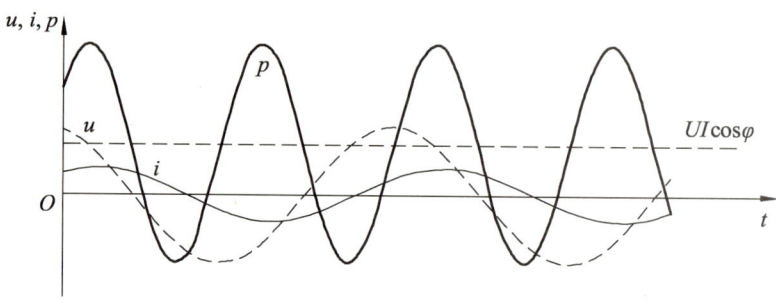

图 4.32 某正弦交流电路端口瞬时功率、电压、电流波形图

由图中可以看出，因为正弦电流中电压和电流存在相位差，在每个周期内，瞬时功率有正有负。也就是说，该正弦交流电路在一个周期内有时从外部吸收功率，有时候自身内部向外发出功率。于是，就出现了这种电路和电源之间电能循环往复交换的现象，这种现象其实是电容元件 C 和电感元件 L 在交流电路中作用的结果。

究其原因，请读者回忆我们在电容元件 C、电感元件 L 提到的，虽然容抗 X_L、和感抗 X_L 都体现了对电流的阻碍作用，但绝不能和电阻 R 混为一谈。这是因为电容元件 C 和电感元件 L 在电路中都属于储能元件，在通电工作时，仅仅储存能量，而不会消耗掉所储存的能量。电容元件 C 将电能转化为电场能，形成电场，以电场能量的形式储存电能，储存的电场能随着电容元件两端电压绝对值的增减而增减；电感元件 L 将电能转化为磁场能，形成磁场，以磁场能量的形式储存电能，储存的磁场能随着通过电感元件电流的绝对值的增减而增减。当电路中电容元件 C 储存的电场能量或电感元件 L 储存的磁场能量减少的时候，释放出来的能量可以被另外的储能元件所吸收，也可以被电路中的用电器所吸收，如果还有多余出来的能量，则对外释放能量，也就是顺着线路将电能返还给电源。这就是造成这种现象的原因。

二、平均功率（有功功率）

由以上分析可以知道，瞬时功率是时间 t 的函数，随时间 t 的推移而不断发生变化，如果想要计算某一段时间内某设备或区域所消耗掉的电能（不包含被电容元件 C 和电感元件 L 储存起来的电能），使用瞬时功率计算十分麻烦，因此提出了平均功率，或者有功功率的概念。在实际计算当中，我们往往采用平均功率（有功功率），而不是瞬时功率。

平均功率（有功功率）用大写字母 P 来表示，其单位是瓦特，简称瓦（W），常见的单位还有千瓦（kW）、兆瓦（MW）等。它们之间的换算关系为

$$1\text{ MW} = 10^3\text{ kW} = 10^6\text{ W} \tag{4-18}$$

平均功率（有功功率）等于上述式（4-17）瞬时功率在一个周期内的平均值，根据我们学过的正弦函数的知识可以知道，正弦函数在一个周期内的平均值为 0。因此，式（4-17）结果中的两部分，其中左边部分是固定值（常数），其在一个周期内平均值等于其自身；而右边部分是正弦函数，在一个周期内的平均值为 0。由此可得到，平均功率（有功功率）的计算式应该为

$$P = \frac{1}{2}U_m I_m \cos(\phi_u - \phi_i) = \frac{1}{2}U_m I_m \cos\phi \tag{4-19}$$

其中，$\varphi = (\varphi_u - \varphi_i)$ 是该正弦交流电路输入端口电压超前于电流的相位角。

根据我们之前学过的正弦量的最大值和有效值之间的关系，可以把式（4-18）改写成有效值的形式，即

$$P = \frac{1}{2}U_m I_m \cos\varphi = \frac{1}{2} \times (\sqrt{2}U) \times (\sqrt{2}I)\cos\varphi = UI\cos\varphi \tag{4-20}$$

在上图 4.32 中，平行于横轴的虚线表示了平均功率（有功功率）的大小。

因此，当我们知道某一元件或者某一电路电压超前于电流的相位角，和电压、电流的大小，就可以根据以上式（4-19）、（4-20）来求其平均功率。

【例 4.14】如图 4.33 为一电阻元件 R 和电容元件 C 串联的正弦交流电路。其中，线路电流 i 的瞬时值表达式为 $i(t) = 2\sqrt{2}\sin t$ A，电阻元件 R 的阻值为 15 Ω，电容元件 C 的容抗 X_C 为 5 Ω。试求：（1）电阻元件消耗的平均功率（有功功率）；（2）电容元件消耗的平均功率（有功功率）。

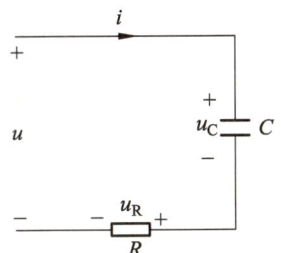

图 4.33　电容电阻串联交流电路

（1）首先写出流过电阻元件 R 电流的有效值相量。由题目条件可知，电流最大值为 $2\sqrt{2}$ A，因此电流有效值为 2 A，则有效值相量为

$$\dot{I} = 2\angle 0° \text{ A}$$

由欧姆定律，电压有效值相量为

$$\dot{U} = \dot{I}R = 2\angle 0° \times 15 = 30\angle 0° \text{ V}$$

作出相量图，如图 4.34 所示

图 4.34　电压、电流有效值相量图

由式（4-20）功率公式，可得电阻元件 R 消耗的平均功率（有功功率）为

$$P = UI\cos\varphi = 30 \times 2 \times \cos 0° = 60 \text{ W}$$

（2）首先写出流过电容元件 C 电流的有效值相量。由题目条件可知，电流最大值为 $2\sqrt{2}$ A，因此电流有效值为 2 A，则有效值相量为

$$\dot{I} = 2\angle 0° \text{ A}$$

由正弦交流电路中电容元件两端电压与通过电流的大小关系知，电容元件两端电压有效值的大小为

$$U = IX_C = 2 \times 5 = 10 \text{ V}$$

再由电容元件两端电压与通过电流的相位关系知，电容元件两端电压相位滞后于电流相位 90°电角度，故电压有效值相量为

$$\dot{U} = 10\angle -90° \text{ V}$$

作出相量图，如图 4.35 所示

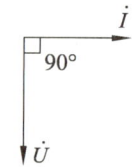

图 4.35　电压、电流有效值相量图

由式（4-20）功率公式，可得电容元件 C 消耗的平均功率（有功功率）为

$$P = UI\cos\varphi = 30 \times 2 \times \cos(-90°) = 0$$

在例 4.14 第二问中我们看到，电容元件的平均功率（有功功率）为 0。其实对于正弦交流电路中的电容元件 C，我们知道其两端电压和通过的电流之间存在 90°相位差，即电流超前于电压 90°，或者说电压滞后于电流 90°。所以无论对于什么电路中的电容元件，电压超前于电流的相位角 φ 始终为 -90°，所以无论电压电流如何，电容元件 C 所消耗的平均功率始终都是

$$P = UI\cos\varphi = UI\cos(-90°) = UI \times 0 = 0$$

这一特点对于正弦交流电路中的电感元件 L 亦是如此。电感元件 L 两端电压和通过的电流之间也存在 90°相位差，即电流滞后于电压 90°，或者说电压超前于电流 90°。所以无论对于什么电路中的电感元件，电压超前于电流的相位角 φ 始终为 90°，所以无论电压电流如何，电感元件 L 所消耗的平均功率也始终都是

$$P = UI\cos\varphi = UI\cos 90° = UI \times 0 = 0$$

由此可见，在只包含电阻元件 R、电容元件 C、电感元件 L 的简单正弦交流电路中，只有电阻元件 R 是消耗能量的，它在交流电路中的平均功率（有功功率）是一个大于 0 的数字，

其将电能转化为热能散失掉，不会再返回到电路当中。

而作为储能元件的电容元件 C 和电感元件 L，如果从一瞬间来看，它们会从电源吸收电能，或者将电能返还给电源，但是在任意一周期内，它们从电源吸收的总电能恒等于它们返还给电源的电能。因此它们只储存能量，而不会消耗能量，它们在交流电路中的平均功率（有功功率）始终为 0。所以，在这种只包含电阻、电容、电感的交流电路中，电路的平均功率（有功功率）就等于其中电阻元件 R 上的平均功率（有功功率）。这点是尤其要注意的。

三、无功功率

无功功率用大写字母 Q 来表示，单位是乏（var）。其含义为电路与电源之间电能往返速率的最大值，计算公式为

$$Q = \frac{1}{2}U_m I_m \sin(\varphi_u - \varphi_i) = \frac{1}{2}U_m I_m \sin\varphi \quad (4\text{-}21)$$

其中，$\varphi = (\varphi_u - \varphi_i)$ 是该正弦交流电路输入端口电压超前于电流的相位角。

根据我们之前学过的正弦量的最大值和有效值之间的关系，可以把式（4-21）改写成有效值的形式，即

$$Q = \frac{1}{2}U_m I_m \sin\varphi = \frac{1}{2} \times (\sqrt{2}U) \times (\sqrt{2}I)\sin\varphi = UI\sin\varphi \quad (4\text{-}22)$$

为了理解无功功率的含义，我们进一步分析正弦交流电路中瞬时功率的能量交换过程。

如果令 $\varphi = (\varphi_u - \varphi_i)$，也就是输入端口电压超前于电流的相位角，并且用有效值 U、I 替换最大值 U_m、I_m，则根据式（4-17），该电路瞬时功率表达式可作如下变化

$$\begin{aligned}p(t) &= u(t) \times i(t) = U_m \sin(\omega t + \varphi_u) \times I_m \sin(\omega t + \varphi_i) \\ &= \frac{1}{2}U_m I_m \cos(\varphi_u - \varphi_i) - \frac{1}{2}U_m I_m \cos(2\omega t + \varphi_u + \varphi_i) \\ &= UI\cos(\varphi_u - \varphi_i) - UI\cos[(2\omega t + \varphi_u + \varphi_i) + \varphi_i - \varphi_i] \\ &= UI\cos(\varphi_u - \varphi_i) - UI\cos[2\omega t + (\varphi_u - \varphi_i) + 2\varphi_i] \\ &= UI\cos\varphi - UI\cos(2\omega t + \varphi + 2\varphi_i)\end{aligned} \quad (4\text{-}23)$$

为了简化运算，这里我们暂且设定电流的初相位为 0，也就是令 $\varphi_i = 0$，并运用三角函数公式进行恒等变换，则上式变为

$$\begin{aligned}p(t) &= UI\cos\varphi - UI\cos(2\omega t + \varphi) \\ &= UI\cos\varphi - UI[\cos 2\omega t \cos\varphi - \sin 2\omega t \sin\varphi] \\ &= UI\cos\varphi(1 - \cos 2\omega t) + UI\sin\varphi \sin 2\omega t\end{aligned} \quad (4\text{-}24)$$

代入 $P = UI\cos\varphi, Q = UI\sin\varphi$，则上式变为

$$p(t) = P(1 - \cos 2\omega t) + Q\sin 2\omega t \quad (4\text{-}25)$$

式（4-25）表明，电路的瞬时功率可以还看作这两部分之和：即左边的平均功率（有功功率）部分和右边的无功功率部分。将两部分拆解，分别画在坐标系中，如图 4.36 所示。

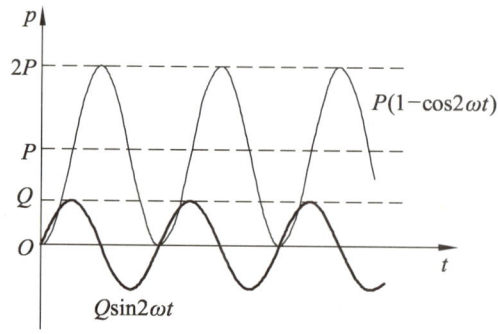

图 4.36 拆解后的瞬时功率的两部分

左边平均功率（有功功率）部分数值恒大于等于 0，仅大小在 0 和 2P 之间往复变化，如图 4.36 所示。表明该部分始终在消耗电能（函数图像过零点除外，该时刻功率为 0），而没有向电源返还电能，反映了电路实际的耗能速度，其平均值 P 等于在之前介绍的平均功率（式 4-19 和式 4-20）。

右边无功功率部分数值有正有负，其函数图像与坐标横轴 t 围成的面积代表了其消耗和返还的能量。当函数图像与坐标横轴 t 围成的面积在横轴以上时，此时功率为正数，说明电路从电源吸收电能，也就是在消耗电能；当函数图像与坐标横轴 t 围成的面积在横轴以下时，此时功率为负数，说明电路在将电能返还给电源，也就是发出电能。而无功功率的数值就等于电路与电源之间电能往返的最大值，也就是该部分功率的最大值 Q，如图 4.36 所示。

在上面我们提到，在正弦交流电路中，电容元件 C、电感元件 L 的平均功率（有功功率）都为 0，只有电阻元件 R 的不是 0。那么它们的无功功率分别又是多少呢？

① 对于电容元件 C 而言，电压滞后于电流 90°，φ 始终为 -90°，则其无功功率为

$$Q = UI\sin\varphi = UI\sin(-90°) = -UI$$

根据结果可以看出，电容元件在电路中吸收的无功功率是一个负值，也称作容性无功。

② 对于电感元件 L 而言，电压超前于电流 90°，φ 始终为 90°，则其无功功率为

$$Q = UI\sin\varphi = UI\sin 90° = UI$$

根据结果可以看出，电感元件在电路中吸收的无功功率是一个正值，也称作感性无功。

③ 对于电阻元件 R 而言，电压与电流同相，φ 始终 0°，则其无功功率为

$$Q = UI\sin\varphi = UI\sin 0° = UI \times 0 = 0$$

根据结果可以看出，在电阻元件上，是没有无功功率的。

四、复功率

为了方便表示和分析正弦交流电路中的功率，定义电路电压相量与电流相量的共轭复数的乘积为复功率，用符号 $\bar{S}$ 表示，其单位是伏安（V·A）。

正弦电流电路中，复功率是实部为平均功率（有功功率 P）、虚部为无功功率（Q）的复数量。复功率是用相量法分析正弦电流电路时的一个辅助计算的复数。其形式为

$$\overline{S} = P + jQ \tag{4-26}$$

可以证明,对于整个正弦交流电路,复功率和平均功率、无功功率一样,都是守恒的。

五、视在功率

视在功率用大写字母 S 来表示,其单位是伏安(V·A)。其表达式为

$$S = UI \tag{4-26}$$

视在功率为电路端口电压有效值 U 与电流有效值 I 的乘积(注意,不是相量乘积),是一个实数。虽然它看起来之前直流电路中学过的计算功率的公式 $P=UI$ 相差无几,但是交流电路中的 UI 往往不等于该电路所吸收的功率(因为正弦交流电路中的电流、电压一般相位不同,这一点是和直流电路截然不同的),因此把 $S=UI$ 称作视在功率。

电路中的视在功率是不守恒的,虽然它一般不等于正弦电流实际消耗的功率,但是这个参数却有着实用的价值。电动机、电力变压器等用电设备的电压、电流,往往为了安全起见是有所限额的,就是我们常说的额定电压、额定电流。工程上,常常使用视在功率 S 这一参数来评估用电设备在电流达到额定电流、电压达到额定电压情况下的最大负载能力。

六、功率三角形

通过观察有功功率 P 的计算公式(4-20)、无功功率 Q 的计算公式(4-22)以及视在功率 S 的表达式(4-26)可以发现,这三者之间满足直角三角形关系,如图4.37所示

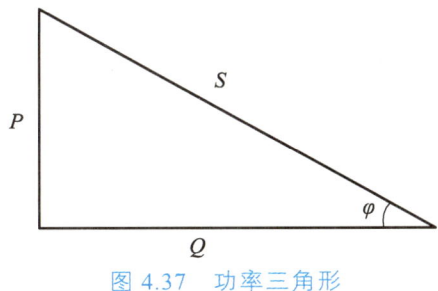

图4.37 功率三角形

由勾股定理可得:

$$S = \sqrt{P^2 + Q^2} \tag{4-27}$$

七、功率因数和功率因数角

1. 功率因数和功率因数角的概念

功率因数用符号 λ(lamda)表示,其计算公式为平均功率 P 和视在功率 S 之比,即

$$\lambda = \frac{P}{Q} = \frac{UI\cos(\varphi_u - \varphi_i)}{UI} = \cos(\varphi_u - \varphi_i) = \cos\varphi \tag{4-28}$$

正弦交流电路的功率因数等于端口电压超前于电流的相位角 φ 的余弦值，所以这个相位角 φ 又称作功率因数角。

2. 提升功率因数的意义

在日常生活中，对于纯阻性负载，也就是负载中不包含电感元件 L、电容元件 C 的负载，其电压和电流同相，功率因数为 1。比如烤箱、白炽灯、热水器等。

而对于发电机、电力变压器等电力设备，它们在正常运行时候的功率因数取决于外部负载的情况和性质。根据其提供的额定电压、额定电流参数可以确定它们的视在功率 S。但在没有确定功率因数的情况下是不能标明额定平均功率的。对于这种电力设备，常常以其额定电压、额定电流的乘积，也就是额定视在功率作为电力设备的对外供电能力（额定容量）。

在国家电力系统中，因为感性负载的大量存在，比如交流电机、电力变压器、日光灯、电磁炉等，导致功率因数较低，这会导致电力设备诸如发电机或电力变压器的容量利用率低。例如，额定视在功率为 1 000 kV·A 的发电机，设其工作电压和工作电流都为额定值，则在负载功率因数 λ 为 1 时，输出的平均功率（有功功率）为 1 000 kW；而如果负载功率因数因为接入了大量感性负载，变成了 0.6 时，其输出的平均功率就只有 600 kW 了，这就造成了设备容量的浪费。因此为了提高电力设备的容量利用率，应当尽可能地提高线路的功率因数。

3. 提升功率因数的方法

（1）因为目前功率因数不高的主要原因是电网中存在大量感性负载，因此可以在设备两（2）端并联电容器。

（3）提高设备负载率，避免轻载。

（4）使用无功补偿机。

（5）改进或更换用电设备。

小　结

（1）正弦交流电压、电流的基本概念，对比分析了正弦交流电路是什么、有什么独有的特点、什么是正弦量、一般数学表达式是什么、和前面学习的直流电路有什么区别。

（2）正弦交流电路中一些常见、常用的基本物理量的概念；它们在正弦交流电路中的符号、含义以及它们之间所存在的关系。

（3）正弦量的三个要素。

（3）复数、相量法及其应用。

（4）三种正弦交流电路中的基本元件：电阻元件 R、电容元件 C 和电感元件 L；三种元件各自的符号、参数以及特点。

（5）正弦交流电路中的各种各样的功率，平均功率或者有功功率 P、瞬时功率 p(t)、无功功率 Q、视在功率 S 等；功率因数、功率因数角。

思考与练习

一、练一练

日光灯中由于存在镇流器，所有属于感性负载。如果大量使用日光灯，将会向电网中倒送大量感性无功，导致功率因数降低。通常情况下，我们可以采用在感性负载两端并联电容器的方法来改善、提高电路的功率因数。

（一）任务准备

一根日光灯管、一个日光灯插座、一个日光灯固定支架、220 V 单相交流电源、一个交流功率表、一个交流电流表、一个交流电压表（或两个万用表也可）、导线、两个小电容（大小分别为 2μF 和 4μF）

（二）任务实施

按照图 4.38 连接好电路。注意，一定要将日光灯固定好，并保证线路连接可靠。

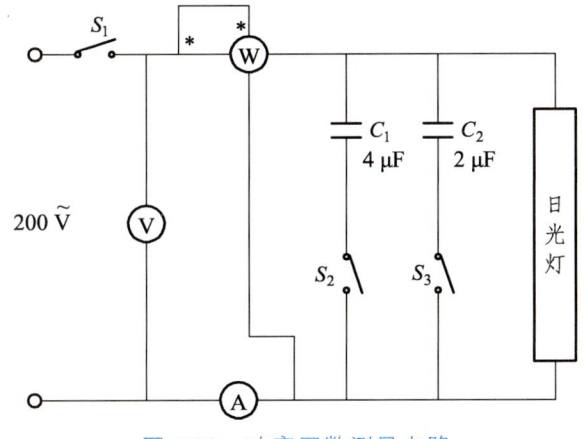

图 4.38　功率因数测量电路

连接完成后，分别进行以下三步操作：

（1）闭合 S_1，但保持 S_2 和 S_3 断开，即不将任何电容接入电路。此时，用交流功率表、交流电流表、交流电压表分别测量电路所消耗的有功功率 P、总电流 I 以及电源两端的电压 U。将测量结果填入表 4.1 中。

（2）闭合 S_1 和 S_2，保持 S_3 断开，即将 C_2 接入电路。此时，再测量（1）中的三个参数。将测量结果填入表 4.1 中。

（3）闭合 S_1、S_2 和 S_3，即将所有电容器接入电路。此时，再测量（1）中的三个参数。将测量结果填入表 4.1 中。

操作完成后，根据功率因数的计算公式，分别计算（1）、（2）、（3）中三种情况下的功率因数，并填写在表 4.1 中。观察三种情况下功率因数所呈现的大小特点，结合我们所学功率因数、功率的相关知识，和同学讨论为什么会出现这种情况。

表 4.1　测量结果记录表

	测量结果			计算结果
	U/V	I/A	P/W	$\cos\varphi = \dfrac{P}{S} = \dfrac{P}{UI}$
（1）不接入电容				
（2）仅接入电容 C_1				
（3）同时接入电容 C_1 和 C_2				

（三）任务评价

表 4.2　任务评价表

项目	序号	内容	配分	评分标准	得分	备注
测量并改善日光灯电路的功率因数	1	实验操作	10	操作安全、规范，10 分		
	2	线路连接	20	线路连接正确、接线牢靠无虚接，20 分		
	3	数据读取、记录	20	读数准确，结果误差小，20 分		
	4	功率因数计算	10	正确计算功率因数，10 分		
	5	原理认知	30	能够清晰表述三种情况下功率因数变化的原因，30 分		
	6	安全文明生产，独立自主探究	10	实验中独立自主完成任务，操作完成后能够将设备整理好，10 分		

二、巩固与提高

（一）填空题

1. 正弦交流电路中，常见的物理量有＿＿＿＿＿＿；它们的单位分别是＿＿＿＿＿＿。

2. 正弦量的三要素分别是＿＿＿＿＿＿＿＿＿＿。

3. 已知某一正弦交流电压的最大值为 $U_m = 141.4$ V，则它的有效值 U 是＿＿＿＿＿＿。

4. 交流电路中的正弦电压、正弦电流的一般数学表达式分别是＿＿＿＿＿＿。

5. 已知某一正弦交流电压 u 的最大值 $U_m = 30$ V，频率为 $f = 10$ Hz，初相位 $\varphi = 15°$，则该电压 u 的瞬时值表达式应该是＿＿＿＿＿＿。

6. 已知某一正弦交流电压的瞬时值表达式为 $u(t) = 311\sin(314t - 45°)$ V，通过该瞬时值表达式，我们可以得到该电压的最大值 U_m 是＿＿＿＿；有效值是＿＿＿＿；初相位 φ 是＿＿＿＿；频率 f 是＿＿＿＿。

7. 现有两个复数，用代数式表示分别为 $A = 10$ 和 $B = j10$，则复数和 $A + B$ 等于＿＿＿＿。

8. 现有两个复数，用极坐标表示分别为 $A = 10\angle 0°$ 和 $B = 10\angle 90°$，则（1）$A \times B$ 等于＿＿＿＿；$A \div B$ 等于＿＿＿＿；$A + B$ 等于＿＿＿＿。

9. 已知在某一正弦交流电流的函数图像当中，该交流电压在 0.5 s 内重复出现或者说变化的次数为 25 次，则该正弦交流电流的频率、周期、角频率分别是＿＿＿＿＿＿。

（二）判断题

1. 在正弦交流电路中，电感元件 L 上消耗的功率是有功功率。（　　）
2. 在直流电路中，电阻元件 R 能够正常工作。（　　）
3. 在直流电路中，电容元件 C 能够正常工作。（　　）
4. 在正弦交流电路中，频率越高，电容元件 R 对电流的阻碍作用越强。（　　）
5. 在正弦交流电路中，通过电阻元件 R 的电流和其两端电压同相位。（　　）
6. 在正弦交流电路中，频率越高，电感元件 L 对电流的阻碍作用越弱。（　　）
7. 频率、角频率、周期这三个概念之间是可以相互换算的。（　　）
8. 提高功率因数有利于提高电力设备的容量利用率。（　　）

（三）选择题

1. 容抗 X_C、感抗 X_L 的单位都是（　　）
A. 欧姆　　　　　　B. 法拉　　　　　　C. 伏特　　　　　　D. 焦耳
2. 在正弦交流电路中，根据容抗 X_C、感抗 X_L 的计算公式，我们推测它们的大小应该与我们学过的电路的哪一个参数有关？（　　）
A. 初相位　　　　　B. 角频率　　　　　C. 最大值　　　　　D. 有效值
3. 在正弦交流电路中，电阻元件 R 上消耗的是什么功率？（　　）
A. 最大功率　　　　B. 有功功率　　　　C. 有效功率　　　　D. 无功功率

（四）综合题

1. 在正弦交流电路中，电容元件 C 上通过的电流和其两端电压的相位关系是什么？电感元件 L 上通过的电流和其两端电压的相位关系是什么？请分别画出相量图来表示。

2. 功率因数的计算式是什么？功率因数角是什么？提高功率因数有什么意义？

3. 如图 4.38 为一电容 C、电阻 R 和电感 L 串联的正弦交流电路。其中，电源电压的瞬时值表达式未知，线路电流 i 的瞬时值表达式为 $i(t)=15\sin 50t$ A，电阻元件 R 的阻值为 $25\,\Omega$，电容元件 C 的容抗 X_C 也为 $25\,\Omega$，电感元件 L 的参数为 $1\,\mathrm{H}$。试求电源电压的最大值相量和有效值相量。

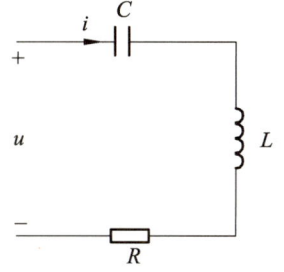

图 4.38　R、L、C 串联电路

项目五　三相正弦交流电路

【任务导入】

三相交流电路是由三相电源发电、三相线路输电、配电的电路组成。所谓三相电源,就是能产生三相电压、能输出三相电流的电源;而三相电流(或三相电压),则是三个角频率相同,但是相位不同的正弦交流电流(或正弦交流电压)的统称。

三相制电力系统自从19世纪末问世以来,经过了长时间的发展,目前,世界各国电力系统中电力的产生、输送和分配的过程中绝大多数都采用了三相制,几乎已经完全规范化、标准化,并且被广泛地应用于发电、输电、配电和动力用电等方方面面。它的三个主要构成部分是:三相电源、三相负载以及三相输电线路。

在日常生活中,通常情况下使用的是单相交流电,比如家中的插座,我们使用的单相交流电是三相交流电供电系统中的一相。因为在输电方面,输电距离一样、电压等级一样、输电功率一样的条件下,三相输电方式比单相输电方式更加节省材料;而在发电方面,容量相同的三相交流发电机比功率相同的单相交流发电机,其体积更小、成本更低,其本身也具有运行可靠、维护方便、结构简单等优点;在电动机使用方面,三相交流电动机比单相交流电动机性能更好、正常运行时转矩输出更平稳。

【教学目标】

知识目标

(1)了解并掌握三相正弦交流电路的构成形式及基本特点。

(2)掌握三相电源、三相负载的连接方法及接线制。

(3)掌握三相正弦交流电路不同连接法中线电压(电流)与相电压(电流)在大小和相位上的关系特点,能够做出线电压(电流)与相电压(电流)的完整相量图。

(4)掌握三相正弦交流电路中负载功率的计算方法。

(5)了解并掌握简单的对称三相正弦交流电路的计算方法。

(6)了解不对称三相正弦交流电路的一些特点。

能力目标

增强学生的学习能力和学以致用的实践能力。

素质目标

培养学生创造性思维、逻辑思维,通过学习日常生活中接触到的三相交流电的各种知识,增强学生好奇心,提高学生对电工学的兴趣。

思政目标

介绍三相电路在电力系统、工业控制等领域的重要应用,让学生认识到所学知识的社会价值和实际意义,从而增加学生对电力行业的热爱。

重难点

(1)三相正弦交流电路的构成形式。
(2)三相电源、三相负载的连接方法。
(3)三相正弦交流电路不同连接法中线电压(电流)与相电压(电流)在大小和相位的关系,以及线电压(电流)与相电压(电流)的相量图。
(4)简单三相对称正弦交流电路的计算方法。

任务一　三相正弦交流电压

知识目标

了解并掌握三相正弦交流电压的产生,能够明确把握三相正弦交流电压和电流的波形图。

能力目标

理解三相正弦交流电路的特点。

素质目标

培养学生探究精神,增强学生举一反三、灵活运用知识的能力。

思政目标

强调电力安全的重要性,引导学生了解电力事故的危害和预防措施。通过案例分析,让学生认识到电力安全对于社会和个人生命财产安全的重要性,培养他们的安全意识和责任感。

重难点

掌握三相正弦交流电路与单相正弦交流电路的区别。

一、三相正弦交流电压的产生以及特点

三相正弦交流电是由三相交流发电机发出的,其基本工作原理和单相交流电机一样,也是法拉第电磁感应原理。

三相交流发电机也是由一个可以自由转动的电枢和固定的电极构成。不同的是,三相交流发电机的电枢绕组有三个,即有三个绕组线圈,如图 5.1 所示,为三个线圈的主视图。为了方便作区分,我们将这三个线圈分别命名为 $U_1 - U_2$、$V_1 - V_2$、$W_1 - W_2$。三个线圈的首端,即 U_1、V_1、W_1 相互之间在空间上相差了 120°。

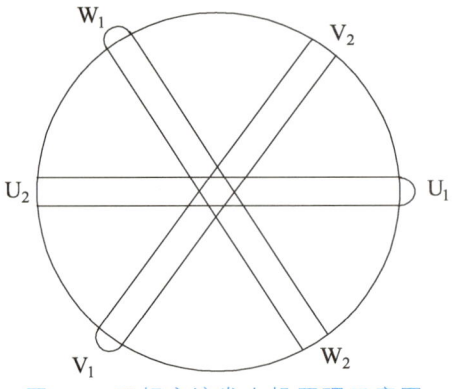

图 5.1 三相交流发电机原理示意图

由于它们各自的正弦交流电动势到达最大值的先后顺序不同，那么：线圈 U_1-U_2 上的电动势 e_u 的相位超前于线圈 V_1-V_2 上的电动势 e_v 的相位 120°、线圈 U_1-U_2 上的电动势 e_u 的相位超前于线圈 W_1-W_2 上的电动势 e_w 的相位 240°（或者说线圈 U_1-U_2 上的电动势 e_u 的相位滞后于线圈 W_1-W_2 上的电动势 e_w 的相位 120°）。

由于上述的三个线圈除了相互之间在空间位置上差了 120°以外，它们的结构、旋转速度 ω 都相等，因此三个线圈各自产生的单相正弦交流电动势应该是频率相同、最大值相同的，只有相位上存在差别。所以，如果我们假设线圈 U_1 - U_2 上的电动势 e_u 的初相位为零、电动势最大值为 E_m，则可以得到三相电动势各自的表达式，我们分别用大写字母 U、V、W 分别表示三相，三相电动势表达式分别为

$$
\begin{aligned}
e_U &= E_m \sin \omega t \\
e_V &= E_m \sin(\omega t - 120°) \\
e_W &= E_m \sin(\omega t - 240°) = E_m \sin(\omega t + 120°)
\end{aligned}
\tag{5-1}
$$

它们的波形图和相量图如图 5.2 所示。

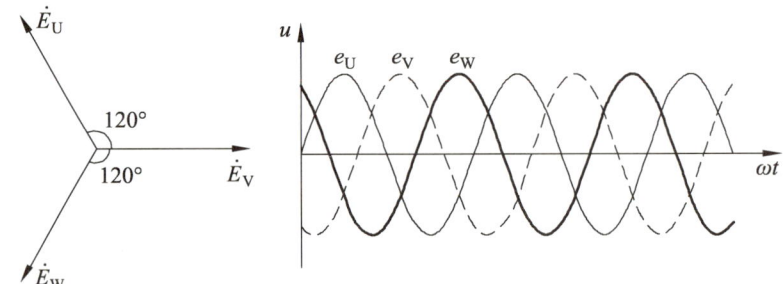

图 5.2 三相正弦交流电动势的相量图和波形图

除了用大写字母 U、V、W 表示三相，在电气工程中，还经常使用大写字母 A、B、C 来表示三相。

二、三相正弦交流电压的相序

三相正弦交流电动势依次到达最大值的顺序称之为相序。如果三个电动势由超前到滞后

按照 U - V - W 排序的相位关系，称之为正相序，简称为正序，或者称为顺序；反之，如果三个电动势由超前到滞后按照 W - V - U 排序，称之为负相序，简称为负序，或者称为逆序。三相电源相序发生改变时，将会导致连接该三相电源的三相电动机改变旋转方向，工业中经常使用这种方法来控制电机正转和反转。在今后的学习当中，如果没有特殊说明，三相电路的相序均按照正序来处理。

另外，在配电装置中为了更好地区分 U、V、W 三相线路，通常情况下，会分别以黄色、绿色、红色来分别表示 U、V、W 三相。

我们在上面已经提到，三相电动势的频率、最大值都相等，而相位不相等。观察图 5.2 的三相电动势相量图可以发现，在任意时刻，三相电压的相量之和恒为零，即

$$\dot{E}_U + \dot{E}_V + \dot{E}_W = 0 \tag{5-2}$$

同时，该式也表明了三相电动势瞬时值，在任意时刻，它们的代数和也恒为零，即

$$e_U(t) + e_V(t) + e_W(t) = 0 \tag{5-3}$$

这种三相电动势代数和恒为零的电源我们称之为对称三相电源。在以后的学习当中，若无特殊说明，三相电源均指对称三相电源。

任务二　三相电源、三相负载的联接法

知识目标

掌握三相电源、三相负载的联接法，能够熟记各种线路的名称，明确区分单相交流电路的联接方式和三相交流电路的联接方式。

能力目标

能够熟练掌握星形联接和三角形联接，利用电路知识分析一些常见的供电线路的联接方式。

素质目标

培养学生开拓性思维，做到学以致用。

思政目标

在介绍三相电源与负载的联接方法时，强调严谨的科学态度，要求学生准确理解每一个接线步骤和细节，确保电路联接的正确性和可靠性。通过实验和仿真验证不同联接方法的效果，培养学生的实证精神和科学思维意识。

重难点

掌握三相正弦交流电源、负载的星形联接和三角形联接。

一、三相电源的联接法

和单相交流电源、直流电源不同，三相交流发电机的每一相都会产生电动势，相当于三

个独立的电源。这三个独立的电源既可以同时给一个负载提供电能,也可以由其中某一个电源单独地给负载提供电能。在实际应用中,当三个电源同时给负载供电时,这三个独立的电源之间就需要以一定的方式把它们联接起来,向负载提供电能。

三相电源有两种联接方式,分别为星形联接(Y接)和三角形联接(△接)。

1. 三相电源的星形联接(Y接)

如图 5.3 所示,三相电源的每一相的绕组线圈都有一个始端和一个末端,规定各相电压参考方向都是由始端指向末端,则三相电压的相位相互之间相差 120°。将三相电源的三相绕组线圈的末端 U_2、V_2、W_2 联接在一起,即为 O 点,而从三相绕组线圈的始端 U_1、V_1、W_1 分别引出三根导线,用以联接负载或者电力网。这种三相电源的联接方式称之为三相电源的星形联接(Y接)。

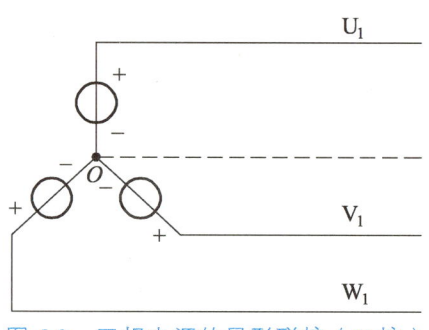

图 5.3　三相电源的星形联接(Y接)

由三相电源始端 U_1、V_1、W_1 分别引出三根导线,分别称之为 U 相、V 相、W 相的相线或者端线,俗称火线;而三相电源末端联接形成的节点 O 称之为中性点,简称中点,也可以用字母 N 来表示;从电源中性点 O 引出的线路(图 5.3 中的虚线)称之为中性线或者零线。在理想情况下,中性点上的电位为零,中性线电阻无限接近于零,其上的电位也为零。在实际中为了方便区分不同的导线,中性线通常情况下黑色或者白色来表示,而三根火线分别用黄色、绿色和红色来表示。

由三根火线和一根零线构成的输电方式称之为三相四线制,这种输电方式通常在低压配电中使用;若不引出零线,仅由三根火线所构成的输电方式称之为三相三线制,这种输电方式通常在高压输电中使用。

在三相三线制输电线路中,三根火线都在向外输出电能,在电路中,只有形成闭合回路后电流才能够流通,那么三相三线制供电方式是如何形成闭合回路来流通电流的呢?在学习了正弦交流电路的内容以后,知道不同正弦量之间是可以存在相位差的。在三相交流电路中,三根火线上对应的三个正弦交流电流虽然频率相等,但是相位不同。

2. 三相电源的三角形联接(△接)

如图 5.4 所示,三相电源的三角形联接,就是将该三相电源的每一相绕组线圈的末端和其后一相绕组线圈的始端相连接,即 U_2-V_1、V_2-W_1、W_2-U_1,三相绕组都按照这样的联接方式彼此相连,形成一个闭合的三角形路径,再从三个联接点,即三角形的三个顶点引出三根火线以连接负载或者电力网。这种三相电源的联接方式称之为三相电源的三角形联接(△接)。

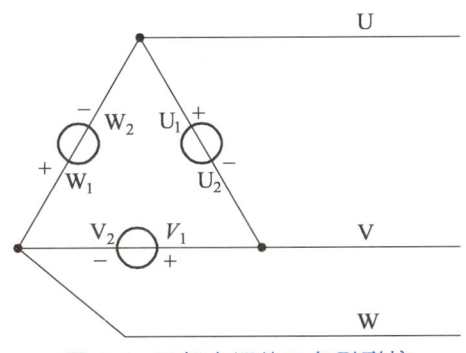

图 5.4 三相电源的三角形联接

三相电源的三角形联接（△接）因为其内部三相绕组首尾相接构成了一个三角形回路，但是只要联接方法是正确的，且三相电源的电压是对称的，则回路中的总电压为零，即式子（5-2）和（5-3）所示的情况。因此在正常情况下三相电源的三角形回路内部是没有电流流过的。但是，如果三相电源的电压是不对称的，比如有一相绕组首尾接反，由于该三角形回路内没有负载，则会形成很大的环形短路电流，从而导致发电机被烧毁。

三相发电机很少采用三角形接法，但是作为三相电源用的三相变压器，不管是星形联接还是三角形联接都会经常用到。三角形联接没有中性点，自然也就没有中性线或者零线。

二、三相负载的联接法

工业生产中和日常生活中所使用的各种各样的用电设备我们统一称之为负载。而负载根据其对供电电源的要求，可以分为单相负载和三相负载。在我们日常生活当中所使用的普通电器几乎都是单相负载，比如电视、电灯、家用电风扇、家用洗衣机等，它们的特点是只需要三相电源中的任意一相为其提供电能，这些单相负载就可以正常工作了；而工厂、建设施工工地等使用的多为三相负载，比如三相同步电动机、三相异步电动机、三相电炉等，它们的特点是必须要三相电源中的三相同时为其提供电能，这些三相负载才能够正常工作。

如果三相电源每一相上所带的负载电阻、电抗都相等，且具有相同的性质，那么这样的负载称之为对称三相负载；反之，则称之为不对称三相负载。从电力系统的运行角度说，我们希望三相负载总是对称的或者说是接近对称的。如果一个三相交流电路的电源、负载都是对称的，那么我们称这个三相电路为三相对称交流电路。在之后的内容中，如果没有特别强调，则三相电路中的三相负载均指的是三相对称负载。

1. 三相负载的星形联接

如图 5.5 所示，将三个负载的始端分别接在三相电源的三根火线上，而把它们的末端联接在一起，构成中性点 O，并与零线联接（仅采用三相四线制时）。这种负载的联接方式称之为三相负载的星形联接（Y 接）。

如果给三相负载提供电能的三相电源是对称三相电源，并且三相负载也满足对称三相负载的条件，根据基尔霍夫电流定律可知，中性线上的电流 i_0 应该等于三条火线上的电流之和，即

$$i_0 = i_1 + i_2 + i_3 \tag{5-4}$$

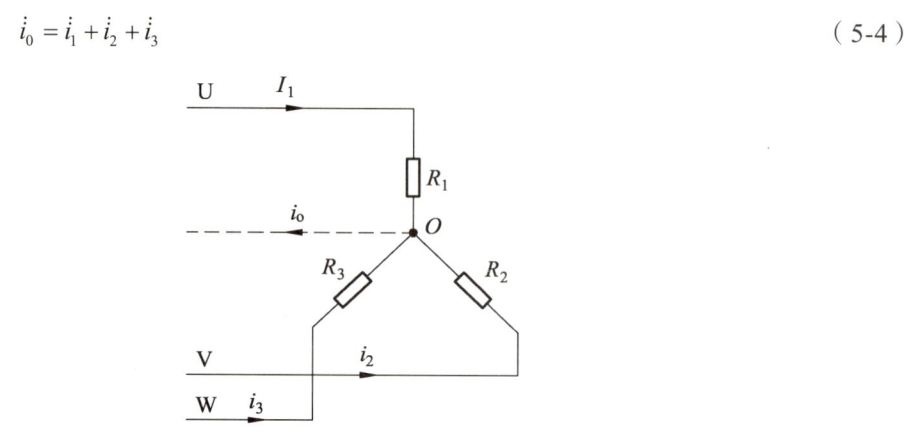

图 5.5　三相负载的星形联接

因为三相电源电压是最大值、频率都相等，而相位差 120°电角度的正弦量，并且负载电阻、电抗都相等，且具有相同的性质，即对称负载，因此流过每一相负载上的电流 i_1、i_2、i_3 也都是对称的，即三相电流 i_1、i_2、i_3 的最大值、频率相等，相位彼此相差 120°。参考式（5-2）、（5-3）的电压叠加结论可知，这三个电流叠加之后也满足在任意时刻恒为零。也就是说，对于三相对称负载，中性线上的电流恒为零，因此中性线是可以被省掉的，即在图 5.5 中虚线部分是可以去掉的。这时，三相四线制的供电方式就变成了三相三线制供电方式，三相负载也能得到正常的三相对称的电压，负载能照常工作。

但是实际上，比如对于学校、住宅楼、商场等这些以单相负载为主的用户来说，零线就起着至关重要的作用了。尽管这些地方在设计、安装配电线路时都要尽可能使三相负载接近平衡，由于三相线路所带的负载是根据人们的用电需求而随机变化的，所以电压不平衡的情况也是随机变化的，所以这种平衡只能是相对的，而且每时每刻都在变化。因此电力线路所联接的三相负载往往不是严格对称的三相负载，这种情况下中性线上的电流就不再恒为零了，也就是说中性线上有电流流过。这时中性线的作用是为三相不平衡电流提供回路，维持了中性点始终保持零电位的状态，使得作星形联接的三相负载，即使是在不对称的情况下，也能得到对称的电源电压，维持了负载电压的恒定，进而保证了每一相所接的负载都能够正常运作。

如果在三相负载不对称的情况下仍然去掉了中性线，即变成了三相三线制供电方式，三相负载每一相的电压就不再等于原来的电源电压了，而是可能会出现某相电压大于负载额定电压（在极端情况下会接近 380 V）、而某相电压小于负载额定电压这样的情况。由于电压不正常，因此负载就不能正常工作、甚至会造成更加严重的事故。除此之外，如果某些电力线路中的负载采用了接零保护（外壳接在零线上，以保持外壳零电位或极低电位），零线中断后，就会失去了接零保护，当人们使用失去了接零保护的用电设备时，就有可能发生触电事故。不过用来测试电路相序的相序仪是利用这种没有零线的不对称三相电路电压特点设计的。

因此在实际应用当中，三相四线制输电方式的中性线是不允许断开的。在电气工程上我们规定，三相四线制供电方式，中性线上不允许安装会使导线断开的设施，比如开关或者熔断器，并且，要多次使零线与大地相连接（重复接地），保证零线上的电位始终为零或始终是一个极低的数值，以使在零线发生意外故障（断开或接触不良）时起到保护作用，最后，在制作中性线时，要尽可能地减小中性线的线路电阻。

2. 三相负载的三角形联接

如图 5.6 所示，将三个负载首尾依次相接，接成三角形回路，再将三个联接点，即三角形的三个顶点分别与三相电源的三根火线相连，这就构成了三相负载的三角形联接（△连接）。

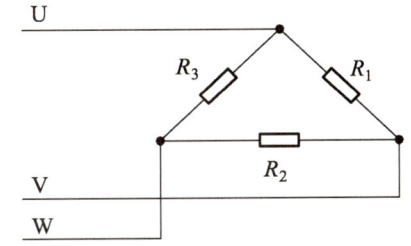

图 5.6　三相负载的三角形联接（△接）

负载的三角形联接由于没有中性点，所以是用不上三相电源的中性线的，采用三相三线制供电即可。

在实际应用当中，三相负载的联接方式取决于三相负载的额定电压，应该根据具体情况来选择具体的联接方式。

任务三　线电压（电流）与相电压（电流）的关系

知识目标

（1）了解线电压、线电流、相电压、相电流等三相正弦交流电路的基本物理量。
（2）掌握星形联接（Y 接）和三角形联接（△接）两种联接方式及相关物理量间的关系。

能力目标

能够运用相量法对三相正弦交流电路的线电压、线电流、相电压、相电流进行分析。

素质目标

培养学生数形结合能力，学会用相量法分析各电压、电流相量之间的关系。

思政目标

在学习线电压与相电压的关系时，引导学生树立精益求精的态度。要求学生不仅要准确理解概念，还要能够深入探究其背后的物理原理和数学推导，不满足于表面的理解，而是追求更深层次的认识。

重难点

（1）理解并掌握三相正弦交流电路的线电压、线电流、相电压、相电流的定义。
（2）能够熟练运用相量法对线电压、线电流、相电压、相电流之间的大小、相位关系进行分析。

一、相电压 U_p 和相电流 I_p

在本节内容中,我们均采用有效值(U、I)以及有效值相量($\dot{U}$、$\dot{I}$)来表示各个参数。

1. 相电压 U_p

在三相电路中,三相电源每一相的电压,或者每一相负载上的电压称之为相电压。符号用 U_p 表示。

1)星形联接(Y 接)中的相电压 U_p

以三相电源的相电压为例。如图 5.7 所示,作星形联接(Y 接)的三相电源,其每一相的电压分别为 U_U、U_V、U_W,也就是三相电源的相电压。三相负载同理,每一相上的电压称为对应相的相电压。

因为除了用大写字母 U、V、W 表示三相,还可以用大写字母 A、B、C 来表示三相。所以三相电源的相电压还可以表示为 U_A、U_B、U_C。

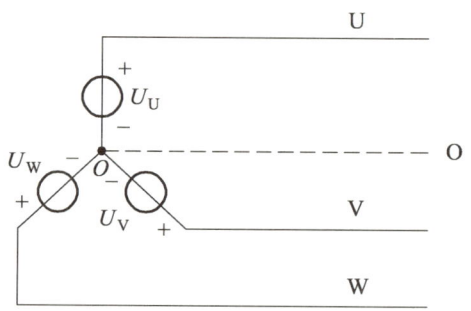

图 5.7 三相电源的相电压

2)三角形联接(△接)中的相电压 U_p

以三相负载的相电压为例。如图 5.8 所示,作三角形联接(△接)的三相对称负载,其每一相的电压分别为 U_1、U_2、U_3,他们就是三相负载的相电压。

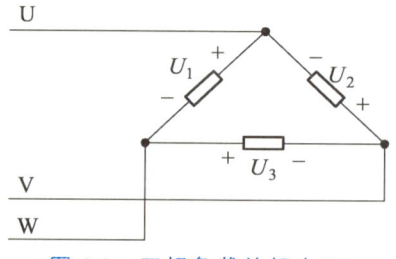

图 5.8 三相负载的相电压

2. 相电流 I_p

在三相电路中,流经三相电源每一相的电流,或者流经负载每一相的电流,称之为相电流。符号用大写字母 I 加上角标小写字母 p 表示,即 I_p。

通常情况下,对于负载,相电压和相电流取关联参考方向,即相电压和相电流保持相同方向；而对于电源，相电压和相电流取非关联参考方向，即相电压和相电流保持相反方向。

二、线电压 U_l 和线电流 I_l

1. 线电压 U_l

在三相电路中，任意两根火线之间的电压称之为线电压，用大写字母 U 加上下标小写字母 l 表示，即 U_l。

在三相电路中，无论是星形联接（Y 接）还是三角形联接（△接），无论是三相电源还是三相负载，对于线电压的定义都是一样的，即"两根火线之间的电压"。

为了更加清楚三相电压的方向以及各种关系，这里用字母 A、B、C 来表示三相。

如图 5.9 所示，以星形联接（Y 接）的三相电源为例，A 相火线和 B 相火线之间的电压 U_{AB} 是 A、B 两相之间的线电压；B 相火线和 C 相火线之间的电压 U_{BC} 是 B、C 两相之间的线电压；C 相火线和 A 相火线之间的电压 U_{CA} 是 C、A 两相之间的线电压。

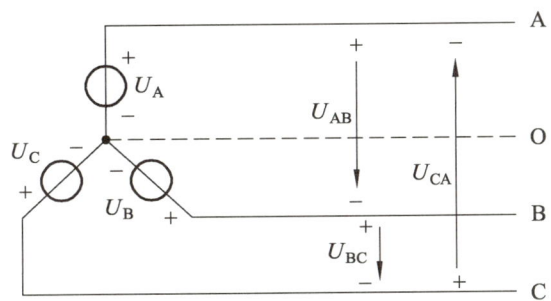

图 5.9　星形联接（Y 接）三相电源中的线电压

2. 线电流 I_l

在三相电路中，火线上的电流，称之为线电流。用大写字母 I 加上角标小写字母 l 表示，即 I_l。

在三相电路中，无论是星形联接（Y 接）还是三角形联接（△接），无论是三相电源还是三相负载，对于线电流的定义也都是一样的，即"每根火线上的电流"。

如图 5.10 所示，以三角形联接（△接）的三相负载为例，三根火线上流过的电流 I_A、I_B、I_C 分别是三相火线上的线电流。

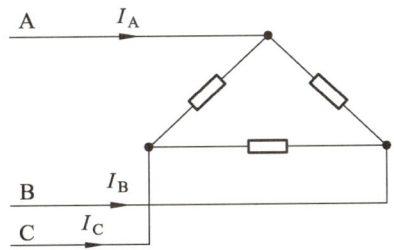

图 5.10　三角形联接（△接）的三相负载中的线电流

三、星形联接和三角形联接中线电压与相电压的关系

1. 在星形联接（Y 接）中

如前图 5.9 所示，以星形联接（Y 接）的对称三相电源为例，在星形联接法中，假设 A、B、C 三相的电源电压分别为 U_A、U_B、U_C，即三相电源的相电压；A 相火线和 B 相火线之间的电压 U_{AB} 是 A、B 两相之间的线电压；B 相火线和 C 相火线之间的电压 U_{BC} 是 B、C 两相之间的线电压；C 相火线和 A 相火线之间的电压 U_{CA} 是 C、A 两相之间的线电压。则根据基尔霍夫电压定律（KVL）对非闭合路径应用的方法，我们可以得出线电压 U_{AB}、U_{BC}、U_{CA} 和 A、B、C 三相的电源相电压 U_A、U_B、U_C 之间的关系，它们之间的关系通过相量形式表示如下

$$\dot{U}_{AB} = \dot{U}_A - \dot{U}_B$$
$$\dot{U}_{BC} = \dot{U}_B - \dot{U}_C$$
$$\dot{U}_{CA} = \dot{U}_C - \dot{U}_A \tag{5-5}$$

我们已经知道，对称三相电源的三相电压最大值、频率都相等，只有相位彼此之间相差 120°。这里为了方便计算，不妨假设三相电源的 A 相相电压 U_A 的初相位为 0°，则 B 相相电压 U_B 初相位为 −120°，C 相相电压 U_C 初相位为 −240°或者 +120°。做出三相电源三个相电压的相量图如图 5.11 所示

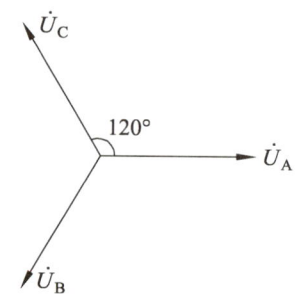

图 5.11　星形联接（Y 接）的对称三相电源中的相电压相量图

根据式子（5-5）可得该对称三相电源中线电压相量与相电压相量之间的关系，通过相量运算，得到线电压 U_{AB}、U_{BC}、U_{CA} 的相量，并将它们画在和相电压相量一个相量图中，进而分析出不同相量之间的几何关系，如下图 5.12 所示。

从图 5.12 中可得，除了已经知道的相电压 U_A、U_B、U_C 的初相位分别为 0°、−120°、120° 以外，还得到的了三个线电压 U_{AB}、U_{BC}、U_{CA} 的初相位，它们分别为 30°、−90°、150°。

除此之外，根据余弦定理，还可以在图中计算出，三个线电压 U_{AB}、U_{BC}、U_{CA} 所对应的三个相量的模值（相量的长度），是三个相电压 U_A、U_B、U_C 对应的三个相量地模值的 $\sqrt{3}$ 倍。又因为相量的模值代表该相量所表示的正弦量的具体数值的大小，因此我们可以得到在星形联接（Y 接）的对称三相电源中的三个相电压与三个线电压的大小关系为

$$U_{AB} = \sqrt{3}U_A$$
$$U_{BC} = \sqrt{3}U_B \quad (5\text{-}6)$$
$$U_{CA} = \sqrt{3}U_C$$

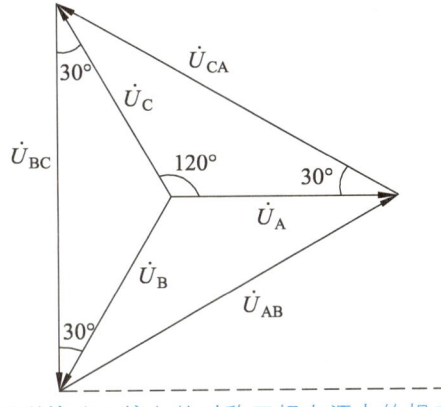

图 5.12　星形联接（Y 接）的对称三相电源中的相电压、线电压相量图

对于任意的星形联接（Y 接）的对称三相正弦交流电源或对称三相负载，它们每一相的相电压和对应的线电压的大小，都满足以下关系

$$U_l = \sqrt{3}U_p \quad (5\text{-}7)$$

式子（5-7）表示了作星形联接（Y 接）的对称三相正弦交流电源或对称三相负载线电压 U_l 和相电压 U_p 之间的大小关系，那么它们之间在相位上存在什么样的区别和联系呢？接下来我们作进一步的讨论。

通过相量法分析，我们已经得到该星形联接（Y 接）的对称三相电源的三个相电压 U_A、U_B、U_C 的初相位分别为 0°、-120°、120°，三个线电压 U_{AB}、U_{BC}、U_{CA} 的初相位分别为 30°、-90°、150°。即对于 A 相，线电压 U_{AB} 超前于其对应的相电压 U_A 30°；对于 B 相，线电压 U_{BC} 超前于其对应的相电压 U_B 30°；对于 C 相，线电压 U_{CA} 超前于其对应的相电压 U_C 30°。

根据这个结论，我们在式子（5-6）线电压与对应相电压大小关系的基础上，应用相量法的知识，通过相量形式表示出三个相电压 U_A、U_B、U_C 和三个线电压 U_{AB}、U_{BC}、U_{CA} 的相位关系如下

$$\dot{U}_{AB} = \sqrt{3}\dot{U}_A \angle 30°$$
$$\dot{U}_{BC} = \sqrt{3}\dot{U}_B \angle 30°$$
$$\dot{U}_{CA} = \sqrt{3}\dot{U}_C \angle 30° \quad (5\text{-}8)$$

式子（5-8）表明，在该星形联接（Y 接）的对称三相电源中，线电压不仅在大小上是其对应的相电压的 $\sqrt{3}$ 倍，而且在相位上也超前于其所对应的相电压 30°。

对于任意的星形联接（Y 接）的对称三相正弦交流电源或对称三相负载，它们每一相的相电压和对应的线电压的大小与相位之间，都满足以下关系

$$\dot{U}_l = \sqrt{3}\dot{U}_p \angle 30° \quad (5\text{-}9)$$

2. 在三角形联接（△接）中

如图 5.13 所示，以三角形联接（△接）的对称三相电源为例，在三角形联接法中，若假设 A、B、C 三相的电源相电压分别为 U_A、U_B、U_C，根据线电压的定义可以得到，A 相火线和 B 相火线之间的电压 U_{AB} 是 A、B 两相之间的线电压；B 相火线和 C 相火线之间的电压 U_{BC} 是 B、C 两相之间的线电压；C 相火线和 A 相火线之间的电压 U_{CA} 是 C、A 两相之间的线电压。

由于 A 相相电压 U_A 和 A、B 两相之间的线电压 U_{AB} 是并联关系，而并联具有电压相等的特点，因此 A 相相电压 U_A 等于 A、B 两相之间的线电压 U_{AB}。同理 B 相相电压 U_B 等于 B、C 两相之间的线电压 U_{BC}，C 相相电压 U_C 等于 C、A 两相之间的线电压 U_{CA}。应该注意的是，这里说"等于"，既指大小相等，也指相位相等。

因此，对于该三角形联接（△接）的对称三相电源，其每一相的相电压等于对应的线电压，用式子表示如下

$$\dot{U}_{AB} = \dot{U}_A$$
$$\dot{U}_{BC} = \dot{U}_B$$
$$\dot{U}_{CA} = \dot{U}_C \quad (5\text{-}10)$$

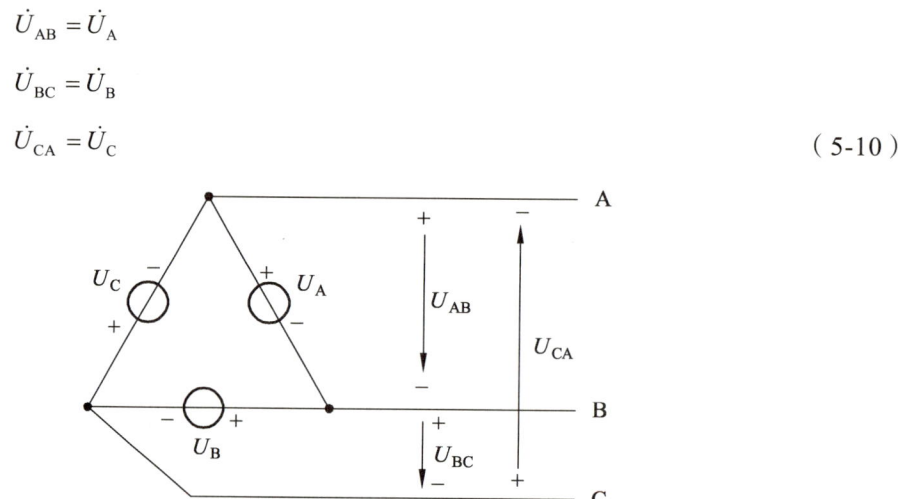

图 5.13　三角形联接（△接）的对称三相电源的相电压和线电压

对于任意的三角形联接（△接）的对称三相正弦交流电源或对称三相负载，它们每一相的相电压和对应的线电压的大小与相位之间，都满足以下关系

$$\dot{U}_l = \dot{U}_p \quad (5\text{-}11)$$

四、星形联接和三角形联接中线电流与相电流的关系

1. 在星形联接（Y 接）中

如图 5.14 所示，以三相星形联接（Y 接）的对称三相电源为例，在星形联接法中，若假设流过 A、B、C 三相的电源的电流分别为 I_{pA}、I_{pB}、I_{pC}，则根据相电流的定义可以知道，分

别为三星形联接（Y 接）的对称三相电源 A、B、C 三相的三个相电流；再假设流过 A、B、C 三根火线的电流分别为 I_{1A}、I_{1B}、I_{1C}，则根据线电流的定义可以知道，分别是流过三相火线 A、B、C 的三个线电流。

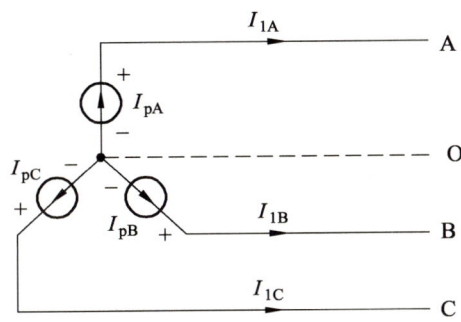

图 5.14　星形联接（Y 接）的对称三相电源的相电流和线电流

由于 A 相电源相电流 I_{pA} 和 A 相火线线电流 I_{1A} 之间是串联关系，而串联具有电流相等的特点，因此 A 相电源相电流 I_{pA} 等于 A 相火线线电流 I_{pA}。同理 B 相电源相电流 I_{pB} 等于 B 相火线线电流 I_{1B}；C 相电源相电流 I_{pC} 等于 C 相火线线电流 I_{lC}。应该注意的是，和在三角形联接（△接）中的线电压和相电压一样，这里说"等于"，既指大小相等，也指相位相等。

因此，对于该星形联接（Y 接）的对称三相电源，其每一相的相电流等于对应的线电流，用式子表示如下

$$\dot{I}_{pA} = \dot{I}_{1A} \quad \dot{I}_{pB} = \dot{I}_{1B} \quad \dot{I}_{pC} = \dot{I}_{1C} \tag{5-12}$$

对于任意的星形联接（Y 接）的对称三相正弦交流电源或对称三相负载，它们每一相的相电流和对应的线电流的大小与相位之间，都满足以下关系

$$\dot{I}_{l} = \dot{I}_{p} \tag{5-13}$$

2. 在三角形联接（△接）中

如图 5.15 所示，以对外联接了对称三相负载的三角形联接（△接）的对称三相电源为例，在三角形联接法中，若假设流过 A、B、C 三相的电源电流分别为 I_{pA}、I_{pB}、I_{pC}，则根据相电流的定义可以知道，它们分别为三星形联接（Y 接）的对称三相电源 A、B、C 三相的三个相电流；再假设流过 A、B、C 三根火线的电流分别为 I_{1A}、I_{1B}、I_{1C}，则根据线电流的定义可以知道，它们分别是流过三相火线 A、B、C 的三个线电流。根据基尔霍夫电流定律，可以得出线电流 I_{1A}、I_{1B}、I_{1C} 和 A、B、C 三相的电源相电流 I_{pA}、I_{pB}、I_{pC} 之间的关系，它们之间的关系通过相量形式表示如下

$$\dot{I}_{lA} = \dot{I}_{pA} - \dot{I}_{pC}$$
$$\dot{I}_{lB} = \dot{I}_{pB} - \dot{I}_{pA}$$
$$\dot{I}_{lC} = \dot{I}_{pC} - \dot{I}_{pB} \tag{5-14}$$

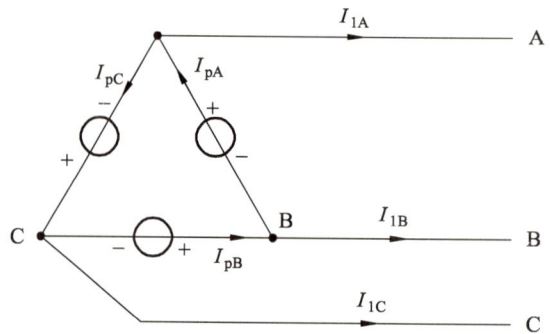

图 5.15 三角形联接（△接）的对称三相电源的线电流和相电流

对称三相电源的三相电压最大值、频率都相等，只有相位彼此之间相差120°。而对于联接对称三相负载的对称三相电源的三相电流，也同样满足最大值、频率都相等，只有相位彼此之间相差120°电角度。这里为了方便计算分析，不妨假设三相电源的 A 相相电流 I_{pA} 初相位为 0°，则 B 相相电流 I_{pB} 初相位为 -120°，C 相相电流 I_{pC} 初相位为 -240°或者 +120°。做出三相电源三个相电流的相量图如图 5.16 所示

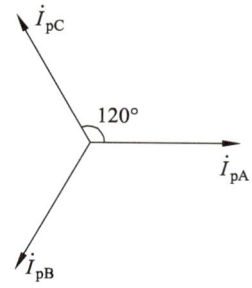

图 5.16 三角形联接（△接）的对称三相电源中的相电流相量图

根据式子（5-14）可得该对称三相电源中线电流相量与相电流相量之间的关系，通过相量运算，可以得到线电流 I_{lA}、I_{lB}、I_{lC} 的相量，并将它们画在和相电压相量同一个相量图中，进而分析出不同相量之间的关系，如下图 5.17 所示

从做好的相量图 5.17 中，除了已经知道的相电流 I_{pA}、I_{pB}、I_{pC} 的初相位分别为 0°、-120°、120°以外，我们还得到的了三个线电流 I_{lA}、I_{lB}、I_{lC} 的初相位，它们分别为 -30°、-150°、90°。

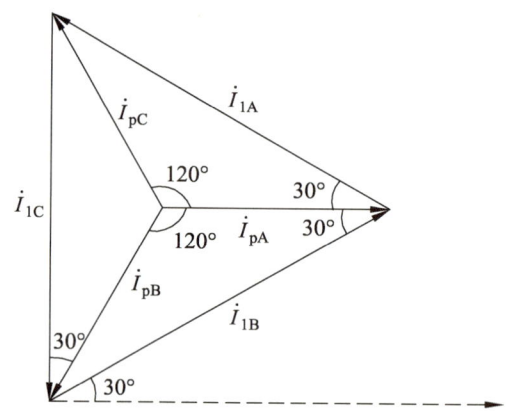

图 5.17 三角形联接（△接）的对称三相电源中的相电流、线电流相量图

除此之外，根据余弦定理，我们还可以在图中计算出，三个线电流 I_{lA}、I_{lB}、I_{lC} 所对应的三个相量的模值，应该是三个相电流 I_{pA}、I_{pB}、I_{pC} 对应的三个相量模值的 $\sqrt{3}$ 倍。又因为相量的模值代表该相量所表示的正弦量的具体数值的大小，因此我们可以得到在该三角形联接（△接）的对称三相电源中的三个相电流与三个线电流的大小关系为

$$I_{lA} = \sqrt{3} I_{pA}$$
$$I_{lB} = \sqrt{3} I_{pB}$$
$$I_{lC} = \sqrt{3} I_{pC}$$
（5-15）

从更普遍的角度来看，对于任意的三角形联接（△接）的对称三相正弦交流电源或对称三相负载，也即对于任意的对称三相电路，它们每一相的相电流和对应的线电流的大小之间，都满足以下关系

$$I_l = \sqrt{3} I_p$$
（5-16）

式子（5-16）表示了作三角形联接（△接）的对称三相电路中线电流 I_l 和相电流 I_p 之间的大小关系，接下来我们进一步讨论线电流 I_l 和相电流 I_p 之间的相位关系。

通过上面相量法作图分析，我们已经得到该三角形联接（△接）的对称三相电源的三个相电流 I_{pA}、I_{pB}、I_{pC} 的初相位分别为 0°、−120°、120°，三个线电流 I_{lA}、I_{lB}、I_{lC} 的初相位分别为 −30°、−150°、90°。即对于 A 相，线电流 I_{lA} 滞后于其对应的相电流 I_{pA}30°；对于 B 相，线电流 I_{lB} 滞后于其对应的相电流 I_{pB}30°；对于 C 相，线电流 I_{lC} 滞后于其对应的相电流 I_{pC}30°。

根据这个结论，我们在式子（5-15）线电流与对应相电流大小关系的基础上，应用相量法的知识，通过相量形式表示出三个相电流 I_{pA}、I_{pB}、I_{pC} 和三个线电流 I_{lA}、I_{lB}、I_{lC} 的相位关系如下

$$\dot{I}_{lA} = \sqrt{3} \dot{I}_{pA} \angle -30°$$
$$\dot{I}_{lB} = \sqrt{3} \dot{I}_{pB} \angle -30°$$
$$\dot{I}_{lC} = \sqrt{3} \dot{I}_{pC} \angle -30°$$
（5-17）

式子（5-17）表明，在对外联接对称三相负载的三角形联接（△接）的对称三相电源中，线电流的大小是其对应相电流的 $\sqrt{3}$ 倍，在相位上则滞后于其所对应的相电流 30°电角度。

从更普遍的角度来看，对于任意的三角形联接（△接）的对称三相电路，它们每一相的相电流和对应的线电流的大小与相位之间，都满足以下关系

$$\dot{I}_l = \sqrt{3} \dot{I}_p \angle -30°$$
（5-18）

【例 5.1】已知某一作三角形联接（△接）的对称三相交流电源，外接对称三相负载。已知该电源每一相上的电压的大小是 220 V，且流过每一相的电流大小为 5 A，试求在该三相电路系统当中：（1）相电压 U_p、相电流 I_p 的大小；（2）线电压 U_l 大小；（3）线电流的大小。

解：（1）已知电源每一相上的电压大小为 220 V、流过电源每一相的电流大小为 5 A，根据相电压和相电流的定义可知，相电压大小为 $U_p = 220$ V，相电流大小为 $I_p = 5$ A。

（2）已知该电源是三角形联接（△接）的对称三相交流电源，因此对于每一相的相电压，都和其对应的线电压相等，即 $U_1 = 220$ V。

（3）根据三角形联接（△接）的对称三相交流电源线电流与相电流的大小关系，可得线电流的大小为

$$I_1 = \sqrt{3} I_p = \sqrt{3} \times 5 = 5\sqrt{3} \text{ A}$$

【例 5.2】 已知某一作星形联接（Y接）的对称三相交流电源，电源相序为顺序，外接对称三相负载。已知该电源 A 相上的电压相量是 220∠0° V，试求在该三相电路系统当中：（1）B 相、C 相的相电压相量；（2）线电压 U_{AB} 的相量；（3）线电压 U_{BC} 和 U_{CA} 的相量。

解：（1）已知该电源 A 相上的电压相量是 220∠0° V，又因为该电源是对称三相交流电源，且电源相序为顺序，因此 B 相、C 相相电压依次滞后于 A 相电压 120° 电角度，而最大值则都与 A 相相等。由此可得，B 相相电压相量、C 相相电压相量分别为

$$\dot{U}_B = 220\angle{-120°} \text{ V}$$

$$\dot{U}_C = 220\angle{120°} \text{ V}$$

（2）线电压 U_{AB} 即为 A 相火线和 B 相火线之间的电压，由基尔霍夫电压定律，结合如下相量图 5.18，可得

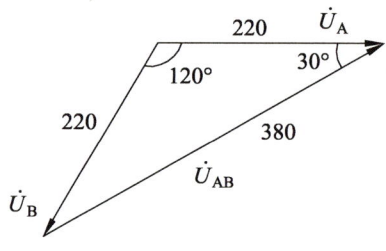

图 5.18　相量图

$$\dot{U}_{AB} = \dot{U}_A - \dot{U}_B = 220\angle 0° - 220\angle{-120°} = 120\sqrt{3}\angle 30° \approx 380\angle 30° \text{ V}$$

（3）在前面的计算当中，已经知道了 A、B、C 三相各自的电压相量，故可按照第二问的方法，通相量图作图，分析相量图几何关系的到线电压 U_{BC} 和 U_{CA} 的相量。但是由于已知该电力系统是对称三相电路，且电源相序为顺序，因此除了相电压，三个线电压也彼此相差 120° 电角度，因此，可以直接根据第二问求得的线电压 U_{AB} 的相量推出线电压 U_{BC} 和 U_{CA} 的相量为

$$\dot{U}_{BC} = \dot{U}_{AB}\angle{-120°} = 380\angle 30° \times \angle{-120°} = 380\angle{-90°} \text{ V}$$

$$\dot{U}_{CA} = \dot{U}_{BC}\angle{-120°} = 380\angle{-90°} \times \angle{-120°} = 380\angle{-210°} = 380\angle 150° \text{ V}$$

五、三相电源、三相负载联接方式选择对线路的影响

我们在上一节内容提到过，三相电力系统的负载各式各样，有使用三相电力系统中三根

火线中的一根供电，即单相供电，就能够正常运行的单相负载，比如在日常生活中，家里使用的插座、电磁炉、家用风扇、家用电灯等设备都是这类单相负载；除了单相负载以外，三相电力系统中还存在大量的三相负载，比如工厂、建设施工工地等使用的多为三相负载，像三相同步电动机、三相异步电动机、三相电炉等设备都属于三相负载。

回顾之前提到的两种供电制式：三相三线制供电方式和三相四线制供电方式。三相三线制供电方式是由三根火线和一根零线构成的输电方式，这种输电方式通常在低压配电中使用；若不引出零线，仅由三根火线所构成的输电方式称之为三相三线制，这种输电方式通常在高压输电中使用。

对于三相星形联接（Y接）的对称三相电源，因为有中性点的存在，能够对外接出零线（中性线），所以如果使用三相星形联接（Y接）联接的三相电源进行供电，则电力线路既可以采用三相三线制供电方式、也可以采用三相四线制供电方式；而对于三角形联接（△接）的对称三相正弦交流电源，由于没有中性点的存在，所以也就没有办法对外接出零线，因此如果使用三角形联接（△接）联接的三相电源进行供电，则只能够采用三相三线制的供电方式。

即使有相同的三相电源电压，即相同的电源相电压，当三相电源分别作星形联接（Y接）和作三角形联接（△接）时，输出的线电压是截然不同的。而负载能够从电力线路上得到的电压也是截然不同的。

如图 5.19 所示，某一三相发电机作星形联接（Y接），且该三相发电机发出的相电压为 127 V 时，根据星形联接（Y接）线电压和相电压的大小关系可知，其对外提供的线电压就是 $127 \times \sqrt{3} = 220$ V。此时，如果仍然用这台三相发电机，转而采用三相四线制供电方式向外供电，并连接负载电阻 R_1、R_2，则负载电阻 R_1、R_2 可以从电力线路中获得两种电压等级的电压，分别为 220 V 和 127 V。当负载电阻 R_1 接两根火线，即接在两根火线之间时，电阻 R_1 上获得的电压是线电压，电压等级为 220 V；当负载电阻 R_2 接一根火线和一根零线，即接在一根火线和零线之间时，因为中性点接地，在理想情况下，中性点电位为零，则电阻 R_2 上获得的电压是相电压，电压等级为 127 V。如果在其他条件不变的前提下，把图 5.19 中的虚线去掉，即将该三相输电系统的供电方式由三相四线制改为三相三线制，则负载电阻 R_1、R_2 就只能获得 220 V 这一种电压等级了。

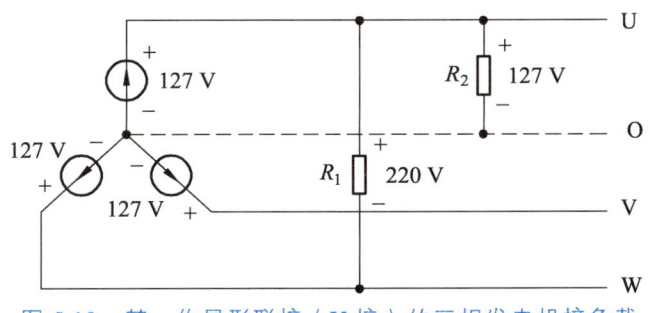

图 5.19　某一作星形联接（Y接）的三相发电机接负载

当然在此读者可能有一个疑问，就是在三相三线制的供电系统中，如果用三个一模一样的电阻或者其他负载，也就是对称三相负载，分别串联在三根火线 U、V、W 当中。根据我们之前学过的知识可以知道，此时中性点的电位为零。那么是不是就可以实现和三相四线制供电方式一样，即使在三相三线制供电方式中，也能够让负载能够获得两种电压等级，即 220 V 和 127 V。理想情况下是可以的，但是在实际应用中，一般不采用。

在理想情况下根据电路模型进行分析，如图 5.20 所示，将三个一模一样的电阻按星形联接（Y 接）分别串联接在图 5.19 中作星形联接（Y 接）的三相发电机所带的三相三线制供电系统的三根火线上，此时三个电阻的公共端，即中性点 O，上面的电位是等于零的，则三个负载电阻 R 上的电压应该分别等于图 5.19 中作星形联接（Y 接）的三相发电机 U、V、W 三相的相电压，即 127 V。因此在这种情况下是实现让负载电阻 R 获得三相电源的相电压的。但是在实际当中，往往 U、V、W 三相各自所带的的单相负载不是串联，而是以并联形式接在供电线路当中的，并且通常情况下 U、V、W 三相各自所带的的单相负载，并不能够严格构成对称三相负载，这就导致了中性点的偏移，也就是中性点的电位不再为零，会导致不对称三相负载中性线断开时造成的后果。

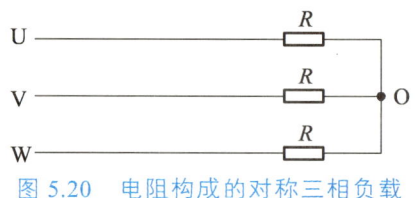

图 5.20　电阻构成的对称三相负载

再如图 5.21 所示，另有一三相发电机作三角形联接（△接），当该三相发电机发出的相电压为 220 V 时，则根据三角形联接（△接）线电压和相电压的大小关系可知，其对外提供的线电压和发电机三相电源的相电压相等，都是 220 V。并且如果发电机按照三角形联接（△接），其没有中性点，自然也就没办法引出零线。此时，该供电系统只能采用三相三线制的供电方式。因此，如果我们使用这个供电系统给负载电阻供电，则负载电阻就只能获得一种电压等级，即 220 V。

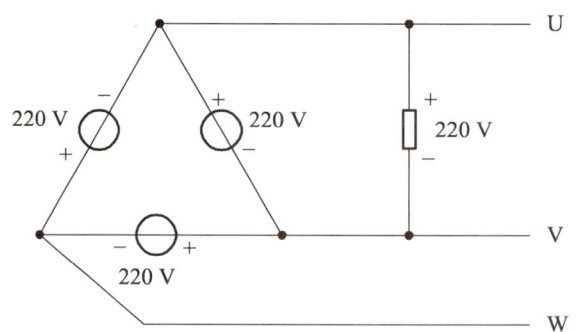

图 5.21　某一作三角形联接（△接）的三相发电机接负载

对于我们日常生活中的单相负载，往往要接两根导线，即火线（相线）和零线（中性线），也就是采用三相四线制的供电方式，这种供电方式经常会在低压配电的情况下使用。在三相制的低压供电系统当中，最常用的是相电压 220 V、线电压 380 V 配电线路，为了方便表明配电线路电压等级，通常情况下写作"220 V/380 V"。

在工业、农业生产当中普遍使用的三相电动机是接在线电压为 380 V 的三相配电线路上的，三相电动机是最为常见的对称三相负载之一。将线电压为 380 V 的三相电接入三相电动机之后，再根据三相电动机电机绕组所需要的电压，决定三相绕组是作星形联接（Y 接）还是作三角形联接（△接）。当三相绕组作星形联接（Y 接）时，每相绕组上获得的电压是相电压，根据星形联接（Y 接）相电压与线电压的大小关系可知，每相绕组上电压的大小是 220 V；而当三相绕组作三角形联接（△接）时，由于在三角形联接（△接）中相电压等于线电压，因此每相绕组上获得的相电压和线路线电压大小相同，为 380 V。值得一提的是，对于三相电动机，不管是采用星形联接（Y 接）还是三角形联接（△接），都不需要再接入零线了，因为三相电动机的三相绕组是对称的，是对称三相负载，因此就不需要接入零线。无论在什么时候，三相电流的相量之和为零，所以即使接入了零线，也不会有电流的存在。但是，虽然三相电动机不需要接入零线，但是单相电机（比如用单相交流电源 AC 220 V 供电的小功率单相异步电动机）是有零线的，零线对于单相电机来说是必须的。

在三相电路中，选择三相负载的联接方式时应考虑到负载每相的额定电压和三相电源的线电压。

任务四　三相正弦交流电路中的功率

知识目标

（1）理解对称三相正弦交流电路的有功功率、无功功率、视在功率的含义。
（2）掌握对称三相正弦交流电路有功功率、无功功率、视在功率以及功率因数的计算方法。

能力目标

能够根据所给定的三相正弦交流电路的具体条件，熟练地计算出该三相正弦交流电路的有功功率、无功功率、视在功率以及功率因数。

素质目标

培养学生举一反三、知识迁移的能力。

思政目标

在讲解三相正弦交流电的优势（如功率因数高、传输效率高）时，引导学生认识到能源利用效率和环境保护之间的密切关系。强调在实际应用中如何合理设计电路、选择设备以减少能耗和污染，培养学生的节能减排意识和可持续发展观念。

重难点

理解并掌握对称三相正弦交流电路中有功功率、无功功率、视在功率以及功率因数的计算方法，能够计算对称三相正弦交流电路的有功功率、无功功率、视在功率以及功率因数。

一、三相正弦交流电路的功率因数和功率因数角

和单相正弦交流电一样，功率因数用符号 λ 表示，其计算公式为平均功率 P 和视在功率 S 之比。我们知道，单相正弦交流电路的功率因数 λ 等于端口电压超前于电流的相位角 φ 的余弦

值,所以这个相位角 φ 又称作功率因数角。但是对于三相正弦交流电路,每一相所对应的功率因数角 φ,应该是对应相中,相电压超前于相电流的相位角,而不是某一线电压与某一线电流、某一相电压与某一相电流之间的相位角之差。由于相电压(电流)和线电压(电流)之间不仅大小存在倍数关系,并且还存在相位差,因此这点应该尤其注意。也正因如此,在三相正弦交流电路中,功率因数角 φ 有时会下加角标 p,即 φ_p,用以表示该功率因数角是相电压与相电流之间的相位差。此时功率因数,也就是功率因数角的余弦值,应该写作 $\cos\varphi_p$。若不特别强调,在三相正弦交流电路中所提及的功率因数角 φ 均指 φ_p。

在对称三相正弦交流电路中,各相的功率因数、功率因数角均相等。

二、三相正弦交流电路的各种功率

三相正弦交流电路的平均功率(有功功率),指的是三根火线各自所接负载所消耗的平均功率(有功功率)之和。相同地,三相正弦交流电路的瞬时功率、无功功率、视在功率以及复功率,也都等于三根火线各自所接负载所消耗的瞬时功率、无功功率、视在功率以及复功率之和。

不管是三相所带的负载是采用星形联接(Y 接)还是三角形联接(△接),每一相,也就是单相的负载上所消耗的瞬时功率、平均功率(有功功率)、无功功率、视在功率以及复功率的计算方法都和我们之前在单相正弦交流电路中所学过的计算方法相同。并且,单相正弦电路中平均功率的守恒性和无功功率的守恒性,或者说是复功率的守恒性,在三相正弦交流电路中也同样适用。

1. 三相正弦交流电路中的平均功率(有功功率)

根据上述的平均功率守恒原理可以知道,一个三相负载所消耗的总平均功率应该等于 U、V、W 三相各自所消耗的平均功率之和,即

$$P = P_U + P_V + P_W \tag{5-19}$$

式(5-19)中,P 表示三相负载的总平均功率(有功功率),P_U、P_V、P_W 分别表示 U、V、W 三相各自的平均功率。

在对称三相正弦交流电路中,各相电压的有效值、各相电流的有效值以及各相的功率因数、功率因数角均分别相等,根据单相正弦交流电路平均功率的计算公式可知,对于对称三相正弦交流电路,其平均功率用相电压、相电流可以表示为

$$P = P_U + P_V + P_W = 3U_P I_P \cos\varphi \tag{5-20}$$

如果使用线电压、线电流,其平均功率又可以表示为

$$P = P_U + P_V + P_W = 3U_P I_P \cos\varphi = 3 \times \frac{U_l}{\sqrt{3}} \times I_l \times \cos\varphi = \sqrt{3} U_l I_l \cos\varphi \tag{5-21}$$

$$P = P_U + P_V + P_W = 3U_P I_P \cos\varphi = 3 \times U_l \times \frac{I_l}{\sqrt{3}} \times \cos\varphi = \sqrt{3} U_l I_l \cos\varphi \tag{5-22}$$

式子（5-21）和式子（5-22）分别表示三相电路作星形联接（Y 接）时和作三角形联接（△接）时，用线电压、线电流计算平均功率的过程。观察可以发现，对于作星形联接（Y 接）的电路，线电压 U_l 等于相电压 U_P 的 $\sqrt{3}$ 倍，而线电流 I_l 等于相电流 I_P；而对于作三角形联接（△接）的电路，线电压 U_l 等于相电压 U_P，而线电流 I_l 等于相电流 I_P 的 $\sqrt{3}$ 倍。因此，当采用线电压、线电流来表示三相电路的平均功率时，无论电路是星形联接（Y 接）还是三角形联接（△接），其表达式都是不变的。

需要强调的是，无论是用线电压、线电流还是用相电压、相电流来表示三相电路的平均功率，功率因数角都是相电压超前于相电流的相位角 φ_p。

2. 三相正弦交流电路中的瞬时功率

和在单相交流电路中瞬时功率的符号一样，三相正弦交流电路中的瞬时功率也用小写的字母 p 来表示，不同的是，每一相上的瞬时功率我们用角标 U、V、W 或者 A、B、C 来作区分，以此来表示每一相上的瞬时功率。根据瞬时功率守恒原理可以知道，一个三相负载所消耗的实际瞬时功率 p，应该等于其三相各相上所消耗的瞬时功率之和，即

$$p = p_U + p_V + p_W \tag{5-21}$$

式（5-21）中，p 表示三相负载的总瞬时功率，p_U、p_V、p_W 分别表示 U、V、W 三相各自的瞬时功率。

对称三相电路的瞬时功率有一个非常重要的特点，即"瞬时功率的平衡性"。其表明，不管是该对称三相电路是采用星形联接（Y 接）还是三角形联接（△接），在对称三相电路正常工作的任意时刻，三相瞬时功率的总和，即三相电路总瞬时功率 p 是保持不变的，是一个固定的常数，不会随着时间 t 的推移而发生变化这一特点相比，单相正弦电路的瞬时功率会随着时间 t 的推移不断发生变化，是时间 t 的函数，也就是一个变化量。

这一点很容易从以下的对称三相电路的计算中得到证明。

假设有一角频率为 ω 的对称三相电路，每一相的电源相电压有效值大小为 U、相电流有效值的大小为 I，其 U 相负载相电压初相位为零，电源相序为顺序，并且 U、V、W 三相负载功率因数角，即相电压超前于相电流的相位角，都为 φ，则 U 相负载的瞬时功率 p_U 为

$$p_U(t) = ui = \sqrt{2}U \sin \omega t \times \sqrt{2}I \sin(\omega t - \varphi) \tag{5-22}$$

同理，V 相负载、W 相负载的瞬时功率 p_V、p_W 分别为

$$p_V(t) = ui = \sqrt{2}U \sin(\omega t - 120°) \times \sqrt{2}I \sin(\omega t - 120° - \varphi) \tag{5-23}$$

$$p_W(t) = ui = \sqrt{2}U \sin(\omega t + 120°) \times \sqrt{2}I \sin(\omega t + 120° - \varphi) \tag{5-24}$$

将式（5-22）、（5-23）、（5-24）带入式（5-21），则得到三相总瞬时功率 p 为

$$p(t) = p_U(t) + p_V(t) + p_W(t) \tag{5-25}$$

化简可得

$$p(t) = 3UI \cos \varphi = P \tag{5-26}$$

根据式子（5-26）可以看到，三相各自的瞬时功率之和是不随自变量 t 变化的常数，其大小等于三相电路的平均功率（有功功率）。对称三相电路瞬时功率的平衡性是其重要的优点之一。因为平均功率（有功功率）是设备实际利用转换的功率，所以维持平均功率恒定，就如三相电动机等三相负载在运行时，其输出的瞬时电磁转矩恒定，动力输出平稳均匀。

3. 三相正弦交流电路中的无功功率

根据无功功率守恒原理可以知道，一个三相负载所消耗的总无功功率应该等于 U、V、W 三相各自所消耗的无功功率之和，即

$$Q = Q_U + Q_V + Q_W \tag{5-27}$$

式（5-27）中，Q 表示三相负载的总无功功率，Q_U、Q_V、Q_W 分别表示 U、V、W 三相各自的无功功率。

对于对称三相正弦交流电路，根据在单相正弦交流电路中无功功率的计算公式可知，其无功功率用相电压、相电流可以表示为

$$Q = Q_U + Q_V + Q_W = 3U_p I_p \sin\varphi \tag{5-28}$$

如果使用线电压、线电流来表示无功功率，和三相电路平均功率（有功功率）的计算公式一样，无论电路是星形联接（Y 接）还是三角形联接（△接），其无功功率都可以表示为

$$Q = Q_U + Q_V + Q_W = \sqrt{3} U_l I_l \sin\varphi \tag{5-29}$$

式（5-29）中的功率因数角也是相电压超前于相电流的相位角 φ_p。

4. 三相正弦交流电路中的视在功率

在三相电路中，每一相所消耗的视在功率的计算方法与单相正弦交流电路中视在功率的计算方法相同。三相负载所消耗的总视在功率应该等于 U、V、W 三相各自所消耗的视在功率之和，即

$$S = S_U + S_V + S_W \tag{5-30}$$

式（5-30）中，S 表示三相负载的总视在功率，S_U、S_V、S_W 分别表示 U、V、W 三相各自的视在功率。

对于对称三相正弦交流电路，三相所消耗的视在功率相等，总视在功率用相电压、相电流可以表示为

$$S = S_U + S_V + S_W = 3U_p I_p \tag{5-31}$$

使用线电压、线电流可以表示为

$$S = S_U + S_V + S_W = \sqrt{3} U_l I_l \tag{5-32}$$

【例 5.3】已知有一对称三相正弦交流电源，对外接了作星形联接（Y 接）的三相对称负载，已知线电压为 380 V，线电流为 $5\sqrt{3}$ A。三相对称负载每一相的相电压都超前于其对应的相电流 30°。试求：（1）该三相对称负载所消耗的平均功率（有功功率）P；（2）该三相对称

负载所消耗的无功功率 Q；（3）该三相对称负载所消耗的视在功率 S；（4）如果将该对称三相负载改为三角形联接（△接），通过调整负载参数，使得线电压、线电流、三相对称负载每一相的相电压超前于其对应的相电流的电角度都不发生改变，即维持题目原有条件，则其消耗的平均功率 P、无功功率 Q、视在功率 S 较前三问是否会发生变化？

解：（1）相对称负载每一相的相电压都超前于其对应的相电流的电角度，其实就是每一相负载的相位角。根据对称三相电路平均功率的计算公式，可得

$$P = \sqrt{3}U_l I_l \cos\varphi = \sqrt{3} \times 380 \times 5\sqrt{3} \times \cos 30° = 2\,850\sqrt{3} \text{ W}$$

（2）根据对称三相电路无功功率的计算公式，可得

$$Q = \sqrt{3}U_l I_l \sin\varphi = \sqrt{3} \times 380 \times 5\sqrt{3} \times \sin 30° = 2\,850 \text{ var}$$

（3）根据对称三相电路视在功率的计算公式，可得

$$S = \sqrt{3}U_l I_l = \sqrt{3} \times 380 \times 5\sqrt{3} = 5\,700 \text{ V·A}$$

或者，也可以利用单相正弦交流电路有功功率 P、无功功率 Q 以及视在功率 S 之间的功率三角形关系，由勾股定理得

$$S = \sqrt{P^2 + Q^2} = \sqrt{(2\,850\sqrt{3})^2 + 2\,850^2} = 5700 \text{ V·A}$$

（4）对于对称三相电路，只要线电压、线电流、功率因数角保持不变，无论是作星形联接（Y 接）还是三角形联接（△接），其用线电压、线电流计算有功功率、无功功率、视在功率的计算公式都没有发生改变，因此消耗的平均功率 P、无功功率 Q、视在功率 S 不会发生变化。

任务五　对称三相正弦交流电路的简单分析和计算

知识目标

将单相正弦交流电路的计算分析方法拓展延伸到三相正弦交流电路当中，掌握三相正弦交流电路分析计算。

能力目标

能够结合所学的知识，根据三相正弦交流电路的具体情况对电路做出分析和计算。

素质目标

培养学生举一反三、实践操作的能力，做到知识的融会贯通。

思政目标

通过讲述电力科技领域的爱国故事和先进事迹，如电力工程师在艰苦环境下坚守岗位、为国家重点工程默默奉献等，弘扬爱国主义精神。引导学生学习这些先进人物的崇高品质和无私奉献精神，激发他们的爱国热情和奋斗精神，立志成为有理想、有本领、有担当的时代新人。

重难点

掌握三相正弦交流电路具体联接情况、具体分析计算的能力。

一、Y—Y 联接的对称三相正弦交流电路

对称三相正弦交流电路实际上是一种复杂的正弦电路，也算是一种特殊类型的正弦交流电路。因此，单相正弦电路的基本理论、基本定理以及分析方法，对于三相正弦交流电路而言完全使用。在分析对称三相电路时，要学会利用对称三相电路的一些特点，合理地简化三相电路的分析计算。

Y-Y 联接的对称三相正弦交流电路指的是，电源是对称三相电源、负载是对称三相负载，且电源和负载都采用星形联接（Y 接）。

下面，通过例题 5-4 来说明 Y—Y 联接的三相四线制对称三相正弦交流电路的分析方法。

【例 5.4】 在图 5.22 所示的对称三相电路中，三相电源的相电压有效值大小为 220 V，对称三相负载是三个一模一样的电阻 R，其阻值为 10 Ω，试求各相相电流的有效值大小以及各相负载相电压有效值的大小。

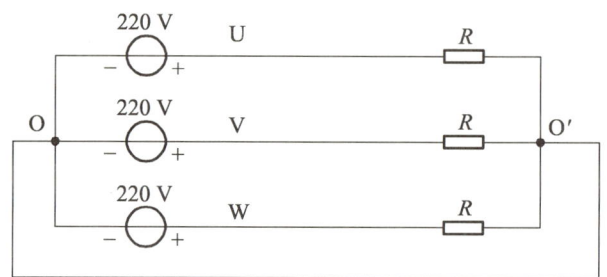

图 5.22 某 Y—Y 联接的对称三相正弦交流电路

解：由于对称三相电路采用三相四线制时，零线上没有电流，即 $U_{OO'} = 0$，负载中性点 O' 和电源中性点 O 电位相等，可以直接短接，即可以把负载中性点 O' 和电源中性点 O 揉在一起，认为这两个点是共同的点。这时很显然，每一相的负载上所流过的电流就等于电源单相相电压除以该相负载的电阻阻值。

因此可以将三相电路中的任意一相从总电路中单独摘出来，作为单相正弦交流电路来计算。如图 5.23 所示，是将图 5.22 三相电路中 U 相单独摘出来后形成的单相等效电路。

图 5.23 单相等效电路

这样就将对称三相电路的计算变成了单相电路的计算了。观察图 5.23，负载相电压有效

值大小显然是 220 V；根据欧姆定律，负载电流有效值大小为

$$I = \frac{U}{R} = \frac{220}{10} = 22 \text{ A}$$

又因为是对称三相电路，三相相电压有效值和相电流有效值相等，因此就不用再画出 V 相和 W 相单独形成的单相等效电路了，直接可以根据 U 相计算结果得出结论，V 相、W 相的相电压有效值和相电流有效值为 220 V 和 22 A。

二、包含三角形联接（△接）的对称三相交流电路分析计算方法

和只包含星形联接（Y 接）的 Y—Y 联接的对称三相正弦交流电路不同，当对称三相电路包含三角形联接的电源、三角形联接的负载或是两者都包括，就不方便按照例题 5.4 的方法，把某一相单独摘出来分析计算了。

遇到这种情况，处理这一类电路的简便方法是：把三相电源或三相负载的三角形联接都根据一定的条件，等效地转化为星形联接（Y 接），再按照 Y-Y 联接的对称三相正弦交流电路的计算方法，单独摘出某一相形成单相等效电路来进行计算，最后再回到原电路中计算待求量。如果三相电路中有多个对称三相负载，或有两组甚至两组以上的对称三相电源，一般情况下仍可按照上述办法进行分析计算，只是在这种情况下，摘出后形成的单相等效电路将会是一个有分支的电路。

知识链接　民用楼供电线路

1. 居民楼供电线路的组成

居民楼的供电线路是典型的单相供电线路。这里说的单相指的是根据负荷实际情况以及要求，引用了 U、V、W 三相中的一相火线进行供电。其主要组成有：总配电箱、单户配电箱、导线、开关、插座以及各种家用负载（用电器）。

2. 居民楼供电线路的安装与测试

居民楼家用负载线路的安装属于室内配电，在安装的时候，必须要有施工图样，这是安装线路的基本依据。根据施工图样，配备总配电箱、单户配电箱、开关、插座、用电器、导线、线槽以及线路管道等等。按照施工图样确定室内配电线路的类型是明装配线还是暗装配线。

明装配线是采用绝缘子、板槽、线管等设备将导线沿墙、地板、天花板、房梁等建筑物的表面进行铺设。而暗装配线是将导线穿在线管内，埋进铺设在墙内、地板内和装设在顶棚内等隐蔽处所进行的铺设。

根据不同的配线方式采用相应的安装工艺进行配电箱体、开关、插座、用电设备等的安装以及导线的铺设，然后将导线与配电箱体、开关、插座、用电负载等进行连接，再进行检查，最后对线路通电进行测试。

3. 居民楼照明供电线路的供电方式

居民楼供电线路的电源电压等级为 220 V，其所带的照明用电负载属于单相用电负载。居民楼内的照明负载为大容量负荷，为了保证供电系统的负荷趋于平衡，内部供电网络都采用了三相四线制电源进行供电，并且将住宅楼照明线路基本均匀地分别接在三相火线（三相电源）当中，如图 5.24 所示。电能经过总配电箱，到达单户配电箱，单户配电箱又为家中的各式各样的用电负载组成的各个支路供电。由于居民楼不同用户在不同时刻的用电负载不可能完全平衡，因此居民楼作为用电负载应该属于不对称的三相负载。

虽然各用户的负载彼此之间不平衡，构成了不对称三相负载，但是居民楼里的某些三相负载用电器，比如三相水泵、电梯使用的三相电机，由于其设计时要求其三相对称，因此它们属于对称三相负载，它们的三个端口分别接联接 U、V、W 三相火线，如图 5.24 所示。

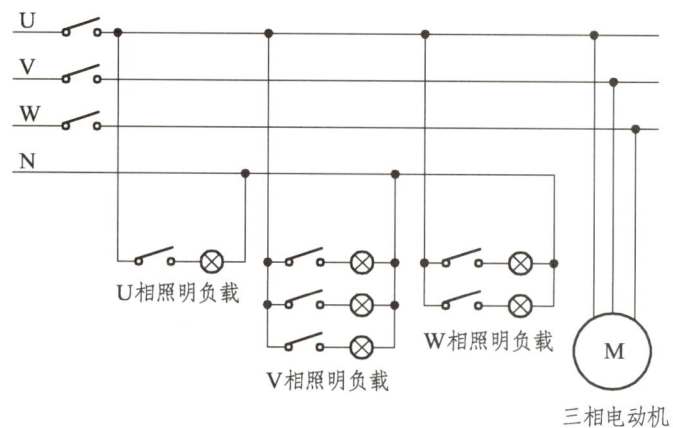

图 5.24 居民楼的三相配电以及负载

小　结

（1）三相正弦交流电压的产生；相序。
（2）三相电源、负载的星形联接（Y 接）和三角形联接（△接）。
（3）三相正弦交流电路中的线电压、相电压、线电流、相电流，以及它们之间的关系。
（4）三相正弦交流电路中的各种功率以及它们的计算方法。
（5）对称三相正弦交流电路的简单分析和计算的方法。

思考与练习

一、练一练

无论是在工程上、还是在生活中，都经常使用三相异步电动机。如果拿到一个新的电动机，需要按照电动机铭牌上的要求，对电动机进行正确的接线、并接上合适的电源，电动机才能够正常工作。因此，我们要学习如何给一台三相异步电动机接线，并使其正常工作。

任务准备

准备一台三相异步电动机、导线若干根、金属跨接片若干个。

任务实施

三相异步电动机的接线端子如下图 5.25 所示：一共有六个端子，分别对应 U_1-U_2、V_1-V_2、W_1-W_2，即三相电动机的三个绕组线圈。现需要通过一定的连接方式，将作为三相负载的三相电动机接成星形联接（Y 接）或者三角形联接（△接）。

图 5.25 三相异步电机的接线端子

三相异步电动机的绕组线圈已经安装在电机外壳内，是看不到的；能看到的是三个绕组线圈的六个端子，即图 5.25 中的接线端子，通过对这六个接线端子进行连线，进而将电动机的三个线圈接为星形联接（Y 接）或者三角形联接（△接）。

六个端子以及它们之间连接的绕组线圈模型电路图如下图 5.26 所示。

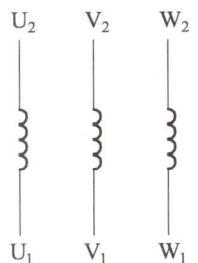

图 5.26 六个端子以及连接的绕组线圈模型图

操作步骤：

（1）将电动机接为星形联接（Y 接）联接方式：将三个绕组线圈的始端 U_1、V_1、W_1 分别通过导线外接三相电源，而把它们的末端 U_2、V_2、W_2 通过金属跨接片联接在一起。接为星形联接（Y 接）的电动机端子模型图如下图 5.27 所示。

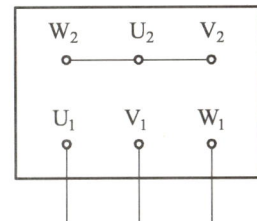

图 5.27 星形联接（Y 接）的电动机端子模型图

实物图如图 5.28 所示。

图 5.28　星形联接（Y 接）的电动机端子实物图

注意，在接线时，一定要确保电机不带电，并且在接线完成、拧上螺母的时候，确定端子连接铜片（线鼻子）已经压实，并且螺母拧紧，否则出现虚接，会造成安全事故。

此时电机内部绕组线圈的联接模型图如图 5.29 所示。

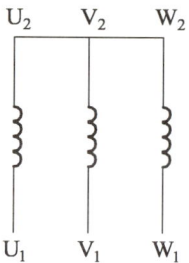

图 5.29　电机内绕组线圈联接模型图

（2）将已经按照星形（Y 接）联接方式接好的线路拆下，准备将电动机改为三角形联接（△接）：将三个绕组线圈首尾依次通过金属跨接片相接，接成三角形回路，再将三个联接点，即三角形的三个顶点通过导线与外部三相电源相联接。接为三角形联接（△接）的电动机端子模型图如下图 5.30 所示。

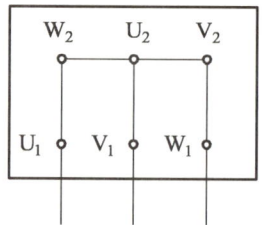

图 5.30　三角形联接（△接）的电动机端子模型图

实物图如图 5.31 所示。

图 5.31　三角形联接（△接）的电动机端子实物图

此时电机内部绕组线圈的联接模型图如图 5.32 所示。

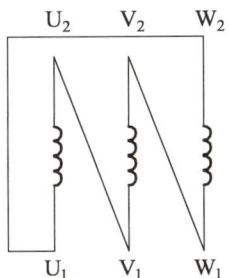

图 5.32　电机内绕组线圈联接模型图

（3）任务完成后，将导线、金属跨接片取下，将设备放回原处妥善保管。同样，要确保设备完全断电之后才能够进行操作。任务评价表如表 5.1 所示。

任务评价

表 5.1　任务评价表

项目	序号	内容	配分	评分标准	得分	备注
三相电动机的星、三角联接	1	实验操作	10	操作安全、规范，10 分		
	2	线路连接	10	接线牢靠无虚接，10 分		
	3	星形（Y 接）联接	20	星形（Y 接）联接正确，20 分		
	4	三角形联接（△接）	20	三角形联接（△接）正确，20 分		
	5	原理认知	30	能够通过语言、作图等方式描述清楚两种接线的原理，30 分		
	6	安全文明生产，独立自主探究	10	实验中独立自主完成任务，操作完成后能够将设备整理好，10 分		

二、巩固与提高

(一) 填空题

1. 三相正弦交流电动势依次到达最大值的先后顺序我们称之为_____。
2. 三相负载的联接法有_____和_____两种。
3. 我们在一般情况下分别用_____、_____、_____、_____颜色的电线，来表示三根火线和一根零线。
4. 对于三相输配电系统，线电压指的是_____之间的电压。

(二) 判断题

1. 在三相电力系统中，所有的线路就只有三根火线。（　）
2. 在电力系统正常的情况下，零线不带电。（　）
3. 三相负载作为星形联接（Y接）时，一定要接零线。（　）
4. 在对称三相正弦交流电路中，三根火线上的电流相位相同。（　）
5. 对称三相电源作为星形联接（Y接）时，线电压等于相电压。（　）
6. 对称三相电源作为三角形联接（△接）时，线电压等于相电压。（　）
7. 对称三相电源作为星形联接（Y接）时，线电压和相电压同相。（　）
8. 对于三相电力系统，提高功率因数不利于提高电力设备的容量利用率。（　）

(三) 综合题

1. 在对称三相电源中，三个相电压各自的最大值之间有什么关系？它们的频率、角频率之间有什么关系？它们彼此之间的相位之间又有什么关系？
2. 对于星形联接（Y接）的对称三相交流电源，其相电压和其对应线电压之间存在怎么样的大小关系？两者之间又存在怎么样的相位关系？
3. 三相负载作为星形联接（Y接）时，是否一定要接零线？在什么情况下不用接零线？
4. 当三相四线制供电系统正常工作时，突然出现事故导致零线被切断，会对该供电系统所提供电能的电力用户造成什么样的影响？
5. 已知现有一对称三相正弦交流电源，电源上联接作三角形联接（△接）的三相对称负载，已知每相负载上的相电压均为 380 V，火线线电流为 $2\sqrt{3}$ A。相功率因数角为 45°。试求：(1) 该三相对称负载所消耗的平均功率（有功功率）P；(2) 该三相对称负载所消耗的无功功率 Q；(3) 该三相对称负载所消耗的视在功率 S。
6. 在图 5.33 所示的 Y—Y 联接的对称三相电路中，三相电源的相电压有效值大小为 180 V，采用三相三线制对外联接了两组对称三相负载。第一组对称三相负载的三个电阻 R_1 的阻值均为 3 Ω，第二组对称三相负载的三个电阻 R_2 阻值均为 6 Ω。试求：(1) 流过第一组对称三相负载 R_1 的相电流有效值的大小；(2) 流过第二组对称三相负载 R_2 的相电流有效值的大小；(3) 第二组对称三相负载 R_2 上相电压有效值的大小；(4) 流过三相电源的相电流有效值的大小。

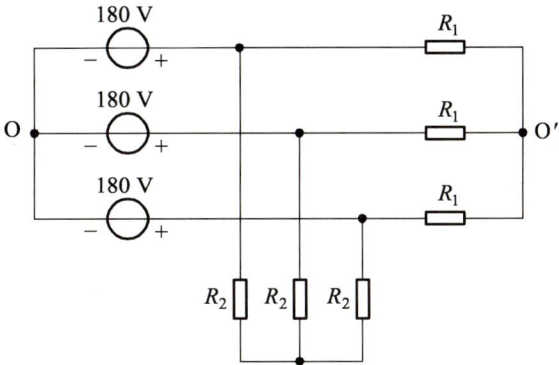

图 5.33 Y—Y 联接对称三相电路

电子篇

项目六　常用半导体器件

【任务导入】

电子技术中常用的元器件一般都是由半导体材料制成的，因而称为半导体器件。半导体器件是在20世纪50年代发展起来的，具有体积小、质量轻、使用寿命长、输入功率小及转换效率高等优点。二极管和三极管是构成集成电路的基础单元，被广泛应用于各种电子电路中。

【教学目标】

知识目标

（1）掌握PN结的单向导电性。
（2）理解二极管的伏安特性曲线。
（3）理解二极管、三极管的基本结构和基本特性。
（4）熟练掌握二极管、三极管的符号及用途。

能力目标

（1）能够识别二极管的管脚，判断二极管的好坏。
（2）能够区分三极管的类别，判断三极管的管脚。

素质目标

（1）养成在使用元器件前，先对元器件进行质量检测的习惯。
（2）在学习过程中做到认真、严谨的学习态度。

思政目标

介绍我国在半导体技术领域的重大突破和成就，如华为海思的麒麟芯片、中芯国际的先进制程技术等。通过这些实例，让学生认识到我国在半导体产业上的快速发展和创新能力，激发他们的民族自豪感和爱国情怀。

重难点

（1）二极管、三极管的识别与检测。
（2）二极管的单向导电性。
（3）三极管对电流的放大作用。

任务一　半导体二极管

知识目标

掌握二极管基本结构和基本特性，并能理解其检测方法。

能力目标

能掌握二极管识别及性能的检测。

素质目标

通过对各种二极管的检测，学会对其质量进行评估。

思政目标

在介绍半导体二极管时，简要概述半导体行业的发展现状和未来趋势，包括技术进步、市场需求、政策支持等方面。让学生认识到这一领域的重要性和发展潜力，激发他们对未来职业发展的兴趣和期待。

一、半导体的基础知识

自然界的物质按照导电性可分为导体、半导体和绝缘体。而半导体的导电能力介于导体和绝缘体之间，我们常见的半导体材料有硅和锗。

（一）半导体的特性

半导体之所以被广泛的应用，是因为其具有热敏性、光敏性和掺杂性。

1. 热敏特性

当环境温度升高时，导电能力显著增强。利用半导体对温度十分敏感的特性，可做成温度敏感元件，如热敏电阻。

2. 光敏性

当受到光照时，导电能力明显变化。利用这一特性可做成各种光敏元件，如光敏电阻、光敏二极管、光敏三极管等。

3. 掺杂性

在纯净的半导体中，掺入适量的杂质，导电能力明显改变。几乎所有的半导体器件（如二极管和三极管、场效应管、晶闸管以及集成电路等），都是采用掺有特定杂质的半导体制作。

（二）PN 结

纯净的半导体称为本征半导体。在本征半导体里掺入微量杂质元素，导电性能会明显提高。根据掺入杂质元素性质不同，杂质半导体可分为 P 型半导体和 N 型半导体两大类。

1. P 型半导体

P 型半导体是在本征半导体硅（锗）中掺入微量的三价硼元素，掺杂后空穴数目大量增加，空穴导电成为这种半导体的主要导电方式，称为空穴半导体或 P 型半导体。在 P 型半导体中空穴是多数载流子，自由电子是少数载流子，形成以空穴载流子为主的半导体，又称为空穴型半导体。

2. N 型半导体

N 型半导体是在本征半导体中硅（锗）掺入微量的五价磷元素，掺杂后自由电子数目大量增加，自由电子导电成为这种半导体的主要导电方式，称为电子半导体或 N 型半导体。在 N 型半导体中自由电子是多数载流子，空穴是少数载流子。形成以自由电子载流子为主的半导体，又称为自由电子型半导体。

3. PN 结的形成

通过一定的工艺把 P 型半导体和 N 型半导体结合在一起，在它们的交界处形成一个具有特殊性能的薄层，称为 PN 结。

那么由于 P 型半导体和 N 型半导体结合后，N 型区内自由电子为多子，空穴几乎为零称为少子；P 型区内空穴为多子，自由电子为少子，在它们的交界处就出现了电子和空穴的浓度差。由于自由电子和空穴浓度差的原因，有一些电子从 N 型区向 P 型区扩散，也有一些空穴要从 P 型区向 N 型区扩散。它们扩散的结果就使 P 区一边失去空穴，留下了带负电的杂质离子，N 区一边失去电子，留下了带正电的杂质离子。开路时半导体中的离子不能任意移动，因此不参与导电。这些不能移动的带电粒子在 P 区和 N 区交界面附近，形成了一个空间电荷区，空间电荷区的薄厚和掺杂物浓度有关。在空间电荷区形成后，由于正负电荷之间的相互作用，在空间电荷区形成了内电场，其方向是从带正电的 N 区指向带负电的 P 区。显然，这个电场的方向与载流子扩散运动的方向相反，阻止扩散。另一方面，这个电场将使 N 区的少数载流子空穴向 P 区漂移，使 P 区的少数载流子电子向 N 区漂移，漂移运动的方向正好与扩散运动的方向相反。从 N 区漂移到 P 区的空穴补充了原来交界面上 P 区所失去的空穴，从 P 区漂移到 N 区的电子补充了原来交界面上 N 区所失去的电子，这就使空间电荷减少，内电场减弱。因此，漂移运动的结果是使空间电荷区变窄，扩散运动加强。最后，多子的扩散和少子的漂移达到动态平衡。在 P 型半导体和 N 型半导体的结合面两侧，留下离子薄层，这个离子薄层形成的空间电荷区称为 PN 结。PN 结的内电场方向由 N 区指向 P 区。在空间电荷区，由于缺少多子，所以也称耗尽层。

3. PN 结的单向导电性

PN 结外加正向电压，即 P 区接电源的正极，N 区接电源的负极，称为 PN 结正偏，如图 6.1（a）所示。外加电压在 PN 结上所形成的外电场与 PN 结的内电场方向相反，相当于削弱了内电场的作用，使 PN 结变薄，破坏了原有的动态平衡，加强了多数载流子的扩散运动，形成较大的正向电流，这时 PN 结处于正向导通状态。

如果 PN 结加反向电压，即 P 区接电源的负极，N 区接电源的正极，称为 PN 结反偏，如图 6.1（b）所示。外加电压在 PN 结上形成的外电场与 PN 结的内电场方向相同，相当于增强了内电场的作用，使 PN 结变厚，破坏了原有的动态平衡，加强了少数载流子的漂移运动，由于少数载流子的数量很少，所以只有很小的反向电流，一般情况下可以忽略不计，这时 PN 结处于反向截止状态。

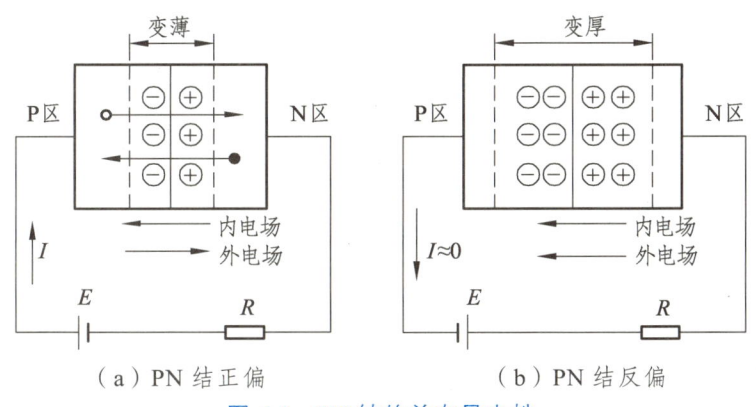

图 6.1 PN 结的单向导电性

综上所述，PN 结正偏导通，反偏截止，具有单向导电性。

二、二极管的伏安特性及主要参数

PN 结是构成各种半导体器件的基础。将 PN 结加上引出线和管壳，就构成了二极管。P 区引出为正极（又称阳极），N 区引出为负极（又称阴极）。二极管的文字符号为 VD，图形符号如图 6.2 所示。

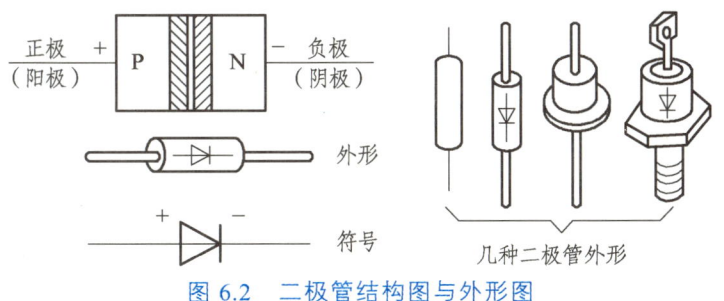

图 6.2 二极管结构图与外形图

（一）伏安特性

二极管的伏安特性，即流过二极管的电流与二极管两端电压之间的关系。

如图 6.3 所示为小功率硅二极管的伏安特性曲线。既然二极管内部是由一个 PN 结所构成，当然具有单向导电性，当外加正向电压低于死区电压时，外电场还不足以克服内电场对扩散运动的阻挡，正向电流几乎为零。从二极管的伏安特性曲线可知，当二极管两端加较小的正向电压，二极管还不能导通，这一段称为死区（硅管死区电压小于 0.5 V，锗管死区电压小于 0.1 V）。当外加正向电压超过死区电压后，内电场被大大削弱，正向电流增长很快，二极管处于正向导通状态。导通时二极管的正向压降变化不大，超过死区后，二极管中电流增大，二极管导通（硅二极管的导通电压约为 0.7 V，锗管约为 0.3 V）。

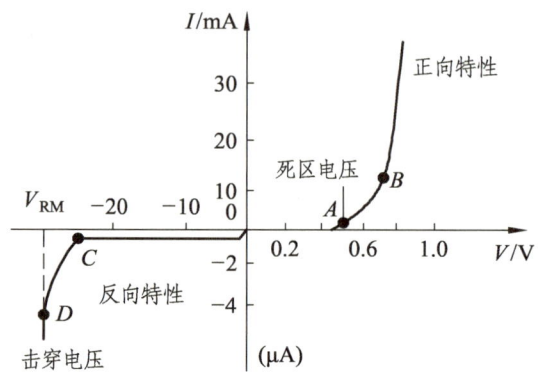

图 6.3　小功率硅二极管伏安特性曲线

当二极管两端加反向电压时，二极管处于反向截止区，反向电流几乎为零，此时的二极管并不是理想的截止状态，它有很小的反向电流，反向电流不随反向电压的增大而增大，而基本保持不变，因此称为反向饱和电流，记做 I_S。当所加反向电压过高，且大于反向击穿电压 V_{RM} 时，反向电流在图 6.3 中的 D 点处会突然剧增，这被称为反向击穿。此时，二极管可能将被击穿烧毁。普通二极管被击穿后，由于反向电流很大，一般会造成"热击穿"，不能恢复原来性能，也就是失效了。

从二极管的伏安特性曲线上可以看出：流过二极管的电流与加在二极管上的电压不成比例，也就是说，二极管的内阻不是一个定值。所以，二极管是一个非线性元件。

（二）主要参数

（1）最大整流电流 I_F：指二极管在室温下长期运行允许通过的最大正向平均电流。超过这一数值二极管因过热而被烧坏，工作电流较大的大功率管子还必须按规定安装散热装置。

（2）最高反向工作电压 U_{RM}：指允许加在二极管上的反向电压的最大值。选用时应保证反向电压在任何情况下都不要超过这一数值，以避免二极管被反向击穿。

此外，还有正向压降、反向电流、工作频率等参数。

三、二极管的分类

二极管的种类很多，按不同的分类标准，划分的类型也不同。

（1）按使用的材料可以分为硅管和锗管两大类。

（2）按二极管管型来划分，可以分为 NPN 型二极管和 PNP 型二极管。

（3）按用途来划分，可以分为普通二极管和特殊二极管，常见的特殊二极管有稳压二极管、发光二极管、开关二极管、光敏二极管等，图形符号如图 6.4 所示。

项目六　常用半导体器件

图 6.4　常见二极管的图形符号

1. 稳压二极管

稳压二极管简称稳压管，用于稳定直流电压。它工作在反向击穿区域，主要是利用了 PN 结反向击穿时，两端电压基本保持不变的特性，采用特殊工艺制成的一种二极管。因为它工作在反向击穿条件下，所以反向电流很大，一般在外电路中取适当的限流措施，使稳压管能安全工作，如图 6.5 所示为稳压管的外形图。

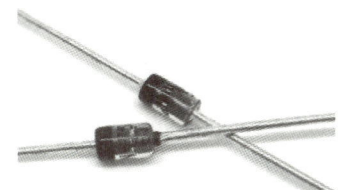

图 6.5　稳压二极管

2. 发光二极管

发光二极管简称 LED，是用特殊的半导体材料，如砷化镓等制成的。当 PN 结正偏、有正向电流流过时即可发光。光的颜色取决于制造 PN 结所使用的材料，砷化镓半导体辐射红光，磷化镓辐射绿光或黄光。发光二极管正常工作时，工作电流为 10～30 mA，正向电压降为 1.5～3 V。图 6.6 为发光二极管外形图。

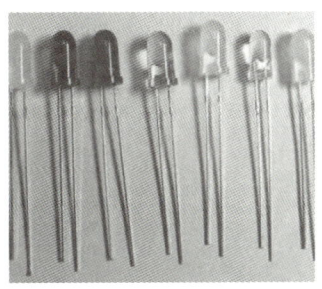

图 6.6　发光二极管

发光二极管也是半导体二极管的一种，可以把电能转化成光能。发光二极管与普通二极管一样是由一个 PN 结组成，也具有单向导电性。当给发光二极管加上正向电压后，从 P 区注入到 N 区的空穴和由 N 区注入到 P 区的电子，在 PN 结附近数微米内分别与 N 区的电子和 P 区的空穴复合，产生自发辐射的荧光。不同的半导体材料中电子和空穴所处的能量状态不同。当电子和空穴复合时释放出的能量多少不同，释放出的能量越多，则发出的光的波长越短，常用的是发红光、绿光或黄光的二极管。发光二极管的反向击穿电压大于 5 V。它的正向伏安特性曲线很陡，使用时必须串联限流电阻以控制通过二极管的电流。

3. 开关二极管

开关二极管利用正向偏置时二极管电阻很小，反向偏置时电阻很大的单向导电性，在电路中对电流进行控制，起到接通或关断的开关作用。开关二极管主要应用于收音机、电视机、影碟机等家用电器及电子设备的开关电路、高频脉冲整流电路中，如图 6.7 所示。

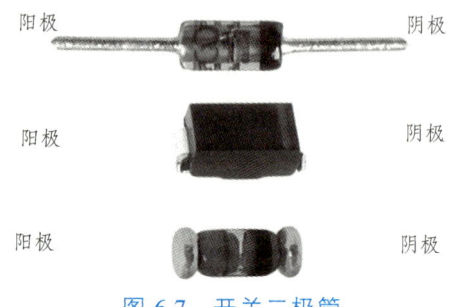

图 6.7 开关二极管

4. 光敏二极管

如图 6.8 所示光敏二极管的实物图，其结构与一般二极管相似，是一种采用 PN 结单向导电性能的结型光电器件，也叫光电二极管。能够将光信号转换成电信号的探测器件，光敏二极管在电路中一般处于反向工作状态。其具有体积小、重量轻、使用寿命长、灵敏度高等特点。

图 6.8 光敏二极管

光敏二极管的工作电路，在没有光照时，由于二极管反向偏置，所以反向电流很小，这时的电流称为暗电流，相当于普通二极管的反向饱和漏电流。当光照射在二极管的 PN 结上时，在 PN 结附近产生的电子—空穴对数量也随之增加，光电流也相应增大，光电流与光照度成正比。为了获得尽可能大的光生电流，需要较大的工作面，即 PN 结面积比普通二极管大得多，以扩散层作为它的受光面。光敏二极管主要用于光电继电器、触发器及光电转换的自动测控系统中。

四、二极管的判别

（一）外观（目测法）

（1）一般来说，我们可以观察到，如图 6.9 所示，二极管有横杆或者有色端标识的一端为负极。反之，另外一端为二极管正极。

项目六　常用半导体器件

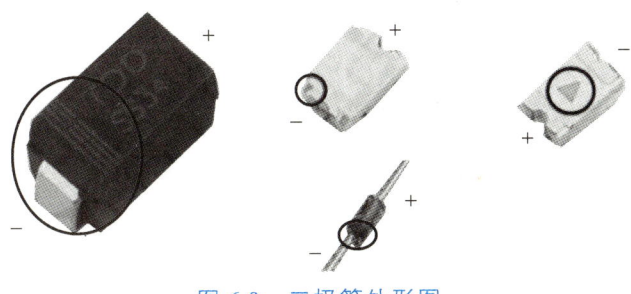

图 6.9　二极管外形图

（2）直插式发光二极管的判断，如图 6.10 所示，则长脚是正极，短脚是负极。内部大的为负极，小的为正极。

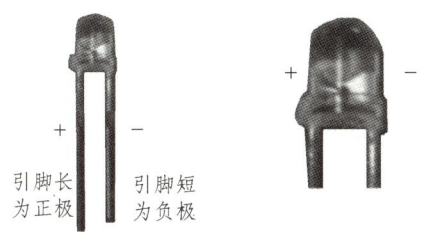

图 6.10　发光二极管

（二）万用表检测

1. 二极管极性的测量

若二极管上无标识，可用万用表检测其极性，方法为：用万用表 "$R \times 100$" 或 "$R \times 1K$" 挡测量二极管的正反向电阻，阻值较小的一次，二极管导通。由于使用万用表电阻挡时，黑表笔是高电位，则导通时黑表笔所接是二极管的正极，红表笔所接则是负极；若测出的电阻值较大，此时红表笔接的是二极管的正极，黑表笔为负极。如图 6.11 所示。

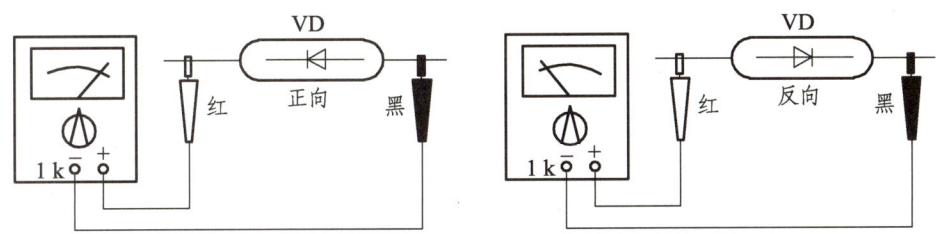

图 6.11　用指针式万用表简易测二极管极性示意图

2. 二极管好坏的判定

二极管为非线性元器件，使用不同万用表、不同挡位时测量结果也不同。用 "$R \times 100$" 挡测量时，通常小功率锗管正向电阻在 200～600 Ω，硅管在 900～2 kΩ，利用这一特性可以区别出硅、锗两种二极管。锗管反向电阻大于 20 kΩ 即可符合一般要求；而硅管反向电阻都要求在 500 kΩ 以上，小于 500 kΩ 视为漏电严重，正常硅管测其反向电阻时，万用表指针都指向无穷大。另外，二极管正、反向电阻相差越大越好。

如果测量的正向阻值和反向电阻都趋于无穷大，则二极管有断路故障；如果二极管正向阻值和反向电阻都趋于 0,则二极管被击穿短路;如果二极管正向阻值和反向电阻都很小,则二极管被击穿;如果二极管正向阻值和反向电阻相差不大,则二极管失去单向导电性或单向导电性不良,为了便于分析检查,将检测中出现的情况绘制成下表 6.1,以供大家参考。

表 6.1 二极管正、反向电阻值检测分析表

检测结果		二极管状态	性能判断
正向电阻	反向电阻	二极管单向导电	正常
趋于无穷大	趋于无穷大	二极管正、负极之间已经断开	开路
趋于零	趋于零	二极管正、负极之间已经通路	短路
二极管正向电阻大	反向电阻减小	单向导电性变劣	性能变劣

任务二 半导体三极管

知识目标

掌握三极管基本结构和基本特性,并能理解其检测方法。

能力目标

能进行三极管识别及性能的检测。

素质目标

初步掌握三极管的检测方法,能够对其质量进行评估。

思政目标

讲述三极管的诞生背景及其发明者——威廉·肖克利、沃尔特·布拉丹和约翰·巴丁的故事。这三位科学家在 1947 年美国贝尔实验室通过不懈努力,成功发明了世界上第一只三极管,这一成就不仅标志着电子技术的重大突破,也为后续的半导体工业发展奠定了坚实基础。通过这一历程,让学生感受到科学探索的艰辛与不易,认识到任何伟大的发明背后都凝聚着科学家们的心血与汗水。

一、三极管的结构

半导体三极管简称三极管或晶体管,是放大电路的核心元件,主要功能是进行电流放大作用,是电流控制元件,其外形如下图 6.12 所示。

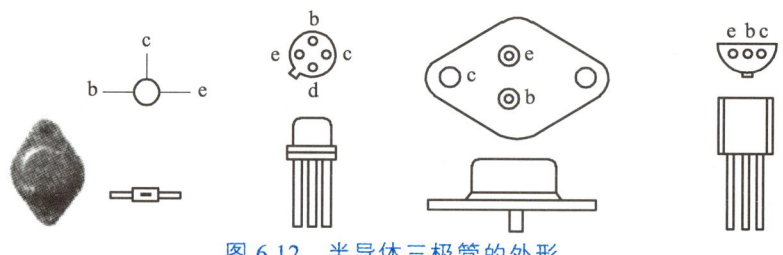

图 6.12 半导体三极管的外形

三极管的基本结构如下图 6.13 所示：在一块半导体基片上，用一定的工艺方法形成两个 PN 结，实际它就是有两个靠的很近的 PN 结所构成。如果两边是 N 区中间夹着 P 区，就称为 NPN 型三极管；如果两边是 P 区而中间夹着 N 区，就称为是 PNP 型三极管。它有三个导电区：集电区、基区、发射区，各自引出一根电极称为集电极、基极、发射极，分别用 C、B、E 表示。其中集电区和基区之间的 PN 结称为集电结；发射区和基区之间的 PN 结称为发射结。

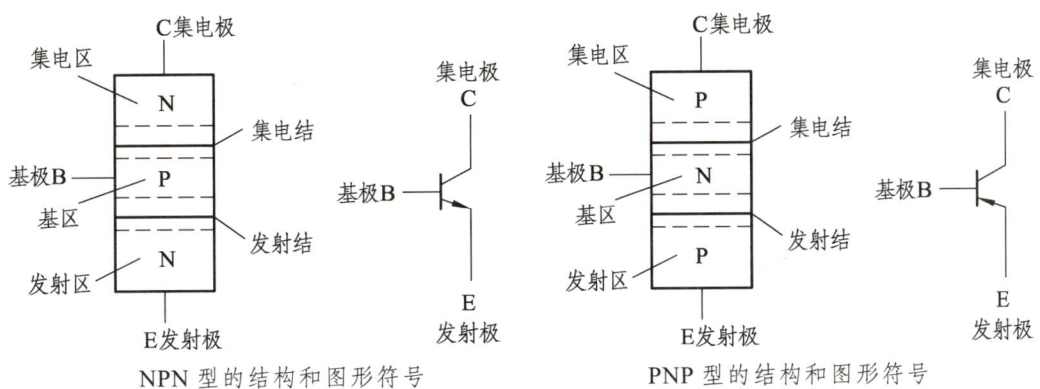

图 6.13　三极管的结构和符号

二、三极管的伏安特性及主要参数

（一）伏安特性

三极管的伏安特性曲线是指各极电压与电流之间的关系曲线。因为三极管的共射接法应用最广，故以 NPN 管共射接法为例来分析三极管的特性曲线。

1. 输入特性

输入特性是指在集射极之间电压 U_{CE} 为常数时，基极电流 I_B 与基射极之间电压 U_{BE} 的关系曲线 $I_B = f(U_{BE})|_{U_{CE}} = $ 常数，如图 6.14 所示。

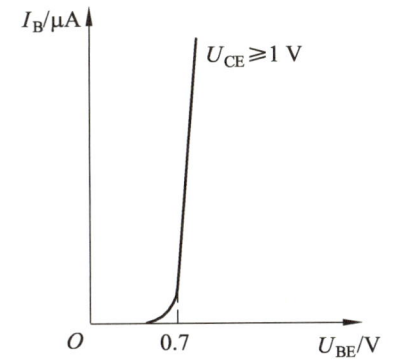

图 6.14　三极管共射极输入特性曲线

从曲线图中不难发现,三极管与二极管正向特性相似,也有一段死区电压(硅管约 0.5 V,锗管约 0.2 V)。当三极管正常工作时,发射结压降变化不大,该压降称为导通电压(硅管约 0.6~0.7 V,锗管约 0.2~0.3 V)。

2. 输出特性

输出特性是指在基极电流 I_B 为常数时,集电极电流 I_C 与集射极电压 U_{CE} 之间的关系曲线 $I_C = f(U_{CE})|_{I_B} = $ 常数。每一个 I_B 值,有一条特性曲线与之对应。三极管的输出特性是一组曲线,如图 6.15 所示。

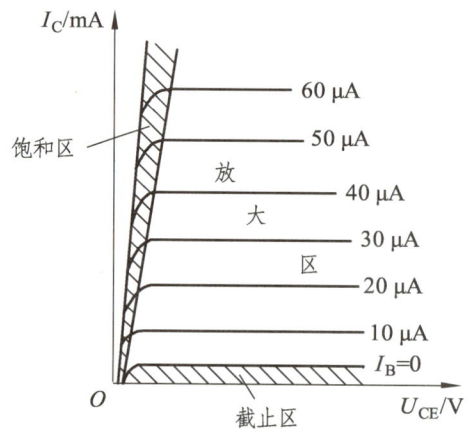

图 6.15 三极管输出特性曲线

在输出特性曲线上可划分为三个区:放大区、截止区、饱和区。

1) 放大区

输出特性曲线近似平坦的区域称为放大区。处在放大状态时,在三极管输出特性曲线中,除去饱和区与截止区,余下的部分称为放大区,也就是特性曲线比较平坦的部分。

在放大区 $U_{CE} > U_{BE}$,三极管的发射结处于正偏,集电结处于反偏。这时集电极电流 I_C 受基极电流 I_B 的控制,并且遵循 $I_C = \beta I_B$ 的规律,这就是三极管具有放大作用。在放大区,当 I_B 恒定时,I_C 基本不变,I_C 随 U_{CE} 的变化很小,这称为三极管的恒流特性。

2) 饱和区

三极管处在饱和状态下的特点是发射结正偏,集电结也是正偏。I_C 不随 I_B 变化,称为集电极饱和电流,记作 I_{CS},I_{CS} 主要由外电路决定。这时,发射区向基区注入了大量的电子,使基区的电子浓度高于集电区。集电结正向电压建立的电场对基区电子向集电区运动,虽然有阻碍作用,但由于浓度差产生的扩散作用,仍有电子从基区进入集电区形成集电极电流。三极管饱和时,集电区收集电子的能力很差,基极电流 I_B 的变化不能影响集电极电流 I_C,即 I_C 不再受 I_B 的控制,三极管这时丢失了放大作用。三极管工作在饱和状态时的 U_{CE} 电压称为集电极与发射极之间的饱和压降,用 U_{CES} 表示。小功率三极管 U_{CES} 很小,硅管约 0.3 V 左右,锗管约 0.1 V 左右,并且它随 I_C 的增加而略有增加。三极管的集电极和发射极近似短接,三极管相当于开关的接通。

3）截止区

在输出特性中，$I_B = 0$ 的那条曲线与横坐标轴之间所夹的区域称为截止区。在截止区，三极管各极电流基本为零，各极之间如同断开一样，处于截止状态而不具有放大作用。处于截止区的条件：发射结反偏，集电结反偏，$I_B = 0$、$I_C = I_{CEO} \approx 0$；三极管的集电极和发射极之间电阻很大，三极管相当于开关的断开。

通常使用三极管两种方式：是三极管工作在放大状态时，利用 I_B 对 I_C 的控制作用，这是三极管在模拟电子技术中的应用；三极管工作在开关状态，利用三极管在饱和与截止两个状态之间转换，使三极管相当于一个受控开关，这是三极管在数字电子技术中的应用。

（二）三极管的主要参数

共射极直流电流放大系数 $\bar{\beta}$ 和交流电流放大系数 β：$\bar{\beta}$ 表示三极管工作点附近集电极电流和相应基极电流之比；β 表示三极管工作点附近集电极电流的变化量和相应基极电流变化量之比。

（1）穿透电流 I_{CEO}：I_{CEO} 不受 I_B 控制，且 I_{CEO} 对温度变化较敏感，所以希望 I_{CEO} 越小越好，以免影响放大电路的稳定性。由于硅管的 I_{CEO} 远小于锗管，因此人们在多数情况下选用硅管。

（2）集电极最大允许电流：工作时 I_C 若超过 I_{CM}，三极管的 β 值将明显下降。β 值低于额定值的三分之二时，三极管的特性将变差。

集电极最大允许耗散功率 P_{CM}：使用中特别注意 I_{CM} 和 U_{CE} 决不能同时达到或超过规定的 I_{CM} 和 $U_{(BR)CEO}$，否则它们的乘积将超过 P_{CM} 很多，使三极管过热而损坏。

（3）反向击穿电压：工作时，V_{CE} 应小于此值，以免击穿。若温度升高 $U_{(BR)CEO}$ 降低，应留有一定余量。

三、三极管的分类

三极管的种类很多，具体分类如下：

（1）按制造材料分：可分为硅三极管和锗三极管。

（2）按导电类型分：可分为 NPN 型和 PNP 型，锗管大多数为 PNP 型，硅管大多数为 NPN 型。

（3）按工作频率分：可分为低频管和高频管，低频管一般工作频率在 3 MHz 以下，高频管可达到几百兆赫。

（4）按允许耗散功率大小分：可分为小功率管和大功率管，小功率管指额定功耗在 1 W 以下，大功率管在几十 W 以上。

四、三极管的判别

（一）用指针式万用表检测三极管极性的方法

1. 辨别基极和管型的方法

如图 6.16 所示，将万用表旋置欧姆挡 $R\times100$ 或 $R\times1\,\text{k}$ 挡位，将黑表笔放在一个引脚上不动，红表笔分别测另外两个引脚，在两次测量中，若测量的电阻都比较小，则三极管为 NPN 型，黑表笔所接的引脚为基极；反之，如果两次测量的电阻都很大，则三极管为 PNP 型，黑表笔所接的引脚为基极；若两次测量中，电阻值一大一小，则黑表笔所接的电极不再是基极，这时，要将万用表的黑表笔换到其他两个电极进行测试，直到找到基极。

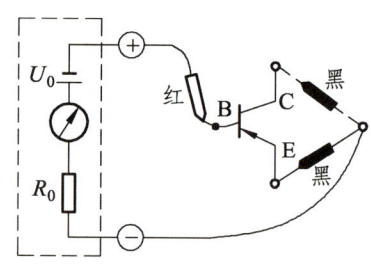

图 6.16　基极和管型的判别

2. 辨别其他两极的方法

如图 6.17 所示，将万用表旋置欧姆挡 $R\times10\,\text{k}$ 挡位，再辨别 NPN 型或 PNP 三极管的集电极与发射极。对于 NPN 型三极管，测量时，将红、黑表笔分别接基极以外的两个电极，用一只手指将黑表笔和基极接触，观察指针偏转大小；将红、黑表笔对调再测一次，对比两次指针偏转大小，则偏转大的一次，黑表笔所接的是集电极，红表笔所接是发射极。对于 PNP 型三极管而言，测量方法一致，不同之处在于，黑表笔所接为发射极，红表笔所接为集电极。

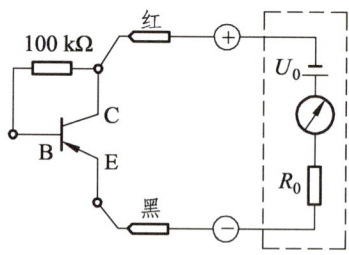

图 6.17　集电极的判别

（二）三极管质量好坏的检测

三极管是由两个 PN 结组成的，根据管子的型号查明电极位置，然后通过用万用表测极间电阻可检查 PN 结构的好坏。测试时使用万用表 $R\times100$ 或 $R\times1\,\text{k}$。硅管的两个 PN 结正向电阻为几百欧到几千欧（表针指示在表盘中间或偏右一点），反向电阻应很大，在 500 kΩ 以上（表针基本不动）。锗管的正、反向电阻值比硅管相应小些。如果测出的 PN 结正、反向电阻差不多，都很大或都很小，则表明三极管内部断路或短路，已经损坏。

五、其他晶体管

（一）场效应管

前面介绍的三极管是利用基极电流来控制集电极电流的，是电流控制器件。而场效应管是一种电压控制器件，它是用信号源电压的电场效应来控制三极管的输出电流，输入电流几乎为零，因此具有高输入电阻的特点；同时场效应管受温度和辐射的影响也比较小，又便于集成化，因此场效应管已广泛地应用于各种电子电路中，也成为当今集成电路发展的重要方向。

场效应管可分为结型和绝缘栅型两类，而使用最广泛的是绝缘栅型。下面以绝缘栅型场效应管为例，对场效应管进行介绍。

绝缘栅型场效应管是由金属（Metal）、氧化物（Oxide）和半导体（Semiconductor）材料构成的，因此又叫 MOS 管。它是以一块 P 型薄硅片为衬底，在它上面扩散两个高杂质的 N 型区，作为源极 S 和漏极 D。在硅片表面覆盖一层绝缘层，然后再用金属铝引出一个电极 G（栅极）。由于栅极与其他电极绝缘，称为绝缘栅场效应管。

根据导电方式的不同，它又可以分为增强型和耗尽型两类，每一类又包括 N 沟道和 P 沟道两种，如图 6.18 所示。

P 沟道增强型 MOS 管的符号　　　　P 沟道耗尽型 MOS 管的符号

图 6.18　MOS 管的电路符号

（二）晶闸管

晶体闸流管简称晶闸管，也称为可控硅整流元件（SCR），是由三个 PN 结构成的一种大功率半导体器件。在性能上，晶闸管不仅具有单向导电性，而且还具有比硅整流元件更为可靠的可控性，它只有导通和关断两种状态。

晶闸管是一种大功率的半导体器件，与大功率二极管外形相似，就是多了一个控制极。它由 PNPN 四层半导体构成，中间形成三个 PN 结。这种独特的结构，可以把它看成一个 NPN 和一个 PNP 组合而成，每一个三极管的基极与另一个三极管的集电极相连，在电路回路上形成正反馈，只要在控制极上加上适当的正向电压，晶闸管会迅速触发导通。

晶闸管的优点很多，例如：以小功率控制大功率，功率放大倍数高达几十万倍；反应快，在微秒级内开通、关断；无触点运行，无火花，无噪声；效率高，成本低等。因此，特别是在大功率 UPS 供电系统中，晶闸管在整流电路、静态旁路开关、无触点输出开关等电路中得到广泛的应用。晶闸管的实物图及图形符号如图 6.19 所示。

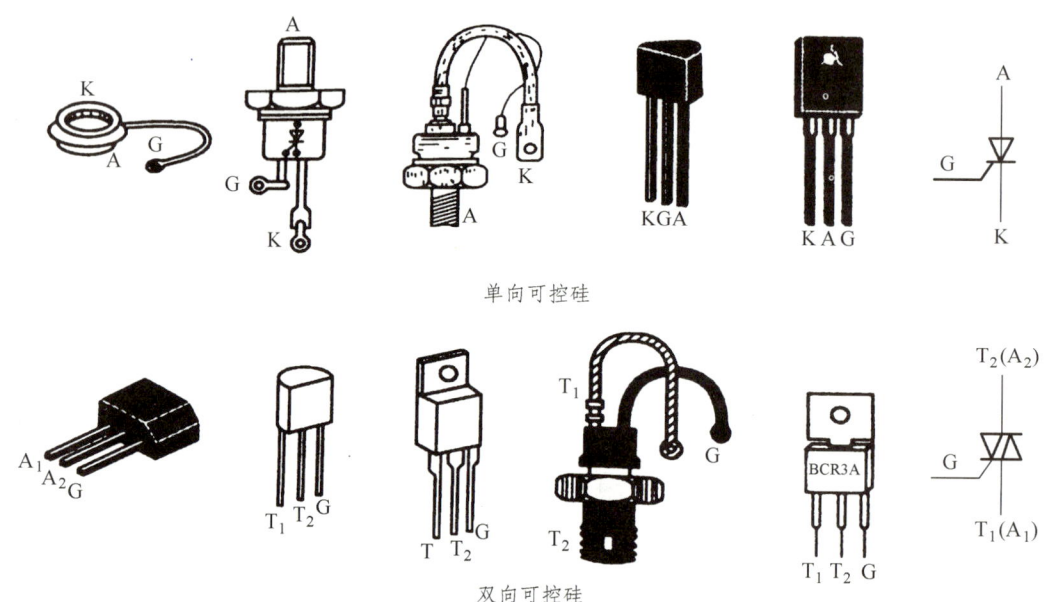

图 6.19 晶闸管的外形图及电路符号

晶闸管也有三个电极，阳极 A、阴极 K 及门极 G。它的主要特点是：

（1）阳极、阴极间加反向电压时不导通；

（2）阳极、阴极间只加正向电压时也不导通；

（3）阳极、阴极间加正向电压，同时门极也加上控制电压时，阳极、阴极之间导通，且导通之后门极失去控制作用，也就是说即使去掉门极电压，它仍然导通。

（4）使导通了的晶闸管截止，必须在阳极与阴极之间加上反向电压，或使电路中，电流降低到一定电流之下。

小 结

（1）半导体的导电能力介于导体和绝缘体之间，但在不同的条件下半导体的导电能力有着显著的差异。如光照、加热或掺杂的情况下都会使导电能力增强，这就是半导体的光敏、热敏和掺杂特性。

（2）利用半导体的掺杂特性，通过一定的工艺方法将纯净的半导体一边掺杂制成 P 型半导体，一边掺杂制成 N 型半导体，在两种半导体的交界面形成 PN 结，PN 结具有单向导电性，正偏导通，反偏截止，PN 结是构成各种半导体器件的基础。

（3）二极管的内部就是一个 PN 结，所以二极管也具有单向导电性。利用二极管的单向导电性，可构成整流电路、限幅电路、钳位电路、检波电路等。通过特殊的工艺和材料还可制成发光二极管、光电二极管、光电耦合器、稳压二极管等特殊用途的器件。

（4）三极管内部有两个 PN 结，在电子电路中，三极管主要是用作放大。放大的实质是以很小的基极电流控制较大的集电极电流。三极管工作在放大状态的外部条件是：发射结正偏，集电结反偏，在放大状态时 $I_C = \bar{\beta} I_B$。

（5）三极管有三个工作区域：放大区、饱和区、截止区。在放大区，三极管的基极电流与集电极电流之间成线性关系；在饱和区和截止区，三极管具有开关特性。

（6）场效应管是一种电压控制器件，它是利用栅源电压来控制漏极电流的。场效应管分为结型和绝缘栅型两大类，后者又称为 MOS 管。

（7）晶闸管也称为可控硅整流元件（SCR），是由三个 PN 结构成的一种大功率半导体器件。晶闸管不仅具有单向导电性，而且还具有可控性，它只有导通和关断两种状态。

思考与练习

一、练一练

（一）任务准备

表 6.3　发光二极管使用元件对照表

代号	名称	单位	数量
VD	发光二极管	个	1
R	电阻器	只	1
E	直流稳压电源	台	1

（二）任务实施
按照电路图 6.20 所示，连接电路。

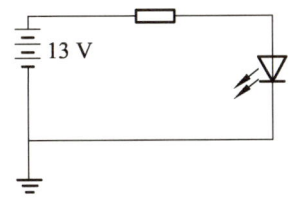

图 6.20　发光二极管的使用电路图

（三）任务评价
对任务实施的完成情况进行检查，并将检查结果填入表 6.4。

表 6.4 任务评价表

项目	序号	内容	配分	评分标准	得分	备注
发光二极管的连接	1	电路连接	30	电路连接正确，30分		
	2	焊接工艺	20	焊接良好，无毛刺和虚焊，20分		
	3	元器件使用	30	组装过程中，元器件无损坏，30分		
	4	安全文明生产	20	操作中遵守安全文明生产考核要求，操作完成后能够整理好工作台，20分		

二、巩固与提高

（一）填空题

1. N 型半导体是在本征半导体中掺入微量的_____价元素形成的。这种半导体内的多数载流子是_____，少数载流子是_____，不能移动的杂质离子带___电。

2. P 型半导体是在本征半导体中加入微量的_____价元素形成的。这种半导体内的多数载流子是_____，少数载流子是_____，不能移动的杂质离子带_____电。

3. 二极管具有单向导电性，即_____，_____。

4. 稳压管是利用反向击穿区_____，而管子两端_____特性，实现稳压作用。

5. 检测二极管的极性时，需用万用表的欧姆挡_____挡位。当检测时表针偏转角度较大时，则红表笔接触的是二极管的_____极；黑表笔接触的是二极管的_____极。检测二极管好坏时，红黑两表笔对调后万用表之中偏转角度都很大时，说明二极管已经被_____，当指针偏转角度都很小时，说明该二极管内部已经_____。

6. 三极管的内部结构是由_____区、_____区、_____区和_____结、_____结组成的。

7. 三极管处于电流放大作用时，发射结_____，集电结_____。三个极电位的关系是_____。

8. 三极管按结构分为_____和_____两大类，均具有两个 PN 结，即_____和_____。

（二）选择题

1. P 型半导体是在本征半导体是在本征半导体中掺入微量的（   ）元素构成的。
A. 三价　　　　B. 四价　　　　C. 五价　　　　D. 六价

2. N 型半导体是在本征半导体中掺入微量的（   ）元素构成的。
A. 三价　　　　B. 四价　　　　C. 五价　　　　D. 六价

3. 稳压二极管的正常工作状态是（   ）。
A. 导通状态　　B. 截止状态　　C. 反向击穿状态　　D. 任意状态

4. 用万用表检测某二极管时，发现其正、反向电阻均等于1kΩ，说明该二极管（   ）。
A. 已经击穿　　B. 完好状态　　C. 内部老化不通　　D. 无法判断

5. 硅二极管的正向导通压降比锗二极管的（   ）。
A. 大　　　　　B. 小　　　　　C. 相等

（三）综合题

1. 判断图示 6.21 的各三极管工作在什么状态？并说明各三极管的管型。

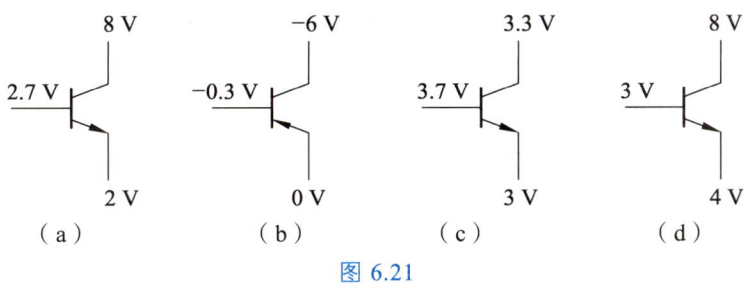

图 6.21

2. 下图 6.22 三极管工作在放大状态，用电压表测出它们各电极的电位如图所示，试分别说出管脚名称、管型、组成的半导体材料。

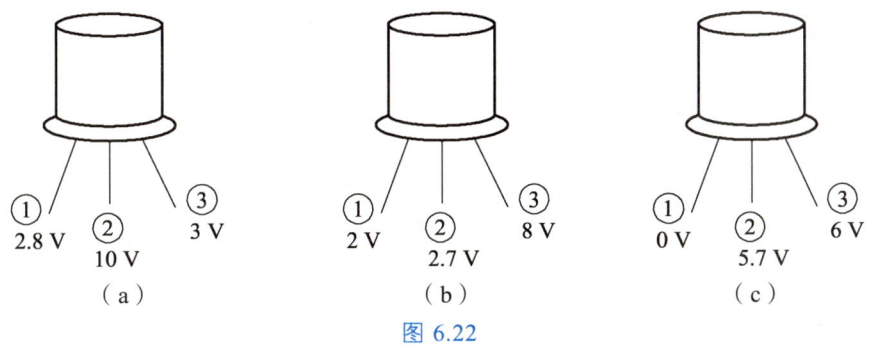

图 6.22

3. 写出图 6.23 所示各电路的输出电压值，设二极管的导通电压 $U_D = 0.7\text{ V}$。

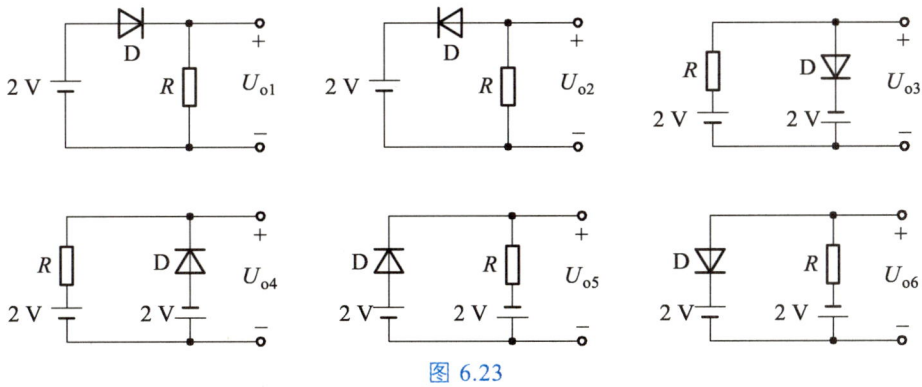

图 6.23

4. 如下图 6.24 所示，发光二极管导通电压 $U_D = 1.5\text{ V}$，正向电流在 $5\sim15\text{ mA}$ 时才能正常工作。试问：

（1）开关 S 在什么位值时发光二极管才能发光？

（2）R 的取值范围是多少？

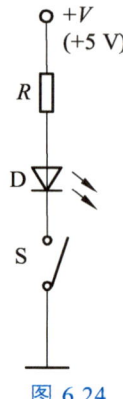

图 6.24

项目七　直流稳压电源

【任务导入】

直流稳压电源是各种电子电路常用的直流电源。直流稳压电源是一种把交流电变成直流电的装置。常用的直流稳压电源由变压器、整流电路、滤波电路及稳压电路四部分组成。

【教学目标】

知识目标

（1）掌握直流稳压电源的组成。
（2）掌握整流电路的组成及工作原理。
（3）掌握滤波电路的类型、组成，理解滤波原理。
（4）掌握稳压二极管稳压电路的组成与工作原理，了解串联型稳压电路的组成与工作原理。
（5）掌握三端集成稳压器的应用。
（6）理解晶闸管单相整流电路的工作原理。

能力目标

（1）能够正确分析、设计简单的直流稳压电源电路。
（2）运用所学知识，解决直流稳压电路相关的问题。

素质目标

（1）通过本项目学习培养学生分析、设计、解决问题的能力。
（2）通过本项目学习培养学生团队协作精神。

思政目标

组织学生进行直流稳压电源的制作和调试实验，通过亲手操作来加深对理论知识的理解。鼓励学生在实验过程中发现问题、分析问题和解决问题。在完成基本实验后，鼓励学生尝试对直流稳压电源进行改进或创新。例如，增加保护功能、提高转换效率等。通过创新实践，激发学生的创造力和探索精神。

重难点

（1）整流、滤波、稳压、交流调压电路的组成及工作原理。
（2）三端集成稳压器的类型、组成、工作原理及应用。
（3）串联型稳压电路的组成及工作原理。
（4）三端集成稳压器的应用。

任务一　整流电路

知识目标

（1）掌握整流的定义。
（2）掌握整流电路的类型、组成及工作原理。
（3）了解整流电路的参数。

能力目标

（1）通过学习培养学生能够自主分析电路工作原理的能力。
（2）通过学习能熟练掌握相关仪器仪表使用的能力。

素质目标

（1）通过学习整流电路电路相关知识培养学生分析、运用及解决实际电路的能力。
（2）通过学习整流电路提升学生的动手实践能力。

思政目标

在整流电路的制作和调试过程中，强调精益求精、注重细节的态度。要求学生严格按照电路图进行操作，确保焊接质量、元件布局合理等。培养学生耐心、专注和持之以恒的精神，面对实验中的困难和挑战不退缩，积极寻找解决方案并不断改进。

重难点

（1）整流的定义。
（2）整流电路的类型、组成及工作原理。
（3）整流电路的工作原理及参数计算。

利用二极管的单向导电特性，将交流电转换成脉动直流电的过程称为整流。整流电路有多种形式，根据交流电源的相数，可分为单相整流电路和三相整流电路两种，各种电子电路常采用单相整流电路。根据电路的结构形式，可分为半波整流、全波整流和桥式整流电路三种。由于桥式整流电路结构简单，输出直流电压大，电压脉动小，所以被广泛采用。

一、单相半波整流电路

1. 电路的结构

单相半波整流电路的结构如图 7.1 所示。图中，u_1 为电源变压器初级交流电压，u_2 为电源变压器次级交流电压，D 为整流二极管，I_D 为整流输出的直流电流，U_O 为整流输出的直流电压，R_L 为整流电路的负载。

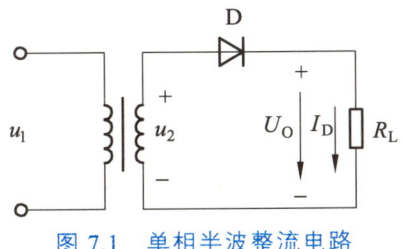

图 7.1 单相半波整流电路

2. 半波整流电路的工作原理

在 u_2 的正半周，二极管 D 因受正向电压而导通，有电流 i_D 通过二极管 D 和负载 R_L 并在负载两端产生上正、下负的脉动直流电压 u_O。在 u_2 的负半周，二极管 D 因受反向电压而截止，没有电流通过二极管，负载两端无输出电压。半波整流电路的输出电压波形如图 7.2 所示。

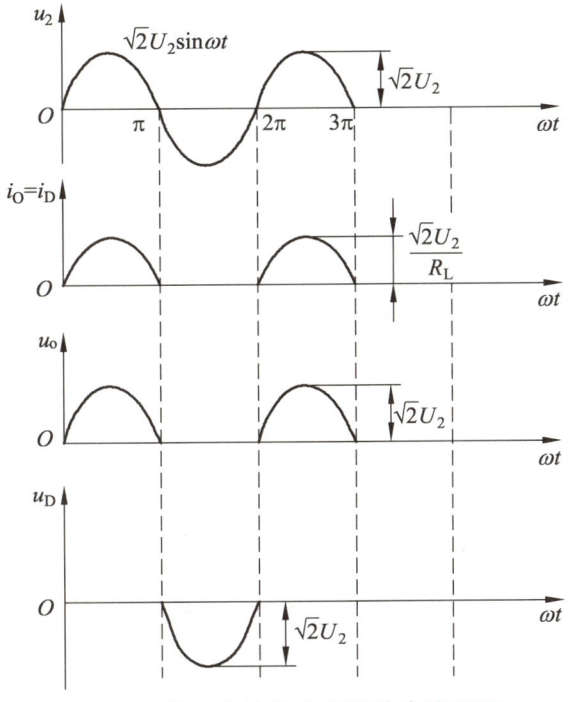

图 7.2 单相半波整流电路输出波形图

在图 7.2 中，由于交流电变化一周，有半周二极管导通，而另外半周截止，负载 R_L 上输出的电压波形为方向不随时间变化，大小随时间变化的脉动直流电。因为输入电压变化一周而负载上仅有半周输出，故称为半波整流。

3. 半波整流电路的基本参数

1）半波整流电路整流输出电压平均值 U_O

根据正弦半波电压平均值的计算公式，可得

$$U_O = 0.45 U_2$$

式中：U_2 为电源变压器次级交流电压 u_2 的有效值。

2）半波整流电路整流输出电流平均值 I_O

I_O 为在输入电压一个周期内流过负载的电流平均值。根据欧姆定律可知，整流输出电流的平均值为

$$I_O = 0.45U_2 / R_L$$

3）流过整流二极管的正向平均电流 I_F

I_F 为在输入电压一个周期内流过整流管电流的正向平均值。对于半波整流电路来说，流过整流管的正向平均电流就是通过负载的整流电流平均值，即

$$I_F = I_O$$

4）整流二极管最大反向峰值电压 U_{RM}

由图 7.1 可知，在 u_2 的负半周，二极管 D 受反向电压截止时，变压器二次侧电压 u_2 全部加在二极管的两端。所以，二极管两端的最大反向峰值电压就是 $\sqrt{2}u_2$ 的峰值电压，即

$$U_{RM} = \sqrt{2}U_2$$

4. 半波整流电路的特点

通过上述分析可以看出，半波整流电路的结构简单，但是它输出电压的脉动性很大，效率也很低，只适用于电压要求较高、电流要求较小的一些简单的充电电路中。

二、单相全波整流电路

1. 单相全波整流电路的结构

单相全波整流电路的结构如图 7.3 所示。由图可以看出，全波整流电路是由两个半波整流电路组合而成。图中，T 为电源变压器（为保证两个半波整流电路对称，电源变压器次级有中心抽头），u_1 为电源变压器的初级交流电压，u_2 为电源变压器次级的两个交流电，D_1 和 D_2 是两只参数相同的整流二极管，i_O 为整流输出直流电流，u_O 为整流输出直流电压，R_L 为整流电路的负载。

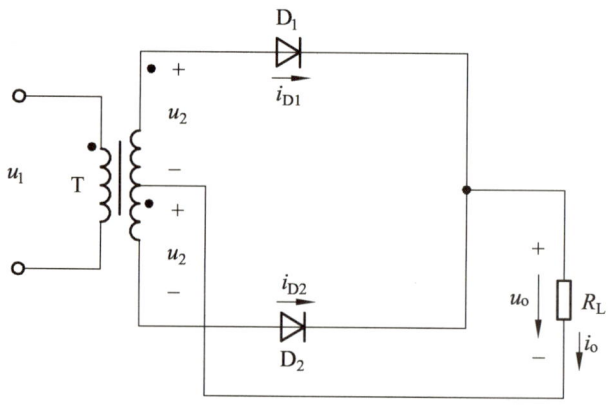

图 7.3 单相全波整流电路的结构

2. 单相全波整流电路的工作原理

在 u_2 的正半周，二极管 D_1 因受正向电压而导通，D_2 因受反向电压而截止，电流 i_o 通过二极管 D_1 和负载，在负载两端产生上正、下负的脉动直流电压；在 u_2 的负半周，二极管 D_2 因受正向电压而导通，D_1 因受反向电压而截止，电流 i_o 通过二极管 D_2 和负载，在负载两端产生上正、下负的脉动直流电压 u_o。可见，u_2 的正半周与负半周电压经二极管 D_1、D_2 整流后，在负载上合成为全波脉动直流电压 u_o，其输出波形如下图 7.4 所示。

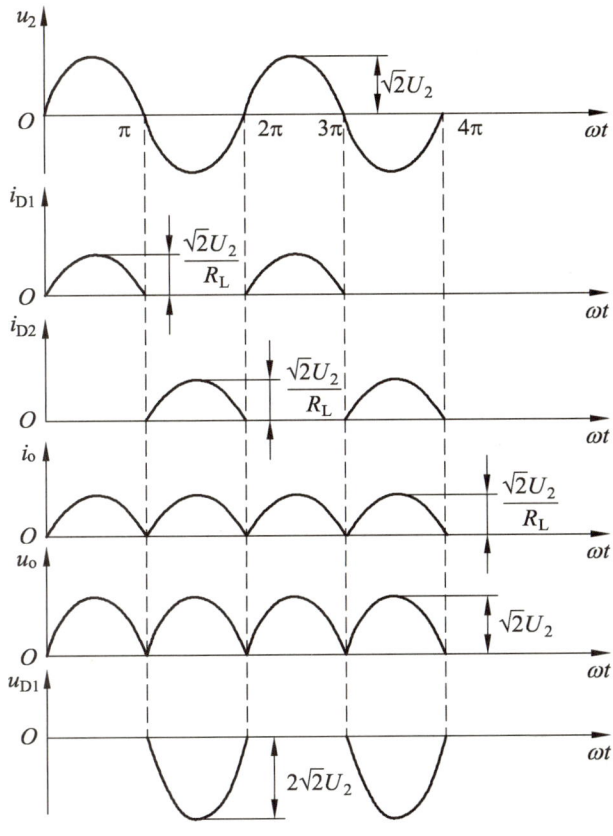

图 7.4 单相全波整流电路输出波形图

在图 7.4 单相全波整流电路输出波形图中，全波整流电路让交流电压 u_2 的正半周与负半周分别通过二极管 D_1 和 D_2，整流输出就是全波脉动直流电压。

3. 全波整流电路的基本参数

1）全波整流电路整流输出电压平均值 U_O

由图 7.4 可以看出，在输入交流电压的一个周期内，两个半波均有电流通过负载，因此在负载上形成的输出电压平均值是半波整流电路输出电压的两倍，即

$$U_O = 0.45 \times 2U_2$$

2）全波整流电路整流输出电流平均值 I_O

I_o 为在输入电压一个周期内流过负载的电流平均值。根据欧姆定律可知，流过负载的整流电流平均值是半波整流电路输出电路的两倍，即

$$I_o = 0.9U_2 / R_L$$

3）流过整流二极管的正向平均电流 I_F

在全波整流电路中，由于两个二极管轮流导通，所以流过每只二极管的正向平均电流为流过负载整流电流平均值的一半，即

$$I_F = \frac{1}{2}I_O$$

4）整流二极管最大反向峰值电压 U_{RM}

由图 7.4 可知，在全波整流电路中，当某一只二极管受反向电压而截止时，变压器次级电压将全部加在这只二极管两端，所以二极管承受的最大反向峰值电压为半波整流电路的两倍，即

$$U_{RM} = 2\sqrt{2}U_2$$

4. 全波整流电路的特点

通过上述分析可以看出，全波整流电路比半波整流电路的效率高，输出电压的脉动性小。但是它的电源变压器要有两个对称的次级绕组，二极管所承受的最大反向峰值电压是半波整流电路的两倍。

三、单相桥式整流电路

1. 单相桥式整流电路的结构

单相全波整流电路的结构如图 7.5 所示。由图可以看出，桥式整流电路是由电源变压器和四只二极管组成。u_i 为电源变压器的初级交流电压，u_2 为电源变压器次级的两个交流电，D_1–D_4 是四只参数相同的整流二极管，i_O 为整流输出电流，u_O 为整流输出电压，R_L 为整流电路的负载。图 7.5（b）为桥式整流电路的结构简单画法。

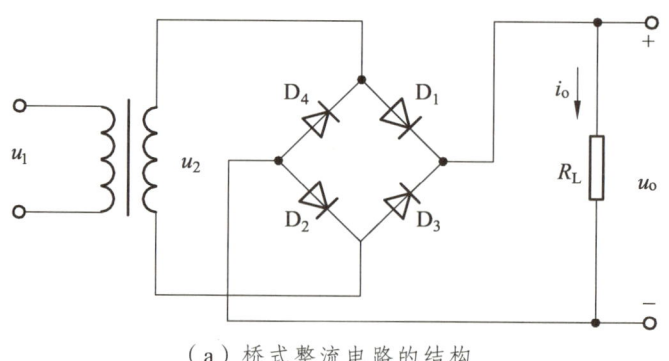

（a）桥式整流电路的结构

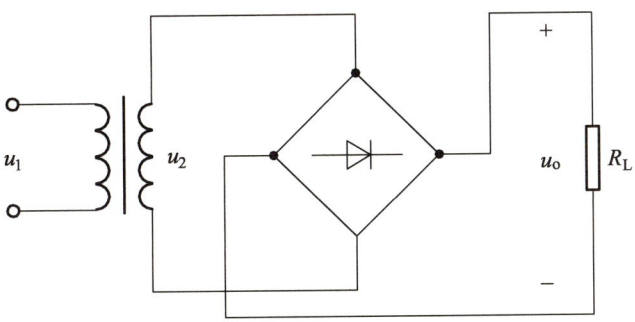

（b）桥式整流电路的简单画法

图 7.5　桥式整流电路的结构

2. 桥式整流电路的工作原理

在 u_2 的正半周，二极管 D_1 和 D_2 因受正向电压而导通，D_3 和 D_4 因受反向电压而截止；电流 I_O 通过二极管 D_1 和 D_2，在负载 R_L 两端产生上正、下负的脉动直流电压 U_O，在 u_2 的负半周，二极管 D_3 和 D_4 因受正向电压而导通，D_1 和 D_2 因受反向电压而截止；电流 I_O 通过二极管 D_3 和 D_4，在负载 R_L 两端产生上正、下负的脉动直流电压 U_O。可见，u_2 的正半周与负半周电压，经二极管 D_1 和 D_2 与 D_3 和 D_4 整流后，在负载上合成为全波脉动直流电压 U_O。桥式整流电路的输出电压波形如图 7.6 所示。

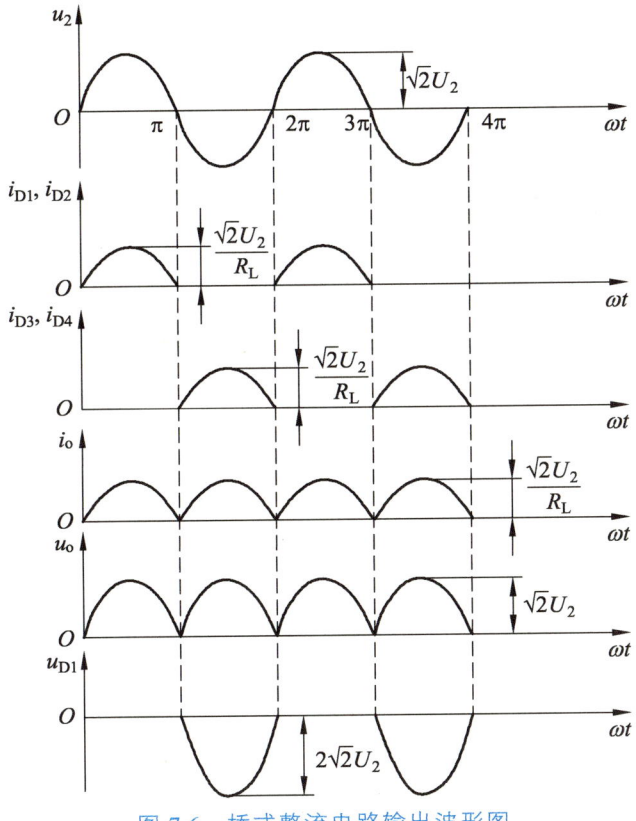

图 7.6　桥式整流电路输出波形图

3. 桥式整流电路的基本参数

1）桥式整流电路整流输出电压平均值 U_O

由图 7.6 可以看出，在输入交流电压的一个周期内，两个半波均有电流通过负载，因此在负载上形成的输出电压平均值与全波整流电路相同，即

$$U_O = 0.45 \times 2U_2 = 0.9U_2$$

2）桥式整流电路整流输出电流平均值 I_O

I_O 为在输入电压一个周期内流过负载的电流平均值。根据欧姆定律可知，流过负载的整流电流平均值与桥式整流电路相同，即

$$I_O = 0.9U_2 / R_L$$

3）流过整流二极管的正向平均电流 I_F

在桥式整流电路中，由于 D_1、D_2 和 D_3、D_4 轮流导通，所以流过每只二极管的正向平均电流为流过负载整流电流平均值的一半，即

$$I_F = 1/2 I_O$$

4）整流二极管最大反向峰值电压 U_{RM}

由图 7.6 可知，在桥式整流电路中，当二极管受反向电压而截止时，二极管承受的最大反向峰值电压为 U_2 的峰值电压，即

$$U_{RM} = \sqrt{2} U_2$$

4. 桥式整流电路的特点

桥式整流电路的优点是输出电压高，脉动电压较小，管子所承受的最大反向电压较低，同时因电源变压器在正负半周内都有电流供给负载，电源变压器得到充分的利用，效率较高。因此，这种电路在半导体整流电路中得到了广泛的应用。电路的缺点是二极管用的较多。但目前市场上已有整流桥堆出售，如型号为 2W06（或 KBP306），其内部接线和外部管脚引线如图 7.7 所示。它有四只管脚，标有"～"的二只管脚外接交流电源，标注"＋"和"－"的二只管脚分别是整流输出电压的正、负极性端。整流桥堆通常可以提供较大的整流电流。

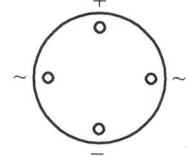  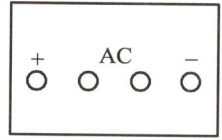 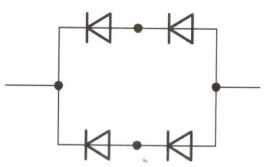

（a）2W06 外部管脚　　（b）2W06 内部结构　　（c）KBP306 外部管脚　　（d）KBP306 内部结构

图 7.7　整流桥堆管脚图

【例 7.1】某电气设备采用桥式整流电路整流，工作电压为 10 V，电流为 25 mA，试求整流二极管参数和变压器初次级线圈匝数比。

解：整流电路如图 7.5 所示。由所需的电压和电流，可计算出负载电阻为

$$R_L = U_o / I_o = 10 / 0.025 \, \Omega = 400 \, \Omega$$

变压器次级线圈电压为

$$U_2 = U_o / 0.9 = 10 / 0.9 \, \text{V} = 11.11 \, \text{V}$$

二极管平均电流为

$$I_D = I_O / 2 = 0.025 / 2 = 12.5 \, \text{mA}$$

二极管承受反向电压最大值为

$$U_{RM} = \sqrt{2} U_2 = \sqrt{2} \times 11.11 \, \text{V} = 15.7 \, \text{V}$$

可选用反向耐压 25 V，正向电流 0.1 A 以上的整流二极管。
变压器的初次级匝数比为

$$n = N_1 / N_2 = U_1 / U_2 = 220 / 10 = 22$$

任务二 滤波电路

知识目标

（1）掌握滤波电路的作用。
（2）掌握滤波电路的类型、组成及工作原理。
（3）了解滤波电路的参数。

能力目标

（1）通过学习培养学生能够自主分析电路的能力。
（2）会根据需要选择合适的滤波电路的能力。

素质目标

（1）通过学习滤波电路相关知识培养学生分析、解决实际电路的能力。
（2）通过学习滤波电路提高学生的实际操作能力。

思政目标

在滤波电路的设计、制作和调试过程中，鼓励学生勇于尝试新方法、新技术，不断探索更优的滤波解决方案。通过参与创新竞赛等活动，培养学生的创新意识和实践能力，鼓励他们将所学知识应用于解决实际问题中。

重难点

（1）滤波电路的作用。
（2）滤波电路的类型、组成及工作原理。
（3）滤波电路的工作原理及参数计算。

整流电路将交流电压整流成脉动单方向电压和电流后，一般适用于蓄电池充电、电镀等对波形平滑程度要求不高的场合使用，而大多数电子设备需要脉动程度小的平滑直流电，这就需要采用滤波电路。

滤波电路是能将整流脉冲的单方向电压、电流变换为平滑的电压、电流。常用的滤波电路有电容滤波、电感滤波、和复式滤波。

一、电容滤波电路

1. 电路的工作原理

电容滤波是在整流电路输出端并联电容，利用其充、放电特性使电压趋于平滑的原理组成的电路。桥式整流电容滤波电路如图7.8所示。

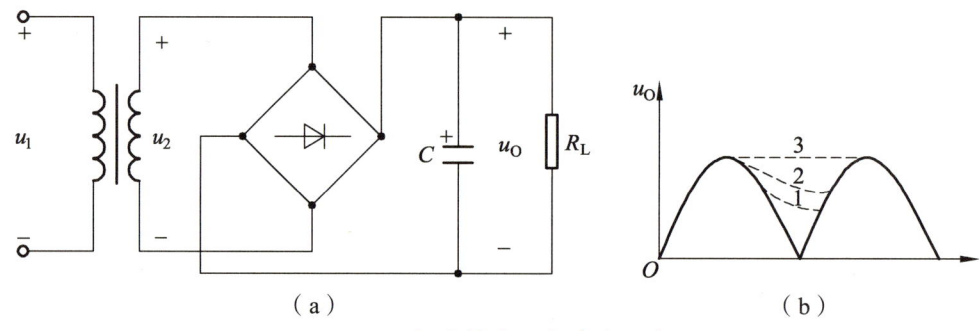

图 7.8 桥式整流电容滤波电路

桥式整流电路与负载电阻之间，并联一个滤波电容，桥式整流输出的电压在向负载供电的同时，也给电容器充电。当充电电压达到最大值 $\sqrt{2}U_2$ 后，u_2 开始下降，电容器开始向负载电阻放电，维持负载两端电压缓慢下降，填补相邻两峰值电压之间的空白。如果滤波电容足够大，而负载的电阻值又不太小的情况下，不但使输出电压的波形变得平滑，而且输出电压 U_O 的平均值增大。

由于电容的放电，其两端电压从 $\sqrt{2}U_2$ 下降，直到下一个整流电压波来到，并且当 u_2 幅值大于电容两端电压时，电容器又开始充电。随着电容器不断充电、放电、再充电过程的进行，负载两端电压 U_O 脉冲减少，平均值提高。只要选择合适的电容器容量 C 和负载电阻 R_L 的阻值就可得到良好的滤波效果。图7.8（b）中曲线3、2、1是对应不同容量滤波电容的曲线。在曲线2时，负载两端电压的平均值可按下式估算

$$U_O = 1.2U_2$$

2. 电容滤波电路特点

（1）接入滤波电容后，二极管的导通时间变短了，工作电流较大，特别是在接通电源瞬间会产生很大的浪涌电流。一般浪涌电流是正常工作电流 I_L 的 5~7 倍。为了保证二极管的安全，选二极管参数时，正向平均电流的参数应留有足够的裕量。

（2）经电容滤波后，输出波形变得平滑，输出电压的平均值升高。

（3）电容放电时间常数 $\tau = R_L C$ 越大，输出电压 U 越高，滤波效果也越好；反之，则输出电压低且滤波效果差。

（4）电容滤波电路适用于负载电流较小的场合。

二、电感滤波电路

当一些电气设备需要脉动小、输出电流大的直流电源时，若采用电容滤波电路，电容容量必定很大，二极管的冲击电流也很大，这就使得二极管和电容器的选择很难，在此情况下，往往采用电感滤波电路。

1. 电路的工作原理

电感滤波电路是在整流电路输出端串联电感，利用线圈产生自感电动势阻碍电流变化的特点，从而使负载电流和负载电压的平滑程度得到提高。桥式整流电感滤波电路如图7.9所示。

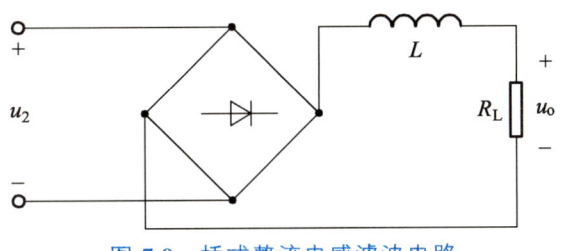

图 7.9 桥式整流电感滤波电路

由于电感线圈串联在整流输出端，当电感 L 足够大时，桥式整流输出电压的交流成分因其频率较高就大部分降落在线圈上，而其中的直流成分由于其频率为零所以感抗为零，则降压在负载电阻 R_L 两端，相当于电感线圈滤除了交流成分，保留了直流成分传输给负载电阻，起到滤波作用。采用电感滤波后，负载两端电压的平均值仍然保持与原桥式整流电路一致，即 $U_O = 0.9U_2$。

2. 电感滤波电路特点

整流管的导电角较大（电感 L 的反电势使整流管导电角增大），峰值电流很小，输出特性比较平坦。其缺点是电感元件体积大，结构复杂，其自身的电阻也会引起直流电压损失和功率损耗，所以一般不采用。它适用于负载电流要求较大且负载变化大的场合。

三、复式滤波

采用单一的电容滤波或电感滤波时，电路虽然简单，但滤波效果欠佳。为了进一步减小输出电压的脉动程度，可用电容和电感组成各种形式的复式滤波电路。如图7.10所示是常见的复式滤波电路。

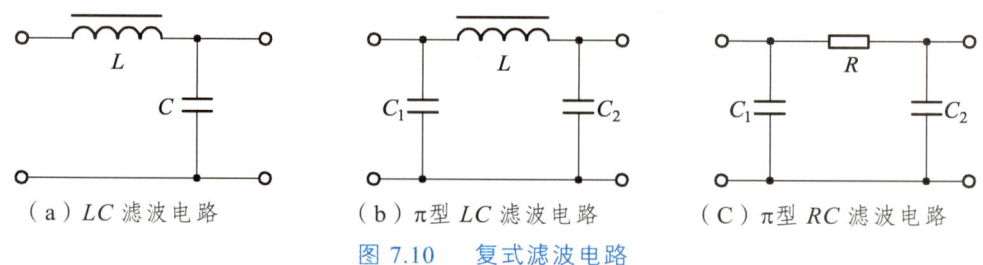

（a）LC 滤波电路　　　（b）π型 LC 滤波电路　　　（C）π型 RC 滤波电路

图 7.10　复式滤波电路

图 7.10（a）所示为 LC 滤波电路，图 7.10（b）所示为π型 LC 滤波电路，图 7.10（c）所示为π型 RC 滤波电路。其中 LC 滤波电路实质上经过了电感、电容两次滤波，所以其输出的直流电压和电流更为平滑。π型 LC 滤波电路和π型 RC 滤波电路有三个元件进行滤波，所以滤波效果比 LC 滤波电路的滤波效果好。

（1）π型 LC 滤波器。在滤波电容 C_1 之后再串接一个铁心线圈 L、并接一个滤波电容 C_2，就组成π型 LC 滤波器，如图 7.10（b）所示，经桥式整流电容 C_1 滤波后，已经比较平滑的整流电压，其交流成分大部分都降落在电感 L 上，再经并联的滤波电容 C_2 进一步滤波，可以使负载得到更加平滑的直流电。LC 滤波器的外特性与电感滤波器相同，但滤波效果更好，适用于负载电流较大且电压脉动小的场合。

（2）π型 RC 滤波器。由于铁芯线圈体积大、成本高，有时可用电阻 R 代替 L，构成π型 RC 滤波器，如图 7.10（c）所示。由于电容的交流阻抗很小，而脉动电压的交流成分大部分都降落在 R 上，这样输出电压 u_L 的交流成分大为减小而起到滤波作用。这种滤波器主要适用于负载电流较小且电压脉动小的场合，如在电子仪器设备、电视机、收录机中泛采用。

任务三　稳压电路

知识目标

（1）掌握直流稳压电路的组成和作用。
（2）掌握直流稳压电路的类型。
（3）掌握并联型稳压电路的组成、工作原理及电路特点。
（4）理解串联型稳压电路的组成、工作原理及电路特点。

能力目标

通过学习培养学生能够自主分析电路工作原理的能力。

素质目标

（1）培养学生运用稳压电路相关知识解决实际问题的能力。
（2）培养学生的动手实践的能力。

思政目标

鼓励学生对稳压电路中的现象和问题提出科学假设，并通过实验进行验证，培养他们的科学探究能力和批判性思维。

强调稳压电路的稳定性和可靠性对于设备安全、人身安全以及环境保护的重要性，培养学生的社会责任感和职业道德观念。

重难点

（1）直流稳压电路的组成、作用及原理。
（2）并联型稳压电路的组成、工作原理及电路特点。
（3）串联型稳压电路的组成、工作原理及电路特点。

整流滤波后所得的直流电压虽然比较平滑，但是当电网电压波动或负载变动时，输出的直流电压也随之变动，以致负载的电压不稳定。稳压电路就是利用调整元件（稳压二极管或晶体管）调节整流输出的直流电压，使其在电网电压波动或负载变化时能使得输出的直流电压稳定。稳压电路按所用器件可分为分立元件直流稳压电路和集成直流稳压电路；按电路结构可分为并联型直流稳压电路和串联型直流稳压电路。一般情况下，并联型稳压电路的调整元件采用稳压二极管，串联型稳压电路的调整元件采用晶体管。

一、并联型稳压电路

1. 电路的结构

图 7.11 所示为硅稳压二极管稳压电路，它是一种比较简单的稳压电路。由于稳压二极管 D_Z 与负载 R_L 并联，所以称为并联型稳压电路。

稳压二极管 D_Z 长期工作在反向击穿区，利用其反向电流可大范围变化而反向电压基本不变的特性进行稳压。R_L 为限流电阻，由图可以得出：$U_O = U_Z$ 而输出电压 U_O 就是稳压二极管两端的电压 U_Z。

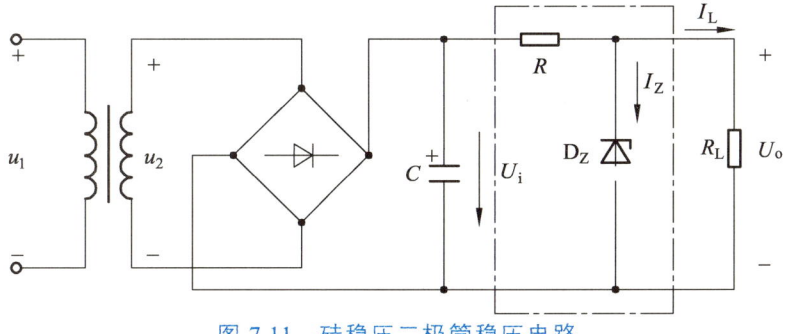

图 7.11　硅稳压二极管稳压电路

2. 电路的工作原理

（1）负载电阻 R_L 不变，当电网电压升高时，将使输入电压 U_i 增加，输出电压 U_O 也随之增加，U_O 即为稳压管两端的反向电压。由稳压管的特性曲线可知，当 U_O 稍有增加时，稳压管的电流 I_Z 就显著增加，因此电阻 R 上的压降增加，以抵消 U_i 的增加，从而使输出电压 U_O 基本保持不变。相反地，如果电网电压降低，输入电压 U_i 下降，U_O 也随着降低，因而 I_Z 显著减小，电阻 R 上的压降相应减小，同样使 U_O 基本保持不变。稳压过程可表示为

$U_i \uparrow \to U_O \uparrow \to I_Z \uparrow \to I_R \uparrow \to U_R \uparrow \to U_O \downarrow$

（2）输入电压U_i保持不变，当负载电流变化引起输出电压U_O变化时，稳压电路也能起到稳压作用。例如，当负载电流I_L增大时，电阻R上的压降增大，U_O因而下降。只要U_O略降低，稳压管电流I_Z就显著减小，使通过电阻R的电流基本不变，因而输出电压U_O也基本上稳定不变。当负载电流减小时，稳压过程与上述相反，同样使U_O基本不变。稳压过程可表示为

$I_L \uparrow \to I_R \uparrow \to U_R \uparrow \to U_O \downarrow \to I_Z \downarrow \to I_R \downarrow \to U_R \downarrow \to U_O \uparrow$

3. 电路特点

在稳压管稳压电路中，稳压管主要起自动调节作用，当输出电压U_O有较小变化时，将引起稳压管电流I_Z较大的变化，通过电阻R起到补偿作用，从而保持输出电压U_O基本上保持稳定。

这种稳压电路的优点是元件少，电路简单；缺点是受稳压管最大稳定电流的限制，负载取用电流不能太大；输出电压不可调节，并且电压的稳定度也不够高。因此，它适用于负载电流较小，稳定度要求不高的场合。

二、串联型稳压电路

串联型稳压电路我们将介绍常见的简单串联式型稳压电路和具有放大环节的串联型稳压电路。

（一）简单串联型稳压电路

1. 简单串联型稳压电路的结构

简单串联型稳压电路的结构如图 7.12 所示。由图 7.12 可以看出，简单串联式稳压电路由稳压二极管 VZ、调整管 VT 及其偏置电阻 R 组成。它的输入电压U_I是整流滤波器的输出电压，它的输出电压U_O是稳定的直流电压，负载是R_L。R 既是调整管的基极偏置电阻，又是稳压二极管的限流保护电阻。由于调整管 VT 与负载R_L是串联关系，所以该电路称为串联型稳压电路。

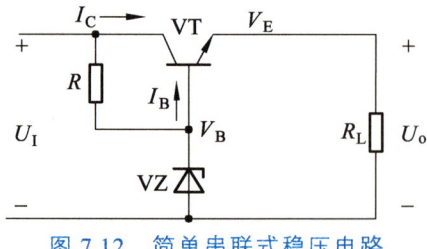

图 7.12 简单串联式稳压电路

2. 简单串联式稳压电路的工作原理

由图 7.12 中可以看出，在简单串联式稳压电路中，有如下关系：

$$U_\mathrm{I} = U_\mathrm{CE} + U_\mathrm{O}$$

$$U_\mathrm{Z} = U_\mathrm{BE} + U_\mathrm{O}$$

式中：U_Z 是稳压二极管的稳定电压；U_CE 是调整管的集电极-发射极电压。

（1）输入电压 U_I 变化而负载不变时，U_O 的稳定过程：当 U_I 升高时，U_O 将有升高的趋势。根据上式可以看出，由于稳压二极管的稳定电压已经建立，即 U_Z 保持不变，U_O 的升高将使 U_BE 减小。根据三极管的工作原理可知，U_BE 的减小将使 I_B 减小，I_B 的减小又将使 I_C 减小，I_C 的减小将使 U_CE 增大，而 U_CE 的增大将使 U_O 下降，从而保持输出电压基本不变。输出电压的稳定过程可用下式表示：

$U_\mathrm{I} \uparrow \to U_\mathrm{O} \uparrow \to$ （U_Z 保持不变）$U_\mathrm{BE} \downarrow \to I_\mathrm{B} \downarrow \to I_\mathrm{C} \downarrow \to U_\mathrm{CE} \uparrow \to U_\mathrm{O} \downarrow$

同理，当 U_I 下降时，输出电压也将基本保持不变。

（2）负载 R_L 变化而输入电压 U_I 不变时，U_O 的稳定过程：当 R_L 减小时，输出电压 U_O 也将基本保持不变。其稳定过程也可以用下式表示：

$R_\mathrm{L} \downarrow \to U_\mathrm{O} \downarrow \to$ （U_Z 保持不变）$U_\mathrm{BE} \uparrow \to I_\mathrm{B} \uparrow \to I_\mathrm{C} \uparrow \to U_\mathrm{CE} \downarrow \to U_\mathrm{O} \uparrow$

同理，当 R_L 增大时，输出电压也将基本保持不变。

通过以上分析可以看出，上述稳压过程实质上是一个反馈过程，它将输出电压的变化量反馈到调整管的发射结，控制调整管集电极-发射极的电阻，使输出电压基本保持不变，达到稳压的目的。由于调整管在电路中起到对输出电压进行调整的作用，故称之为调整管。

3. 简单串联型稳压电路的特点

（1）简单串联式稳压电路的输出电压受稳压二极管稳定电压的限制，输出电压 U_O 是固定不变的（$U_\mathrm{O} = U_\mathrm{Z} - U_\mathrm{BE}$）。

（2）由于简单串联型稳压电路只有一只调整管，对输出电压的稳定能力有限，所以它的输出电压稳定性较差。

根据以上特点可知，简单串联型稳压电路只能用于电压固定、电流很小（50 mA 以下）的小功率负载，但它的基本工作原理却是稳压电路的基础。

（二）具有放大环节的串联型稳压电路

简单串联型稳压电路的稳压性能之所以差，是由于它只把输出电压的变化量反馈到调整管的基极，当输出电压的变化量很小时，它对调整管的控制作用是不明显的。为了提高稳压电路的稳压效果，通常采用具有放大环节的串联型稳压电路。

1. 具有放大环节的串联型稳压电路的结构

图 7.13 所示为一种以集成运放为放大环节的串联型稳压电路。它由取样、基准电压、比较放大和调整四个基本环节组成。

1）取样电路

它是由 R_P、R_2 组成的分压电路，它将输出电压 U_O 的一部分电压 U_F 取出，U_O 与 U_F 的关系为

$$U_F = \frac{R_{P2} + R_1}{R_P + R_1} U_O$$

反馈电压 U_F 取出后,送到集成运放的反相输入端,调节电位器 R_P 的滑动端子可以调节输出电压 U_O 的高低。

2)基准电压环节

基准电压环节是由稳压管 D_Z 和限流电阻 R_1 组成的稳压电路,它的作用是提供一个稳定的基准电压即稳压管的电压 U_Z。

3)比较放大电路

比较放大电路由集成运放组成,它将取样电压 U_F 和基准电压 U_Z 比较产生的差值电压放大后,加到调整管 VT 的基极,控制调整管 VT 的压降 U_{CE}。

4)调整环节

调整环节由工作在线性区的调整晶体管 VT 组成,是稳压电路的核心部分,VT 的基极电位 U_B 反映了整个稳压电路的输出电压 U_O 的变动,控制调整管 VT 基极的电位 U_B,就可自动调整 U_O 的值,使其维持稳定。

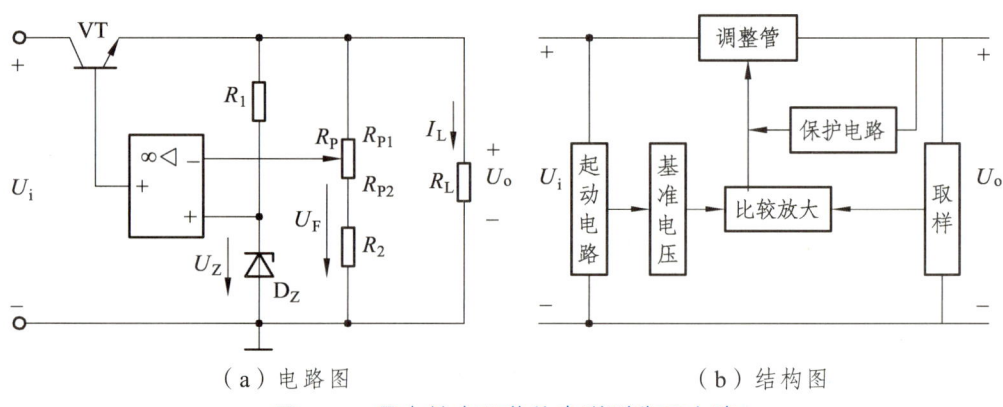

(a)电路图　　　　　　(b)结构图

图 7.13　具有放大环节的串联型稳压电路

2. 具有放大环节的串联型稳压电路的工作原理

由图 7.13(a)图可以看出,调整管 VT 与负载 R_L 是串联关系,所以

$$U_i = U_{CE} + U_O$$

当交流电网电压或负载发生变化时,输出电压 U_O 就会有变化的趋势;此时,取样电压 U_F 会有相应的变化,这一变化电压恰好作用在取样电路集成运放的反向输入端。由于集成运放的同相输入电压已被稳压管 D_Z 固定,所以取样电压将发生变化。取样电压的变化将使其集成运放输出端的电压的变化。由于取样集成运放的输出端与调整管的基极连接在一起,所以调整管基极电压 U_B 也要发生变化。而调整管基极电压的变化将引起调整管基极电流 I_B、集电极电流 I_C 和集电极-发射极电压 U_{CE} 的变化。由于调整管与负载是串联关系,所以调整管集电极-发射极电压 U_{CE} 的变化将使输出电压 U_O 发生变化,从而抵消了初始的变化趋势,实现了对输出电压的稳定。

(1)当电网电压发生变化（例如升高）时，输入电压U_i就会有相应的变化（升高），输出电压的稳定过程可用下式表示：

$U_i\uparrow \to U_O\uparrow \to U_F\uparrow \to (U_Z-U_F)\downarrow \to U_B\downarrow \to I_B\downarrow \to U_{CE}\uparrow \to U_O\downarrow$（自动稳定输出电压）

(2)当负载发生变化（例如R_L增大）时，输出电压的稳定过程可用下式表示：

$R_L\uparrow \to U_O\uparrow \to U_F\uparrow \to (U_Z-U_F)\downarrow \to U_B\downarrow \to I_B\downarrow \to U_{CE}\uparrow \to U_O\downarrow$（自动稳定输出电压）

当$U_i\downarrow$或$R_L\downarrow$时的调整过程与上述相反。

由上述分析可知，这是一个负反馈系统。正因为电路有深度电压串联负反馈，所以才能稳定输出电压。

3. 具有放大环节的串联型稳压电路的输出电压的调节

具有放大环节的串联型稳压电路输出电压的高低在一定范围内是可以调节的，其调节原理可用下式表示：

R_P向下调节$\to U_F\downarrow \to U_B\uparrow \to I_{BE}\uparrow \to U_{CE}\downarrow \to U_O\uparrow$

同理，当需要将输出电压调低时，只要将输出电压调节电位器R_P的滑动端适当向上移动即可。

4. 输出电压的调节范围与输出电压的最佳值

通过上述分析可知，具有放大环节的串联式稳压电路的输出电压是可以调节的。那么，输出电压的调节范围是多少呢？输出电压的调节范围是：U_O的上限是不能使调整管饱和，否则调整管将失去放大作用；U_O的下限是输出电压必须高于稳定电压与取样管发射结电压之和。用公式表示为

$$U_i - 4 > U_O > U_Z + 0.7$$

输出电压U_O如果调节得不合适，稳压电路的稳压效果将下降。那么，输出电压U_O的最佳值是多少呢？一般说来，应该满足以下关系

$$U_O \approx 2/3 U_i \quad U_O \approx 2U_Z$$

例如，输出电压$U_O = 12$ V 的串联型稳压电路，输入电压U_i应等于或大于 18 V，应选用稳压值U_Z为 6 V 左右的稳压二极管。

任务四　集成稳压器

知识目标

(1)掌握三端集成稳压器的类型。
(2)掌握不同类型三端集成稳压器的特点和性能。
(3)了解三端集成稳压器的基本应用。

能力目标

（1）通过学习培养学生能够自主分析电路工作原理的能力。

（2）通过三端集成稳压器的类型学习，会根据实际需要选择合适的集成稳压器类型。

素质目标

（1）能够解决集成稳压器在实际应用中的问题能力。

（2）深入理解集成稳压器的原理和特性，提升专业素养。

思政目标

通过引入和分析一些集成电路领域中的反面案例，如美国对中兴、华为的制裁事件，以及我国在某些高端芯片领域对进口的过度依赖。让学生深刻认识到我国在集成电路技术上的不足和面临的挑战。增强学生的危机感和紧迫感，激发他们的爱国情感。

重难点

（1）三端集成稳压器的类型与特点。

（2）三端集成稳压器的应用。

（3）三端集成稳压器的应用。

随着半导体工艺的发展，稳压电路也制成了集成器件。由于集成稳压器具有体积小，外接线路简单、使用方便、工作可靠和通用性强等优点，因此在各种电子设备中应用十分普遍，基本上取代了由分立元件构成的稳压电路。集成稳压电路的种类很多，按输出电压方式可分为固定式和可调式，按结构可分为多端式和三端式。应根据设备对直流电源的要求来进行选择。对于大多数电子仪器、设备和电子电路来说，通常是选用串联线性集成稳压器。而在这种类型的器件中，又以三端式集成稳压器应用最为广泛。本节主要介绍三端固定输出电压稳压器 W7800 系列（输出正电压）和 W7900 系列（输出负电压）的应用。

一、三端集成稳压器的型号和参数

常用的三端集成稳压器有塑料壳和金属壳两种封装形式，按照它们的性能和用途不同可以分为两大类：一类是固定输出三端集成稳压器，另一类是可调输出三端集成稳压器。固定输出三端集成稳压器输出电压是不变的，可调输出三端集成稳压器可在外电路上对输出电压进行连续调节。

1. 三端固定集成稳压器

本节主要介绍三端固定输出电压稳压器 W7800 系列（输出正电压）和 W7900 系列（输出负电压）的应用。图 7.16 所示为 W7800 系列、W7900 系列稳压器的外形、引脚和电路符号。这种稳压器外部有输入端、输出端和公共端三个引出端。正电压输出三端集成稳压器（W78 系列）的三个引出端为输入端 1、公共端 2 和输出端 3；负电压输出三端集成稳压器（W79 系列）的三个引出端为公共端 1、输入端 2 和输出端 3。输出电压有 5 V、6 V、8 V、9 V、10 V、12 V、15 V、18 V 和 24 V。器件型号中的后两位数字（78XX、79XX）代表输出电压值，如 W7805 表示输出电压为 + 5 V（对地），W7905 表示输出电压为 – 5 V（对地）。

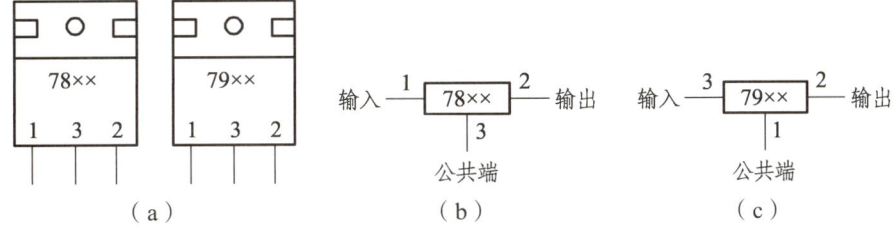

图 7.14　W7800、W7900 系列稳压器

表 7.1 是 W7800、W7900 系列三端集成稳压器的外引线排列方式，其中 W7800 系列输出电流为 1.5 A，W78M00 系列输出电流为 0.5 A，W78L00 系列输出电流为 0.1 A。负输出稳压器也有 W7900、W79M00 和 W79L00 三个子系列（合称 W79 系列），除了输出电压极性为负之外，其他与 W78 系列均对应相同。

表 7.1　W78、W79 系列引线排列

型　号	封装形式					
	金属封装			塑粒封装		
	输入	公共	输出	输入	公共	输出
W78、W78M	1	3	2	1	2	3
W78L	1	3	2	3	2	1
W79 系列	3	1	2	2	1	3

现将几种常用的三端集成稳压器的性能参数列于表 7.2 供参考。

表 7.2　三端集成稳压器性能参数

参数	型　号		
	XWY005 系列	WB824	W7800 系列
输出电压 U_O	12V、15V、18V、20V、24V	5V、12V、15V、18V、24V	5V、8V、12V、15V、18V、24V
最高输入电压 U_{Imax}	26～36V（分挡）	20～36V（分挡）	35V
最大输出电流 I_{Omax}	0.5～1A（分挡）	0.2～2A（分挡）	2.2A
最小输入输出电压差	≤4.5V	4.5V	2～3V
输出阻抗 r_O		0.05～0.5Ω	0.03～0.15Ω
电压调整率 s_r	0.04%～0.16%	0.04%～0.16%	0.1～0.2%
最大功率	无散热片 1 W 有散热片 6～12 W（分挡）	无散热片 1.5 W 有散热片 3～25 W（分挡）	

2. 三端可调输出集成稳压器

可调式三端集成稳压器的外形与 W7800 系列和 W7900 系列相似，引脚排列及功能不同。可调式三端集成稳压器有两种类型：型号 W117 / W217 / W317 为正电压输出，三个引出端

分别为调整端1、输出端2和输入端3；型号W137／W237／W337为负电压输出，三个引出端分别为调整端1、输入端2和输出端3。正电压输出的可调式三端集成稳压器，其调整端和输出端间内部电压恒等于1.25 V；负电压输出的可调式三端集成稳压器，其调整端和输出端间的内部电压恒等于－1.25 V。

二、三端集成稳压器的应用

三端集成稳压器内部电路设计完善，辅助电路齐全，只需连接很少的外围元件，就能构成一个完整的电路，并可以实现提高输出电压、扩展输出电流，以及输出电压可调等多种功能。下面介绍几种常见的应用电路。

1. 基本应用电路

图7.15所示为三端固定输出集成稳压器基本应用电路。图中输入端电容C_i用以抵消输入端较长接线的电感效应，以防止产生自激振荡，一般取值为0.33 μF。输出端C_O用以改善负载的瞬态响应，减少高频噪声，其典型值为1 μF。为了使稳压器正常工作，其输入电压U_i数值至少应比输出电压U_O高出2～3 V。

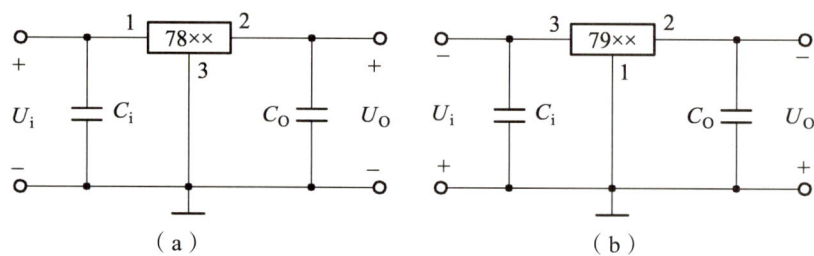

图7.15　三端固定输出集成稳压器基本应用电路

2. 提高输出电压的电路

当所需电压高于稳压器的输出电压时，可通过外接电路进行升压，电路如图7.16所示，它能使输出电压高于固定输出电压。图中集成运放组成电压跟随器，R_1、R_2和R_3组成升压调压取样电路，其输出电压为

$$U_O = RU_{XX} / R_1 + R_2$$

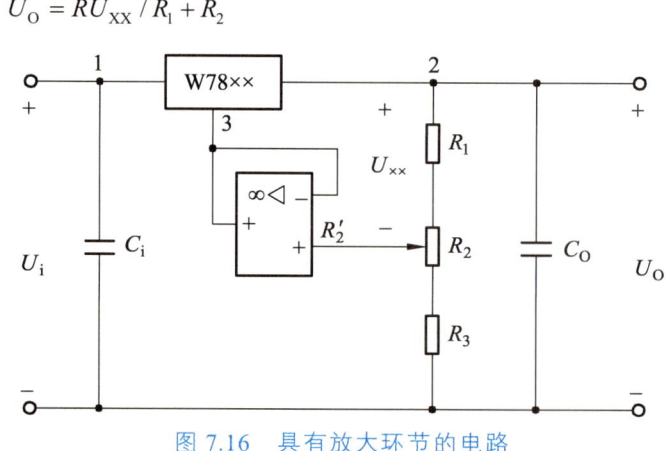

图7.16　具有放大环节的电路

其中，$R = R_1 + R_2 + R_3$。调节电位器 R_2 可使输出电压发生改变，但 R 值不可过小，以免影响输出电流，增加损耗。

3. 扩大输出电流的稳压电路

当负载所需电流大于稳压块的最大负载电流时，可用外接功率管 VT 的方法来扩大输出电流，电路如图 7.17 所示。由图可知

$$I_o = I_2 + I_C$$

其中，I_2 为稳压管的输出电流，I_C 为 PNP 型功率管的集电极电流。由此可见，输出电流比 I_2 扩大了。电路中电阻 R 的阻值要使功率管 VT 只能在输出电流较大时才导通，其值由三端稳压器和外接功率管 VT 的参数来计算。由于

$$I_R = \frac{U_{BE}}{R} = I_1 - I_B = I_1 - \frac{I_C}{\beta}$$

所以

$$R = \frac{U_{BE}}{I_1 - I_C/\beta}$$

其中，I_1 为流入稳压管的电流，由于 $I_3 \approx 0$，所以 $I_1 \approx I_2$。

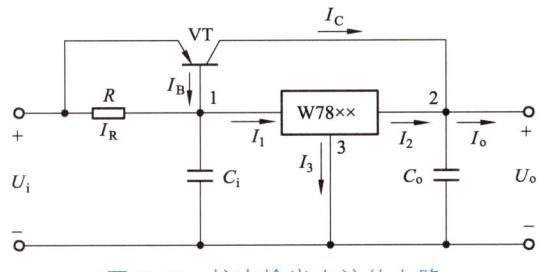

图 7.17　扩大输出电流的电路

4. 同时输出正负电压的电路

图 7.18 为同时输出正、负双电压的稳压电路，由于采用了两片稳压数值相等、极性相反的三端集成稳压器 W7815 和 W7915，在输出端同时获得了对称的稳定输出电压。这种对称直流电源在很多电子电路中得到应用。

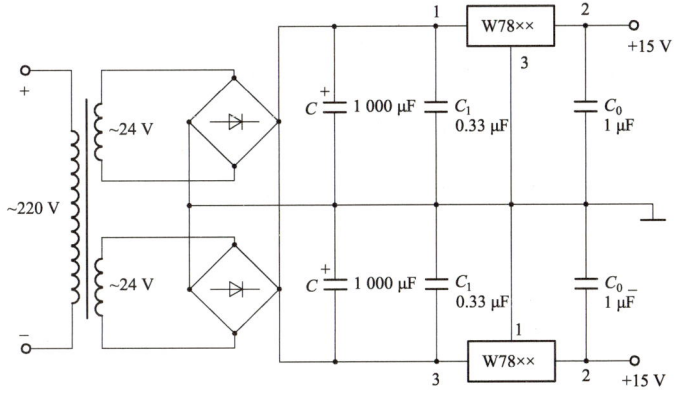

图 7.18　同时输出正、负电压的稳压电路

三、集成稳压器的选择及使用注意事项

在选择集成稳压器时，应兼顾其性能、使用和价格等几个方面的因素。目前市场上的集成稳压器有三端固定输出电压式、三端可调输出电压式、多端可调输出电压式和开关式四种类型。

在要求输出电压是固定的标准系列值且技术性能要求不高的情况下，可选择三端固定输出电压式集成稳压器，正输出电压应选择 CW7800 系列，负输出电压可选择 CW7900 系列。由于三端固定集成稳压器使用简单，不需要做任何调整且价格较低，所以应用范围比较广泛。

在要求稳压精度较高且输出电压能在一定范围内调节时，可选择三端可调输出电压式集成稳压器，这种稳压器也有正和负输出电压及输出电流大小之分，选用时应注意各系列集成稳压器的电参数特性。

集成稳压器已在电源得到广泛使用，为了更好地发挥它的优势，使用时应注意以下几个问题：

第一，不要接错引脚线。对于多端稳压器，接错引线会造成永久性损坏，对于三端稳压器，若输入和输出接反，当两端电压超过 7 V 时，也有可能使稳压器损坏。

第二，输入电压 U_i 不能过低或过高，以 W7805 为例，该三端稳压器的固定输出电压是 5 V，而输入电压至少大于 7 V，这样输入、输出之间有 2～3 V 及以上的压差，使调整管保证工作在放大区。但压差取得大时，又会增加集成块的功耗，所以，两者应兼顾，即既保证在最大负载电流时调整管不进入饱和，又不至于功耗偏大。

第三，功耗不要超过额定值，对于多端可稳压器来说，当输出电压调到较低时，可以防止调整管上的压降过大而超过额定功耗，因此在输出低电压时最好同时降低其输入电压。

第四，为确保安全使用，应加接防止瞬时过电压、输入端短路、负载短路的保护电路，大电流稳压器要注意缩短连接线和安装足够的散热设备。

四、开关型直流稳压电路简介

串联型直流稳压电路稳压性能较好、结构较简单，但调整管始终工作在放大状态。在负载大电流时，调整管流过的电流也大，因此功率损耗大，效率低（约 30%），且需安装散热器，增加了产品体积和重量。使调整管工作在开关状态，则管耗大大减小，也不用安装散热器，效率可达 80%～90%，体积和重量也减轻了。

开关型稳压电路主要由工作在开关状态的调整管、储能电路、取样电路、基准电压、脉冲发生器和调制电路等组成。由脉冲控制开关管断时间比，达到输出稳定电压。一般有两类调制方式：一类是脉冲周期恒定，改变导通脉宽来控制调整管开关状态脉宽（PWM）；另一类固定导通脉宽，改变脉冲周期来控制调整管开关状态（PFM）。对应的集成器件有：CW1524/2524/3524 系列是 PWM 型的，CM497 是 PFM 型的。

任务五　晶闸管单相可控整流电路

知识目标

（1）了解可控整流电路的组成及类型。
（2）理解单相半波可控整流电路的组成、工作原理及电路特点。
（3）理解单相半控桥式整流电路的组成、工作原理及电路特点。

能力目标

（1）通过晶闸管单相可控整流电路原理的学习培养学生能够自主分析电路的能力。
（2）通过晶闸管单相可控整流电路的学习培养学生应用电路的能力。

素质目标

培养学生运用相关知识解决实际问题的能力。

思政目标

鼓励学生通过实验验证理论知识，培养严谨的科学态度和实事求是的精神。通过反复调试和优化电路参数，培养学生的耐心、专注和精益求精的工匠精神。

重难点

（1）可控整流电路的组成及类型。
（2）单相半波可控整流电路的组成、工作原理及电路特点。
（3）单相半控桥式整流电路的组成、工作原理及电路特点。

在生产实践中，往往需要直流电源的输出电压可调，用晶闸管组成的可控整流电路，是利用晶闸管的可控单向导电性，把交流电变换成大小连续可调的直流电。晶闸管组成的整流电路可以在交流电压不变的情况下，方便地改变输出电压的大小，即可控整流。可控整流是实现交流电可变直流之间的转换。晶闸管组成的可控整流电路具有体积小、质量轻、效率高以及控制灵敏等优点，目前已取代直流发电机组，用作直流拖动调速装置，广泛用于机床、轧钢、造纸、电解、电镀、光电、励磁等领域。

晶闸管可控整流电路通常由主电路（整流电路）和控制电路（触发电路）两部分组成。主电路主要是将交流电转换成大小可变的直流电，而控制电路是为晶闸管导通提供触发脉冲。

可控整流电路按电路结构分，可分为半波电路和全波电路；按电路控制特点分，可分为半控电路和全控电路；按电源相数分，可分为单相电路和三相电路。本节任务中主要介绍单相半波可控整流电路和单相半控桥式整流电路。

一、晶闸管单相可控整流电路的组成

（一）单相半波可控整流电路

1. 电路的组成

将单相半波整流电路中的二极管换成晶闸管，即构成如图 7.19 所示单相半波可控整流电路。其中晶闸管 VT 和电阻 R_L 组成了主电路；控制极的触发脉冲由控制电路提供。

2. 电路的工作原理

由图 7.19 可见，变压器 T 二次电压 u_2，经负载电阻 R_L 加在晶闸管阳极 A 与阴极 K 两端。

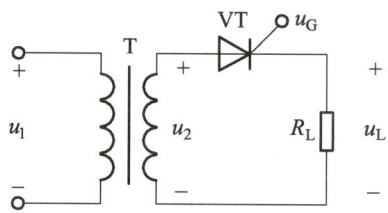

图 7.19　单相半波可控整流电路

u_2 为正半周（上端为正、下端为负）时，在 $0 \sim \alpha$ 期间，虽然晶闸管加上了正向电压，但未加触发脉冲，晶闸管无法导通，处于正向阻状态，此时 R_L 中没有电流流过，负载两端电压为零，$u_L = 0$，电源电压全部降在晶闸管两端，$u_L = u_2$；在 α 时刻，门极加上触发脉冲 u_G，晶闸管被触发导通，此时电源电压全部降在负载两端，负载电压 $u_L = u_2$ 忽略管压降，流过负载的电流为 $i_L = u_L / R_L$，i_L 的波形与 u_L 的波形相似；在 π 时刻，交流电源 u_2 过零，使流过晶闸管的电流降为零，晶闸管被关断（$i_L = 0$、$u_L = 0$）。

u_2 负半周（上端为负、下端为正）晶闸管承受反向电压，处于反向阻断状态（$u_L = 0$），直至下一个周期，再重复上述过程，这样就把交流电转换成可变的直流电。

u_L 波形如图 7.20 所示，图中 α 为控制角，θ 为导通角（$\theta = \pi - \alpha$）。改变脉冲出三现的时刻，即改变了控制角 α 的大小，从而改变了输出电压的大小，达到可控整流的目的。

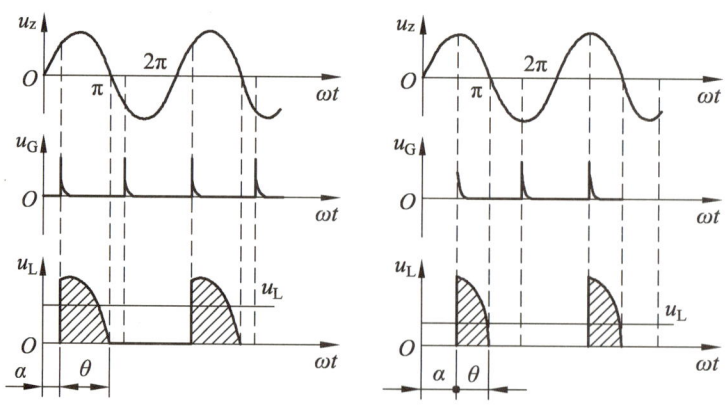

图 7.20　单相半波可控整流电路波形图

下面介绍几个术语：

（1）控制角：在 u 的每个正半周，从晶闸管承受正向电压到加入门极触发电压、使晶闸管开始导通之间的电角度叫作控制角，又称为触发脉冲的移相角，用 α 表示。

（2）导通角：在每个正半周内晶闸管导通时间对应图单相半波可控整流的电角度叫作导通角，用 θ 表示。显然在这里 $\alpha + \theta = \pi$。

（3）移相范围：α 的变化范围称为移相范围。很明显，α 和 π 都是用来表示晶闸管在承受正向电压的半个周期内的导通或阻断范围的。通过改变控制角 α 或导通角 θ，可以改变触发脉冲的出现时刻，也就可以改变输出电压的大小，实现了可控整流。

3. 电路的主要参数

（1）负载 R_L 上电压的平均值 u_L

$$U_L = 0.45U_2 \times (1+\cos\alpha)/2$$

（2）负载上流过的电流平均值 I_L

$$I_L = U_L / R_L$$

通过晶闸管阳极的电流 I_A

$$I_A = I_L$$

（3）晶闸管承受的最大反向电压 U_{AKM}

$$U_{AKM} = \sqrt{2}U_2$$

4. 电路特点

单相半波可控整流电路只用一只晶闸管，线路简单，调整方便，但接电阻性负载时输出电压脉动幅度大，且变压器次级线圈中的直流电流将造成铁心的直流磁化，使变压器的效率降低，变压器容量不能被充分利用，因而只适用于对直流电压要求不高的小功率可控整流设备。

二、单相半控桥式整流电路

由于单相半波可控整流电路具有上述明显缺点，为了较好地满足负载的要求，在一般小容量的晶闸管整流装置中更多地采用单相桥式可控整流电路。

1. 电路的组成

单相桥式二极管整流电路的四只整流二极管换成四只晶闸管，就组成单相全控桥式整流电路。由于单相桥式全控整流电路需要四只晶闸管，成本高，另外还要求承受正向偏置电压的两只晶闸管必须同时被触发导通，这就对触发电路的要求提高了，使触发电路变得很复杂，所以一般较少采用全控整流，而多采用由两个晶闸管和两个二极管组成的单相桥式半控整流电路，如图 7.21（a）所示。

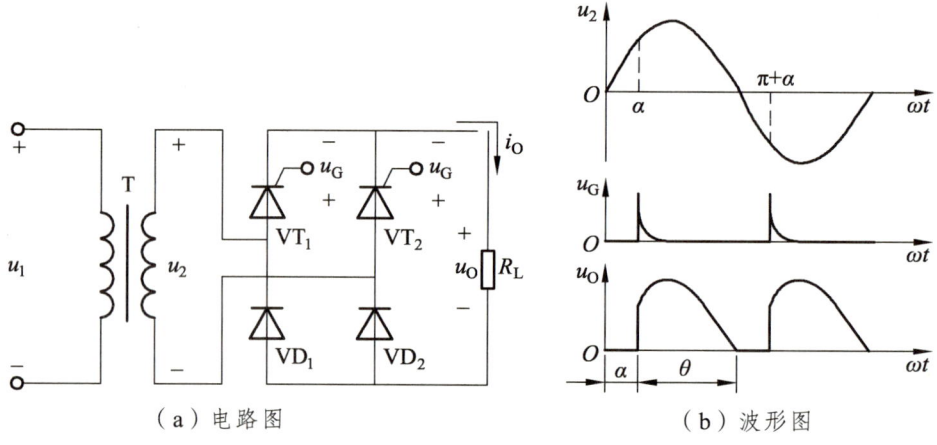

图 7.21 单相半控桥式整流电路

2. 电路工作原理

u_2 正半周（上端为正，下端为负），VT$_2$ 反向阻断，VD$_2$ 截止；VT$_1$ 阳极电位最高可能导通，VD$_1$ 负极电位最低具有导通条件；但在 0～π 期间，因未加触发脉冲，VT$_1$ 处于正向阻断，与 VD$_1$ 无法构成电流回路，此时无电压输出（$u_O = 0$）；在 α 时刻，VT$_1$ 被触发导通，电流 i_O 经 +→VT$_1$→R$_L$→VD$_1$→- 构成回路，此时输出电压 $u_O = u_2$，负载上得到上正下负的电=n压。在 $wt = π$ 时刻，交流电源过零，使 $i_O = 0$，VT$_1$ 关断。

在 u_2 的负半周（上端为负，下端为正）：在 π～π+α 期间，VT$_1$ 反向阻断，VD$_1$ 截止，VT$_2$ 正向阻断，无法与 VD$_2$ 构成电流回路，输出电压 $u_O = 0$；在 π+α 时刻，触发 VT$_2$ 导通，VD$_2$ 导通，电流 i_O 经 -→VT$_2$→R$_L$→VD$_2$→+ 构成回路，输出电压 $U_O = U_2$，负载上的电压仍是上正下负。在 π～π+α 期间，VT$_1$ 和 VT$_2$ 均不导通，这样，一个周期内负载上得到两个缺损的半电压，波形如图 7.23（b）所示。

3. 电路的主要参数

（1）负载 R_L 上电压的平均值 U_L：

$$U_L = 0.9 U_2 \times (1 + \cos\alpha)/2$$

式中，U_2 为 u_2 的有效值

（2）负载上流过的电流平均值 I_L

$$I_L = U_L / R_L$$

通过晶闸管和二极管的平均电流 I_A、I_D

$$I_A = I_D = 0.5 I_L$$

（3）晶闸管和二极管承受的最大反向电压 U_{AKM}、U_{DRM}

$$U_{AKM} = U_{DRM} = \sqrt{2} U_2$$

4. 电路特点

单相半控桥式整流电路的优点是输出电压较大，脉动较小，设备利用率高，应用较广。缺点是晶闸管过载能力差，即使短时间内的过电流和过电压，也可能导致晶闸管损坏，所以使用时要加保护措施，常用的有过流保护和过压保护。

小　结

（1）各种电子电路都需要稳定的直流电源供电。一般情况下是将交流电变换成直流电进行供电。一般直流电源由变压、整流、滤波、稳压四部分组成，各部分分别起着不同的作用：变压器 T 将电网提供的交流电降压；整流电路将交流电转换成脉动的直流电；滤波电路将脉动的直流电转换成较平滑的直流电；由于电网电压波动或负载变化时，输出电压会产生相应的变化，所以经整流滤波后还需加稳压电路，稳压电路可将较平滑的直流电变成稳定的直流电。

（2）整流电路是利用二极管的单向导电性将交流电压变成脉动的直流电压，包括半波、全波、桥式整流电路。

（3）由于整流输出脉动较大，因而需要滤波，滤波元件有电容和电感，滤波电容应与负载并联，滤波电感应与负载串联。常见的滤波电路有电容滤波、电感滤波和复式滤波，其中滤波效果最好的是复式滤波。

（4）稳压电路就是利用调整元件（稳压二极管或晶体管）调节整流输出的直流电压，使其在电网电压波动或负载变化时能使得输出的直流电压稳定。稳压电路按电路结构可分为并联型直流稳压电路和串联型直流稳压电路。一般情况下，并联型稳压电路的调整元件采用稳压二极管。串联型稳压电路的调整元件采用晶体管。

（5）集成稳压电路按输出电压方式可分为固定式和可调式，按结构可分为多端式和三端式。应根据设备对直流电源的要求来进行选择。而在这些类型的器件中，又以三端式集成稳压器应用最为广泛。它们都有三个引出端：输入端、输出端、公共端。最常见的国产三端固定输出电压稳压器有 W7800 系列（输出正电压）和 W7900 系列（输出负电压）。例 W7805 输出为 + 5 V，W7905 输出为 – 5 V。

（6）用晶闸管组成的可控整流电路，是利用晶闸管的可控单向导电性，把交流电变换成大小连续可调的直流电。晶闸管可控整流电路通常由主电路（整流电路）和控制电路（触发电路）两部分组成。主电路主要是将交流电转换成大小可变的直流电，而控制电路是为晶闸管导通提供触发脉冲。可控整流电路按电路结构分，可分为半波电路和全波电路；按电路控制特点分，可分为半控电路和全控电路；按电源相数分，可分为单相电路和三相电路。

思考与练习

一、练一练

（一）任务准备

（1）所需元器件明细表。

所需元器件及仪器仪表明细表如表 7.3 所示

表 7.3 所需元器件及仪器仪表明细表

名称	型号	数量	备注
整流桥	/	1	
电容	470 μF	1	
电阻	510 Ω、1 kΩ	2	
交流变压器		1	
万用表	MF47 型	1	
示波器	UNI-T UTD7102 WG	1	
调压器	TDGC2	1	

（2）稳压电路图如图 7.22 所示。

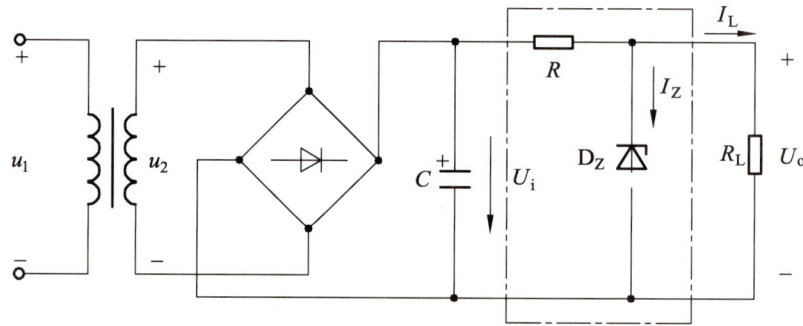

图 7.22 稳压电路图

（二）任务实施

（1）如图 7.22 所示，将电路接成桥式直流带负载 R_L 的形式，调节调压器，使变压器二次电压有效值为 $u_2 = 12$ V，接通电网。

（2）用示波器观察输入电压 u_2 和输出 u_L 的波形。

（3）用万用表的交流电压挡测 u_2、直流电压挡测 U_L。

（4）在桥式整流电路的输出端接入电容 C，用示波器观察其输出电压波形，测量输出电压值。

（5）将稳压管稳压电路并入滤波输出电路，调节稳压器，改变输入电压 u_2，使其先后为 10 V、12 V、14 V，分别测量输出电压值，并用示波器观察稳压波形。

（三）任务评价

表 7.4 任务评价表

评价项目	评价内容	自评			互评			教师评		
学习态度	对小组任务认真对待，认真参与									
组织合作	每位组员都有自己的分任务，成员间团结合作、配合默契									
工作能力	电路连接	能依据原理图正确连接导线								
	示波器使用	能规范正确使用示波器								
工作成效	能正确检测输出波形及测量数据									
评价效果选项		优秀	良好	加油	优秀	良好	加油	优秀	良好	加油

二、巩固与提高

（一）填空题

1. 整流的目的是_____，整流是用_____元件的_____性质。

2. 整流电路根据电路的结构，可以分为_____、_____和_____电路。

3. 常用的滤波元件有_____和_____，常用的滤波电路有_____、_____和π型滤波。

4. 滤波的基本原理都是利用电容和电感的_____作用实现的。电容器在电路中与负载_____接成形成电容滤波，电容滤波适用于_____的场合，而电感器与负载接成_____形成电感滤波，它适用于_____场合。

5. 直流电源主要由_____、_____、_____、_____四部分组成。

6. 滤波电路的作用是_____，稳压电路的作用是_____。

7. 在三端固定式集成稳压器中，按照输出电压分为_____式和_____式。78系列输出为_____电压，79系列输出为_____电压。

8. 稳压电路就是利用_____调节整流输出的直流电压，使其在电网电压波动或负载变化时能使得输出的直流电压稳定。它正常工作时需要给它两端加_____电压。

9. 稳压电路按电路结构可分为_____型直流稳压电路和_____型直流稳压电路。一般情况下，_____型稳压电路的调整元件采用稳压二极管。_____型稳压电路的调整元件采用晶体管。

10. 晶闸管可控整流电路，是利用晶闸管的_____性，把_____变换成_____。晶闸管可控整流电路通常由_____电路和_____电路（两部分组成。

（二）选择题

1. 在桥式整流电路中，输入电压和输出电压的关系为（　　）。
A. 0.45　　　　　　B. 0.9　　　　　　C. 1　　　　　　D. $\sqrt{2}$

2. 已知变压器二次电压为20 V,则桥式整流电容滤波电路接上负载时的输出电压平均值为（　　）。

A. 28.28 V B. 20 V C. 24 V D. 18 V

3. 在电容滤波电路中，输出电压平均值 U_O 与时间常数 R_LC 的关系是（　　）。

A. R_LC 越大，U_O 越大 B. R_LC 越大，U_O 越小

C. 无直接关系

4. 在单相半波整流电路中，所用整流二极管的数量是（　　）

A. 四只　　　　B. 二只　　　　C. 一只

5. 在整流电路中，设整流电流平均值为 I_O，则流过每只二极管的电流平均值 $I_O = I_D$ 的电路是（　　）

A. 单相桥式整流电路 B. 单相半波整流电路

C. 单相全波整流电路

6. 设整流变压器副边电压 $u_2 = \sqrt{2}U_2 \sin\omega t$，欲使负载上得到如图 7.23 所示整流电压的波形，则需要采用的整流电路是（　　）。

A. 单相桥式整流电路 B. 单相全波整流电路

C. 单相半波整流电路

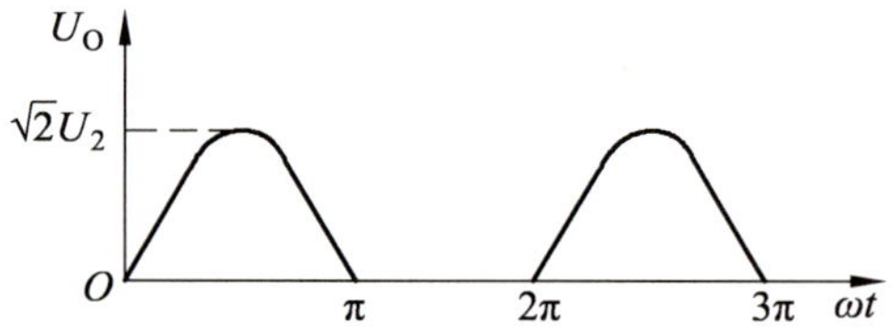

图 7.23

7. 单相半波整流、电容滤波电路中，设变压器副边电压有效值为 U_2，则整流二极管承受最高反向电压为（　　）。

A. $2\sqrt{2}U_2$　　　　B. $\sqrt{2}U_2$　　　　C. U_2

8. 串联型稳压电路中，其调整管工作于（　　）。

A. 放大区　　B. 饱和区　　C. 截止区　　D. 开关状态

9. 要求输出稳定电压 +12 V，集成稳压器应选用的型号是（　　）。

A. W7812　　B. W317　　C. W7909　　D. W337

10. 稳压电路一般来说，它属于（　　）电路。

A. 负反馈自动调整 B. 负反馈放大

C. 直流电路 D. 交流放大

（三）判断题

1. 整流电路可以把交流电变为直流电，但不可以把直流电变成交流电。（　　）

2. 三端集成稳压器有三个引出端，分别是输入端、输出端和调整端。（　　）

3. 稳压电路的输出电阻越小，它的稳压性能就越好。（　　）

4. 硅稳压二极管工作在反向击穿状态，切断外加电压后，PN 结仍处于反向击穿区。

5. 整流电路接上滤波电容后输出电压升高并且平滑了许多。（　　）
6. 稳压二极管实现稳压功能是工作在反向击穿区。（　　）
7. 对于稳压器来讲，一般要求输出电压可调，因此它的电压调整率是越大越好。（　　）
8. 带有放大环节的串联型稳压电路中，为提高稳压效果，加入了比较放大环节，用以提高调整管的灵敏度。（　　）
9. 硅稳压二极管稳压电路的稳压精度不高，输出电流可很大。（　　）
10. 三端集成稳压器 W7912，它输出的电压为 −12 V。（　　）

（四）分析计算题

1. 找出下图 7.24 所示的稳压电路错误之处，并画出正确的连接电路。

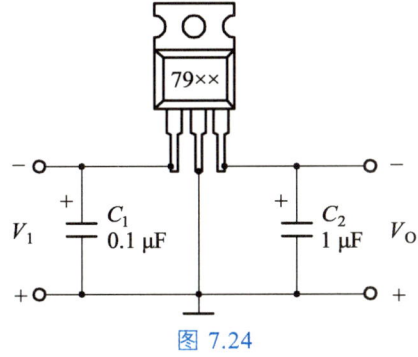

图 7.24

2. 指出下图 7.25（a）（b）所示的稳压电路中的错误。

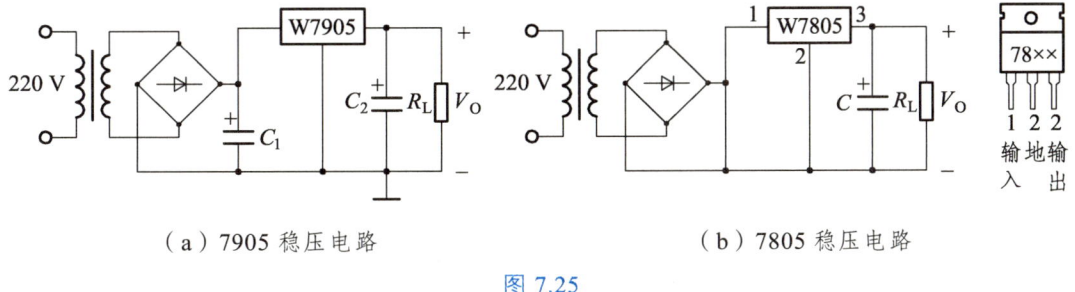

（a）7905 稳压电路　　　　　　　　　（b）7805 稳压电路

图 7.25

3. 前面图 7.8 所示单相桥式整流滤波电路中，$R_L = 40\ \Omega$，$C = 1\ 000\ \mu F$，$U_2 = 20\ V$。用直流电压表测 R_L 两端电压时，出现下述情况，说明哪些是正常的，哪些是不正常的，并指出出现不正常的原因。

（1）$U_0 = 18\ V$；（2）$U_0 = 28\ V$；（3）$U_0 = 24\ V$；（4）$U_0 = 9\ V$

4. 在图 7.26 所示电路中，已知三端集成稳压器的型号为 W7818。若 $R_1 = 400\ \Omega$，$R_2 = 200\ \Omega$，试求输出电压 U_0 的值。

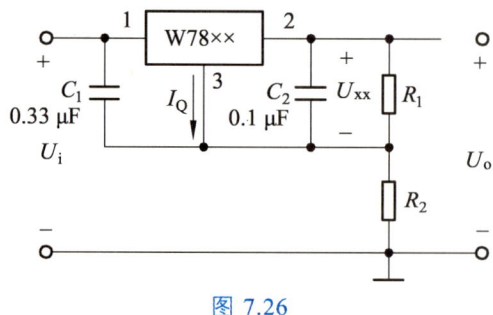

图 7.26

6. 试选用同一型号的 W7800 系列稳压块，实现下列要求，画出电路图。

（1）输出电压 $U_o = \pm 12$ V

（2）输出电压 $U_o = \pm 12$ V

项目八　放大电路与集成运算放大器

【任务导入】

在通信、自动控制、测量等领域，通常需要将微弱的电信号放大到便于测量和应用的数值。放大电路一般由电压放大和功率放大两部分组成。先由电压放大电路将微弱信号加以放大去驱动功率放大电路，再由功率放大电路输出足够大的功率去驱动执行元件。电压放大电路通常工作在小信号情况下，而功率放大电路通常工作在大信号情况下。在工业电子技术中，常用的交流放大电路是低频放大电路，其工作频率范围通常为 20～20 000 Hz。电子设备中的放大电路，通常要求其放大倍数稳定，输入输出电阻、通频带、传输信号精度等要满足实际使用的要求。为了改善放大电路的性能，需要在放大电路中引入负反馈。集成运算放大器（简称运放）是一种具有很高放大倍数的多级直接耦合放大电路，运算放大电路与外部电阻、电容等构成具有反馈环节的闭环电路后，能对各种模拟信号进行线性和非线性运算。

【教学目标】

知识目标

（1）了解放大电路的概念，熟悉放大电路的组成及各组成元件的作用。
（2）理解单管共发射极放大电路的工作原理，掌握放大电路信号放大及倒相作用。
（3）了解动态分析的含义；熟悉动态分析的微变等效电路法。
（4）理解放大电路中反馈的概念；了解各类负反馈放大电路的基本特点。
（5）能识别负反馈放大电路类型；熟悉负反馈对放大电路性能的影响。
（6）了解集成运算放大器的基本概念；掌握其图形符号和文字符号。

能力目标

（1）会分析基本放大电路、稳定工作点放大电路。
（2）能够根据需要选择集成运算放大器。

素质目标

（1）培养学生会分析放大电路、应用放大电路的能力。
（2）能运用理想化条件分析线性集成运算放大电路。

思政目标

通过学习放大电路与集成运算放大器这一专业领域的重要知识，帮助学生树立对电子工程专业的认同感和自豪感。同时，引导学生思考自己的职业发展方向和目标，为未来的职业规划奠定基础。

重难点

（1）基本放大电路、稳定工作点的放大电路的分析。

（2）集成运算放大器的线性应用。
（3）负反馈的类型及判别方法。

任务一 单管基本放大电路

知识目标

（1）掌握放大电路的组成。
（2）理解放大电路的分析方法。

能力目标

会分析基本放大电路。

素质目标

培养学生会分析放大电路、应用放大电路的能力。

思政目标

通过分析单管基本放大电路的工作原理，如信号输入、放大、输出等过程，引导学生认识到任何事物的发展都是多因素综合作用的结果。鼓励学生学会从多个角度审视问题，用辩证的思维去分析事物的本质和内在联系。

在学习过程中，强调放大电路中各个元件（如晶体管、电阻、电容等）虽功能各异，但缺一不可，共同构成了完整的放大系统。类比到个人成长，每个人都有自己的特长和不足，但通过团队协作和互补，可以实现个人价值的最大化。引导学生正视自己的优缺点，积极寻求自我提升的路径。

重难点

放大电路的组成及分析。

一、放大电路的组成

1. 单管低压放大电路的组成

由 NPN 型（如果采用 PNP 型管，则电源、电容和极性都反向）晶体管组成的电压放大电路。它由直流电源、晶体管、电阻和电容组成。

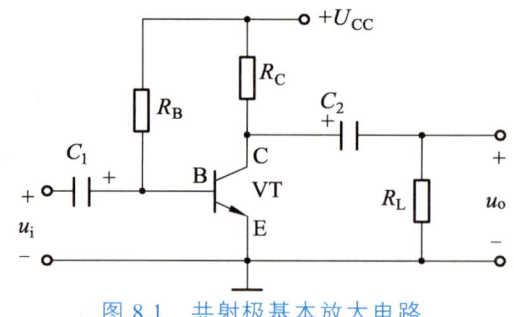

图 8.1 共射极基本放大电路

图 8.1 所示的单管放大电路中有两个电流回路：一个是由发射极 E、信号源、电容、基极 B 回到发射极 E，称之为放大电路的输入回路；另一个是从发射极 E 经电源、集电极电阻、集电极 C 回到发射极 E 的回路，称之为放大电路的输出回路。因输入回路和输出回路是以发射极为公共端的，故称为共发射极放大电路。

2. 各元件的作用

1）晶体管 VT

它是放大电路的核心，起电流放大作用，即将微小的基极电流变化量转换成较大的集电极电流变化量，反映了晶体管的电流控制作用。

2）集电极直流电源 U_{CC}

它使晶体管的发射结正偏，集电结反偏，确保晶体管工作在放大状态。它又是整个放大电路的能量提供者。放大电路把小能量的输入信号放大成大能量的输出信号，这些增加的能量就是由 U_{CC} 通过晶体管转换来的，绝非晶体管本身产生的。晶体管非但产生不了能量，还由于在工作时发热而消耗能量。

3）集电极电阻 R_C。

其作用是将晶体管的集电极电流变换成集电极电压。R_C 的值一般取几千欧至几十千欧。

4）基极偏置电阻 R_B

它的作用是决定静态基极电流 I_{BQ} 的大小。I_{BQ} 也称偏置电流，故 R_B 称为偏置电阻。

5）电容 C_1 和 C_2。

其一是隔断直流，使电路的静态工作点不受输入端的信号源和输出端负载的影响；二是传送交流信号，当 C_1、C_2 的电容量足够大时，它们对交流信号呈现的容抗很小，可近似认为短路，故 C_1、C_2 称为耦合电容。C_1、C_2 通常是大容量的电解电容，一般为几微法至几十微法。在连接电路时要注意其极性。

二、放大电路的分析方法

（一）直流通路和交流通路

直流通路是指直流电流所通过的路径。由于电容 C_1、C_2 具有隔直流的作用，因此电容对于直流信号视为开路，画直流通路时，要把电路中 C_1、C_2 断开，其他元件保留就可得到直流通路；交流通路是交流信号所通过的路径，画交流通路时，将直流电源 U_{CC} 对地交流短路，耦合电容 C_1、C_2 的容抗 X_C 很小，也视为短路，其他元件保持不变，便可得到交流通路。共射极放大电路的直流通路和交流通路如图 8.2 所示。

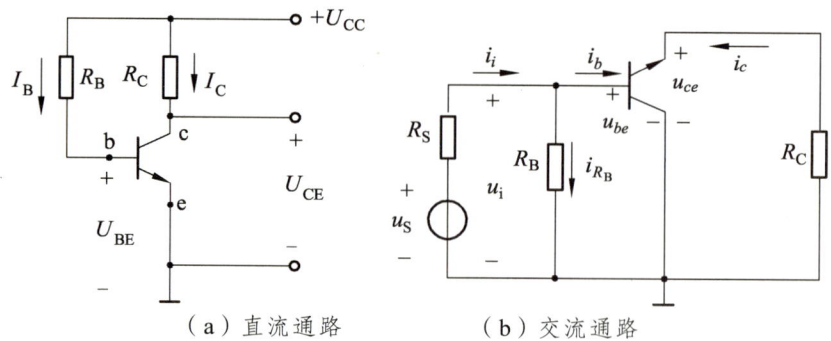

图 8.2 共射极放大电路的直流通路和交流通路

（二）静态分析

我们在进行静态分析时，主要是求静态值（基极直流电流 I_B、集电极直流电流 I_C、集电极与发射极间的直流电压 U_{CE}）。

1. 估算法——根据放大电路的直流通路确定静态值

首先求出静态时的基极电流 I_B。

因为
$$U_{CC} = I_B R_B + U_{BE} \tag{8-1}$$

则
$$I_B = \frac{U_{CC} - U_{BE}}{R_B} \tag{8-2}$$

通常 $U_{CC} \gg U_{BE}$

所以
$$I_B \approx \frac{U_{CC}}{R_B} \tag{8-3}$$

集电极电流
$$I_C = \beta I_B \tag{8-4}$$

静态时的集-射极电压
$$U_{CE} = U_{CC} - I_C R_C \tag{8-5}$$

静态时 I_B、I_C、U_{CE} 的值称为放大电路的静态工作点。

2. 用图解法确定静态值

图解法是指在晶体管的特性曲线上，直接用作图的方法来分析放大电路的工作情况。在放大电路的输入回路中，只有基极电流 I_B 是需要计算的，可以通过式（8-2）求得。而晶体管的输出特性曲线是非线性的，因此放大电路的输出回路是一个非线性电阻电路，要通过图解法来确定静态工作点。所谓图解法，即电路的工作情况由负载线和非线性元件的伏安特性曲线的交点确定，这个交点就是静态工作点。静态工作点既要符合晶体管的输出特性曲线，又要满足放大电路直流通路输出回路方程式，即 $U_{CE} = U_{CC} - I_C R_C$。

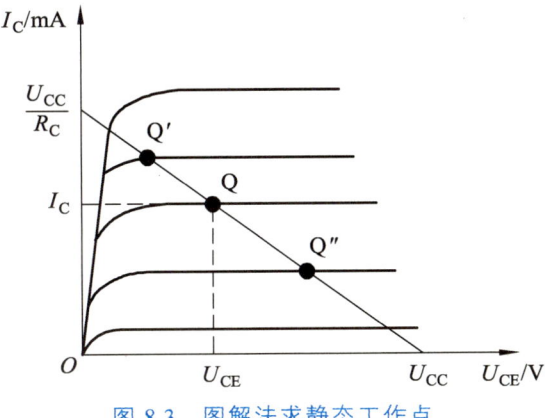

图 8.3　图解法求静态工作点

在晶体管输出特性曲线上，根据 $U_{CE} = U_{CC} - I_C R_C$ 找出 $I_C = 0$ 和 $U_{CE} = 0$ 两个特殊点，把这两个点分别作为横轴和纵轴的截距，连接两点便得到电路线性部分的直流负载线。如图 8.3 所示，这条直线的斜率为 $-1/R_C$，由直流输出回路的集电极负载电阻 R_C 确定。

根据上述分析可知，I_C 和 U_{CE} 既是输出特性曲线上某点的坐标值，又是直流负载线上某点的坐标值。直流负载线与晶体管的某条（由 I_B 确定）输出特性曲线的交点 Q，即为放大电路的静态工作点。Q 点所对应的坐标值即为晶体管静态工作时的电流 I_{CQ} 和电压值 U_{CEQ}。

（三）动态分析

当输入端加入信号 u_i 时，输入电流 i_B 就会产生相应的变化，从而引起三极管的工作状态发生变化，我们把加入输入交流信号时的状态称为放大电路的动态。本文我们主要讲解微变等效电路法，对放大电路进行动态分析。

1. 晶体管的微变等效电路

晶体管输入特性曲线如图 8.4 所示，当输入信号变化的范围很小时，可以认为三极管电压、电流变化量之间的关系基本上是线性的，即在一个很小的范围内，输入特性和输出特性均可近似看作一段直线。

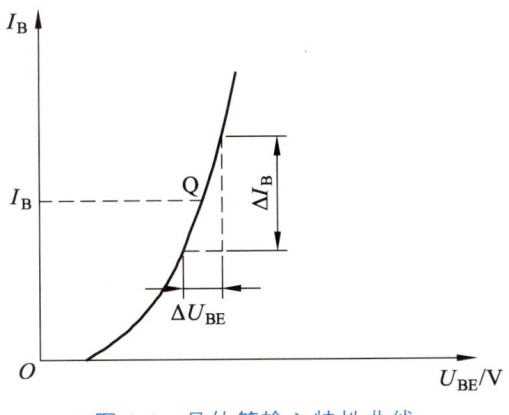

图 8.4　晶体管输入特性曲线

由输入特性曲线可知，

$$r_{be} = \frac{\Delta U_{BE}}{\Delta I_B} \tag{8-6}$$

对于小功率晶体管，r_{be} 可用下式估算：

$$r_{be} = 300(\Omega) + (\beta+1)\frac{26(\text{mV})}{I_E(\text{mA})} \tag{8-7}$$

式中 I_E 为发射极静态电流值，r_{be} 的值一般为几百欧到几千欧。

晶体管的输出特性曲线如图 8.5 所示，在线性工作区是一组近似等距离平行的直线。当 U_{CE} 为常数时，ΔI_C 与 ΔI_B 之比为

$$\beta = \frac{\Delta I_C}{\Delta I_B} \tag{8-8}$$

β 是晶体管共射极放大电路的电流放大倍数。在小信号工作条件下，β 是常数，它反映晶体管的电流控制作用。晶体管输出回路用受控电流源 $i_c = \beta i_b$ 来代替，如图 8.6 所示。在电子技术手册中常用 h 来代表。

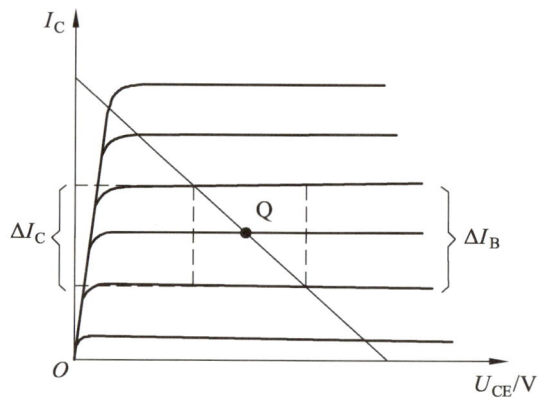

图 8.5　晶体管输出特性曲线

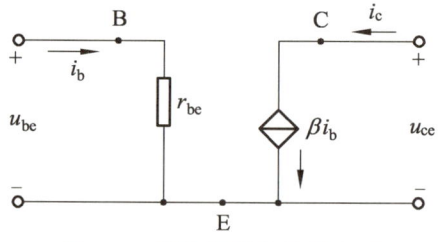

图 8.6　晶体管微变等效电路

2. 电压放大倍数的计算

由晶体管微变等效电路和放大电路的交流通路可得出放大电路的微变等效电路。图 8.7（a）是图 8.1 所示共射基本放大电路的交流通路。微变等效电路中的电压、电流都是交流分量。输入信号是正弦信号，可用相量表示，如图 8.7（b）所示。

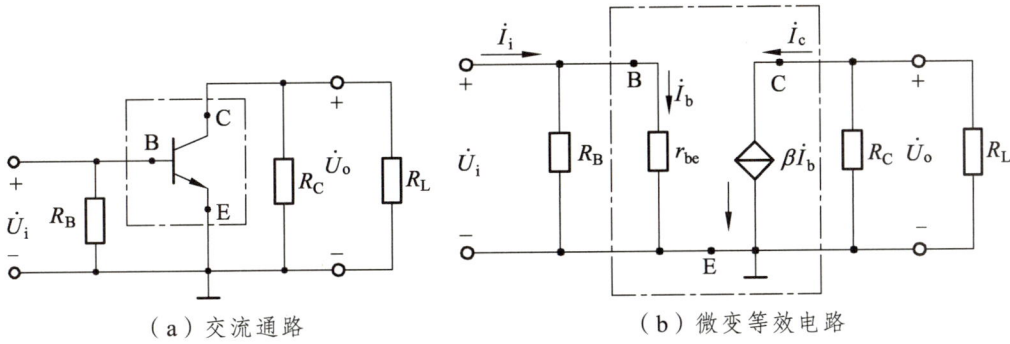

（a）交流通路　　　　　　　　　（b）微变等效电路

图 8.7　共射基本放大电路的交流通路和微变等效电路

放大电路输出电压与输入电压的比值成为电压放大倍数，定义为

$$A_u = \frac{\dot{U}_o}{\dot{U}_i} \tag{8-9}$$

由图 8.7（b）可得

$$\dot{U}_i = \dot{I}_b A_u r_{be} \tag{8-10}$$

$$\dot{U}_o = \dot{I}_o (R_L / R_C) = -\beta \dot{I}_b R'_L \tag{8-11}$$

$$A_u = \frac{\dot{U}_o}{\dot{U}_i} = -\beta \frac{R'_L}{r_{be}} \tag{8-12}$$

若不接负载（即空载，$R_L = \infty$）时，则有

$$A_u = -\beta \frac{R_C}{r_{be}} \tag{8-13}$$

显然，不接负载时的电压放大倍数比有负载时高。式中负号表示输出电压与输入电压相位相反。

任务二　分压式偏置放大电路

知识目标

理解分压偏置放大电路的构成及电路原理。

能力目标

会分析稳定工作放大电路。

素质目标

培养学生会分析放大电路、应用放大电路的能力。

思政目标

通过对比分析分压式偏置放大电路和单管基本放大电路，让学生认识到不同电路类型在电子系统中的应用场景和重要性。鼓励学生对电路设计进行探究和创新。提出改进电路性能的可能性，如采用新的元件、优化电路布局等，并引导学生通过实验验证其可行性。

重难点

分压式偏置放大电路的原理。

共射基本放大电路结构简单，电压和电流放大作用都比较大，缺点是静态工作点不稳定。

静态工作点不稳定的原因很多，如电源电压波动、电路参数变化、晶体管老化等，但主因是晶体管特性参数随温度变化。

一、温度对静态工作点的影响

我们知道，固定偏置电路的静态工作点是由基极偏流 I_B 和直流负载线共同确定的。显然偏流 $I_B = \dfrac{U_{CC} - U_{BE}}{R_B} \approx \dfrac{U_{CC}}{R_B}$ 与直流负载线的斜率 $-1/R_C$ 受温度的影响很小，可忽略不计。但集电极电流 I_C 是随温度而变化的，当温度上升时 I_C 增大。这是因为环境温度的变化会引起晶体管的参数 β、I_{CBO}、U_{BE} 的变化，而 β、I_{CBO}、U_{BE} 的变化均会导致集电极电流 I_C 增大，反映在输出特性曲线上，对应于不同 I_B 值的各条输出特性曲线都向上平移，静态工作点 Q 将沿着负载线向上移动，接近饱和区，如果此时输入信号略有增大，就会出现饱和失真，严重时放大电路将无法正常工作。为了克服上述问题，常使用图 8.8 所示的分压式偏置电路。

二、分压式偏置放大电路

图 8.8 为应用比较广泛的能够稳定静态工作点的分压式偏置单管放大电路，与固定偏置放大电路相比，增加了电阻 R_{B2}、R_E 和电容 C_E。

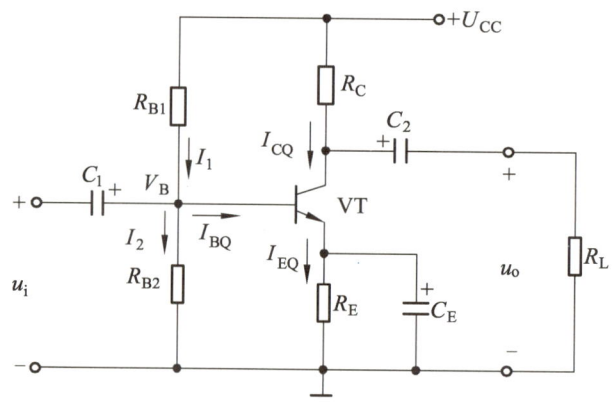

图 8.8 分压式偏置放大电路

1. 静态工作点稳定过程

温度变化对静态工作点的影响主要反映在集电极电流的 I_C 变化上，因此稳定工作点的实质就是设法保持 I_C 基本不变。分压式偏置放大电路采取了两方面的措施来稳定 I_C：

1）利用 R_{B1}、R_{B2} 分压来得到固定的基极电位 V_B

由电路可知：

$$V_B = I_2 R_{B2} = \frac{R_{B2} \cdot U_{CC}}{R_{B1} + R_{B2}} \qquad (8\text{-}14)$$

2）利用发射极电阻 R_E

当环境温度变化，发射极电位 V_E 发生变化，U_{BE} 随之产生变化，工作点自动调整，使 I_C 基本不变。

集电极电流

$$I_C \approx I_E = \frac{V_B - U_{BE}}{R_E} \approx \frac{V_B}{R_E} \qquad (8\text{-}15)$$

当 R_E 固定不变时，I_C、I_E 也稳定不变。

由以上可知，只要满足式 $I_2 \gg I_B$、$V_B \gg U_{BE}$ 两个条件，则 V_B、I_C、I_E 均与晶体管参数无关，不受温度变化的影响，静态工作点得以保持不变。在估算时，一般可选取 $I_2 = (5 \sim 10) I_B$，$V_B = (3 \sim 5)\text{V}$。

分压式偏置电路稳定静态工作点的物理过程可表示如下：

T↑ → I_C↑ → V_E↑ → U_{BE}↓ → I_B↓ → I_C↓

2. 静态工作点的估算

估算放大电路的静态值要用它的直流通路。图 8.9 所示为分压式偏置电路的直流通路。

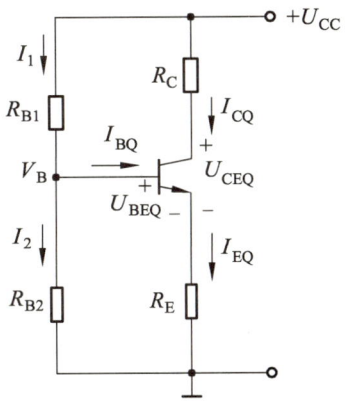

图 8.9 分压式偏置电路的直流通路

由式（8-14）求出 V_B

$$V_\text{B} = I_2 R_\text{B2} = \frac{R_\text{B2} \cdot U_\text{CC}}{R_\text{B1} + R_\text{B2}}$$

而

$$I_\text{C} \approx I_\text{E} \approx \frac{V_\text{B}}{R_\text{E}}$$

$$I_\text{B} = \frac{I_\text{C}}{\beta}$$

所以

$$U_\text{CE} = U_\text{CC} - I_\text{C} R_\text{C} - I_\text{E} R_\text{E} \approx U_\text{CC} - I_\text{C}(R_\text{C} + R_\text{E}) \tag{8-16}$$

任务三　多级放大电路

知识目标

（1）了解多级放大电路的构成。
（2）理解多级放大电路的原理。

能力目标

会分析多级放大电路。

素质目标

培养学生多级放大电路的应用能力。

思政目标

多级放大电路由多个单级放大电路组成，它们之间相互关联、相互影响。通过学习多级放大电路，引导学生从系统的角度看待问题，理解各部分之间的协同作用，培养学生的系统思维能力。

重难点

阻容耦合放大电路的组成及原理。

基本放大电路是由一个晶体管组成的单管放大电路，它们的放大倍数是极有限的，通常只有数十倍。然而在实际应用中，放大电路的输入信号一般都是很微弱的，需要将微弱的输入信号放大到几千倍，获得足够的电压幅值和功率，才能驱动负载工作。为此，常将若干个单极放大电路连接起来，组成多级放大电路。

输入 → 输入级 → 中间级 → 输出级 → 输出

图 8.10　多级放大电路的组成框图

多级放大电路中,输入级要具有较高的输入电阻,以便同高内阻的输入信号源相匹配;中间级主要承担电压放大的任务,常采用共发射极放大电路;输出级直接与负载相连,担负着电路功率放大任务。

在多级放大器中,每两个单级放大器之间的连接方式叫耦合。通常采用的耦合方式有:阻容耦合、变压器耦合和直接耦合三种方式。无论哪种耦合电路,对其基本要求是:

(1)级连以后,要保证各级放大电路的静态工作点互不影响;

(2)在信号逐级传递过程中,要尽量减小失真;

(3)尽量减少信号电压在耦合电路上的损失。

一、级间耦合方式及特点

1. 阻容耦合

多级放大电路之间通过电阻和电容的连接来传递信号称为阻容耦合。图 8.11 所示为一个典型的两级阻容耦合放大电路,每一级都采用的是分压式偏置放大路。由于电容有"隔直流、通交流"的作用,因此前一级的交流输出信号可以通过耦合电容传送到后一级的输入端,而各级放大电路的静态工作点相互没有影响。此外,它还具有体积小、质量轻的优点。这些优点使它在多级放大电路中得到广泛应用。但阻容耦合方式不适合传送变化缓慢的信号,因为这类信号在通过耦合电容时会有很大的衰减。至于直流信号,则根本不能传送。

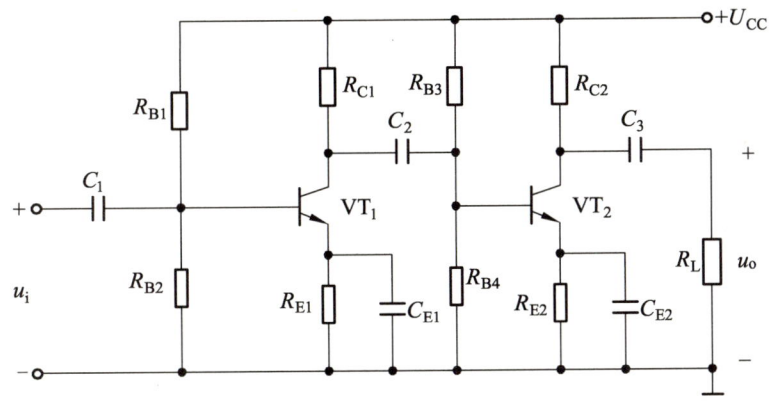

图 8.11 两级阻容耦合放大电路

2. 直接耦合

为了避免耦合时电容对缓慢信号造成的衰减,可以把前一级的输出端直接接到下一级的输入端,如图 8.12 所示。把这种连接方式称为直接耦合。直接耦合放大电路不仅能放大交流信号,还能放大直流信号或变化缓慢的信号;但直接耦合使各级的直流通路互相连通,各级的静态工作点互相影响,温度变化造成的直流工作点的漂移会被逐级放大,温漂较大。直接耦合是集成电路内部常用的耦合方式。

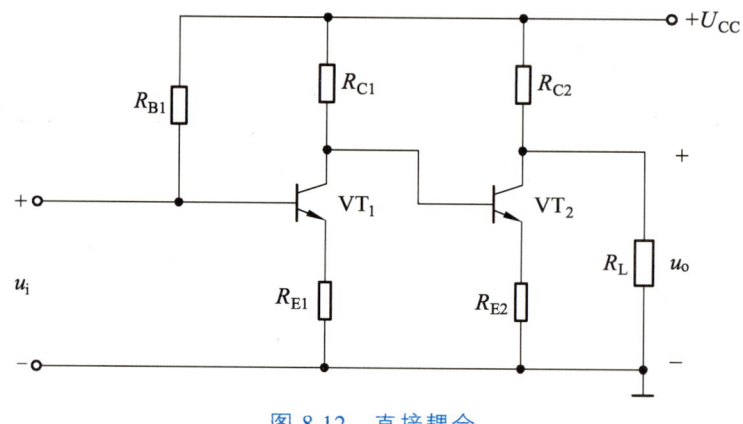

图 8.12　直接耦合

3. 变压器耦合

通过变压器实现级间耦合的放大电路如图 8.13 所示。变压器 T_1 将第一级的输出电压信号变换成第二级的输入电压信号，变压器 T_2 将第二级的输出电压信号变换成负载所要求的电压。

变压器耦合的最大优点是能够进行阻抗、电压和电流的变换，这在功率放大器中常常用到。由于变压器对直流电无变换作用，因此其具有很好的隔直作用。变压器耦合的缺点是体积和质量都较大，高频性能差，价格昂贵，不能传送变化缓慢的信号或直流信号。

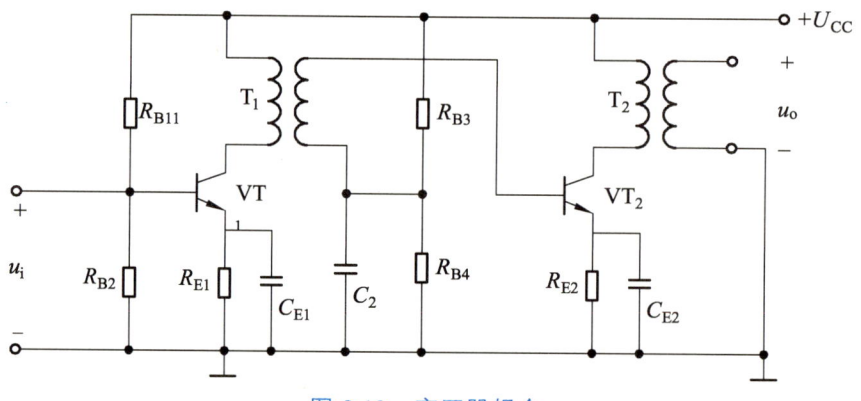

图 8.13　变压器耦合

4. 光耦合

图 8.14 所示为光耦合放大器，其前级与后级的耦合器件是光耦合器件。前级的输出信号通过发光二极管转换为光信号，该光信号照射在光敏晶体管上，还原为电信号送至后级输入端。光耦合既可传输交流信号又可传输直流信号，既可实现前后级的电隔离又便于集成化。

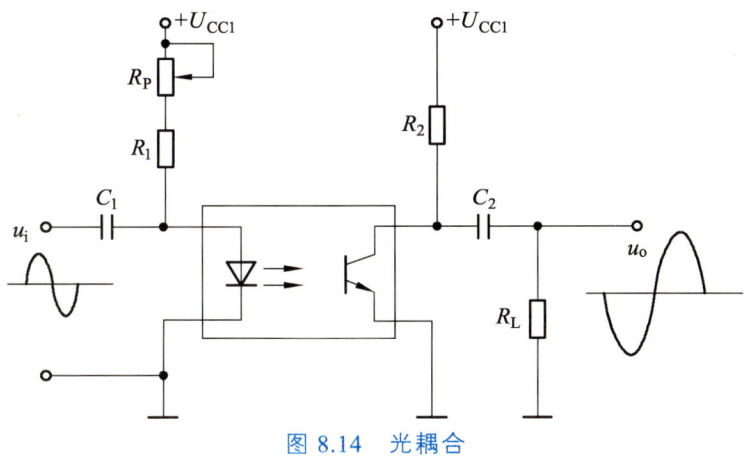

图 8.14 光耦合

二、多级放大电路的分析

单级放大电路的某些性能指标可作为分析多级放大电路的依据，但多级放大电路又有其特点。为此，我们将分析多级放大电路的电压放大倍数、输入电阻、输出电阻及非线性失真等内容。

1. 电压放大倍数

多级放大电路对被放大的信号而言，属串联关系。前一级的输出信号就是后一级的输入信号。设各级放大电路的电压放大倍数依次为 A_{u1}、A_{u2}、…、A_{un} 则输入信号 u_i 被第一级放大电路放大后输出电压成了 $A_{u1}u_i$，经第二级放大电路放大后的输出电压成为 $A_{u1}A_{u2}u_i$，以此类推，通过 n 级放大电路放大后，输出电压为 $A_{u1}A_{u2}\cdots A_{un}u_i$。所以，多级放大电路总的电压放大倍数为各级电路电压放大倍数之积，即 $A_u = A_{u1}A_{u2}\ldots A_{un}$

式中，A_{u1}、A_{u2}、…、A_{un} 为有负载时的电压放大倍数，其负载为相应后级的输入电阻；A_{un} 则视具体电路而定。

电压放大倍数在工程中常用对数形式来表示，称为电压增益，用字母 G_u 表示，单位为分贝（dB）：

$$G_u = 20\lg|A_u| \tag{8-17}$$

若用分贝表示，则总增益为各级增益的代数和，即

$$G = 20\lg|A_{u1}A_{u2}\cdots A_{um}| = 20\lg|A_{u1}| + 20\lg|A_{u2}| + \cdots + 20\lg|A_{um}| = G_{u1} + G_{u2} + \cdots + G_{um} \tag{8-18}$$

2. 输入电阻和输出电阻

多级放大电路的输入电阻和输出电阻与单级放大电路类似。其输入电阻是从输入端看进去的等效电阻，也就是第一级的输入电阻；输出电阻是从输出端看进去的等效电阻，即最后级的输出电阻。

3. 非线性失真

晶体管的输入特性曲线不是直线；输出特性曲线簇中，每一条输出特性曲线也不完全是直线，其间隔也不完全相等。这就导致了输入输出特性的非线性，经放大电路放大后的输出信号波形与输入信号波形相比总是有一些变异，称为波形失真。这种变异是由晶体管的非线性特性引起的，所以这种波形失真又称非线性失真。

另外，如果放大电路的静态工作点选得不恰当或输入信号幅度过大，信号进入晶体管的截止区或饱和区而造成波形失真，这种失真分别称为截止失真和饱和失真，如图 8.15 所示，它们均属于非线性失真。对任何放大电路，总希望它的非线性失真越小越好。在多级放大电路中，由于各级均存在失真，则输出端波形失真更大。要减小输出波形的失真，就要尽力克服各单级放大电路的失真。

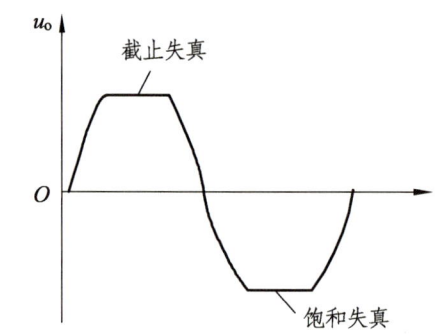

图 8.15 单管共射放大电路非线性失真波形

任务四　负反馈放大器

知识目标

（1）理解放大电路中反馈的概念。
（2）了解各类负反馈放大电路的基本特点。

能力目标

（1）能识别负反馈放大电路类型。
（2）熟悉负反馈对放大电路性能的影响。

素质目标

培养学生应用负反馈放大器的能力。

思政目标

引导学生关注工程伦理问题，如电路的稳定性是否足够以防止意外发生、电路是否会对环境产生不良影响等。通过案例分析和讨论，强化学生的工程伦理意识和社会责任感。

重难点

负反馈的类型及判别。

反馈在模拟电子电路中得到了非常广泛的应用。在放大电路中引入负反馈可以稳定静态工作点，稳定放大倍数，改变输入电阻、输出电阻，拓展通频带，减小非线性失真等。因此，研究负反馈是非常必要的。

一、反馈的概念

如图 8.16 所示，如果将放大电路的输出量（电压或电流）的一部分或全部，通过某种电路（反馈电路）送回到放大电路的输入端，这一过程称为反馈。若反馈到输入端的信号削弱了外加输入信号的作用，使净输入信号减小，则为负反馈；反之，使净输入信号增强的是正反馈。

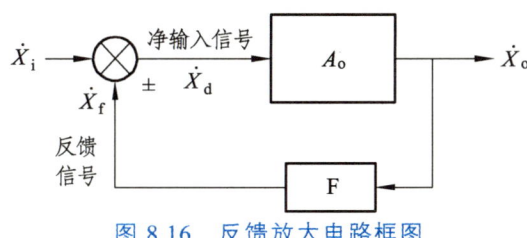

图 8.16　反馈放大电路框图

定义 $A_o = \dfrac{\dot{X}_o}{\dot{X}_d}$ 为开环放大倍数；$F = \dfrac{\dot{X}_f}{\dot{X}_o}$ 为反馈系数；$A_f = \dfrac{\dot{X}_o}{\dot{X}_i}$ 为闭环放大倍数。因为

$$\dot{X}_i = \dot{X}_d \pm \dot{X}_f = \dot{X}_d \pm FA_o\dot{X}_d \tag{8-19}$$

所以

$$A_f = \dfrac{\dot{X}_o}{\dot{X}_i} = \dfrac{A_o}{1 \pm FA_o} \tag{8-20}$$

二、负反馈的类型及判别

1. 负反馈的类型

在负反馈放大器中，反馈信号可取自输出电流或输出电压，反馈信号在输入端可以串联或并联连接。因此根据输出端的反馈信号取样和与输入端的连接方式，负反馈有电压反馈和电流反馈；并联反馈和串联反馈。有四种组态：电压串联负反馈、电压并联负反馈、电流串联负反馈、电流并联负反馈，如图 8.17 所示。

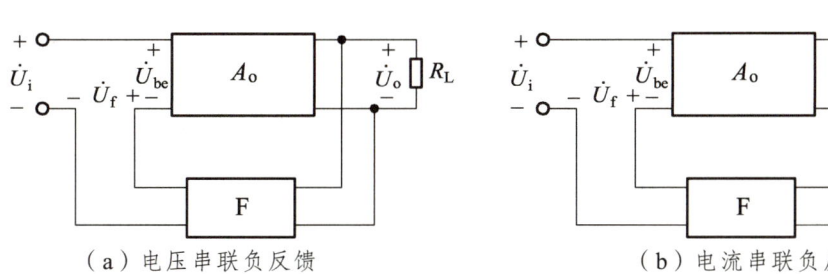

（a）电压串联负反馈　　　　　　　　　（b）电流串联负反馈

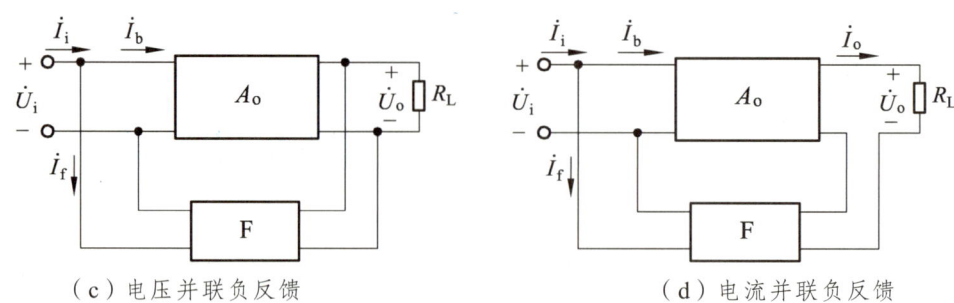

(c) 电压并联负反馈　　　　　　　　　　(d) 电流并联负反馈

图 8.17　负反馈电路的反馈形式

（1）从基本放大电路的输出端看，可分为电压反馈和电流反馈。

电压反馈如图 8.17（a）（c）所示，由图可知，将基本放大电路的输出电压 $\dot{U}_o$ 送到反馈网络的输入端，反馈电压 $\dot{U}_f$ 与输出电压 $\dot{U}_o$ 成正比，其数学表达式为

$$\dot{U}_f = F\dot{U}_o \tag{8-21}$$

式中 F 为反馈系数。

电流反馈如图 8.17（b）（d）所示。基本放大电路的输出电流 $\dot{I}_o$ 流经反馈网络。反馈网络的输出电压 $\dot{U}_f$ 与输出电流成正比，即

$$\dot{U}_f = F\dot{I}_o \tag{8-22}$$

（2）从基本放大电路的输入端看，分为并联反馈和串联反馈。

串联反馈如图 8.17（a）（b）所示，将反馈网络输出端与基本放大电路的输入端和信号源串联，此时，实际输入基本放大电路的电压为

$$\dot{U}_{be} = \dot{U}_i - \dot{U}_f \tag{8-23}$$

并联反馈如图 8.17（c）（d）所示，将反馈网络的输出端与基本放大电路的输入端并联，图中 $\dot{I}_f$ 为反馈电流，此时，实际输入基本放大电路的电流为

$$\dot{I}_b = \dot{I}_i - \dot{I}_f \tag{8-24}$$

2. 负反馈放大电路的判别

一个具有反馈环节的放大电路，为了判别反馈极性是正反馈还是负反馈，通常采用瞬时极性法。先假定输入端交流信号处于某一瞬时极性，然后根据放大电路的集电极与基极瞬时极性相反，发射极与基极瞬时极性相同的关系，逐级地推出有关节点电压的瞬时极性，并在图中用"+"、"-"表示出来，如图 8.18 所示。然后再判断反馈到输入端的信号瞬时极性。

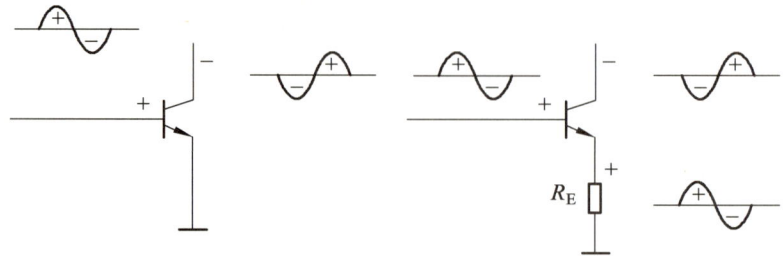

图 8.18　瞬时极性

三、负反馈对放大器性能的影响

1. 降低了放大倍数

由图 8.16 可见,设开环放大倍数(又称基本放大器放大倍数)为 A_0,反馈网络的反馈系数 $F = \dot{X}_f / \dot{X}_o$,则有,

$$\dot{X}_o = (\dot{X}_i - \dot{X}_f) \cdot A_0 = (\dot{X}_i - \dot{X}_o F) \cdot A_0 \tag{8-25}$$

负反馈放大电路的放大倍数又称闭环放大倍数,为 $A_f = \dot{X}_o / \dot{X}_i$,整理后可得

$$A_f = \frac{\dot{X}_o}{\dot{X}_d + \dot{X}_f} = \frac{A_0}{1 + A_0 F} \tag{8-26}$$

从上式可见,$1 + A_0 F > 1$ 时,$A_f < A_0$,$1 + A_0 F$ 称为反馈深度,$1 + A_0 F$ 值越大,反馈越深。可见,引入负反馈以后,放大倍数下降了 $\frac{1}{1 + A_0 F}$ 倍,负反馈作用越强,闭环放大倍数下降越多。

2. 提高了放大倍数的稳定性

负反馈虽然使放大器的放大倍数降低,但是却大大提高了放大倍数的稳定性。

$$A_f = \frac{\dot{X}_o}{\dot{X}_i} = \frac{A_0}{1 + F A_0} \approx \frac{1}{F} \tag{8-27}$$

也就是说,引入负反馈后,放大电路的闭环放大倍数 A_f 只取决于反馈系数 F,即引入负反馈后放大倍数比较稳定。放大倍数的相对变化率为

$$\frac{\mathrm{d}A_f}{A_f} = \frac{1}{1 + A_0 F} \cdot \frac{\mathrm{d}A_0}{A_0} \tag{8-28}$$

式(8-28)说明:放大电路闭环放大倍数的相对变化量只有开环放大倍数相对变化量的 $\frac{1}{1 + F A_0}$ 倍。

3. 减小非线性失真

由于晶体管是非线性元件,在输入信号较大时,其工作范围可能会进入特性曲线的非线性部分,使输出波形产生非线性失真。图 8.19 所示电路中,假定输出的失真波形是正半周大、负半周小,负反馈信号电压 u_f 与输入信号 u_i 进行叠加后使净输入信号 u_d 产生预失真,即正半周小、负半周大。这种失真波形通过放大电路放大后正好弥补了放大电路的缺陷,使输出信号比较接近无失真的波形。但是,如果原信号本身就有失真,引入负反馈也无法改善。

(a)无负反馈情况

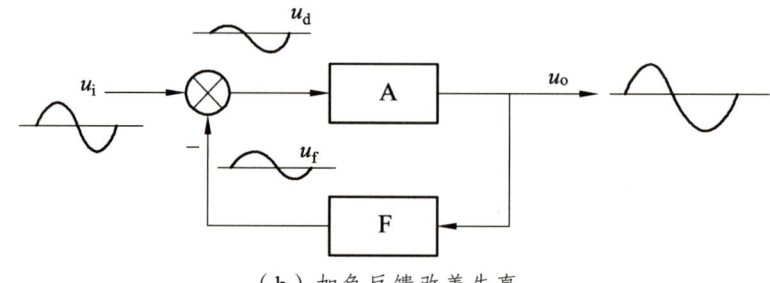

（b）加负反馈改善失真

图 8.19 负反馈减小非线性失真

4. 改变输入、输出电阻

负反馈对输入、输出电阻的影响，由连接方式、负反馈的类型等决定，详见表 8.1 所示。

表 8.1 负反馈对输入、输出电阻的影响

负反馈的类型		稳定对象	输入电阻 r_i	输出电阻 r_o
反馈取自输出端的形式	反馈至输入端的形式			
电压	串联	$\dot{U}_o$	增大	减小
电流	串联	$\dot{I}_c$（或 $\dot{I}_E$）	增大	增大
电压	并联	$\dot{U}_o$	减小	减小
电流	并联	$\dot{I}_c$（或 $\dot{I}_E$）	减小	增大

任务五　集成运算放大器

知识目标

（1）了解集成运算放大器的基本概念。

（2）掌握集成运算放大器的图形符号和文字符号。

能力目标

能够识别不同类型的集成运算放大器，并能根据实际需要选择放大器。

素质目标

能运用理想化条件分析线性集成运算放大电路

思政目标

阐述我国在集成运算放大器领域的自主研发历程和重要成果。例如，提及我国在高速、高精度、低功耗等特定领域的集成运算放大器研发上所取得的突破，以及这些成果在国防、通信、医疗等领域的实际应用。通过展示国内在集成运算放大器技术上的进步和贡献，激发学生的爱国情怀和民族自豪感。

重难点

集成运算放大器的线性应用。

集成运算放大器是以晶体管为基础的高增益差动放大器,由直流放大电路和深度电压负反馈网络组成。

一、集成运放的结构及符号

1. 集成运放的结构

如图 8.20 所示,集成运放通常是由输入级、中间级、输出级和偏置电路四部分组成。

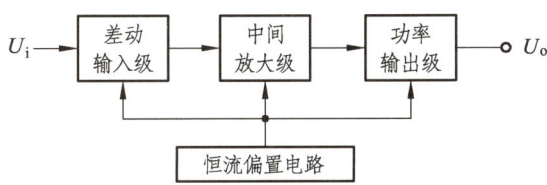

图 8.20　集成运放的组成框图

集成运放工作在线性区时,其外部常常接有偏置的反馈电路。偏置电路主要是为各级电路提供稳定的静态工作电流,并要求所提供的电流稳定。

2. 集成运放的符号

目前国产集成运算放大器有多种型号,对于使用者来说,最重要的是知道集成运放的管脚用途及主要参数。集成运算放大器的封装方式有扁平封装式、陶瓷或塑料双列直插式、金属原壳式或菱形等几种,一般有 8～14 个管脚,他们都按一定顺序用数字编号,如图 8.21 所示。

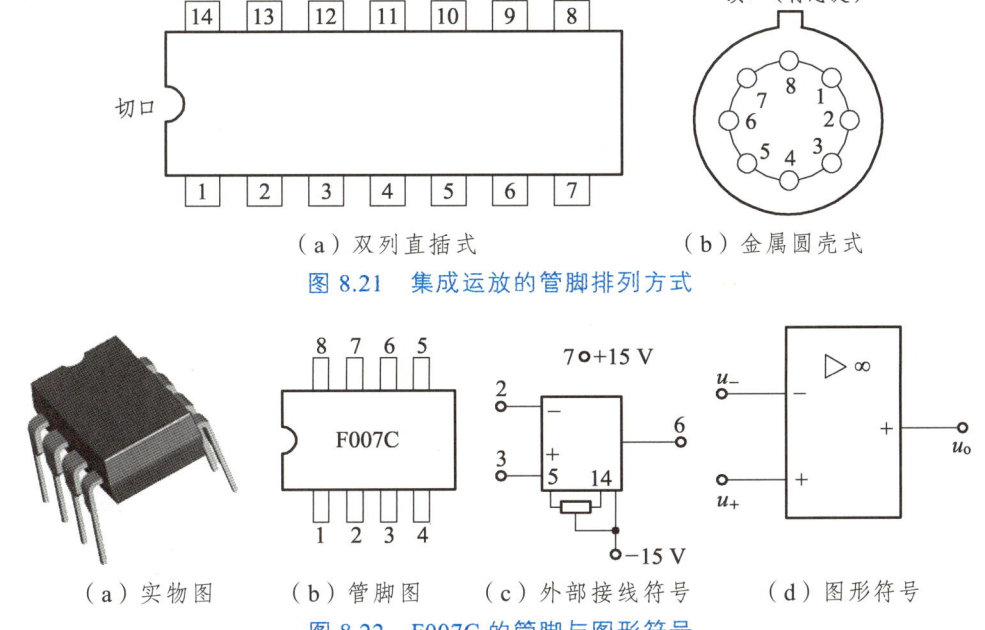

（a）双列直插式　　　　　（b）金属圆壳式

图 8.21　集成运放的管脚排列方式

（a）实物图　（b）管脚图　（c）外部接线符号　（d）图形符号

图 8.22　F007C 的管脚与图形符号

如图 8.22 是集成运放 F007C 的实物图、管脚图、外部接线符号、图形符号。F007C 的 8 个管脚的用途分别是：1、5—外接调零电位器；2—反相输入端，由此端接输入信号，则输出信号与输入信号是反相的；3—同相输入端，由此端接输入信号，则输出信号与输入信号是同相的；6—输出端，由此端对地引出输出信号；4—负电源端，接 –15 V 的稳压电源；7—正电源端，接 +15 V 的稳压电源；8——空脚。

二、集成运放的主要参数

1. 开环电压放大倍数（差模电压放大倍数）A_{od}

A_{od} 是指集成运放在没有外接反馈电路时，输入端加一小信号，测得的差模电压放大倍数，即

$$A_{od} = \frac{U_o}{U_{id}} \qquad (8\text{-}29)$$

2. 共模抑制比 K_{CMRR}

共模抑制比反映了集成运放对共模输入信号的抑制能力。它定义为差模电压放大倍数 A_{od} 与共模电压放大倍数 A_C 之比的绝对值，若用分贝为单位，即

$$K_{CMRR} = 20\lg\left|\frac{A_{od}}{A_C}\right| \qquad (8\text{-}30)$$

3. 差模输入电阻 r_{id}

r_{id} 是指集成运放开环时，输入电压变化与由电压变化引起的电流变化之比。

4. 差模输出电阻 r_o

r_o 的大小反映了集成运放在小信号输出时的负载能力。

5. 最大输出电压 U_{opp}

最大输出电压 U_{opp} 是指在额定的电压下，集成运放的最大不失真输出电压的峰-峰值，有时也称动态输出范围，其值不可能超出电源电压值。

三、理想集成运算放大器

1. 理想集成运放及电压传输特性

集成运放理想化的条件是：

开环电压放大倍数　　　$A_{od} \to \infty$
差模输入电阻　　　　　$r_{id} \to \infty$
开环输出电阻　　　　　$r_o \to 0$
共模抑制比　　　　　　$K_{CMRR} \to \infty$

2. 理想运放的两个重要结论

根据上述理想化的条件，可推出理想运放的两个重要结论。

1）虚短

在线性放大区，有 $u_O = A_{od}(u_+ - u_-)$。因 $A_{od} \to \infty$，而 u_O 为有限值，所以两个输入电压 u_+ 和 u_- 必然近似相等。即

$$u_+ \approx u_- \tag{8-31}$$

运放的两个输入端等电位，可看作他们"虚短"。

2）虚断

在线性放大区，$i_i = \dfrac{u_- - u_+}{r_{id}}$，而理想运放的差模输入电阻 $r_{id} \to \infty$，所以有

$$i_i \approx 0 \tag{8-32}$$

集成运放的输入电流为零，这种情况称为"虚断"。

四、集成运放的基本应用电路

（一）反相输入比例运算电路

如图 8.23 所示，输入信号电压 u_i 经过外接电阻 R_1 加到反相输入端，而同相输入端与地之间接平衡电阻 R_2，以保证运放输入级差分放大电路的对称性，R_2 的阻值应满足

$$R_2 = R_1 // R_F$$

R_F 跨接于输出端和反相输入端之间，引入了并联电压负反馈。

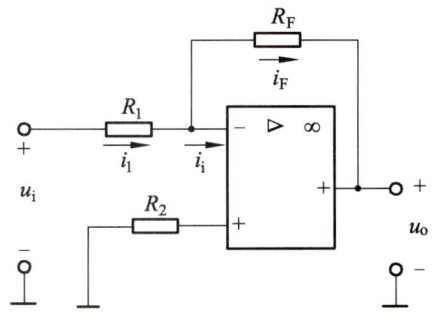

图 8.23　反相输入比例运算电路

所以反相输入运算放大器的闭环电压放大倍数

$$A_f = \dfrac{u_o}{u_i} \approx -\dfrac{R_F}{R_1} \tag{8-33}$$

输出电压

$$u_o = -\dfrac{R_F}{R_1} u_i \tag{8-34}$$

输出电压 u_o 与输入电压 u_i 数值相等,相位相反,这时运算放大器仅作一次变号运算,或称反相器。

(二)同相输入比例运算电路

如图 8.24 所示,如果输入信号从同相端引入,这种运算放大电路称作同相输入运算电路。

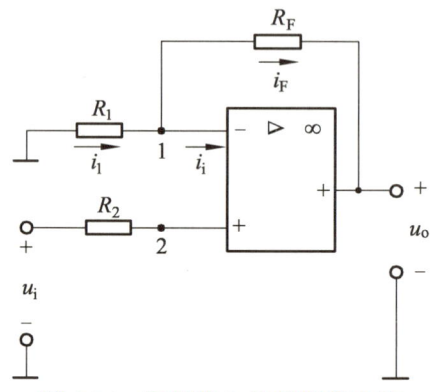

图 8.24　同相输入比例运算电路

$$u_o = u_I\left(1 + \frac{R_F}{R_1}\right) \tag{8-35}$$

所以
$$A_f = \frac{u_o}{u_I} = 1 + \frac{R_F}{R_1} \tag{8-36}$$

(三)集成运放的线性应用

1. 加法运算电路

加法运算电路的功能是对若干输入信号求和,电路如图 8.25 所示。

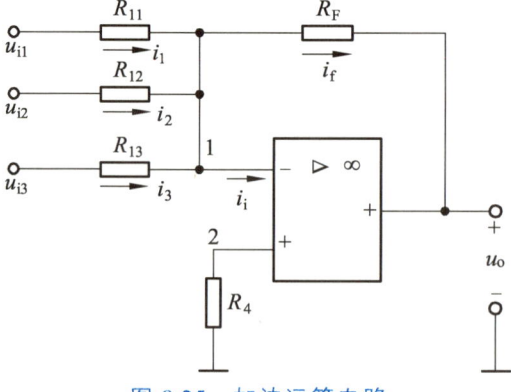

图 8.25　加法运算电路

$$u_o = -R_F\left(\frac{u_{i1}}{R_1} + \frac{u_{i2}}{R_2} + \frac{u_{i3}}{R_3}\right) \tag{8-37}$$

2. 减法运算电路

利用运放电路的双端输入可以进行减法运算，如图 8.26。

可得
$$u_1 = u_i - i_1 R_1 \approx u_{i1} - \frac{(u_i - u_o)R_1}{R_1 + R_F} \tag{8-38}$$

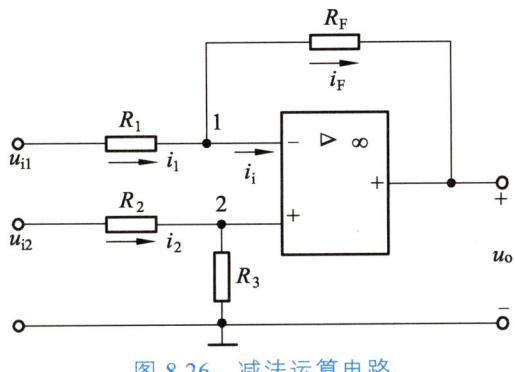

图 8.26 减法运算电路

$$u_o = \frac{R_2 + R_3}{R_2} \cdot \frac{R_3}{R_2 + R_3} u_{i2} - \frac{R_F}{R_1} u_{i1}$$

$$= \frac{R_3}{R_2} u_{i2} - \frac{R_F}{R_1} u_{i1}$$

$$= \frac{R_F}{R_1}(u_{i2} - u_{i1}) \tag{8-39}$$

当 $R_F = R_1$ 时，上式变为

$$u_o = u_{i2} - u_{i1} \tag{8-40}$$

可见，输出电压 u_o 为两个输入电压之差，实现了减法运算功能。

3. 积分运算电路

在反相输入运算电路中，用电容 C_F 代替电阻 R_F 作为反馈元件，就成为积分电路，如图 8.27 所示。

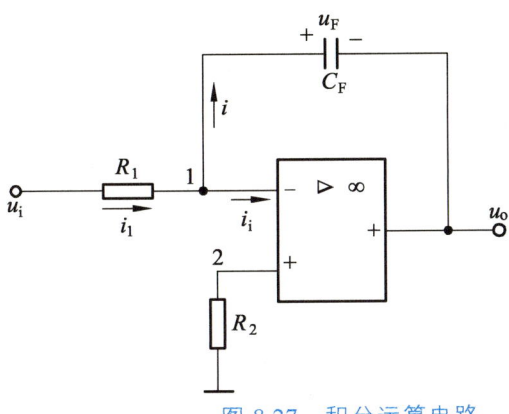

图 8.27 积分运算电路

而

$$u_C = \frac{1}{C_F}\int i_f dt = \frac{1}{C_F}\int i_1 dt$$

所以输出电压

$$u_o = -\frac{1}{C_F}\int i_1 dt = -\frac{1}{C_F}\int \frac{u_1}{R_1}dt$$

$$= -\frac{1}{C_F R_1}\int u_1 dt \tag{8-41}$$

当 u_i 为阶跃电压时，则有

$$u_o = -\frac{1}{C_F R_1}u_i t \tag{8-42}$$

4. 微分电路

如图 8.28，在反相输入运算放大电路中，用电容 C 代替电阻 R_1 接在放大器的反相输入端时，则构成了微分电路。

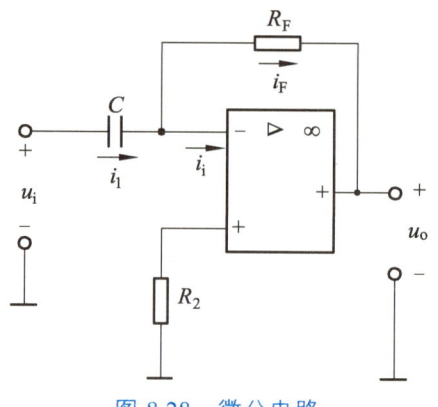

图 8.28 微分电路

$$u_o = -R_F \cdot C_1 \frac{du_i}{dt} \tag{8-43}$$

由式（8-43）可知，输出电压 u_o 与输入电压 u_i 之间呈微分关系，$-R_F C_1$ 为微分常数，符号表明两者在相位上是反相的。

五、集成运放使用中的问题

1. 消　振

由于运算放大器内部极间电容和其他寄生参数的影响，很容易产生自激振荡，即在运算放大器输入信号为零时，输出端存在近似正弦波的高频电压信号，在与人体或金属物体接近时尤为显著，这将使运算放大器不能正常工作。为此，在使用时要注意消振。目前由于集成工艺水平的提高，运算放大器内部已有消振元件，毋须外部消振。是否已消振，可将输入端接"地"，用示波器观察输出端有无高频振荡波形。如有自激振荡，需检查反馈极性是否接错，考虑外接元件参数是否合适或接线的杂散电感、电容是否过大等，而采取相应措施。必要时可外接 RC 消振电路或消振电容。

2. 调 零

由于运算放大器的内部参数不可能完全对称，以致当输入信号为零时，输出电压 U_o 不等于零。为此，在使用时要外接调零电路。图 8.29 所示为 CF741 运算放大器的调零电路图，它的调零电路由 -15 V 电源、1 kΩ 电阻和调零电位器 R_P 组成。先消振、再调零，调零时应将电路接成闭环。在无输入下调零，即将两个输入端均接"地"，调节调零电位器 R_P，使输出电压 U_o 为零。

在一般情况下，接入规定的调零电位器后，都可使输出电压 U_o 调节为零。但是如果因所用运算放大器质量欠佳，产生过大的失调电压不能调零时，可换用较大阻值的电位器，扩大调零范围是输出为零。

如果运算放大器在闭环时不能调零，或其输出电压达到正或负的饱和电压，可能是由于负反馈作用不够强，电压放大倍数过大所致。此时，可将反馈电阻 R_f 值减小，以加强负反馈。若仍不能调零，可能是接线点有错误，或有虚焊点，或者是器件内部损坏。

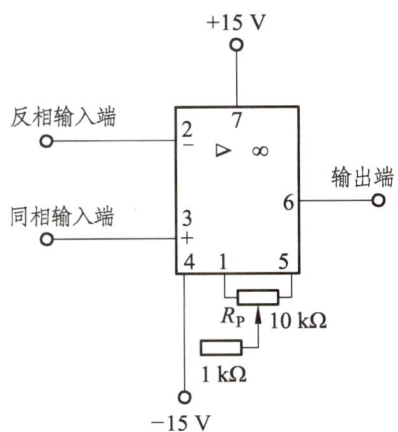

图 8.29　CF741 调零电路

小　结

（1）基本放大电路的组成。为了不失真的放大交流信号，放大电路应满足以下三个原则：保证晶体管 VT 工作在放大状态；保证信号畅通；保证放大电路不失真地放大信号。

（2）交流与直流。正常工作时，放大电路处于交直流共存的状态。为了分析方便，常将两者分开讨论。

直流通路：交流电压源短路，电容开路。通过放大电路的直流通路可确定静态工作点并求出静态值。

交流通路：直流电压源短路，电容短路。

（3）微变等效电路分析法是建立在小信号和线性工作区的基础上，可以用一个微变等效电路代替晶体管。微变等效电路只能分析放大电路的动态工作情况，计算电压放大倍数、输入电阻、输出电阻等。

（4）放大电路的静态工作点受温度的影响很大。为了稳定静态工作点，常采用分压式偏置放大电路。

（5）在多级放大电路中，级与级之间的耦合方式有三种：阻容耦合、直接耦合和变压器耦合。多级放大电路将微弱的电压信号逐级放大，输出较大的功率，去推动负载正常工作。总的电压放大倍数为各级电压放大倍数的乘积，即 $A_u = A_{u1}A_{u2} \cdots A_{un}$

（6）反馈是把输出信号反送到输入端，正反馈增强了净输入信号使 $|A_u|\uparrow$，负反馈减弱了净输入信号使 $|A_u|\downarrow$。反馈信号可取自输出电压或输出电流，反馈信号在输入端可以串联也可以并联，因此有四种反馈类型：电压串联负反馈、电流串联负反馈、电压并联负反馈、电流并联负反馈放大电路。

正负反馈的判别采用瞬时极性法。即利用基极与集电极电位反相，基极与发射极电位同相的关系，用"+"、"-"号逐级标出各级对地的电位，最后确定电路的反馈类型。

放大电路引入负反馈后改善了放大电路的性能，使 A_u 下降了 $(1+A_oF)$ 倍，电压放大倍数稳定性提高，减小了波形失真，改变了输入、输出电阻等。

（7）集成运算放大器是高放大倍数的直接耦合放大器，它主要由输入级、中间级、输出级和偏置电路几部分组成。在分析运算放大器的各种线性应用电路时，常把运算放大器理想化，并由此可得出两个重要结论：即 $u_+ \approx u_-$ 和 $i_i \approx 0$。

（8）运算放大器通常与外接反馈电路组成各种放大器，按其信号输入的连接方式有反相比例运算放大电路；同相输入比例运算电路（u_o 与 u_i 同相，闭环电压放大倍数）。后者具有输入电阻高和输出电阻低的特点。此外还有同相输入的特殊形式—电压跟随器。

思考与练习

一、练一练

按如图 8.30 所示电路，利用多孔板制作放大器，并用示波器观察放大器输入输出信号。

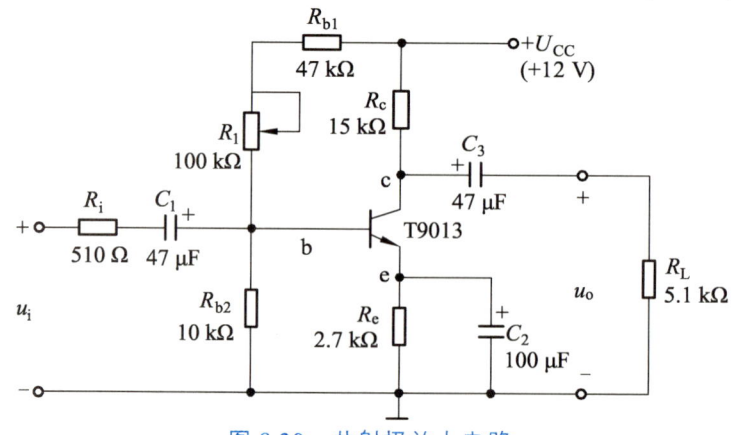

图 8.30　共射极放大电路

项目八 放大电路与集成运算放大器

（一）任务准备

实施本次任务教学所使用的实训工具及材料可参考表 8.2

表 8.2 实训工具及材料

序号	分类	名称	型号及规格	数量	单位	备注
1	工具	电工常用工具		1	套	
2	工具	电烙铁	40 W	1	个	
3	材料	万能板	多孔板 6cm×8cm	1	块	
4	元器件	三极管	T9013	1	个	
5	元器件	电阻	510 Ω	1	个	
6	元器件	电阻	2.7 kΩ	1	个	
7	元器件	电阻	5.1 kΩ	1	个	
8	元器件	电阻	10 kΩ	1	个	
9	元器件	电阻	15 kΩ	1	个	
10	元器件	电阻	47 kΩ	1	个	
11	元器件	可调电阻	100 kΩ	1	个	
12	元器件	电解电容	47 μF	2	个	
13	元器件	电解电容	100 μF	1	个	
14	元器件	导线	0.5 mm²	1	个	
15	仪器	信号发生器		1	个	
16	仪器	示波器		1	个	
17	仪表	万用表	MF47 型	1	个	
18	电源	12 V 直流稳压源		1	个	

（二）任务实施

（1）检查并核对材料。

（2）按照原理图 8.30 所示进行电路连接。

（3）用万用表检测电路，无异常后在老师指导下通电。

（4）调整信号发生器输出波形，并将信号发生器接入放大电路输入端 U_i，用示波器观察输入和输出波形。

（三）任务评价

对任务实施的完成情况进行检查，并将检查结果填入表 8.3。

表 8.3 任务评价表

项目	序号	内容	配分	评分标准	得分	备注
共射极放大电路	1	电路连接	30	电路连接正确，30 分		
	2	焊接工艺	20	焊接良好，无毛刺和虚焊，20 分		
	3	元器件使用	20	组装过程中，元器件无损坏，20 分		
	4	示波器和信号发生器	10	正确操作信号发生器和示波器，10 分		
	5	安全文明生产	20	操作中遵守安全文明生产考核要求，操作完成后能够整理好工作台，20 分		

二、巩固与提高

（一）填空题

1. 交流放大电路的静态是指_____的工作状态，通常说的静态值（静态工作点）是_____、_____、_____。

2. 交流放大电路的静态分析法有_____和_____两种。

3. 分压偏置放大电路中，反馈电阻 R_E 的数值通常为几十到几千欧，它不但能够对直流信号产生反馈作用，同样对交流信号也产生反馈作用，从而造成电压增益下降过多。为了不使交流信号削弱，一般在 R_E 两端_____。

4. 如果将放大电路的输出量（电压或电流）的一部分或全部，通过某种电路送回到放大电路的输入端，这一过程称为_____。

5. 放大电路中常用的负反馈类型有_____、_____、_____、_____。

6. 为了减小信号源工作电流，需提高放大电路输入电阻，则需引入_____负反馈。

7. 由运算放大器构成的同相电压跟随器引入的是_____负反馈。

（二）选择题

1. 在基本放大电路中，经过晶体管的信号有（   ）。
   A. 直流成分　　　B. 交流成分　　　C. 交、直流成分均有

2. 分压式偏置的共发射极放大电路中，若 V_B 点电位高，电路易出现（   ）。
   A. 截止失真　　　B. 饱和失真　　　C. 晶体管被烧毁

3. 在单管放大电路中，引入电流负反馈，放大电路的输出电阻将（   ）稳定输出电流，电流源内阻大。
   A. 减小　　　B. 增加　　　C. 不变　　　D. 和信号源内阻有关

4. 要提高放大器的带负载能力，提高输入电阻，应引入（   ）负反馈　提高负载能力，输出电阻小，应为电压反馈；输入电阻高，应为串联反馈。
   A. 电压并联　　　B. 电流并联
   C. 电压串联　　　D. 电流串联

（三）综合题

1. 组成晶体管放大电路最基本的原则是什么？在图 8.31 所示（a）、（b）、（c）、（d）四个电路中，各电路能否正常放大，并说明理由。

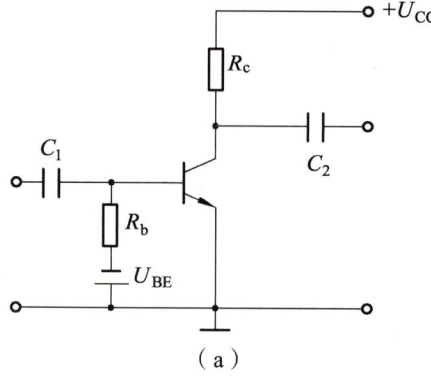

（a）

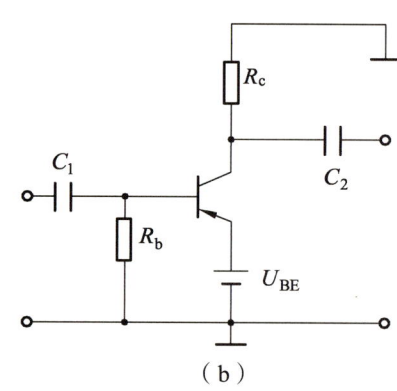

（b）

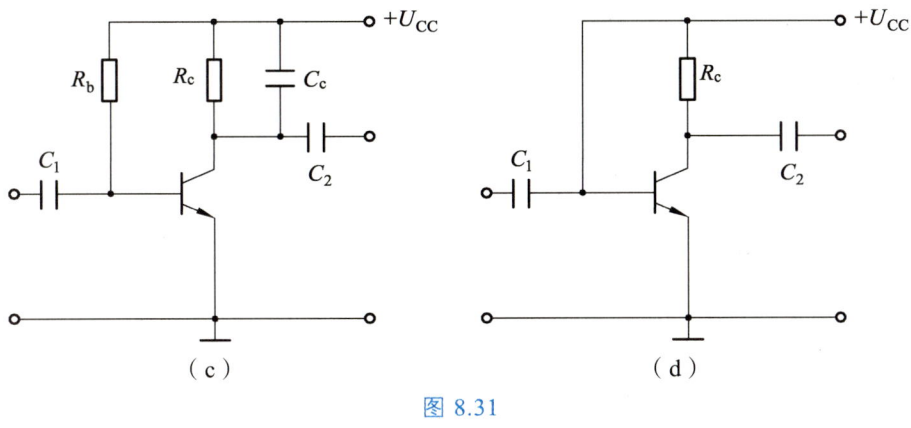

图 8.31

2. 什么是静态工作点？如何设置静态工作点？如静态工作点设置不当会出现什么问题？

3. 已知晶体管的 $U_{BE}=0.7\ \text{V}$，$\beta=100$，求图 8.32 所示电路中 I_B、I_C、I_E、U_{CE}。

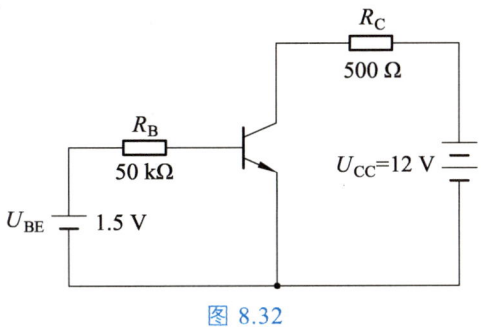

图 8.32

4. 在图 8.33 所示放大电路中,已知 $U_{CC} = 12\text{ V}$,$R_C = 2.7\text{k}\Omega$,$R_B = 500\text{ k}\Omega$,晶体管 $\beta = 50$,试计算放大电路的静态工作点(I_B、I_C、I_E)。

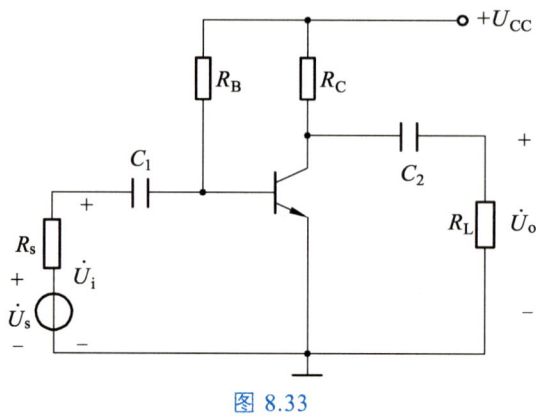

图 8.33

5. 在图 8.34 所示的放大电路中,已知 $U_{CC} = 12\text{ V}$,$R_B = 300\text{ k}\Omega$,$R_C = 5\text{ k}\Omega$,晶体管 $\beta = 40$,求:

(1) 画出放大电路的微变等效电路;

(2) 放大电路空载时的电压放大倍数;

(3) 接负载电阻 $R_L = 2\text{k}\Omega$ 后的电压放大倍数。

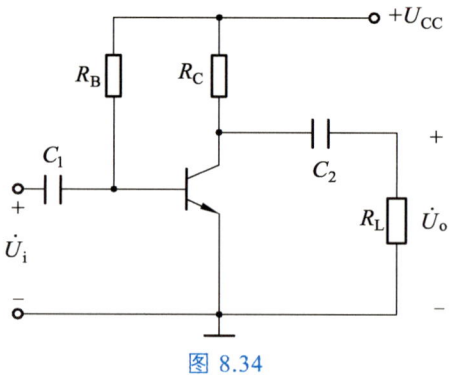

图 8.34

6. 图 8.35 所示是分压式偏置的共射极放大电路。已知 $U_{CC}=12\text{ V}$，$R_{B1}=22\text{ k}\Omega$，$R_{B2}=4.7\text{ k}\Omega$，$R_C=2.5\text{ k}\Omega$，$R_E=1\text{ k}\Omega$，硅管的 $\beta=50$，$r_{be}=1.3\text{ k}\Omega$，求
（1）静态工作点；
（2）空载时的电压放大倍数；
（3）带 $4\text{ k}\Omega$ 负载时的电压放大倍数。

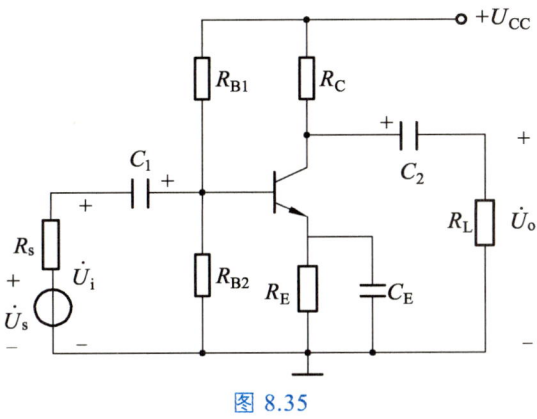

图 8.35

7. 什么是反馈？什么是正反馈？什么是负反馈？通常采用什么方法判断放大电路的反馈性质？

8. 集成运算放大器由哪几部分组成？其特点是什么？

9. 有一负反馈放大电路，已知 $A_o=300$，$F=0.01$。试求闭环电压放大倍数为多少？

10. 在图 8.36 所示的电路中，已知 $R_1 = 50\text{ k}\Omega$，$R_2 = 33\text{ k}\Omega$，$R_3 = 3\text{ k}\Omega$，$R_4 = 2\text{ k}\Omega$，$R_F = 100\text{ k}\Omega$。

（1）求电压放大倍数；

（2）如果 $R_3 = 0$，要得到同样大的电压放大倍数，R_F 的阻值应增大到多少？

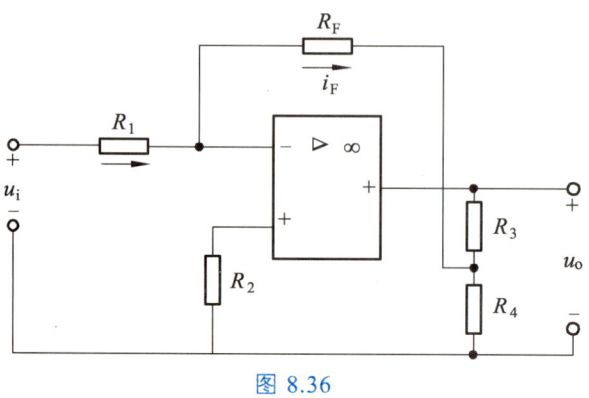

图 8.36

11. 求图 8.37 所示电路 u_o 与 u_I 的关系。

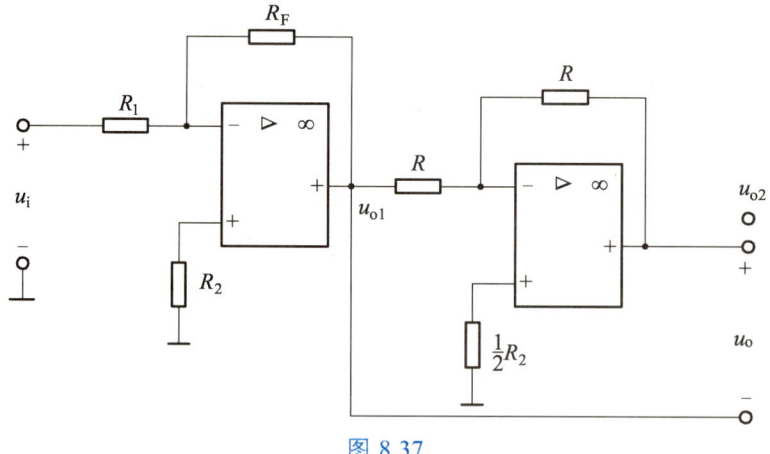

图 8.37

12. 某理想运算放大电路的同相加法电路如图 8.38 所示。要用它实现 $u_o = (u_{I1} + u_{I2})$ 的运算，R_1 和 R_2 分别取多大？（提示：R_2 根据直流平衡条件确定）。

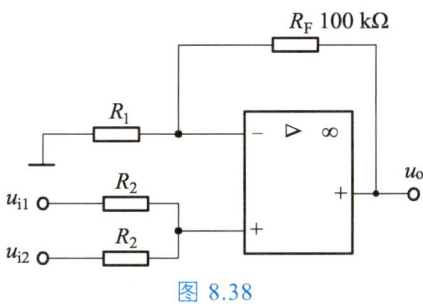

图 8.38

13. 运算电路如图 8.39 所示，写出 u_{o2} 的表达式。

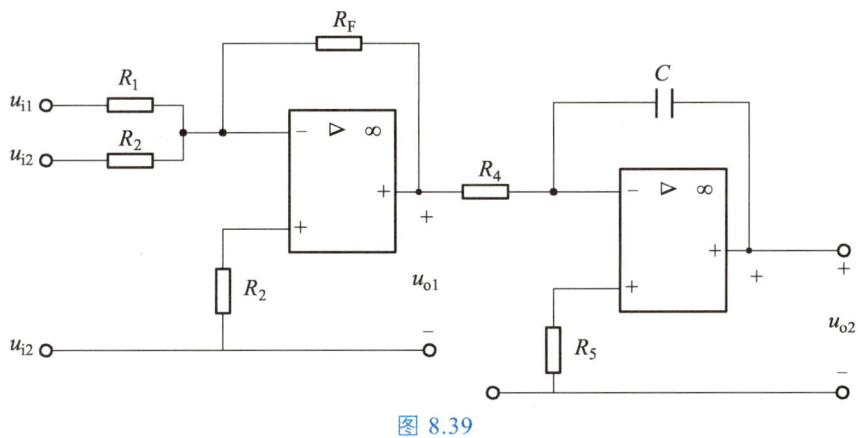

图 8.39

项目九 数字电路基础

【任务导入】

数值随时间离散变化的信号,称为数字信号,而处理数字信号的电路称为数字电路。数字电路包含的内容十分广泛,包括信号的放大与整形、脉冲的产生与控制以及计数、译码、显示等典型的数字单元电路。与模拟电路相比较,数字电路有以下特点:

(1)数字电路在计数和进行数值运算时采用二进制数,是利用脉冲信号的有无来代表和传输0和1这样的数字信息的。分别读作高电平(或高电位)和低电平(或低电位)。

(2)数字电路不仅能完成数值运算,而且能进行逻辑判断和逻辑运算,因此也把数字电路称为逻辑电路。

(3)数字电路的分析方法重点在于研究各种数字电路输出与输入之间的相互关系,即逻辑关系,因此分析数字电路的数学工具是逻辑代数,表达数字电路逻辑功能的方式主要是真值表、逻辑表达式和波形图等。

(4)数字电路具有抗干扰能力强、功耗低、对电路元件精度要求不高、可靠性强、便于集成化和系列化生产等优点。

(5)数字电路保密性好,信息能长期在电路中存储。

【教学目标】

知识目标

(1)掌握数字逻辑的基本知识。
(2)掌握主要逻辑门的知识及逻辑化简的基本公式和定律。

能力目标

(1)能进行数制之间的转化。
(2)能理解基本门电路及常见的复合门。
(3)能用真值表、逻辑函数等方式表示逻辑问题。

素质目标

(1)养成用逻辑的观点分析问题的能力。
(2)能够养成理论联系实际的习惯。

思政目标

通过对比数字电路和模拟电路的优缺点以及探讨数字电路产生的原因和创新点,可以帮助学生更好地理解数字电路的重要性和发展趋势。同时,也有助于培养学生的创新思维和实践能力。

重难点

(1)基本门电路、复合门电路的基础知识点。
(2)集成门电路的参数及应用。
(3)逻辑代数的基本公式及定律。

任务一　数制与码制

知识目标

能够掌握十进制、二进制、十六进制数、BCD 码的基本知识点及它们之间的转化方法。

能力目标

能够完成数制和码制之间转化的操作。

素质目标

通过学习数制与码制，对数字电路有了初步的认知。

思政目标

结合中国传统文化和历史背景，讲解数制与码制的相关知识点。例如，介绍中国古代的计数方法和进制概念，以及这些概念在现代计算机科学中的应用。通过这样的讲解，不仅能够增强学生对中华文化的认同感和自豪感，还能激发他们的爱国情怀和民族自信心。

一、常见的几种数制

数制是指计数进位制。生活中常用的是十进制，而在数字电路中，常见的有二进制，还有八进制和十六进制。

（一）十进制

有从 0 到 9 这十个数码，这些数码的个数称为基数，十进制的基数为 10，为"逢十进一"。在数位上，每个数位都赋予一定的位值，我们把它称为位权。在十进制中，个、十、百、千……各位的位权分别为 10^0、10^1、10^2、10^3……，将各位数码与位权的乘积相加，则称为其按权展开式。

【例 9.1】 $(123)_{10} = 1 \times 10^2 + 2 \times 10^1 + 3 \times 10^0 = 123$

$(11.51)_{10} = 1 \times 10^1 + 1 \times 10^0 + 5 \times 10^{-1} + 1 \times 10^{-2}$

（二）二进制

数字电路中应用最为广泛的就是二进制。二进制只有 0 和 1 两个数码，很容易与电路的状态对应起来。如电路的"通"与"断"，照明灯的"亮"与"暗"，晶体管的"导通"与"截止"等，均可以用 0 和 1 两个数码表示。二进制有 0，1 两个数码，基数为 2，按"逢二进一"的规律计数。二进制数各位的位权分别为 2^0、2^1、2^2…，它的按权展开式如下例所示。

【例 9.2】 $(10101)_2 = 1 \times 2^4 + 0 \times 2^3 + 1 \times 2^2 + 0 \times 2^1 + 1 \times 2^0$

$(1111)_2 = 1 \times 2^3 + 1 \times 2^2 + 1 \times 2^1 + 1 \times 2^0$

(三) 十六进制

二进制数的位数通常很多，不便于书写和记忆，因此引入十六进制。例如，要表示十进制数 157，若用二进制数表示为 10011101，若用十六进制表示则为 9D，因此在数字系统的资料中常采用十六进制来表示二进制数。十六进制的特点如下：

（1）基数是 16，采用 16 个数码，即 0、1、2、3、4、5、6、7、8、9、A、B、C、D、E、F，其中 A~F 表示 10~15。

（2）计数规律是"逢十六进一"，每位的位权是 16 的幂，它的按权展开式如下例所示。

【例 9.3】 $(4E6)_{16} = 4 \times 16^2 + E \times 16^1 + 6 \times 16^0$

$(FB4)_{16} = 15 \times 16^2 + 11 \times 16^1 + 4 \times 16^0$

二、几种不同数制之间的转化

（一）非十进制转化为十进制

可以将非十进制写出其按权展开式，按十进制规律相加得出的结果，就是其对应的十进制数。

【例 9.4】 $(11010)_2 = 1 \times 2^4 + 1 \times 2^3 + 0 \times 2^2 + 1 \times 2^1 + 0 \times 2^0 = 2^4 + 2^3 + 2^1 = (26)_{10}$

$(1001.01)_2 = 1 \times 2^3 + 0 \times 2^2 + 0 \times 2^1 + 1 \times 2^0 + 0 \times 2^{-1} + 1 \times 2^{-2} = (9.25)_{10}$

【例 9.5】 $(174)_{16} = 1 \times 16^2 + 7 \times 16^1 + 4 \times 16^0 = 256 + 112 + 4 = (372)_{10}$

（二）十进制转化为其他进制

将十进制转化为二进制的方法我们通常采用：整数部分用"除 2 取余"法，具体转化步骤如下：

（1）把给定的十进制数除以 2，取出余数（0 或 1），即二进制数最低数位的数码 k_0。

（2）将前一步得到的商再除以 2，再取出余数，即得到次低位的数码 k_1。

（3）以下各步类推，直到商为 0 为止，最后取出的余数为二进制数最高位的数码 k_{n-1}。

【例 9.6】 把十进制数 $(35)_{10}$ 转换成二进制数。

```
  2 │ 3 5        余数
  2 │ 1 7 ……………… 1 (k₀)   低位
  2 │   8 ……………… 1 (k₁)    ↑
  2 │   4 ……………… 0 (k₂)    │
  2 │   2 ……………… 0 (k₃)    │
  2 │   1 ……………… 0 (k₄)    │
        0 ……………… 1 (k₅)   高位
```

所以 $(35)_{10} = (100011)_2$

注：小数部分采用"乘 2 取整"法，读数方向由上向下。

（三）二进制与十六进制数的相互转换

1. 二进制正整数转换为十六进制数

将二进制数从最低位开始，每 4 位分为一组（最高位若数字不够可补 0），每组都转换为 1 位相应的十六进制数即可。

【例 9.7】将二进制数 $(1001011)_2$ 转换为十六进制数。

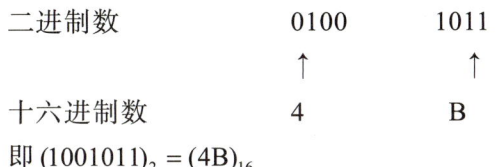

即 $(1001011)_2 = (4B)_{16}$

2. 十六进制正整数转换为二进制数

将十六进制数的每一位转换为相应的 4 位二进制数即可。

【例 9.8】将 $(6B)_{16}$ 转换为二进制数。

由十六进制与二进制的对应关系可知：6→0110，B→1011，

即 $(6B)_{16} = (01101011)_2 = (1101011)_2$

三、码　制

在数字电路中，数码不仅可以表示数量的大小，而且能用来表示不同的事物。在后一种情况下，这些数码已不再表示数量的大小差别，而是不同事物的代号。将这些表示各种文字、符号等信息的二进制数码称为代码。这如同运动会上，给所有参加运动会的运动员编上不同的号码一样，不同的号码仅代表不同的运动员，而没有数量大小的含义。建立这种代码与文字、符号或是特定对象之间一一对应关系的过程，称为编码。最常用的编码关系是在数字系统中，用 4 位二进制数码表示 0~9 这 10 个十进制数码，这种编码方法称为二-十进制编码，简称 BCD 码。如下表 9.1 列出了几种常用的 BCD 编码，其中 8421BCD 码应用最广，余 3 码和格雷码为无权码。

表 9.1　常见几种 BCD 编码

十进制数	8421 码	余 3 码	2421（A）码	5421 码	余 3 循环码
0	0000	0011	0000	0000	0010
1	0001	0100	0001	0001	0110
2	0010	0101	0010	0010	0111
3	0011	0110	0011	0011	0101
4	0100	0111	0100	0100	0100
5	0101	1000	1011	1000	1100
6	0110	1001	1100	1001	1101

续表

十进制数	8421 码	余 3 码	2421（A）码	5421 码	余 3 循环码
7	0111	1010	1101	1010	1111
8	1000	1011	1110	1011	1110
9	1001	1100	1111	1100	1010
权	8421		2421	5421	

（一）有权 BCD 码

1. 8421 码

选取 0000～1001 表示十进制数 0～9，按自然顺序的二进制数表示对应的十进制数。它是有权码，从高位到低位的权值依次位 8、4、2、1，故称为 8421 码。1010～1111 这六种状态是不用的，称为禁用码。

【例 9.9】 $(756)_{10} = (011101010110)_{8421BCD}$

2. 5421 码

选取 0000～0100 和 1000～1100 这十种状态。0101～0111 和 1101～1111 为禁用码。从高位到低位的权值依次为 5421，用其表示十进制。

【例 9.10】 $(100100111000)_{5421BCD} = (635)_{10}$

（二）无权 BCD 码

1. 余 3 码

选取 0111～1100 这十种状态，与 8421 码相比，对应相同十进制数均要多 3（0011），故称为余 3 码。

2. 格雷码

任意两个相邻的数所对应的代码之间只有一位不同，其余位都相同。

任务二　基本逻辑门电路和常见复合逻辑门

知识目标

掌握基本逻辑门"与"、"或"、"非"以及由它们构成复合逻辑门的逻辑功能和图形符号。

能力目标

能够辨识逻辑门电路及其功能。

素质目标

培养学生探索新知识、应用新知识的能力。

思政目标

鼓励学生探索不同逻辑门电路的组合方式，设计具有特定功能的复合逻辑门电路，培养他们的探索精神和创新意识。

一、逻辑关系与逻辑变量

逻辑关系是指事物的因果关系,即"条件"与"结果"的关系。在数字电路里,输入信号表示"条件",输出信号表示"结果",我们把这样的电路称为逻辑电路。最基本的逻辑关系有三种:与逻辑、或逻辑、非逻辑。

在日常生活,我们不难发现,有很多现象往往都是对立存在的。例如,开关的闭合与断开;灯的亮与灭;电位的高与低;三极管的截止与导通等等,我们把取值只有两个(0和1)、描述两种对立的逻辑关系的变量称为逻辑变量。

二、基本的逻辑门电路

基本的逻辑门可由晶体管组成,这些晶体管的组合连接可以使代表两种信号的高、低电平在通过它们组成的电路之后产生高电平或者低电平的信号。高、低电平可以分别代表二进制当中的 1 和 0,从而实现逻辑运算。

(一)与逻辑、与门电路及其表示方式

1. 与逻辑

决定某一事件的所有条件都具备时,该事件才会发生,我们把这种逻辑关系称为与逻辑(又叫逻辑乘)。例如,开关 A、B 断开,灯不亮;开关 A 或 B 部分闭合,灯不亮;只有开关 A、B 同时闭合的情况下,灯才亮。

2. 与门电路

实现与逻辑关系的电子电路称为与门电路,简称与门。当输入端 A 与 B 同时为高电平"1"时,二极管 D_1、D_2 均截止,R 中没有电流,其上的电压降为 0 V,输出端 F 为高电平"1";当 A、B 中的任何一端为低电平"0"或 A、B 端同时为低电平"0"时,二极管 D_1、D_2 的导通使输出端 F 为低电平"0"。下图 9.1 为与门电路及与门图形符号。

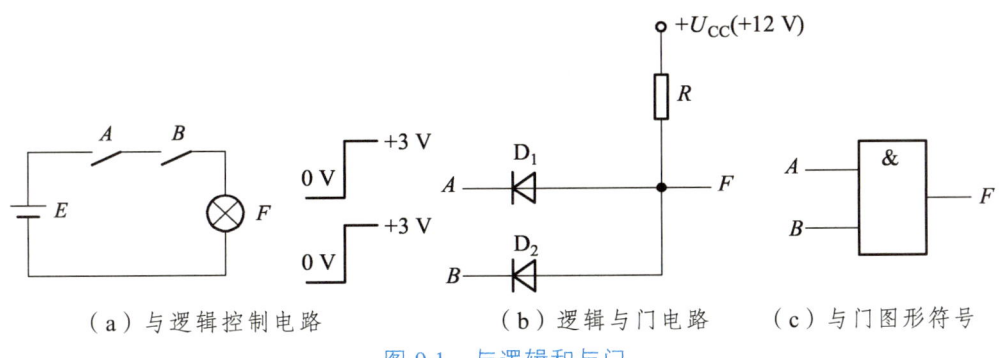

(a)与逻辑控制电路　　　　(b)逻辑与门电路　　(c)与门图形符号

图 9.1　与逻辑和与门

3. 逻辑表达式

$$F = A \cdot B \tag{9-1}$$

与逻辑的基本运算：$0·0=0$；$0·1=1·0=0$；$1·1=1$

4. 与逻辑真值表

见表 9.2。与逻辑还可以用真值表表示出来。真值表是指，将逻辑变量所有的取值的组合及相应的函数值列成的表格。

表 9.2 与门逻辑功能真值表

A	B	F
0	0	0
0	1	0
1	0	0
1	1	1

从逻辑真值表，得出逻辑关系为：有 0 出 0，全 1 为 1。

（二）或逻辑、或门电路及其表示方式

1. 或逻辑

决定某一事件的所有条件中，只要有一个或一个以上具备时，该事件就会发生，我们把这种逻辑关系称为或逻辑（又叫逻辑加）。例如，开关 A、B 断开，灯不亮；开关 A 或 B 只要有一个闭合，灯亮。

2. 或门电路

实现或逻辑关系的电子电路称为或门电路，简称或门。由二极管组成的或门电路，当输入端 A 或 B 中任一端为高电平"1"时，输出端 F 为高电平"1"；当 A、B 均为高电平输出端也为高电平。下图 9.2 为或门电路及或门图形符号。

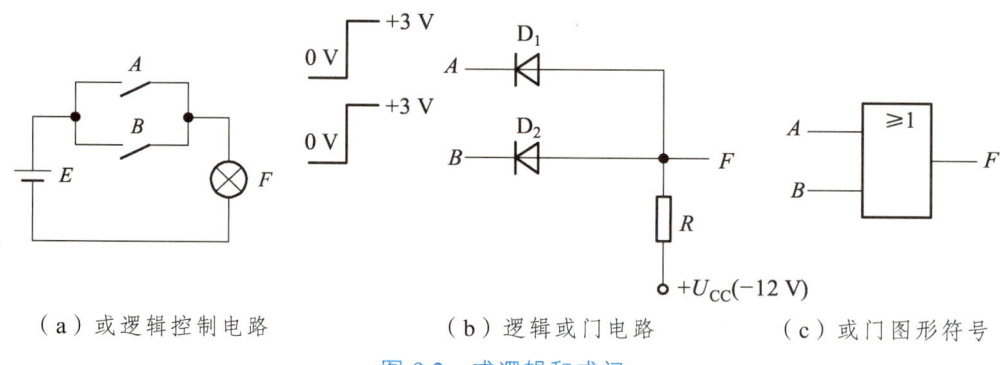

（a）或逻辑控制电路　　（b）逻辑或门电路　　（c）或门图形符号

图 9.2 或逻辑和或门

3. 逻辑表达式

$$F = A + B \quad (9\text{-}2)$$

或逻辑的基本运算：$0+0=0$；$0+1=1$；$1+0=1$；

$A+0=A$；$A+1=A$；$A+A=A$

4. 或逻辑真值表

见表 9.3。

表 9.3　或门逻辑功能真值表

A	B	F
0	0	0
0	1	1
1	0	1
1	1	1

从逻辑真值表，得出逻辑关系为：有 1 出 1，全 0 为 0。

（三）非逻辑、非门电路及其表示方式

1. 非逻辑

决定某一事件的条件满足时，该事件不发生；反之事件发生。我们把这种逻辑关系称为非逻辑。例如，开关 A 断开，灯亮；开关 A 闭合，灯不亮。

2. 非门电路

实现非逻辑关系的电子电路称为非门电路，简称非门。三极管组成了非门电路，图中 A 为输入信号，F 为输出信号，根据三极管饱和导通与截止条件，输入为高电平 "1" 时，三极管饱和导通，输出端电压就为低电平 "0"；输入为低电平 "0" 时，三极管截止，输出端电压就为高电平 "1"，下图 9.3 为非门电路及非门图形符号。

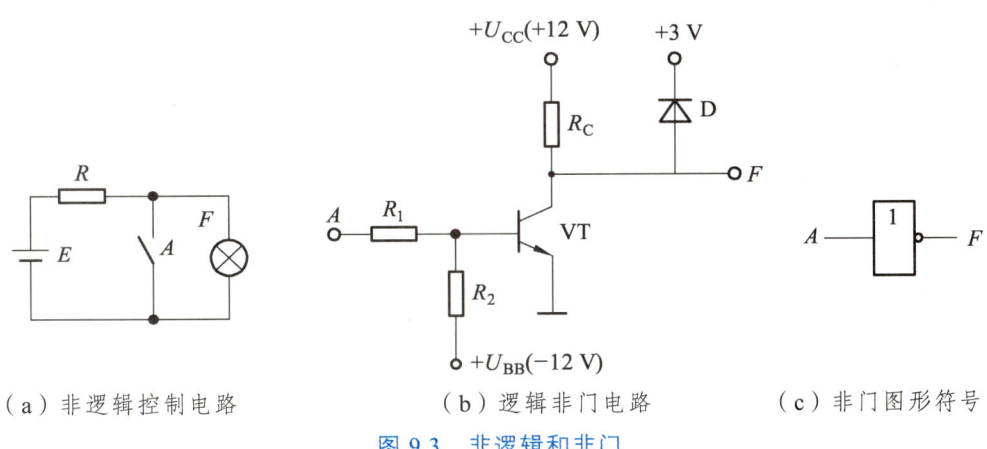

（a）非逻辑控制电路　　　（b）逻辑非门电路　　　（c）非门图形符号

图 9.3　非逻辑和非门

3. 逻辑表达式

$$F = \overline{A} \tag{9-3}$$

非逻辑的基本运算：$\overline{0} = 1$；$\overline{1} = 0$

$$A + \overline{A} = 1;\quad A \cdot \overline{A} = 0;\quad \overline{\overline{A}} = A$$

4. 非逻辑真值表

见表 9.4：

表 9.4 非门逻辑功能真值表

A	F
0	1
1	0

从逻辑真值表，得出逻辑关系为：有 0 出 1，有 1 出 0。

三、几种常见复合逻辑门电路

基于三种基本门，有时可以根据需要把它们组合成各种复合门，实现丰富逻辑功能。常用的有与非门、或非门、与或非门。与非门是与门和非门的组合，先"与"后"非"；或非门是或门与非门的组合，先"或"后"非"；与或非门是与门、或门及非门的组合，先"与"再"或"最后"非"；其组合后的逻辑符号如图 9.4 所示。

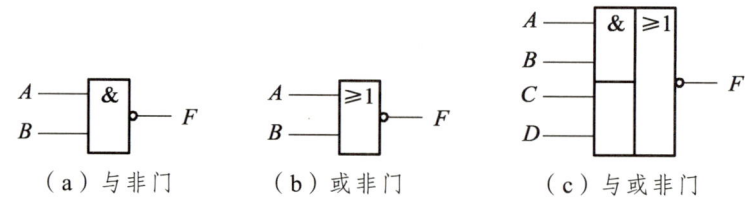

（a）与非门　　　（b）或非门　　　（c）与或非门

图 9.4 常见的复合门逻辑符号

（一）复合门

复合门的逻辑功能可根据基本门的逻辑功能推导得出。其对应的逻辑式为：

与非门：　　$F = \overline{A \cdot B}$ 　　　　　　　　　　　　　　　　（9-4）

或非门：　　$F = \overline{A + B}$ 　　　　　　　　　　　　　　　　（9-5）

与或非门：　$F = \overline{A \cdot B + C \cdot D}$ 　　　　　　　　　　　　　（9-6）

（二）异或门和同或门

异或门和同或门也是比较常用的门电路，并有集成电路产品，图 9.5 为其逻辑符号。

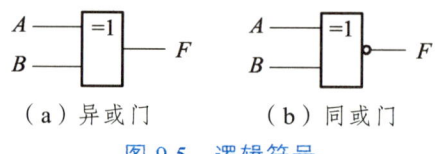

（a）异或门　　　（b）同或门

图 9.5 逻辑符号

（1）异或逻辑是指条件 A 和 B 中，有一个不具备，另外一个具备时，事件 F 发生。具有异或逻辑的电路，称为异或门。下表 9.5 为异或门的真值表。

表 9.5　异或门真值表

A	B	F
0	0	0
0	1	1
1	0	1
1	1	0

从真值表中可以分析出异或门的逻辑功能，即 A、B 输入不同时，输出为 1；A、B 输入相同时，输出为 0。其逻辑表达式为：

$$F = A\bar{B} + \bar{A}B = A \oplus B \quad (9\text{-}7)$$

（2）同或逻辑是指，条件 A 和 B 同时具备，或同时不具备时，事件 F 发生。具有同或逻辑的电路，称同或门。下表 9.6 为同或门的真值表。

表 9.6　同或门真值表

A	B	F
0	0	1
0	1	0
1	0	0
1	1	1

同或门的逻辑表达式为：

$$F = \overline{A \oplus B} = AB + \bar{A}\bar{B} = A \odot B \quad (9\text{-}8)$$

任务三　逻辑代数和逻辑函数的化简

知识目标

掌握逻辑代数的基本定律、运算顺序及化简方法。

能力目标

能够进行逻辑函数的简单化简。

素质目标

培养学生探索新知识、应用新知识的能力。

思政目标

强调化简逻辑函数的过程类似于解决复杂问题的过程，需要坚持不懈的努力和团队合作的精神。通过分享成功案例和榜样人物的事迹，激励学生树立正确的人生观和价值观，培养他们的社会责任感和使命感。

一、逻辑代数的基本定律

研究逻辑关系的数学称为逻辑代数,它是分析与设计逻辑电路的数学工具。

(一)交换律

$$A + B = B + A$$
$$A \cdot B = B \cdot A \tag{9-9}$$

(二)结合律

$$A + (B + C) = (A + B) + C = B + (A + C)$$
$$A \cdot (B \cdot C) = (A \cdot B) \cdot C = B \cdot (A \cdot C) \tag{9-10}$$

(三)分配律

$$A + (B \cdot C) = (A + B) \cdot (A + C)$$
$$A \cdot (B + C) = (A \cdot B) + (A \cdot C) \tag{9-11}$$

(四)吸收律

$$A + (A \cdot B) = A$$
$$A \cdot (A + B) = A$$
$$A + \overline{A}B = A + B \tag{9-12}$$

(五)反演律

$$\overline{A + B} = \overline{A} \cdot \overline{B}$$
$$\overline{A \cdot B} = \overline{A} + \overline{B} \tag{9-13}$$

(摩根定律)

二、逻辑代数的运算顺序

(1)先算逻辑乘,再算逻辑加,有括号时先算括号内。
(2)逻辑式求反时可以不加括号。
(3)先或后与的运算式,或运算要加括号。

三、逻辑函数常见的化简方法

(一)并项法

运用公式 $A + \overline{A} = 1$,将两项合并为一项,并消去一个变量。如

【例9.11】 $A\bar{B}C + A\bar{B}\bar{C} = A\bar{B}(C+\bar{C}) = A\bar{B}$

（二）吸收法

运用公式 $A + AB = A$，消去多余的与项。如

【例9.12】 $AB + ABCD(E+F) = AB$

（三）消去法

运用公式 $A + \bar{A}B = A + B$，消去多余因子。如

【例9.13】
$$AB + \bar{A}C + \bar{B}C$$
$$= AB + (\bar{A}+\bar{B})C$$
$$= AB + \overline{AB}C$$
$$= AB + C$$

（四）配项法

在不能直接运用公式化简时，可通过乘以 $(A+\bar{A}) = 1$ 进行配项再化简。

【例9.14】
$$AB + \bar{A}\bar{C} + B\bar{C}$$
$$= AB + \bar{A}\bar{C} + B\bar{C}(A+\bar{A})$$
$$= AB + \bar{A}\bar{C} + B\bar{C}A + B\bar{C}\bar{A}$$
$$= AB(1+\bar{C}) + \bar{A}\bar{C}(1+B)$$
$$= AB + \bar{A}\bar{C}$$

任务四　组合逻辑电路的分析与设计

知识目标

掌握组合逻辑电路的分析方法和设计步骤。

能力目标

能够分析出组合逻辑电路实现的功能，并能够设计出简单的逻辑电路。

素质目标

培养学生的创新意识和创新能力。

思政目标

通过介绍组合逻辑电路的历史背景和发展历程，特别是我国在组合逻辑电路领域的重大

突破和成就，激发学生的爱国热情和民族自豪感。例如，我国科研人员在集成电路设计、半导体器件制造等方面的贡献，以及这些成果在国防、通信、医疗等领域的应用，让学生感受到科技进步与国家实力提升之间的紧密联系。

一、组合逻辑电路的分析

组合逻辑电路的分析是在已知电路的前提下，研究其输出与输入之间的逻辑关系，得出电路所实现的逻辑功能。具体分析步骤如下：

（1）由已知的逻辑图写出逻辑表达式。
（2）将逻辑表达式进行化简成最简形式。
（3）用最简表达式列出真值表。
（4）根据真值表和表达式分析出其逻辑功能。

【例 9.15】试分析图 9.6 所示电路的逻辑功能。

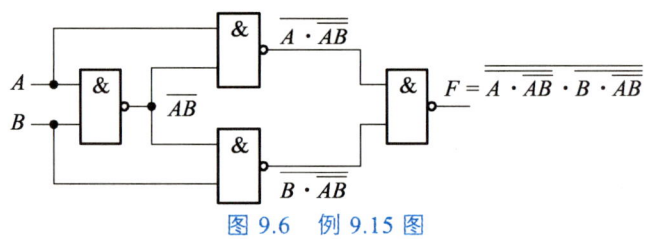

图 9.6　例 9.15 图

解：写出表达式：由输入变量 A、B 开始，逐级写出各个门的输出表达式，最后导出输出结果。

$$F = \overline{\overline{A \cdot \overline{AB}} \cdot \overline{B \cdot \overline{AB}}}$$

化简：将输出结果化为最简的与或式形式。

$$\begin{aligned}
F &= \overline{\overline{A \cdot \overline{AB}} \cdot \overline{B \cdot \overline{AB}}} \\
&= A \cdot \overline{AB} + B \cdot \overline{AB} \quad \text{(运用反演律)} \\
&= A(\overline{A} + \overline{B}) + B(\overline{A} + \overline{B}) \quad \text{(运用反演律)} \\
&= A\overline{B} + \overline{A}B \quad \text{(运用分配律)}
\end{aligned}$$

列真值表：将 A、B 分别用 0 和 1 代入最简式，根据运算规律计算出结果并列出真值表，见表 9.7。

表 9.7　异或门真值表

A	B	F
0	0	0
0	1	1
1	0	1
1	1	0

即 A、B 输入相同，输出为 0；A、B 输入不同，输出为 1，则称其为异或门电路。

二、组合逻辑电路的设计

在实际工作中,会遇见一类问题,要利用门电路组成符合要求的逻辑电路,这不仅要求电路的逻辑功能正确,还要节省元件,这就是组合逻辑电路的设计。一般的设计步骤如下:
(1)对照命题要求进行分析,找出该逻辑问题的输入变量和输出函数,并作出逻辑规定。
(2)根据输入变量不同取值和输出状态间对应关系列出真值表。
(3)根据真值表写出逻辑表达式,并将逻辑表达式进行化简。

【例 9.16】设计一个故障指示电路,要求满足以下条件:
(1)两台电动机同时工作,绿灯亮;
(2)其中一台电动机发生故障,则亮红灯;
(3)两台电动机都有故障,则亮红灯。

解:分析题目可得,本题中有输入变量两个,输出函数三个。

(1)设两台机器为 A、B,有故障为"1",反之为"0";输出函数 G、Y、R 分别代表绿灯、黄灯和红灯,灯亮为"1",反之为"0"。

(2)根据题目叙述的三种情况列出真值表。见表 9.8

表 9.8

输入		输出		
A	B	G	Y	R
0	0	1	0	0
0	1	0	1	0
1	0	0	1	0
1	1	0	0	1

(3)根据真值表写出逻辑表达式,并化简成最简形式。

$$G = \overline{A}\overline{B} = \overline{A+B}$$
$$Y = \overline{A}B + A\overline{B}$$
$$R = AB$$

(4)根据化简后的最简逻辑表达式画出逻辑图,见图 9.7。

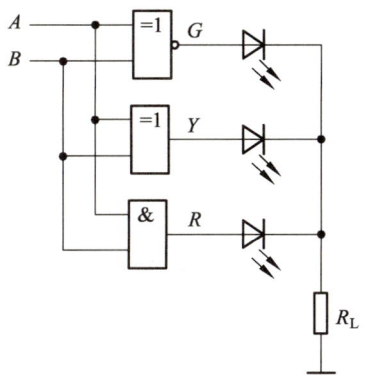

图 9.7 例 9.16 逻辑电路图

【例 9.17】 设计一个楼梯开关的控制逻辑电路，以控制楼梯灯，使之在上楼前用楼下开关开灯，上楼后用楼上开关关灯；或者在下楼前用楼上开关开灯，下楼后再用楼下开关关灯。

解：(1) 由逻辑要求列出真值表。设楼上开关为 A，楼下开关为 B，灯泡为 F，并假设 A、B 闭合时为 1，断开时为 0，$F=1$ 表示灯亮，$F=0$ 表示灯灭。根据逻辑要求列出的真值表，见表 9.9。

表 9.9 真值表

A	B	F
0	0	0
0	1	1
1	0	1
1	1	0

(2) 由真值表可直接写出逻辑表达式：$F = A\bar{B} + \bar{A}B = A \oplus B$

(3) 由逻辑表达式画逻辑电路图，如图 9.12 所示。在实际应用时，可用两个单刀双掷开关完成这一逻辑功能。

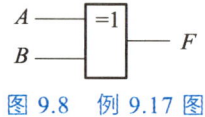

图 9.8 例 9.17 图

三、常见的组合逻辑电路

不少组合逻辑电路在各类数字电路系统中经常被大量使用。为了方便，已将这些电路的设计标准化，并由厂家制成了中、小规模单片集成电路产品，包括编码器、译码器、数字选择器、数值比较器等。这些集成电路具有通用性强、兼容性好、功耗小、工作稳定等优点。下面介绍几种常见的组合逻辑电路。

（一）半加器

半加器（半加就是只求本位的和，暂不管低位送来的进位数）的逻辑状态表 9.10：

表 9.10 半加器逻辑状态表

A	B	C	S
0	0	0	0
0	1	0	1
1	0	0	1
1	1	1	0

其中，A 和 B 是相加的两个数，S 是半加和数，C 是进位数。由逻辑状态表可写出逻辑式：

$$S = A\bar{B} + B\bar{A} = A \oplus B \qquad (9\text{-}14)$$

$$C = AB = \overline{\overline{AB}} \qquad (9\text{-}15)$$

由逻辑式就可画出逻辑图，如下图 9.9（a）和（b）所示，由一个"异或"门和一个"与"门组成。半加器是一种组合逻辑电路，其图形符号如下图（c）所示。

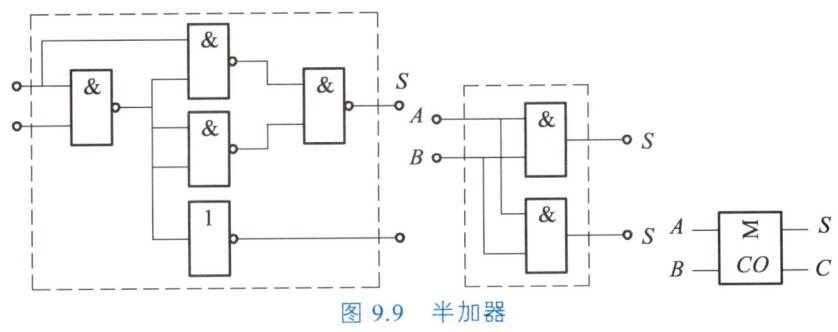

图 9.9　半加器

（二）全加器

当多位数相加时，半加器可用于最低位求和，并给出进位数。第二位的相加有两个待加数 A_i 和 B_i，还有一个来自前面低位送来的进位数 C_{i-1}。这三个数相加，得出本位和数（全加和数）S_i 和进位数 C_i 这种就是"全加"，下表为全加器的逻辑状态表 9.11。

表 9.11　全加器逻辑状态表

A_i	B_i	C_{i-1}	C_i	S_i
0	0	0	0	0
0	0	1	0	1
0	1	0	0	1
0	1	1	1	0
1	0	0	0	1
1	0	1	1	0
1	1	0	1	0
1	1	1	1	1

全加器可用两个半加器和一个"或"门组成。见图 9.10。

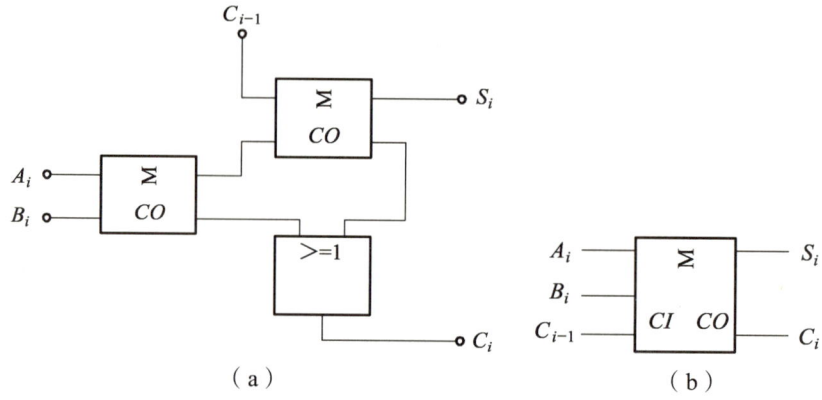

（a） （b）

图 9.10　全加器逻辑电路及逻辑符号

如上图（a）所示。A_i 和 B_i 在第一个半加器中相加，得出的结果再和 C_{i-1} 在第二个半加器中相加，即得出全加和 S_i。两个半加器的进位数通过或门输出作为本位的进位数 C_i。全加器也是一种组合逻辑电路，其图形符号如上图 9.10（b）所示。

（三）编码器

在数字系统中，常常要把某种具有特定意义的输入信号（如数字、字符或某种控制信号等）编成相应的若干位二进制代码来处理，这一过程称为编码。能够实现编码的电路称为编码器。

1. 二-十进制（BCD）编码器

图 9.11 是一种常用的二-十进制编码器。它通过十个按键将十进制数信息输入，从输出端 A、B、C、D 输出相应的二进制代码，这里输出的代码采用 8421BCD 码，故又称 8421 编码器。

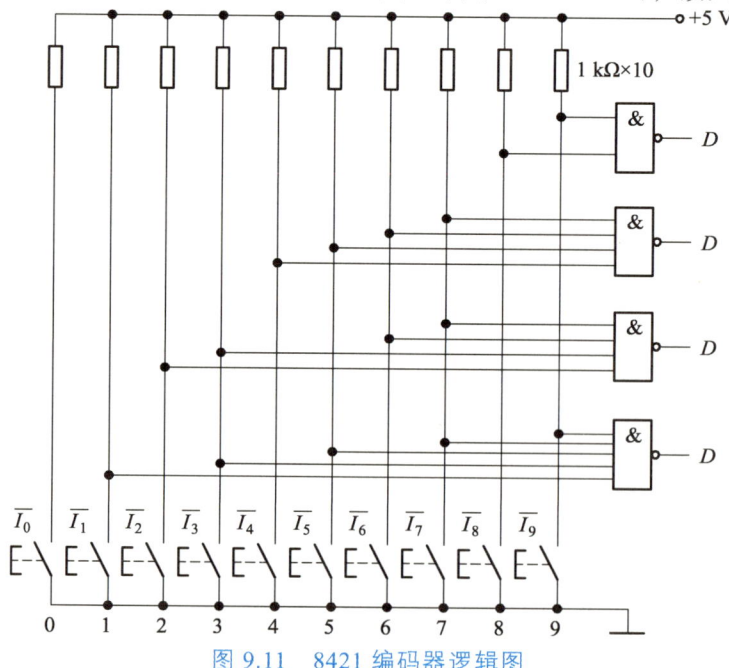

图 9.11　8421 编码器逻辑图

代表十进制数 0~9 的十个按键未按下时，四个与非门的输入都是高电平，按下后因接地变为低电平。四个与非门的输出端 A、B、C、D 即为编码器的输出端。输出与输入之间的编码关系如表 9.12 所示。

表 9.12　8421 编码器真值表

输入	输出			
十进制数	D	C	B	A
0（I_0）	0	0	0	0
1（I_1）	0	0	0	1
2（I_2）	0	0	1	0
3（I_3）	0	0	1	1
4（I_4）	0	1	0	0
5（I_5）	0	1	0	1
6（I_6）	0	1	1	0
7（I_7）	0	1	1	1
8（I_8）	1	0	0	0
9（I_9）	1	0	0	1

由表 9.12 编码器真值表及图 9.11 编码器逻辑图都可写出输出与输入之间关系的逻辑式为：

$$D = I_8 + I_9 = \overline{\overline{I_8} \cdot \overline{I_9}}$$

$$C = I_4 + I_5 + I_6 + I_7 = \overline{\overline{I_4} \cdot \overline{I_5} \cdot \overline{I_6} \cdot \overline{I_7}}$$

$$B = I_2 + I_3 + I_6 + I_7 = \overline{\overline{I_2} \cdot \overline{I_3} \cdot \overline{I_6} \cdot \overline{I_7}}$$

$$A = I_1 + I_3 + I_5 + I_7 + I_9 = \overline{\overline{I_1} \cdot \overline{I_3} \cdot \overline{I_5} \cdot \overline{I_7} \cdot \overline{I_9}}$$

例如，当按下输入数码键 1 时，使 $\overline{I_1} = 0$，电路四个输出端 $DCBA$ 为 0001，这就是用二进制代码表示的十进制数 1。

2. 优先编码器

在同一时间内，当有多个输入信号请求编码时，只对优先级别高的信号进行编码，而不会对级别低的信号编码的逻辑电路，称为优先编码器。优先编码器是常用的编码器，下面以 CT1147 编码器为例，简单介绍一下其功能。

CT1147 编码器有 $\overline{I_1} \sim \overline{I_9}$ 共 9 个信号输入端，对应着十进制数码 1~9，当所有输入端无信号输入时，对应着十进制数的 0。输出端为 $\overline{D}$、$\overline{C}$、$\overline{B}$、$\overline{A}$ 共 4 个，其输入端和输出端均为低电平有效。则表 9.13 为其真值表。

表 9.13 优先编码器 CT1147 的真值表

输入									输出				数码
$\overline{I_1}$	$\overline{I_2}$	$\overline{I_3}$	$\overline{I_4}$	$\overline{I_5}$	$\overline{I_6}$	$\overline{I_7}$	$\overline{I_8}$	$\overline{I_9}$	$\overline{D}$	$\overline{C}$	$\overline{B}$	$\overline{A}$	
1	1	1	1	1	1	1	1	1	1	1	1	1	0
×	×	×	×	×	×	×	×	0	0	1	1	0	9
×	×	×	×	×	×	×	0	1	0	1	1	1	8
×	×	×	×	×	×	0	1	1	1	0	0	0	7
×	×	×	×	×	0	1	1	1	1	0	0	1	6
×	×	×	×	0	1	1	1	1	1	0	1	0	5
×	×	×	0	1	1	1	1	1	1	0	1	1	4
×	×	0	1	1	1	1	1	1	1	1	0	0	3
×	0	1	1	1	1	1	1	1	1	1	0	1	2
0	1	1	1	1	1	1	1	1	1	1	1	0	1

四、译码器

译码器是一种能把二进制代码转换成特定信息的组合电路。译码是编码的逆过程，编码是将某种信号或十进制的十个数码（输入）编成二进制代码（输出）；译码是将二进制代码（输入）按其编码时的原意翻译成对应的信号或十进制数码（输出）。

（一）二进制译码器

如果译码器输入的信号是两位二进制数，它就有四种组合，对应着四种信息，即 00、01、10、11，也就是说它有两个逻辑变量，共有四种输出状态。变换成信息时，就需要译码器有 2 根输入线，4 根输出线，如图 9.12 所示。

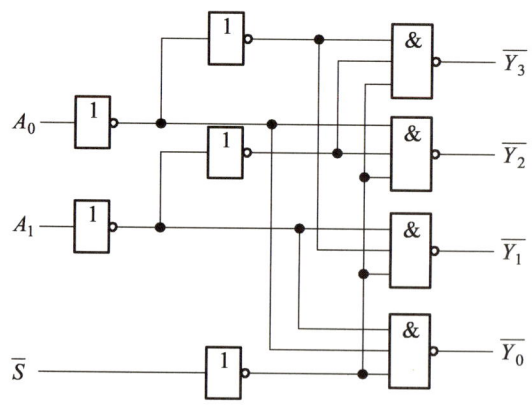

图 9.12 2 线 – 4 线译码器逻辑电路图

表 9.14　2 线 – 4 线译码器逻辑状态表

输		入	输		出	
$\overline{S}$	A_1	A_0	$\overline{Y_0}$	$\overline{Y_1}$	$\overline{Y_2}$	$\overline{Y_3}$
1	×	×	1	1	1	1
0	0	0	0	1	1	1
0	0	1	1	0	1	1
0	1	0	1	1	0	1
0	1	1	1	1	1	0

表 9.14 为 2 线 – 4 线译码器逻辑状态表，其中 $\overline{S}$ 端为使能端，其作用是控制译码器的工作和扩展。当 $\overline{S}=1$ 时，四个与非门均被封锁，即不论 A_1、A_0 输入状态如何，译码器的所有输出均为高电平 1；当 $\overline{S}=0$ 时，四个与非门都处于开放状态，译码器可按 A_1、A_0 状态组合进行正常译码。

一般来说，一个 n 位的二进制数，就有 n 个逻辑变量，有 2^n 个输出状态，译码器就需要 n 根输入线，2^n 根输出线。

（二）显示译码器

在数字电路中，还常常要将需要测量和运算的结果直接用十进制数的形式显示出来，这就是要把二—十进制代码，通过显示译码器变换成输出信号再去驱动数码显示器。译码显示电路由显示译码器、驱动器和显示器组成。

1. 数码显示器

数码显示器简称数码管，是用来显示数字、文字或符号的器件。下面以应用较多的 LED 显示器为例简述数字显示的原理，如图 9.13 所示。

半导体发光二极管数码管的实质是由 7 个条状发光二极管排成"8"字形，加上小数点"."构成。按驱动方式半导体二极管可分为共阴、共阳两种，如图 9.13 所示。使用时，点亮不同段发光，能显示 0 ~ 9 十个数字。

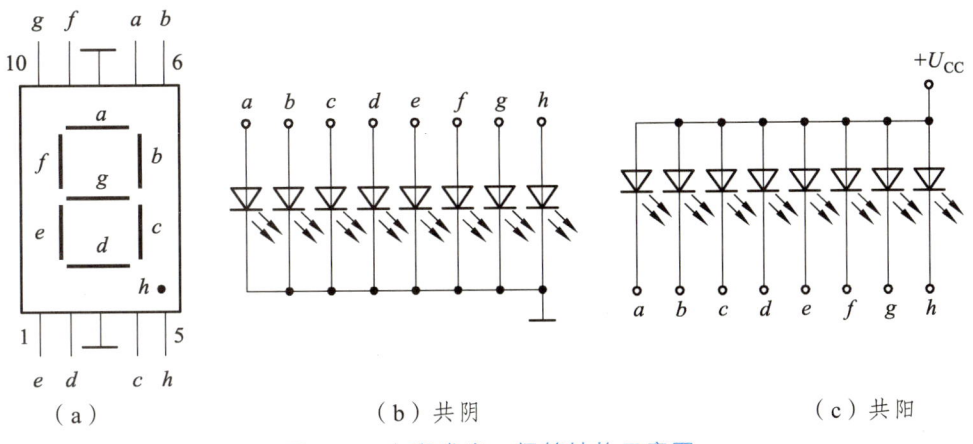

（a）　　　　　　　　　（b）共阴　　　　　　　　　（c）共阳

图 9.13　七段发光二极管结构示意图

注意：使用共阴接法时，"共"段接地，a～g 各端应接输出高电平有效的显示译码器，使用共阳接法时，"共"段接 +V_{CC}，a～g 各端应接输出低电平有效的显示译码器，这样才能显示 0～9 十个数字。

2. 显示译码器

能使数码管显示数，首先要将代码"翻译"出来，然后经驱动电路点亮对应显示段。显示译码器是完成这一任务的器件。供 LED 数码显示器用的显示译码器有多种型号可供选用。显示译码器有四个输入端，七个输出端，它将 8421 代码译成七个输出信号以驱动七段 LED 显示器。

下面以 74 LS48 七段译码器为例，来说明一下显示译码器的工作原理。七段显示译码器 74 LS48 输出高电平有效，用以驱动共阴极 LED 数码管。下图 9.14 为其图形符号与引脚图。

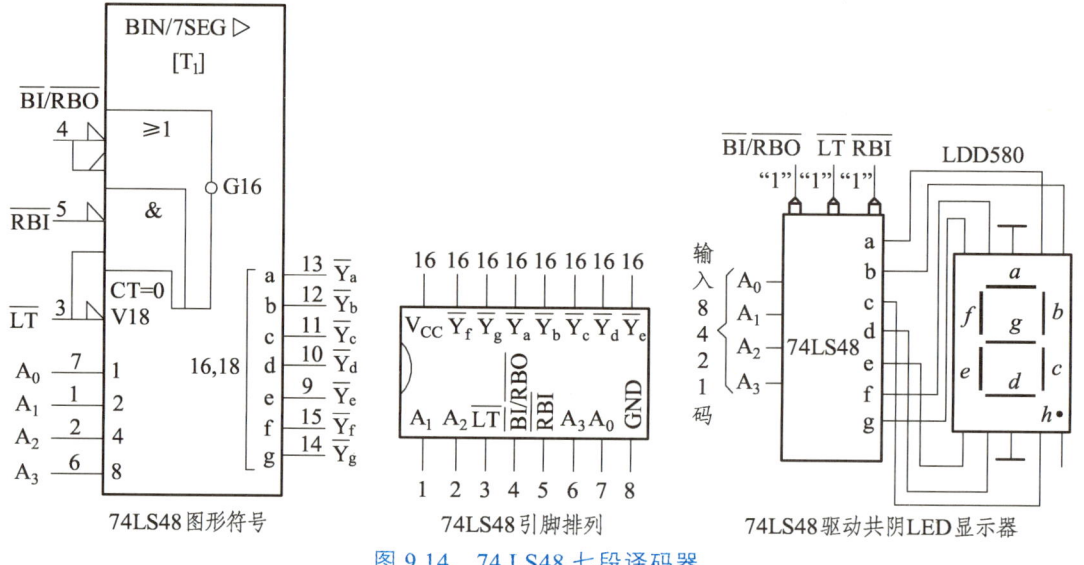

图 9.14　74 LS48 七段译码器

（1）A_0～A_3 是译码器的地址输入端，其作用是控制 LED 的 a～g 中哪些段显示。

（2）$\overline{LT}$ 是试灯信号输入端，当该端加低电平且 $\overline{BI/BRO}=1$ 时，各段应全亮，否则说明显示器有故障。正常工作时，$\overline{LT}$ 端应接高电平。

（3）$\overline{RBI}$ 是灭零输入端，用于熄灭不希望显示的零。如要让三位十进制数显示器，输入表示十进制数 018 的代码时只显示 18，而输入表示十进制数 318 的代码时则照常显示 318，只需将 $\overline{RBI}$ 端接成低电平即可。

（4）$\overline{BI}/\overline{BRO}$ 灭灯输入/灭零输出端：这是双功能输入/输出端。当作为输入端用时，只要在该端输入"0"，则显示器各段均不发光；若在该端加一定频率的脉冲信号，则可产生闪烁效果。当作为输出端用时，常用在多位显示时配合 RBI 端灭零。如当本位已灭零（$\overline{RBI}$ ="0"，$A_3\sim A_0=0000$），则 $\overline{RBO}$ 输出为"0"，该信号送下一位 $\overline{RBO}$ 端，使下一位 $\overline{RBI}$ = "0"，完成灭零功能；但若上一位不灭零（$\overline{BI}/\overline{BRO}$ 上位输出 ≠ "0"），则本位即使输入为 0，也不会消隐，仍显示 0。

（5）该译码器有拒绝伪数据能力，10~15 译码显示五个不正常的符号或不发光。74 LS48 输出端内部有上拉电阻（2kΩ），因此，在与 LED 连接时，无需再外接限流电阻。

小　结

（1）十进制数和数字电路中二进制、十六进制及 BCD 码的相互转化，二进制、十六进制数转成十进制可利用按权展开式并将各项相加的方法求值；十进制整数转化成二进制、十六进制可利用"除 2 取余法"。

（2）逻辑代数用来描述逻辑关系，反映逻辑变量运算规律，其逻辑变量具有二值性，即能取 0 和 1 两个值。基本的逻辑关系有与逻辑、或逻辑、非逻辑。有这三种逻辑关系的电路分别称为与门、或门、非门，是三种最基本的逻辑门。它们可组成与非门、或非门、异或门等复合门的逻辑功能。

（3）逻辑代数中包含了许多基本定律，基本公式。逻辑代数是分析和设计逻辑电路的主要工具，应熟练掌握逻辑代数的运算规则和定律，并能灵活运用其化简。

（4）组合逻辑电路的分析步骤可简化为"图 → 式（简）→ 表 → 功能"；组合逻辑电路的设计步骤可简化为"功能 → 表 → 式（简）→ 图"。应掌握分析和设计的过程。

（5）编码器的功能是将信息编成二进制代码。而译码器的功能是将二进制代码译为信息。应了解优先编码器、显示译码器和 LED 数字显示器的工作原理。

思考与练习

一、练一练

（一）任务准备

三人表决器元件清单如表 9.15 所示。

表 9.15　三人表决器元件清单

位号	元件名称	规格	数量	位号	元件名称	规格	数量
R_1、R_2、R_3	电阻	10 kΩ	各 1	R_4、R_5	电阻	300 Ω	各 1
R_6	电阻	2 kΩ	1	R_7	电阻	1 kΩ	1
R_8	电阻	43 kΩ	1	J_1	接线端子	2 脚	1
D_1	发光二极管	红色 LED	1	SP	蜂鸣器		1
D_2	发光二极管	绿色 LED	1	U_1	集成电路	74LS138	1
S_1、S_2、S_3	按键		各 1		集成插座	16P	1
	三极管	9014	1	U_2	集成电路	74LS20	1
	三极管	9013	1		集成插座	14P	1
XC64	音乐 IC	三极管式	1	PCB	印制电路板	63 mm×43 mm	1

（二）任务实施

设计思路：当 A、B、C 三人表决某个提案时，两个或两个以上同意，提案通过，否则提案不通过,用与非门实现三人表决器电路。

(1)选择电路元件。

(2)按照成品图进行装配。

图 9.15　三人表决器成品图

(三)任务评价:

对任务实施的完成情况进行检查,并将检查结果填入表 9.16。

表 9.16　任务评价表

项目	序号	内容	配分	评分标准	得分	备注
发光二极管的连接	1	电路组装	30	组装正确,并实现逻辑功能,30 分		
	2	焊接工艺	20	焊接良好,无毛刺和虚焊,20 分		
	3	元器件使用	30	组装过程中,元器件无损坏,30 分		
	4	安全文明生产	20	操作中遵守安全文明生产考核要求,操作完成后能够整理好工作台,20 分		

二、巩固与提高

(一)填空题

1. 电子电路中的信号可分为两类。其中时间和幅度都是离散的称为_____。

2. 所谓数字信号,是指可以用两种逻辑电平_____和_____来描述的信号。

3. 在数字电路中,应用最为广泛的是集成门电路_____和集成门电路_____。

4. 完成下列数制之间的转换:

$(10011)_2 = ($　　　　$)_{10}$

$(110010111)_2 = ($　　　　$)_{10}$

$(27)_{10} = ($　　　　$)_2$

5. 完成下列十进制数和 BCD 码间的转化:

$(315)_{10} = ($　　　　$)_{8421BCD}$

$(1029)_{10} = ($　　　　$)_{8421BCD}$

$(0110\ 0001\ 0111)_{8421BCD} = ($　　　　$)_{10}$

$(1001\ 0011\ 1000)_{5421BCD} = ($ $)_{10}$

6. 基本的逻辑门电路有_____、_____、_____三种。

7. 三种基本门电路的图形符号分别为_____、_____、_____。

8. 逻辑函数 $F = \overline{ABCD} + A + B + C + D = $ _____。

（二）选择题

1. 下列对数字电路描述正确的是（   ）。

A. 数字电路采用了以输入信号为"条件"，以输出信号为"结果"的逻辑门电路

B. 数字电路通常用电位的高、低表示逻辑状态

C. 数字电路中的"0"和"1"只表示逻辑状态

D. 数字电路在结构上与模拟电路是完全不同的。

2. 用于表示1位十进制数的4位二进制代码称为BCD码，常见的BCD码有（   ）。

A. 8421码   B. 5421码   C. ASCⅡ码   D. 余3码

3. 二进制数 111111100.1111，从左往右第3个数字1的位权是（   ）。

A. 6   B. -2 C. 2^{-2} D. 2^6

4. 十进制数175转换为8421BCD码是（   ）。

A. 0001 0111 1000   B. 0100 1010 1000

C. 0000 1010 1000   D. 0001 0111 010.0100

（三）判断题

1. 二进制数 111 101 转化为八进制数为 75。（   ）

2. 二进制数 1100 转化为十六进制数为 D。（   ）

3. 与非门逻辑功能为"有0出1，全1出0"。（   ）

（四）综合题

1. 与模拟电路相比，数字电路具有哪些优点？

2. 用公式法将下列函数化简为最简与或式：

（1） $F_1 = A\overline{B} + \overline{A}B + AB$

（2） $F_2 = A\overline{B} + A\overline{D} + BD$

（3） $F_3 = A\overline{B}C + AB\overline{C} + A + \overline{A}B$

3. 分析下图9.16所示逻辑电路的逻辑功能。

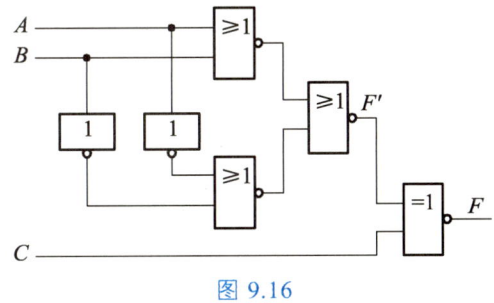

图 9.16

项目十 时序逻辑电路

【任务导入】

数字系统中常用的各种数字电路,根据原理分为两大类:组合逻辑电路和时序逻辑电路。时序逻辑电路与组合逻辑电路不同,它的特点是:任何时刻的输出状态不仅与当时的输入状态有关,还与电路原来状态有关。时序逻辑电路简称为时序电路,它一般由组合逻辑门电路和存储电路组成,其中常见的存储电路由触发器构成。

【教学目标】

知识目标

(1) 掌握 RS、JK、D、T 型几种常见类型触发器的逻辑符号、逻辑功能以及能够分析和实现不同功能触发器之间相互转换。

(2) 掌握寄存器的功能及工作原理。

(3) 掌握二进制计数器、十进制计数器的工作原理,理解同步计数器和异步计数器的区别。

(4) 了解计数器的应用。

(5) 掌握时序逻辑电路的分析方法和步骤,能分析简单的电路。

能力目标

(1) 会利用触发器相关知识分析和实现不同功能触发器之间的相互转换。

(2) 掌握时序逻辑电路的分析方法和步骤,能分析简单的电路。

(3) 会利用触发器相关知识设计简单的功能电路。

素质目标

(1) 通过本章学习培养学生的逻辑分析能力。

(2) 通过本章学习培养学生运用相关知识解决实际问题的能力。

思政目标

引导学生关注时序逻辑电路在日常生活中的应用实例,如智能手机中的定时器、闹钟功能,智能家居系统中的自动化控制等,让学生意识到所学知识的实际应用价值。通过分析时序逻辑电路在智能家居等领域的应用,引导学生认识到科技进步对于改善人们生活质量的重要性。培养学生的社会责任感,鼓励他们为强国建设贡献自己的力量。

重难点

(1) RS、JK、D、T 型几种类型触发器的逻辑符号、逻辑功能及工作原理。

(2) 寄存器的功能和工作原理。

（3）计数器的功能和工作原理。
（4）基本 RS 触发器的工作原理。

任务一　基本 RS 触发器

知识目标
（1）掌握触发器的重要特征。
（2）了解基本 RS 触发器的电路结构、工作原理及应用，掌握其逻辑符号、逻辑功能。
（3）理解同步 RS 触发器的电路结构、工作原理及逻辑功能。

能力目标
通过逻辑功能分析，培养学生采用逻辑思维方法，能够自主分析触发器功能。

素质目标
培养学生逻辑分析和推理的能力。

思政目标
通过介绍基本 RS 触发器在数字电路中的应用实例，如计数器、分频器等，激发学生对触发器技术的兴趣和探索欲望。鼓励他们深入探究触发器的更多应用场景和可能性。

重难点
（1）触发器的重要特征。
（2）基本 RS 触发器的结构、逻辑符号、工作原理及逻辑功能。
（3）基本 RS 触发器的工作原理及逻辑功能。

触发器是双稳态触发电路的简称，它具有两个稳定状态，且具有记忆功能，能保存一位二进制数码信息。在一定触发信号作用下，它可以从一个稳定状态转变为另一个稳定状态。若没有新的触发信号，状态将不改变，也就是达到了记忆功能，触发器可以由逻辑门加反馈构成。

一、基本 RS 触发器

（一）与非门组成的基本 RS 触发器

1. 电路的组成

如图 10.1（a）所示，电路由两个与非门交叉连接组成基本 RS 触发器。$\overline{R}$、$\overline{S}$ 是两个触发器的输入端，$\overline{R}$、$\overline{S}$ 表示触发信号低电平有效，也就是两端没有加触发信号时处于高电平，加触发信号时变为低电平。Q、$\overline{Q}$ 为触发器的两个互补输出端，通常规定以 Q 端的状态作为触发器的状态。当输出端 $Q=1$ 时，称为触发态的 1 态，简称 1 态；$Q=0$ 时，称为触发器的 0 态，简称 0 态。

图 10.1（b）表示为基本 RS 触发器的逻辑符号，输入端的小圆圈表示触发信号为低电平有效。

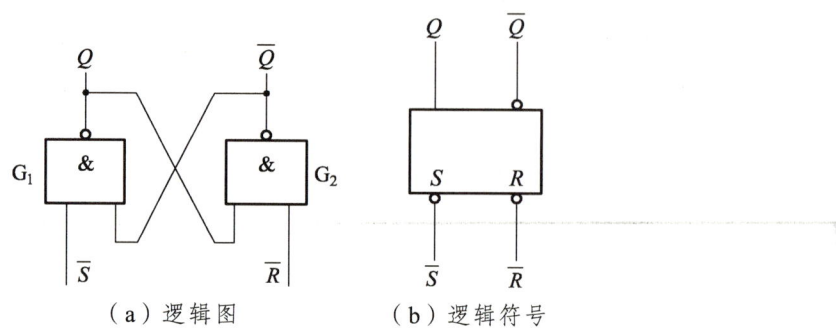

（a）逻辑图　　　　（b）逻辑符号

图 10.1　与非门组成的基本 RS 触发器

2. 工作原理

根据"与非"门的逻辑关系，只要有一个输入端为低电平，输出就是高电平（即见 0 得 1），只有所有输入端均为高电平时，输出才是低电平（即全 1 得 0）。依据这一逻辑关系分析基本 RS 触发器的工作原理如下：

（1）当 $\bar{S} = \bar{R} = 1$ 时，由于基本 RS 触发器输入低电平有效，即相当于无信号输入，此时触发器保持原输出状态不变。由于电路有两个稳定状态：$Q=1$、$\bar{Q}=0$ 或 $Q=0$、$\bar{Q}=1$，我们把前者称为 1 状态或置位状态，把后者称为 0 状态或复位状态。若 $\bar{S}=\bar{R}=1$，这两种稳定状态将保持不变。例如，$Q=1$、$\bar{Q}=0$ 时，$\bar{Q}$ 反馈到 G1 输入端，使 Q 恒为高电平 1；Q 反馈到 G2，由于这时 $\bar{R}=1$，使 $\bar{Q}$ 恒为低电平 0。因此，我们又把触发器称为双稳态电路。

（2）当 $\bar{R}=1$、$\bar{S}=0$（即在 $\bar{S}$ 端加有低电平触发信号）时，$Q=1$，G$_2$ 门输入全为 1，$\bar{Q}=0$，触发器被置成 1 状态。因此我们把 S 端称为置 1 输入端，又称置位端。这时，即使 $\bar{S}$ 端恢复到高电平，$Q=1$，$\bar{Q}=0$ 的状态仍将保持下去，这就是触发器的记忆功能。

（3）当 $\bar{R}=0$、$\bar{S}=1$（即在 $\bar{R}$ 端加有低电平触发信号）时，$\bar{Q}=1$，G$_1$ 门输入全为 1，$Q=0$，触发器被置成 0 状态。因此我们把 $\bar{R}$ 端称为置 0 输入端，又称复位端。这时，即使 $\bar{R}$ 端恢复到高电平，$Q=0$，$\bar{Q}=1$ 的状态也将继续保持下去。

（4）当 $\bar{R}=0$、$\bar{S}=0$（即在 $\bar{R}$、$\bar{S}$ 端同时加有低电平触发信号）时，G$_1$ 和 G$_2$ 门的输出都为高电平，即 $Q=\bar{Q}=1$，这不符合 Q 和 $\bar{Q}$ 为互补状态，既不是 1 状态，也不是 0 状态，在 RS 触发器中是不允许的，这种状态是不稳定的，我们称之为不定状态。若两输入端信号同时撤去，即 $\bar{R}$ 和 $\bar{S}$ 都同时由 0 变为 1 时，触发器输出状态不确定，会造成逻辑混乱。所以 $\bar{R}+\bar{S}=1$ 或者 $RS=0$，就是约束条件。

3. 逻辑功能

对于基本 RS 触发器的逻辑功能，通过工作原理我们已有所了解，但如何表示触发器的逻辑功能呢？我们一般有以下四种方法：

1）状态转换特性表

从上面的分析中可看到：触发器的输出不仅与输入信号有关，还与信号输入前触发器原来状态有关。我们把描述逻辑电路输出与输入之间逻辑关系的表格称为真值表。表 10.1 描述了基本 RS 触发器输入信号和输出状态变量 Q^n 和 Q^{n+1} 间的关系，把这种含状态变量的真值表称为触发器的特性表。表中 Q^n 表示信号输入前触发器输出状态，通常称为现态；Q^{n+1} 表示信号输入后触发器输出状态，称为次态。

表 10.1　基本 RS 触发器简化特性表

$\bar{R}$	$\bar{S}$	Q^n	Q^{n+1}	功能
0	0	0	不定	不允许
		1		
0	1	0	0	置 0
		1		
1	0	0	1	置 1
		1		
1	1	0	0	保持

2）特性方程

特性表完整而清晰地描述了在输入信号 $\bar{R}$ 和 $\bar{S}$ 作用下，触发器的现态 Q^n 和次态 Q^{n+1} 间的转换关系，概括了基本 RS 触发器的三种逻辑功能：置 0、置 1、保持。

若用逻辑表达式描述 Q^n、Q^{n+1} 和 $\bar{R}$，$\bar{S}$ 间关系，称为特性方程，即

$$\begin{cases} Q^{n+1} = S + \bar{R}Q^n \\ RS = 0 \end{cases}$$

式中 $RS = 0$ 为约束条件，表示 $\bar{R}$ 和 $\bar{S}$ 不能同时为 0，即 R 和 S 不能同时为 1。

3）时序图

反映输入信号和输出状态之间关系的工作波形图，称为时序图。图 10.2 就是基本 RS 触发器的时序图。时序图的特点是可以直观、形象地显示触发器的输入与输出之间关系。图 10.2 中，当 $\bar{R} = \bar{S} = 0$ 的状态，使得输出出现不正常的 $Q = \bar{Q} = 1$。随后若出现 $\bar{S} = \bar{R} = 1$，则 Q 和 $\bar{Q}$ 为不定状态。我们用虚线画出，以表示触发器处于失效状态，直至 $\bar{S}$ 或 $\bar{R}$ 的输入使输出有确定状态为止。（设触发器的初态为 0）

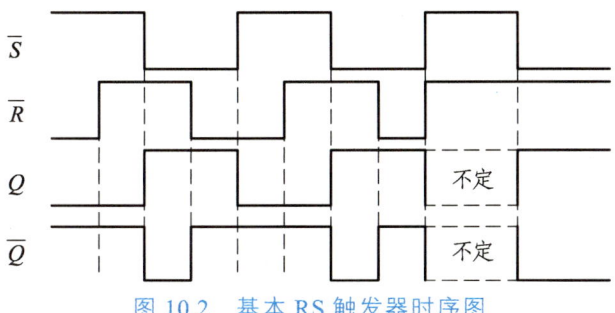

图 10.2　基本 RS 触发器时序图

4）状态转换图

触发器的状态转换图可以用图形的方式表示，即称之为状态转换图。如图 10.3 所示为基本 RS 触发器的状态转换图，图中两个圆圈分别代表触发器的两种状态，箭头表示转移方向，箭头旁的标注表示转移条件。从图中可看出：如果触发器状态 $Q^n = 0$，输入 $\bar{S} = 0$，$\bar{R} = 1$，为 $Q^{n+1} = 1$。如果输入 $\bar{S} = 1$，R 为任意（$R = \times$），触发器状态不变 $Q^{n+1} = Q^n = 0$。

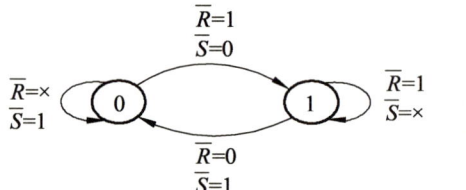

图 10.3　基本 RS 触发器状态转换图

（二）或非门组成的基本 *RS* 触发器

基本 RS 触发器也可以用或非门组成，其逻辑电路图及逻辑符号如图 10.4 所示。

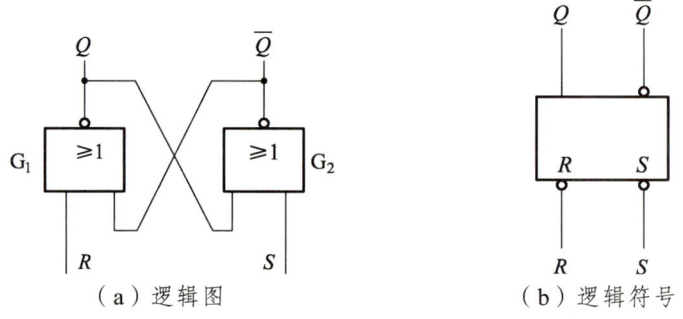

（a）逻辑图　　　　　　　　　（b）逻辑符号

图 10.4　或非门组成的基本 RS 触发器

触发信号输入端 R、S 在没有加触发信号时应处于低电平状态，当加触发信号时变为高电平（称为高电平有效）。例如，当 $R = 1$、$S = 0$ 时，G_2 输出低电平，G_1 输入全为 0 而使输出 $\bar{Q} = 1$，即触发器被置成 0 状态。其特性表见表 10.2 所示。

表 10.2　或非门组成的 RS 触发器特性表

R	S	Q^n	Q^{n+1}	功能
1	1	0	不定	不允许
		1		
0	1	0	1	置 1
		1		
1	0	0	0	置 0
		1		
0	0	0	0	保持
		1	1	

（三）基本 RS 触发器的应用举例

图 10.5 所示为利用基本 RS 触发器消除抖动的电路。若用普通的机械开关，由于按点金属片有弹性，在按下时触点会发生抖动，使输出信号不稳定；接上基本 RS 触发器后，当开关 S_1 由 $\overline{R}$ 端扳向 $\overline{S}$ 端时，触发器输入端 $\overline{S}_d = 0$，$\overline{R}_d = 1$，触发器状态置 1。即使 S_w 多次抖动使 $\overline{S}$ 在 0 和 1 两种状态变化，但 $\overline{R}_d = \overline{S}_d = 1$ 和 $\overline{S}_d = 0$，$\overline{R}_d = 1$ 都能使输出置 1，确保输出端为 1。同理当开关 S_w 由 $\overline{S}_d$ 端扳向 $\overline{R}_d$ 端时，触发器输入端 $\overline{R}_d = 0$，$\overline{S}_d = 1$，触发器状态置 0。即使 S_w 多次抖动使 $\overline{S}_d$ 在 0 和 1 两种状态变化，但 $\overline{R}_d = \overline{S}_d = 1$，$\overline{R}_d = 0$，$\overline{S}_d = 1$ 都能使输出置 0，确保输出端为 0。

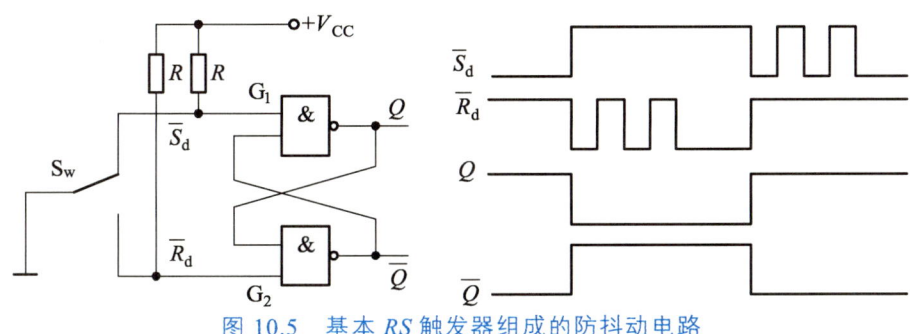

图 10.5 基本 RS 触发器组成的防抖动电路

二、同步 RS 触发器

上述基本 RS 触发器具有直接清 0、置 1 的功能，当 $\overline{R}_d$ 和 $\overline{S}_d$ 的输入信号发生变化时，触发器的状态就立即改变。在实际使用中，为协调各部分的动作，通常要求触发器按一定的时间节拍动作，这就引入了时钟脉冲 CP 作为同步信号，触发器的翻转时刻受时钟脉冲的控制，而翻转到何种状态由输入信号决定，从而出现了各种时钟控制的触发器（简称钟控触发器）。

1. 电路的组成

同步 RS 触发器是同步触发器中最简单的一种，其逻辑图和逻辑符号如图 10.6 所示。图中 G_1 和 G_2 组成基本 RS 触发器，G_3 和 G_4 组成输入控制门电路。CP 是时钟脉冲信号，高电平有效，即 CP 为高电平时，输出状态可以改变，CP 为低电平时，触发器保持原状态不变。

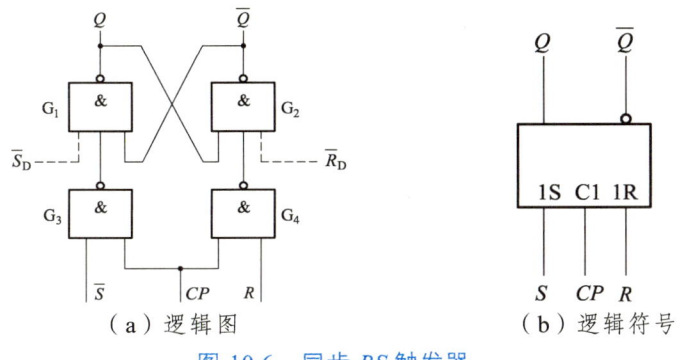

（a）逻辑图　　　　（b）逻辑符号

图 10.6 同步 RS 触发器

2. 逻辑功能

（1）当 $CP=0$ 时，G_3、G_4 门被封锁，输出均为 1，此时 R、S 端的输入不起作用，所以触发器保持原状态不变。

（2）当 $CP=1$ 即同步时钟脉冲上升沿到来时，G_3、G_4 门打开，G_3 输出等于 $\overline{S}$，G_4 输出等于 $\overline{R}$，触发器按照基本 RS 触发器的规律变化。此时，同步 RS 触发器的状态转换特性表与或非门表 10.2 相同。

3. 基本特点

在钟控同步 RS 触发器中，通常还设有直接置 1 或置 0 端，用 $\overline{S}_d$、$\overline{R}_d$ 表示，只在时钟脉冲工作前使用，而在时钟脉冲工作过程中是不用的，此时应将其悬空或接高电平。其特性表如表 10.3 所示，时序图如图 10.7 所示。（设触发器的初态为 0）

表 10.3　同步 RS 触发器特性表

CP	Q^n	R	S	Q^{n+1}	说明
0	×	×	×	Q^n	锁定保持
1	0	0	0	0	保持 $Q^{n+1}=Q^n$
1	1	0	0	1	
1	0	0	1	1	置"1" $Q^{n+1}=1$
1	1	0	1	1	
1	0	1	0	0	置"0" $Q^{n+1}=0$
1	1	1	0	0	
1	0	1	1	1	不定态
1	1	1	1	1	

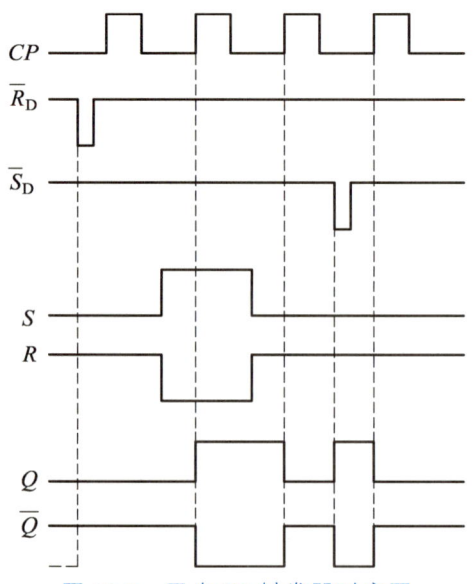

图 10.7　同步 RS 触发器时序图

任务二 常用集成触发器

知识目标

（1）了解常用集成触发器的种类；
（2）掌握常用集成触发器的逻辑符号及逻辑功能；
（3）了解触发器的相互转换。

能力目标

通过逻辑功能分析，培养学生采用逻辑思维方法能够自主分析电路。

素质目标

通过几种常用触发器的学习，培养学生问题解决的能力。

思政目标

集成触发器的出现是技术创新的结果，它解决了传统触发器在集成度、速度、可靠性等方面的不足。强调创新在科技进步中的核心地位，鼓励学生勇于探索、敢于创新。

重难点

（1）常用集成触发器的逻辑符号及逻辑功能分析。
（2）JK 触发器的逻辑功能分析。

为了提高触发器的可靠性，增强抗干扰能力，希望触发器的状态仅仅取决于 CP 信号上升沿（或下降沿）到达时刻输入信号的状态，而在此之前和之后输入信号的变化对触发器的状态没有影响。为此，引入了边沿触发器。边沿触发器分为 CP 上升沿触发和 CP 下降沿触发。下降沿触发也称为 CP 正边沿触发和负边沿触发。按实现的逻辑功能不同，分为 JK 触发器、D 触发器、T 触发器。

一、JK 触发器

1. 逻辑符号

JK 触发器的逻辑符号如图 10.8（a）所示。在触发器逻辑符号中，CP 输入端不加"o"，也不加">"表示高电平触发。CP 输入端加了">"表示边沿触发。加"o"表示下降沿触发，不加"o"表示上升沿触发。图中 J、K 为触发器信号输入端，$\overline{R}_D$ 为直接复位端，$\overline{S}_D$ 为直接置位端，二者均为低电平有效。图 10.8（b）所示为集成 JK 触发器 74 LS112 引脚排列图。

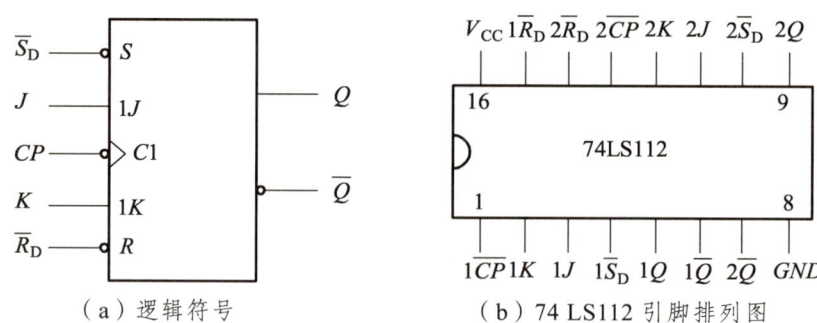

图 10.8 JK 触发器

2. 逻辑功能

当 $CP=0$ 时，触发器保持原来状态。

当 $CP=1$ 时，触发器还是保持原来状态。

当 CP 为上升沿时，触发器仍保持原来状态不变。

当 CP 为下降沿时，触发器根据 J、K 端的输入信号变化。当 $J=K=0$ 时，触发器的状态保持不变，即 $Q^{n+1}=Q^n$；当 $J=0$、$K=1$ 时，触发器置 0；当 $J=1$，$K=0$ 时触发器置 1；当 $J=K=1$ 时，触发器的状态和原状态相反，即 $Q^{n+1}=\overline{Q}^n$，触发器的状态翻转。

3. 特性表

根据以上分析，归纳出 JK 触发器在 CP 下降沿到来时的状态转换特性表，如下表 10.4 所示。

表 10.4 JK 触发器特性表

输入		输出
J	K	Q_{n+1}
0	0	Q_n
1	1	Q_n
0	1	0

4. 特性方程

$$Q^{n+1}=J\overline{Q^n}+\overline{K}Q^n$$

5. 时序图

JK 触发器时序图如下图 10.9 所示（设触发器 Q 的初态为 0）。

6. 状态转换图

JK 触发器状态转换图如图 10.10 所示。

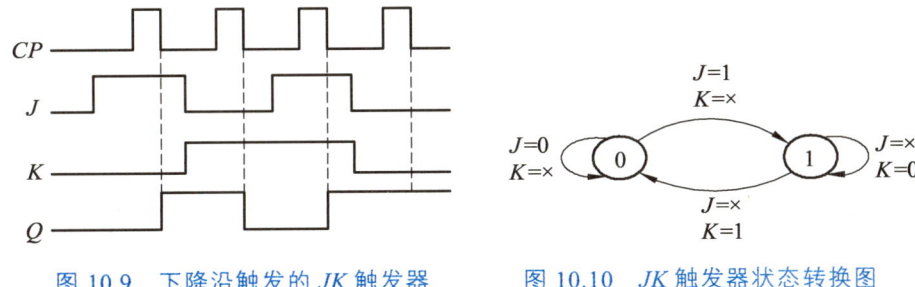

图 10.9　下降沿触发的 JK 触发器　　　图 10.10　JK 触发器状态转换图

二、D 触发器

D 触发器也是一种广泛应用的触发器。国产 D 触发器几乎全是维持阻塞型（维持阻塞型是上升沿触发的边沿触发电路），所以又称为维持阻塞边沿触发器。

1. 逻辑符号

边沿 D 触发器的逻辑符号如图 10.11（a）所示。图中 $\overline{R}_D$ 为异步直接复位端，$\overline{S}_D$ 为异步直接置位端，D 为数据信号输入端。符号图中 $\overline{R}_D$、$\overline{S}_D$ 端的小圆圈表示低电平有效。该触发器为 CP 上升沿触发（图中，CP 端若有小圆圈表示触发器为 CP 下降沿触发）。图 10.11（b）所示为集成 D 触发器 74LS74 引脚排列图。

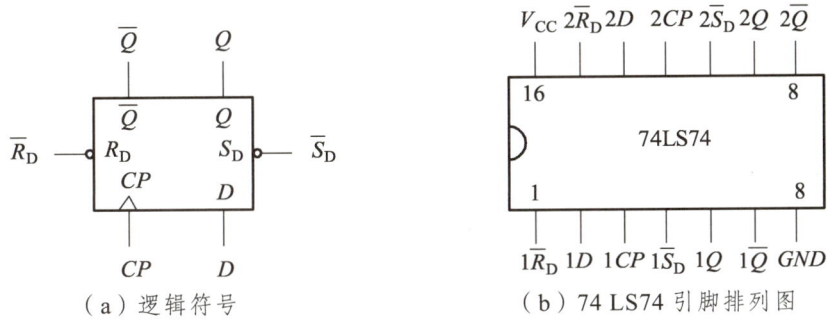

（a）逻辑符号　　　　　（b）74LS74 引脚排列图

图 10.11　D 触发器

2. 逻辑功能

当 CP = 0 时，触发器保持原来状态。

当 CP = 1 时，触发器还是保持原来状态。

当 CP 为下降沿时，触发器仍保持原来状态不变。

当 CP 上升沿到来的时刻，触发器的状态才会发生变化。若这一时刻 D = 0，触发器的状态将被置 0；若这一时刻 D = 1，触发器的状态将被置 1。

综上所述，这种边沿触发器的状态只有在 CP 的上升沿到来时才可能改变，除此之外，在 CP 的其他任何时刻，触发器都将保持状态不变，故把这种类型的触发器称为正边沿触发器或上升沿触发器。

除上述正边沿触发的 D 触发器之外，还有在时钟脉冲下降沿触发的负边沿 D 触发器，与正边沿 D 触发器相比较，只是触发器翻转时所对应的时钟脉冲 CP 的触发沿不同，其所实现的逻辑功能均相同，在此不再赘述。

3. 特性表

根据以上分析，归纳出 D 触发器在 CP 上升沿到来时的状态转换特性表，如表 10.5 所示。

表 10.5 D 触发器特性表

D	Q^n	Q^{n+1}
0	0	0
0	1	0
0	0	1
1	1	1

4. 特性方程

$$Q^{n+1} = D$$

5. 时序图

D 触发器时序图如图 10.12 所示（设触发器 Q 的初态为 0）。

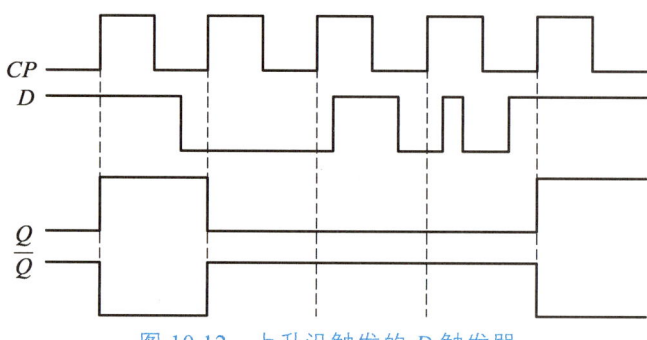

图 10.12　上升沿触发的 D 触发器

6. 状态转换图

D 触发器状态转换图如图 10.13 所示。

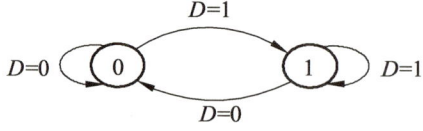

图 10.13　D 触发器状态转换图

三、T 触发器

T 触发器是一种可控制的计数触发器。把图 10.14 中 JK 触发器的 J 端和 K 端相接作为控制端，称为 T 端，就构成 T 触发器。

1. 逻辑符号

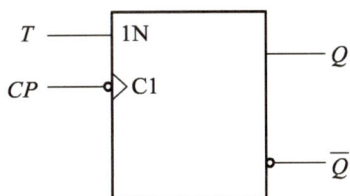

图 10.14 T 型触发器逻辑符号

2. 逻辑功能

从 JK 触发器的特性表 10.3 看出，当 $J = K = 0$ 时，触发脉冲不起作用，即触发器状态在触发前后保持不变，即 $Q^{n+1} = Q^n$。而当 $J = K = 1$ 时，则每来一次触发脉冲，触发器翻转一次，即 $Q^{n+1} = \overline{Q}^n$，它具有计数功能。因为 T 型触发器是用 JK 触发器把 J、K 端相连而成，因此当控制端 $T = 0$ 时，相当于 $J = K = 0$ 时情况，每来一个时钟脉冲，触发器保持原状态不变。当控制端 $T = 1$ 时，则相当于上述 $J = K = 1$ 的情况。每来一个时钟脉冲，触发器要翻转一次，由此可列出表 10.6 T 型触发器的特性表。它说明了 T 型触发器的逻辑功能，当 $T = 0$ 时，触发器无计数功能，时钟脉冲到来前后状态不变；当 $T = 1$ 时，触发器具有计数功能，每个时钟脉冲都会引起触发器翻转。所以 T 触发器又称可控计数触发器。

3. 特性表

特性表如表 10.6 所示。

表 10.6 T 触发器特性表

T	Q^n	Q^{n+1}	功 能
0	0	0	$Q^{n+1} = Q^n$ 保持
0	1	1	
1	0	1	$Q^{n+1} = \overline{Q}^n$ 翻转
1	1	0	

4. 时序图

T 触发器时序图如图 10.15 所示（设触发器 Q 的初态为 0）。

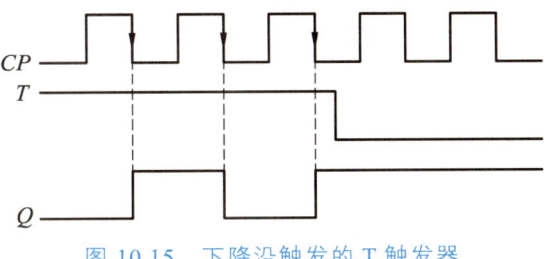

图 10.15 下降沿触发的 T 触发器

四、触发器的转换

JK 触发器的功能最齐全，因此应用最广。但在某些场合，由于 JK 触发器需要两个输入端，使电路设计复杂，而用一个输入端的 D 触发器比较方便，电路也比较简单，所以目前国内外生产的集成单元触发器，是 JK 触发器和 D 触发器，其他触发器可通过一些简单的连接或附加控制门而取得，其中主要是转换成 T 和 T′触发器，因为 T 和 T′触发器没有具体产品。

1. JK 触发器转换成 T 和 T′触发器

JK 触发器的特性方程为 $Q^{n+1} = JQ^n + \overline{K}Q^n$，与其他触发器特性方程比较，若令 $J = K = T$ 即转换成图 12.4 所示 T 触发器；令 $J = K = T = 1$ 即转换成 T′ 触发器。

2. D 触发器转换成 T 和 T′触发器

同理，D 触发器特性方程为 $Q^{n+1} = D$，若令 $D = T\overline{Q^n} + TQ^n$ 可转换成图 10.4 所示 T 触发器；令 $D = \overline{Q^n}$ 可转换成图 T′触发器。

任务三　寄存器

知识目标

（1）了解寄存器的作用。
（2）理解寄存器的工作原理。
（3）掌握寄存器的分类和功能。

能力目标

通过逻辑功能分析，培养学生采用逻辑思维的方法，能够自主分析电路。

素质目标

通过寄存器相关知识学习，培养学生逻辑思维及解决问题的能力。

思政目标

利用寄存器实现具有中国古典图案的 LED 灯显示等。通过实践操作，让学生亲身体验传统文化与现代技术的结合之美。增强学生的动手能力和创新思维，同时加深他们对传统文化的认识和热爱。

重难点

（1）寄存器的分类及工作原理。
（2）寄存器的功能分析及应用。

寄存器是一种用来暂时存放二进制数码的逻辑部件，在计算机和数字电路中广泛应用。一个触发器可存放一位二进制数码，存放 n 位二进制数码需要 n 个触发器。寄存器电路中除触发器外，还有起控制作用的门电路，使电路能执行存数、移位等命令。

寄存器存放数据的方式有并行和串行两种。并行方式是数码从各个触发器对应输入端同时输入到寄存器中；串行方式是数码从一个输入端逐位输入到寄存器中。

寄存器取出数据的方式也有并行输出和串行输出两种。并行输出方式中，被取出的数码同时出现在各位的输出端，串行输出方式中，被取出的数码在一个输入端逐位出现。

寄存器按其功能可分为简单锁存器（数码寄存器）和移位寄存器。

一、数码寄存器

1. 数码寄存器工作原理

存放数码的组件称为数码寄存器，简称寄存器。数码寄存器最基本的功能是将出现在传输线上的数据存储起来。所有的触发器都能锁存数据，事实上，它们都能构成数据寄存器。每个触发器只能存放一位二进制数码，存放 n 位数码就应具备 n 个触发器。数据或代码只能并行送入数据寄存器中，需要时也只能并行输出。

图 10.16 是由四个 D 触发器构成的四位数码寄存器的逻辑图。四个触发器的时钟脉冲输入端连在一起，它们受时钟脉冲的同步控制，$D_0 \sim D_3$ 是寄存器并行的数据输入端，输入四位二进制数码；$Q_0 \sim Q_3$ 是寄存器并行的输出端，输出四位二进制数码。

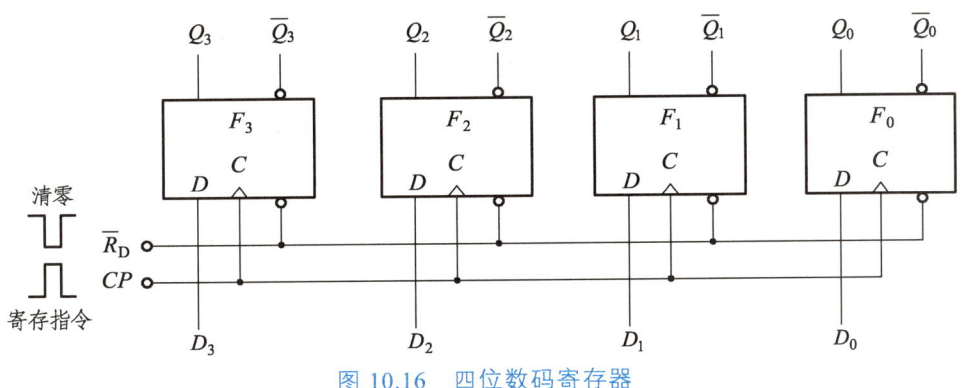

图 10.16　四位数码寄存器

若要将四位二进制数数码为 $D_0D_1D_2D_3 = 1101$ 存入寄存器中，只要在时钟脉冲 CP 输入端加时钟脉冲。当 CP 上升沿出现时，四个触发器的输出端 $Q_0Q_1Q_2Q_3 = D_0D_1D_2D_3 = 1101$，于是这四位二进制数码便同时存入四个触发器中，当外部电路需要这组数据时，可从 $Q_0Q_1Q_2Q_3$ 端读出。这种数码寄存器称为并行输入、并行输出数码寄存器。

2. 集成数码寄存器

将构成寄存器的各个触发器及有关控制逻辑门集成在一个芯片上，就可以得到集成数码寄存器。集成数码寄存器种类较多，常见的有四 D 触发器（如 74 HC175）、六 D 触发器（如 74 HC174）、八 D 触发器（如 74 HC374、74 HC377）等。由锁存器组成的寄存器，常见的有八 D 锁存器（如 74 HC373）。锁存器与触发器的区别是：其计数脉冲为一使能信号（电平信号），当使能信号到来时，输出跟随输入数码的变化而变化（相当于输入直接接到输出端）；当使能信号结束时，输出保持使能信号跳变的状态不变，因此这一类寄存器有时也被称为透明寄存器。

下面以八 D 锁存器 74 HC373 为例说明寄存器的应用。图 10.17 所示为 74 HC373 用于单片机数据总线中的多路数据选通电路。

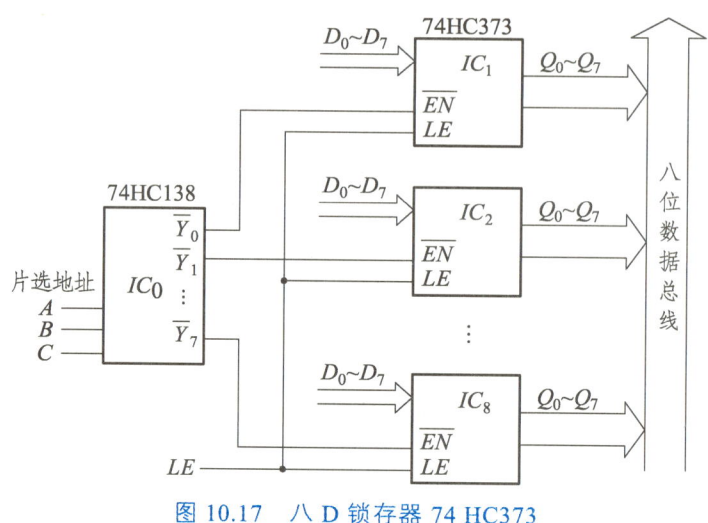

图 10.17 八 D 锁存器 74 HC373

由器件手册可知，74 HC373 具有使能（LE）和输出控制（$\overline{EN}$）功能，当输出控制端 $\overline{EN}$ 为高电平时，74 HC373 输出呈高阻状态；当输出控制端 $\overline{EN}$ 为低电平且使能端 LE 为高电平时，输入数据便能传输到数据总线上；当输出控制端 $\overline{EN}$ 为低电平且使能端 LE 为低电平时，74 HC373 锁存在这之前已建立的数据状态。

电路中的 8 位数据总线（$D_7 \sim D_0$）上挂接了 8 个 74 HC373，它们的 LE 端并接在一起，$\overline{EN}$ 端接到了三线-八线译码器 74 HC138 上。给 LE 端一个正的窄脉冲，各组的数据被分别写入各自的寄存器中。但是，如果 $\overline{EN}$ 端为高电平，所有输出端均被强制为高阻态，数据不送到 8 位数据总路上。

当译码器轮流给各寄存器的 $\overline{EN}$ 端一个负脉冲时，各寄存器的数据就按顺序传送到 8 位数据总线上，由 CPU 读取。这样只要使用 8 根数据总线就可以获得 $8n$（n 为寄存器的个数）数据，大大简化了电路，因此在单片机系统中得到了广泛应用。

二、移位寄存器

移位寄存器除了具有存储数据的功能以外，还具有移位功能，即在移位脉冲的作用下将存储的数据逐次左移或右移。移位寄存器是计算机及各种数字系统的一个重要部件。例如，在单片机中，将多位数据在移一位就相当于乘 2 运算，又如，在串行运算器中，需用移位寄存器把二进制数位依次送至全加器进行运算，运算的结果又按位依次存入寄存器中。另外，在有些数字装置中，要将并行传送的数据转换成串行传送，或将串行传送的数据转换成并行传送，要完成这些转换也需要应用移位寄存器。此外，利用移位寄存器还可以构成一些具有特殊功能的计算器等。根据数码寄存器中移动的情况的不同，又可把移位寄存器分为单向移位型和双向移位型。从输入数码和输出数码来看,又可分为串入、并入,串出、并出等。

1. 单向移位寄存器

如图 10.18 所示,是用 D 触发器组成的单向右移位寄存器。其中每个触发器的输出端 Q 依次接高一位触发器的 D 端,只有第一个触发器的 D 端接收数据。移位脉冲直接加到各触发器的 CP 端。

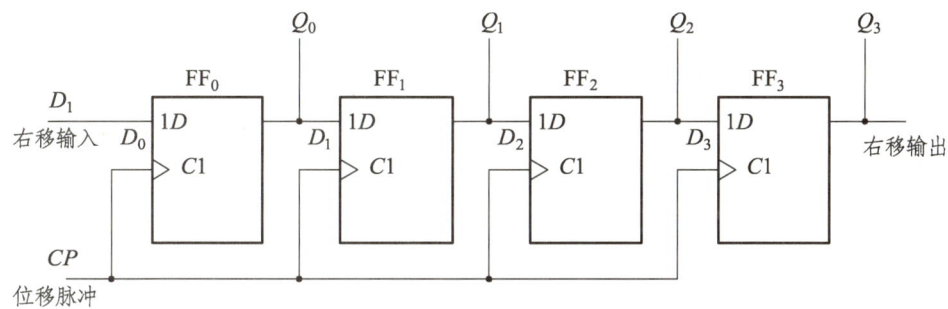

图 10.18 单向移位寄存器

根据 D 触发器的逻辑功能 $Q^{n+1} = D$,可知每当移位脉冲上升沿到达时,输入数码移入触发器 F,同时每个触发器的状态也右移给相邻的一位触发器,这种输入方式称为串行输入。假设串行输入数码为"1011",那么在移位脉冲作用下,移位寄存器中数码的右移时序图如图 10.18 所示。若原移位寄存器的状态是 0000,每来一个移位脉冲,数码就逐位右移送到各触发器中,来过四个脉冲后,1011 四位数码全部移入寄存器中。移位寄存器中串行存入的数码,若需要得到并行输出信号,则可从各触发器的 Q 端直接引出。也可以从触发器的最后一位 Q_3 端串行输出,这时需要再输入四个移位脉冲,四位数码便依次从 Q_3 端输出。因此,可以把图 10.19 的电路叫作串行输入、并行输出右移寄存器。

单向移位寄存器除了右移寄存器外还有左移寄存器,它们的电路图相同,仅是连接顺序方向改变。即串行输入数码由 F_3 触发器输入,输出由 Q_3 向 Q_0 逐位传送移位,这里就不再详细叙述。

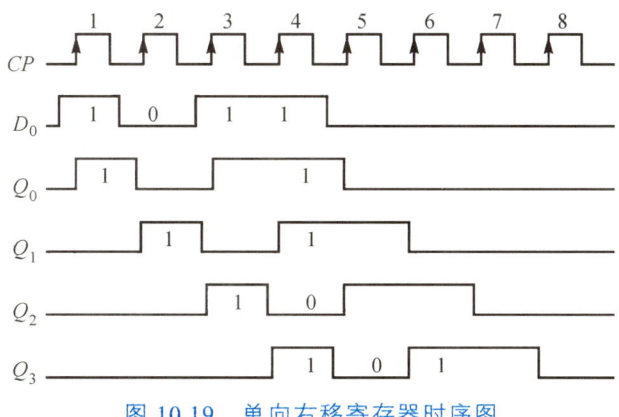

图 10.19 单向右移寄存器时序图

2. 双向移位寄存器

若在上述单向移位寄存器中再添加一些控制门，可以构成在控制信号作用下既能左移又能右移的双向移位寄存器。

集成移位寄存器 74 LS194 是一种典型的中规模四位双向移位寄存器。图 10.20 是 74 LS194 的逻辑符号和引脚排列图。在其控制端加不同的电平，可实现左移、右移、并行置数、保持存数和清"0"等多种功能。其中 A、B、C、D 为并行数据输入端；D_{SL}、D_{SR} 分别为左移和右移串行数据输入端。CP 为移位脉冲输入端。为异步清"0"端。Q_A、Q_B、Q_C、Q_D 为并行数据输出端，S_1、S_0 为工作方式控制端。

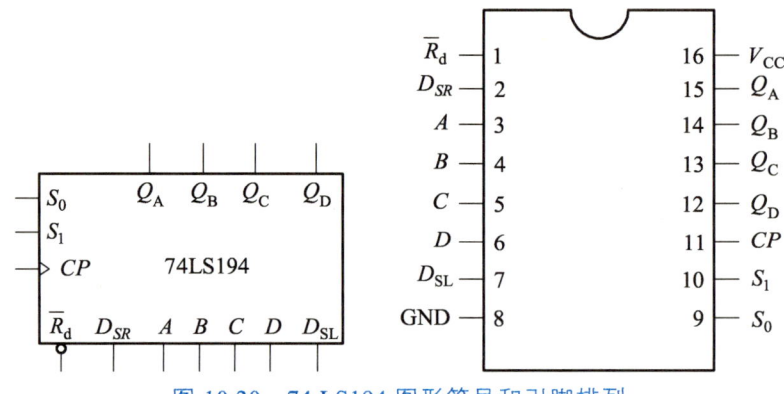

图 10.20　74 LS194 图形符号和引脚排列

对照图形符号和功能表可知：

（1）异步清零：当 $\overline{R}_d = 0$ 时即刻清零，而与输入时钟无关。

（2）保持：$\overline{R}_d = 1$，无 CP 上升沿或 $S_1S_0 = 00$ 时，各触发器保持不变。

（3）并行置数：$\overline{R}_d = 1$，$S_1S_0 = 11$ 时，在 CP 上升沿作用下进行置数 $Q_DQ_CQ_BQ_A = DCBA$

（4）右移：$\overline{R}_d = 1$，$S_1S_0 = 01$ 时，在 CP 上升沿作用下实现右移操作，流向是 $D_{SR} \rightarrow Q_A \rightarrow Q_B \rightarrow Q_C \rightarrow Q_D$，$D_{SR}$ 是右移串行输入端。

（5）左移：$\overline{R}_d = 1$，$S_1S_0 = 10$ 时，在 CP 上升沿作用下实现左移操作，流向是 $D_{SL} \rightarrow Q_D \rightarrow Q_C \rightarrow Q_B \rightarrow Q_A$，$D_{SL}$ 是左移串行输入端。

表 10.7　74 LS194 功能表

$\overline{R}_d$	S_1	S_0	CP	D_{SL}	D_{SR}	A	B	C	D	Q_A	Q_B	Q_C	Q_D	功能说明
0	×	×	×	×	×	×	×	×	×	0	0	0	0	清 0
1	×	×	0	×	×	×	×	×	×	Q_A	Q_B	Q_C	Q_D	保持
1	1	1	↑	×	×	a	b	c	d	a	b	c	d	并行送数
1	0	1	↑	×	1	×	×	×	×	1	Q_A	Q_B	Q_C	右移
1	0	1	↑	×	0	×	×	×	×	0	Q_A	Q_B	Q_C	
1	1	0	↑	1	×	×	×	×	×	Q_B	Q_C	Q_D	1	左移
1	1	0	↑	0	×	×	×	×	×	Q_B	Q_C	Q_D	0	
1	0	0	×	×	×	×	×	×	×	Q_A	Q_B	Q_C	Q_D	保持

三、移位寄存器的应用

利用移位寄存器的串行输入、并行输出功能，能将数据由串行传送转换为并行传送；利用移位寄存器的并行输入、串行输出功能，能将数据由并行传送转换为串行传送。这在计算主机和外设的数据传送中经常要用到。

此外，以移位寄存器为主体可构成移位型计数器。它是将单同移位寄存器的串行输入端和串行输出端相连，构成一个闭合的环。环形计数器计数时，必须利用置"1"和清"0"端设置计数器初态，且每个触发器的初态不能完全相同。环形计数器的进制数 N 和移位寄存器内触发器个数 n 相等。图 10.21 是用 74 LS194 构成的四位环形计数器，$S_1S_0 = 01$ 表明寄存器工作在右移方式，即在时钟脉冲作用下，$D_{SR} \to Q_A \to Q_B \to Q_C \to Q_D \to D_{SR}$ 循环移位，该电路称为移位寄存器型计数器，即四位环形计数器。

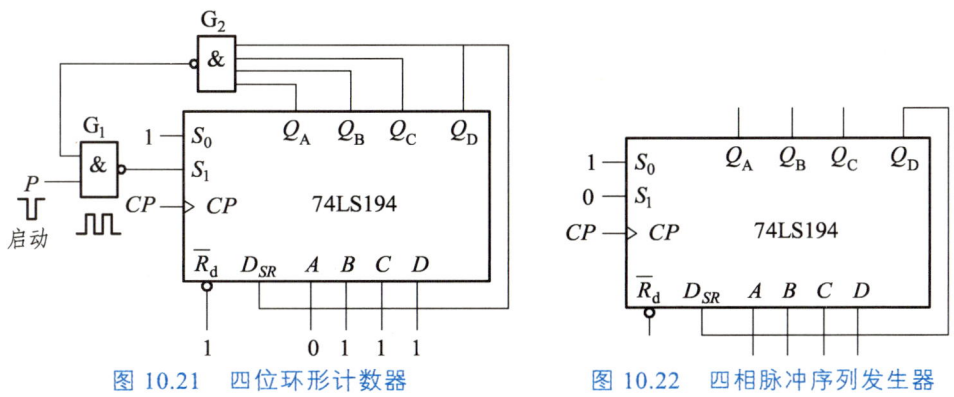

图 10.21 四位环形计数器　　图 10.22 四相脉冲序列发生器

图 10.22 所示为一个用 74 LS194 构成的四相脉冲序列发生器，图中 CP 端接单负脉冲，CP 端输入连续脉冲。

当启动信号端 CP 输入一个低电平脉冲时，使与非门 G1 输出为 1，此时 $S_1 = S_0 = 1$ 时，移位寄存器并行输入数据，$Q_A Q_B Q_C Q_D = ABCD = 0111$。启动信号撤除后，由于寄存器输出端 $Q_A = 0$，使与非门 G_2 的输出为 1，此时 G1 门由于两个输入端同时为 1 而输出为 0，则 $S_1 = 0$。$S_0 = 1$ 时，移位寄存器在 CP 脉冲作用下进行右移操作。因为此时 $D_{SR} = Q_D = 1$，所以最低位不断送入 1，$Q_D = 0$ 时，最低位送入 0。

所以，在移位过程中，与非门 G_2 的输入端总有一个为 0，因而总能保持 G_2 的输出为 1，从而使与非门 G_1 的输出为 0，维持 $S_1 = 0$、$S_0 = 1$，右移不断进行下去。右移位情况如表 10.8 所示，波形图如图 10.23 所示。由此可见，电路可按固定的时序输出低电平脉冲。

表 10.8 四相脉冲序列发生器右移状态表

脉冲序号	右移 DSR	输出			
		Q_A	Q_B	Q_C	Q_D
1	1	0	1	1	1
2	1	1	0	1	1
3	1	1	1	0	1
4	0	1	1	1	0
5	1	0	1	1	1

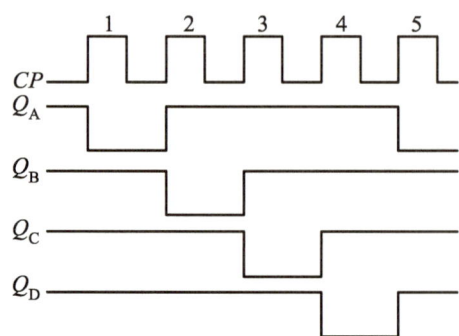

图 10.23　四相脉冲序列发生器时序图

产生序列信号的关键是从移位寄存器的输出端引出一个反馈信号送至串行输入端。反馈逻辑电路由各种门电路构成，其输入为移位寄存器的 4 个输出端，其输出直接送串行数据输入端。选择合适的反馈组合，可以得到不同长度，不同数值的序列信号。n 位移位寄存器构成的序列信号发生器产生的序列信号的最大长度 $P = 2n$。

任务四　计 数 器

知识目标

（1）了解计数器的作用；
（2）理解计数器的工作原理；
（3）掌握计数器的分类和功能。

能力目标

通过电路原理分析，培养学生采用逻辑思维方法，能够自主分析电路。

素质目标

通过计数器相关知识学习，培养学生应用相关知识解决问题的能力。

思政目标

教师可以通过讲解计数器在计时、提醒等方面的功能，引导学生认识到合理规划时间的重要性；同时，结合传统文化中的"惜时如金"、"一寸光阴一寸金"等观念，教育学生珍惜时间、勤奋学习、自律自强。

重难点

（1）计数器的分类及工作原理。
（2）计数器的功能分析及应用。

具有计数功能的逻辑器件称为计数器。在数字系统中使用得最多的时序电路要算是计数器了。计数器不仅能用于对时钟脉冲计数，还可以用于分频、定时、产生节拍脉冲和脉冲序列以及进行数字运算等。

如果按计数器中的触发器是否同时翻转分类,可将计数器分为同步计数器和异步计数器。同步计数器是指计数器中各触发器采用同一个时钟脉冲信号,即各触发器的翻转是同时进行的。而异步计数器中各触发器并不共用时钟脉冲信号,即各触发器的翻转有先有后,不是同时发生的。

按计数增减趋势分类,可将计数器分为加法计数器、减法计数器、可逆计数器。随着计数脉冲的不断输入而作递增计数的叫加法计数器,作递减计数的叫减法计数器,可增可减的叫可逆计数器。

按计数器的进位制不同分类,可将计数器分为二进制计数器、十进制计数器和 N 进制计数器。

一、异步计数器

异步计数器是指计数脉冲没有同时加到所有触发器的 CP 端。当计数脉冲到来时,各触发器的翻转时刻不同,所以,在分析异步计数器时,要特别注意各触发器翻转所对应的时钟条件。

异步二进制计数器是计数器中最基本、最简单的电路,由多个触发器连接而成,计数脉冲一般加到最低位触发器的 CP 端,其他各级触发器由相邻低位触发器的输出信号来触发。

(1)异步二进制加法计数器

凡是计数值随着输入计数脉冲个数递增的计数器称之为加法计数器,为了实现二进制加法计数,可将多级 T′ 触发器逐级连接起来。

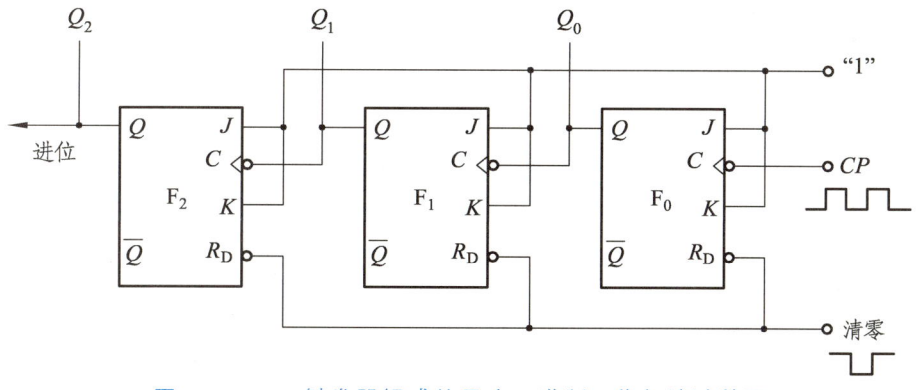

图 10.24 JK 触发器组成的异步二进制三位加法计数器

如图 10.24 所示,异步二进制加法计数器由四个 JK 触发器转换成 T′ 触发器连接组成。计数脉冲由时钟端 CP 输入,J、K 端置 1,由于 JK 触发器属于脉冲下降沿触发,因此由 Q 端输出进位脉冲。各触发器的置"0"端 R_D 连接在一起,计数器在开始工作之前,一般在 R_D 端输入负脉冲,使计数器置于 000 状态,简称为清零。计数脉冲由 CP 端输入,每输入一个计数脉冲,最低位触发器总是改变一次状态,即按 $Q^{n+1} = \overline{Q^n}$ 翻转。当输入第一个脉冲时,触发器 F_0 状态由"0"翻转为"1"状态,Q_0 端输出正跳变,对 F_1 触发器不起作用,计数器处于 001 状态。当输入第二个脉冲时，F_0 触发器由"1"变为"0"，Q 端输出负跳变，从 CP 端输入使 F_1 翻转，F_1 由"0"翻转为"1"，对 F_2 不起作用，因此计数器状态为 010。由此可知，当任何一位触发器从"1"变为"0"时，产生的负跳变，都使高一位的触发器翻转，所以 F_0 翻转两次 F_1 才翻转一次。同理 F_1 每翻转两次，F_2 翻转一次。计数电路的 Q 端状态变化，与三位二进制数码逢二进位的递加情况相符。加法计数器电路的触发器，记录了输入脉冲的个数，三位触发器构成的二进制计数电路，当累加到第八脉冲时，三位计数器的转态恢复位为"000"转态，同时在 Q_2 端输出一个进位脉冲。

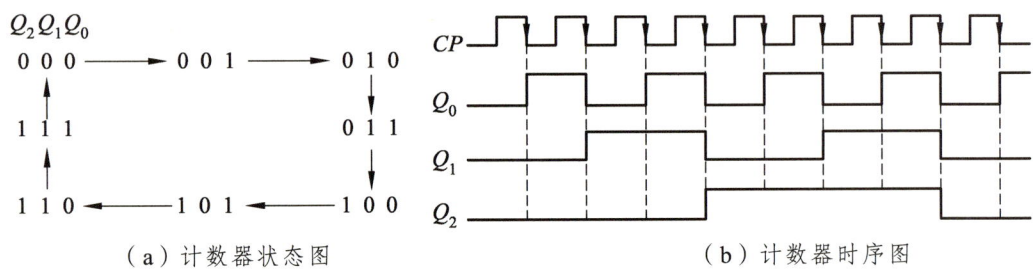

（a）计数器状态图　　　　　　　　（b）计数器时序图

图 10.25　计数器状态图和时序图

计数器的状态转换规律也可以采用图 10.25（a）所示的状态转换图来表示。状态转换图是用图形的方式来描述各触发器的状态转换关系的。图中，三个数字表示三个触发器 $Q_2Q_1Q_0$ 的状态，箭头表示计数脉冲 CP 到来后各触发器的状态转换方向。可以看出，若把三个触发器 $Q_2Q_1Q_0$ 的状态看成是一个二进制数，则每来一个计数脉冲，计数器的状态加 1，所以它是一个异步三位二进制加法计数器。

计数器的时序图如图 10.25（b）所示，从时序图可以看出：Q_0 的频率只有 CP 的 1/2，Q_1 的频率只有 CP 的 1/4（$1/2^2$），Q_2 的频率为 CP 的 1/8（$1/2^3$），即计数脉冲每经过一级触发器，输出脉冲的频率就减小 1/2，因此，计数器还具有分频功能。由 n 个触发器构成的二进制计数器，其末级触发器输出脉冲的频率为 CP 的 $1/2^n$，即可以对 CP 进行 2^n 分频。

2. 异步二进制减法计数器

若是计数值随着计数脉冲的个数递减，则这种计数器称之为减法计数器。图 10.26 所示为用 JK 触发器构成的异步四位二进制减法计数器，根据二进制减法计数规则，若低位触发器原为 0"态，从这一位减去"1"时，则本位应变为"1"，同时向高一位触发器发出借位信号，并使高位翻转，这样借位信号总是发生在每一位触发器由"0"变"1"时。于是，可以把借位信号作为高一位触发器的 CP 信号。由于 JK 边沿触发是下降沿触发，借位信号应从 Q 端输出，二进制减法计数器的工作过程分析如下。

计数时，各触发器置"0"，计数器状态为 0000，在这种情况下，如果输入第一个脉冲，即为 0000 状态减去一个数，此时减数应从高位借来减去数 1，计数器的状态应为（1111）$_2$ = （15）$_{10}$ 图 10.26 中，如果电路置"0"后为 0000 状态，在输入第一个脉冲时，触发器 F_0 翻转由"0"变为"1"，$\overline{Q_0}$ 产生由"1"到"0"的负跳变，借位信号触发 F_1，F_1 翻转由"0"

变为"1",$\bar{Q}_1$ 触发 F_2,F_2 由"0"变为"1",$\bar{Q}_2$ 触发 F_3,F_3 由"0"变为"1",所以计数电路处于"1111"状态。

当输入第二个脉冲时,F_0 翻转由"1"变为"0",$\bar{Q}_0$ 则由"0"变"1"为正跳变,对 F_1 不起作用,所以计数器状态为"1110"。当计数脉冲继续输入时,计数器各触发器的状态按二进制递减的方式进行,直到第 16 个脉冲输入后,计数器的数全部减完,恢复为 0000 状态,在第 17 个脉冲到来,又开始新的计数周期。

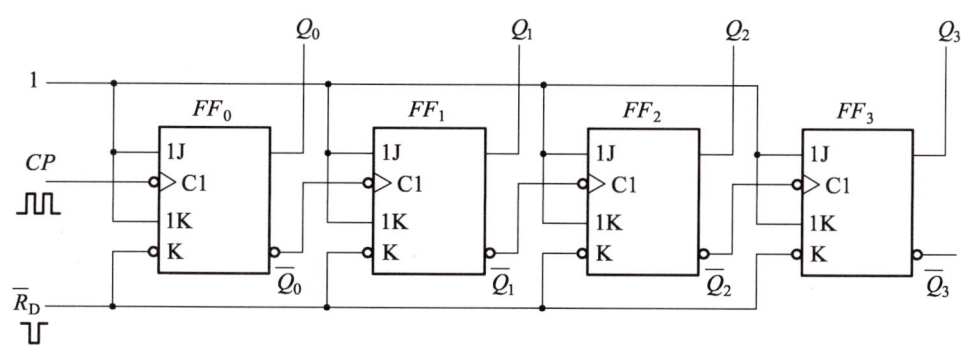

图 10.26　JK 触发器组成的异步二进制四位减法计数器

3. 异步 N 进制计数器

计数器除了二进制外,在实际工作中,往往还需要十进制等其他计数器。例如,时钟秒、分、小时之间的关系或工业生产线上产品包装个数的控制等,我们把这些计数器称为 N 进制计数器。异步 N 进制计数器的构成方式也是在二进制计数器的基础上,利用一定的方法跳过多余的状态后实现的。例如,五进制计数器可以用三个触发器组成。

由于组成异步计数器的各触发器翻转时刻不同,因而工作速度低。为提高计数器的工作速度,可以采用同步工作方式的计数器,即同步计数器。

二、同步计数器

所谓同步计数器,就是将计数脉冲同时加到各触发器的时钟输入端,使各触发器在计数脉冲到来时同时翻转。

1. 同步十进制加法计数器

十进制数有 0~9 十个数码,即一位十进制计数器应该有十个不同的状态。由于一个触发器可以表示两种状态,组成一位十进制计数器需要 4 个触发器。4 个触发器共有 $2^4 = 16$ 种不同的状态,我们可以从 16 种状态中选取 10 种状态(称为有效状态)分别表示 0、1、2、3、4、5、6、7、8、9 这十个数码,其余的 6 种多余状态(称为无效状态)不用,使计数器的状态按十进制计数规律变化,这样就得到一位十进制计数器。十进制计数器的编码方法有多种,常用的是 8421BCD 码。

由图 10.27 可看出同步十进制加法计数器由四个 JK 触发器构成。CP 是输入的计数脉冲,计数脉冲同时加到触发器的 F_1~F_4 的 CP 端,CO 是向高位进位的输出信号。

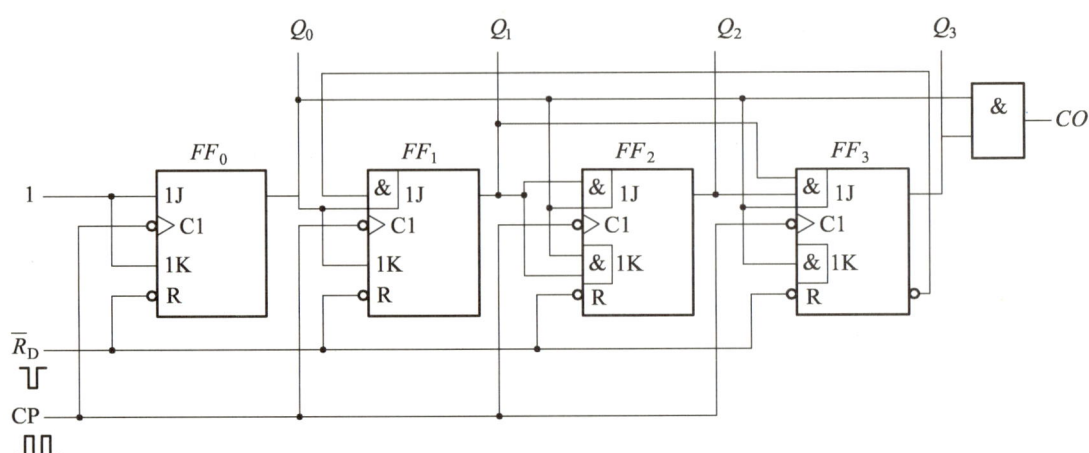

图 10.27　同步十进制加法计数器

电路逻辑功能分析：

（1）对所给的逻辑电路写出各触发器的输出方程驱动方程

时钟方程　　时钟信号 CP 同时输入四个 JK 触发器

$$CP_0 = CP_1 = CP_2 = CP_3 = CP$$

输出方程　　输出端 CO 的方程

$$CO = Q_0^n Q_3^n$$

驱动方程　　四个 JK 触发器的驱动方程

$$J_0 = K_0 = 1$$

$$J_1 = \overline{Q_3^n} Q_0^n, \quad K_1 = Q_0^n$$

$$J_2 = K_2 = Q_1^n Q_0^n$$

$$J_3 = Q_2^n Q_1^n Q_0^n, \quad K_3 = Q_0^n$$

（2）求状态方程　　由驱动方程和触发器的特征方程，写出各触发器的状态方程

$$Q_0^{n+1} = J_0 \overline{Q_0^n} + \overline{K_0} Q_0^n = \overline{Q_0^n}$$

$$Q_1^{n+1} = J_1 \overline{Q_1^n} + \overline{K_1} Q_1^n = \overline{Q_3^n} Q_2^n \overline{Q_1^n} + \overline{Q_0^n} Q_1^n$$

$$Q_2^{n+1} = J_2 \overline{Q_2^n} + \overline{K_2} Q_2^n = Q_1^n Q_0^n \overline{Q_2^n} + \overline{Q_1^n Q_0^n} Q_2^n$$

$$Q_3^{n+1} = J_3 \overline{Q_3^n} + \overline{K_3} Q_3^n = Q_2^n Q_1^n Q_0^n \overline{Q_3^n} + \overline{Q_0^n} Q_3^n$$

（3）根据状态方程，作出状态转移表

从 $Q_0^n Q_3^n Q_2^n Q_1^n = 0000$ 时开始，依次代入状态方程和输出方程进行计算，结果见表 10.9。

表 10.9 同步十进制加法计数器转态转换特性表

计数脉冲序号	现态				次态				输出
	Q_3^n	Q_2^n	Q_1^n	Q_0^n	Q_3^{n+1}	Q_2^{n+1}	Q_1^{n+1}	Q_0^{n+1}	CO
0	0	0	0	0	0	0	0	1	0
1	0	0	0	1	0	0	1	0	0
2	0	0	1	0	0	0	1	1	0
3	0	0	1	1	0	1	0	0	0
4	0	1	0	0	0	1	0	1	0
5	0	1	0	1	0	1	1	0	0
6	0	1	1	0	0	1	1	1	0
7	0	1	1	1	1	0	0	0	0
8	1	0	0	0	1	0	0	1	0
9	1	0	0	1	0	0	0	0	1

由状态转移特性表可看出计数器状态的转换规律。在这里计数器实际上只使用了 0000 ~ 1001 十种状态，并且电路是按 8421 编码同步递增的方式进行计数的。从表中可知，进位信号在计数状态为 1001（第 9 个脉冲）变成了高电平。而第 10 个脉冲下降沿到来时，C_0 从"1"变为"0"，即发出进位信号，完成逢十进一的功能，使高位计数器取得进位信号触发翻转。

2. 有效状态、无效状态和自启动

在上面已经讲过，编码时使用了的代码状态叫作有效状态，反之，没有使用的状态就称为无效状态。从表 10.9 可看出，1010 ~ 1111 是无效的，因为 8421 编码中未使用。

电路因为某种原因，例如干扰而落入无效状态时，如果在 CP 脉冲操作下可以返回到有效状态，则称为能自启动。

计数器在输入计数脉冲的作用下，总是循环工作的，在正常情况下，周而复始地在有效状态中的循环叫作有效循环。反之，我们把无效循环状态中的循环叫作无效循环，凡是不能自启动的电路，肯定存在着无效循环，这种情况一般在计数器的设计时应设法避免。8421 编码的同步十进制加法计数器能够自启动。

3. 同步二进制加法计数器

同步二进制加法计数器与异步二进制加法计数器的构成一样，只是同步工作方式的计数器是由同一个触发脉冲触发的。它们的转态转换图和时序图也完全相同，见图 10.25。

通过上述分析可以看出，与异步计数器相比，由于异步计数器的触发信号通常是逐级传递的，触发信号要被延时，因而使其计数速度受到限制，工作频率不能太高；而同步计数器的计数脉冲是同时触发计数器中的全部触发器，各触发器的翻转与 CP 同步，所以工作速度较快，工作频率较高。

任务五 集成计数器及应用

知识目标

了解集成计数器类型、工作原理及应用。

能力目标

通过逻辑功能分析，培养学生采用逻辑思维方法，能够自主分析、设计电路。

素质目标

通过集成计数器及应用学习，培养学生运用相关知识解决问题的能力。

思政目标

通过介绍集成计数器在高铁系统中的应用实例，如用于列车运行控制、速度监测、信号同步等方面，引导学生认识到科技进步对国家发展的重要推动作用。

重难点

（1）集成计数器的分类及工作原理。
（2）集成计数器的功能分析及应用。

集成计数器的产品型号很多，以 4 位二进制（十六进制）、十进制 BCD 码为主。实际应用中常需要任意进制的，可以通过适当连接实现，下面举例说明。

一、同步十进制计数器

集成十进制加法计数器 74 LS160 具有计数、保持、预置、清零功能。图 10.28 所示是它的逻辑符号和引脚排列图。

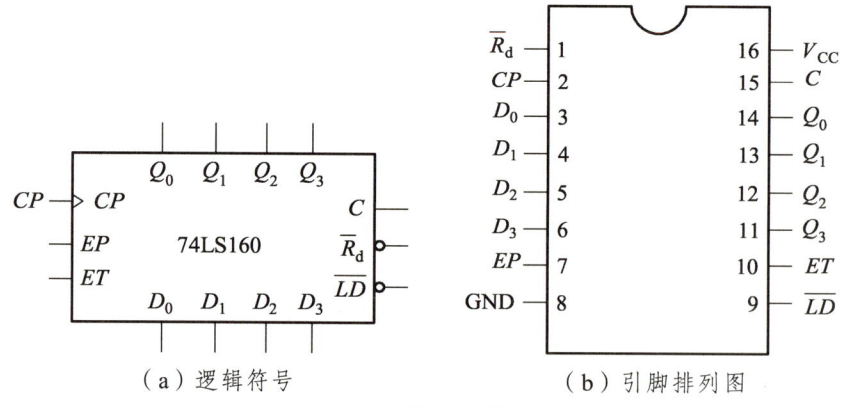

（a）逻辑符号 （b）引脚排列图

图 10.28　74 LS160 的逻辑符号和外引脚排列图

图中 $\overline{LD}$ 为同步置数控制端，$\overline{R_d}$ 为异步置 0 控制端，EP 和 ET 为计数控制端，$D_0 \sim D_3$ 为并行数据输入端，$Q_0 \sim Q_3$ 为输出端，C 为进位输出端。表 10.10 为 74 LS160 的功能表。

表 10.10　74 LS160 的功能表

输入								输出				说明
$\overline{R}_d$	$\overline{LD}$	EP	ET	CP	D_3	D_2	D_1	D_0	Q_3	Q_2	Q_1	Q_0	
0	×	×	×	×	×	×	×	×	0	0	0	0	异步置0
1	0	×	×	↑	D	C	B	A	D	C	B	A	并行置数
1	1	1	1	↑	×	×	×	×					计数
1	1	0	×	×	×	×	×	×	Q_3	Q_2	Q_1	Q_0	保持
1	1	×	0	×	×	×	×	×	Q_3	Q_2	Q_1	Q_0	保持

由表可知 74 LS160 有如下功能：

（1）异步清 0。当 $\overline{R}_d = 0$ 时，输出端清 0，与 CP 无关。

（2）同步并行预置数。当 $\overline{R}_d = 0 = 1$，当 $\overline{LD} = 0$ 时，在输入端 $D_3D_2D_1D_0$ 预置某个数据，则在 CP 脉冲上升沿的作用下，就将输入端的数据置入计数器。

（3）保持 $\overline{R}_d = 1$，当 $\overline{LD} = 1$ 时，只要 EP 和 ET 中有一个为低电平，计数器就处于保持状态。在保持状态下，CP 不起作用。

（4）计数 $\overline{R}_d = 1$，$\overline{LD} = 1$，$EP = ET = 1$ 时，电路为四位十进制加法计数器。当计到 1001 时，进位输出端 C 送出进位信号（高电平有效），即 $C = 1$。

图 10.29 是 74 LS160 的时序图。可以看到，若计数器从初始值 0000 开始对 CP 脉冲计数，则输出 $Q_3Q_2Q_1Q_0$ 就表示计数的个数，当第 9 个脉冲到来时，计数器进位输出 $C = 1$，当第 10 个脉冲到来时，计数器输出端 $Q_3Q_2Q_1Q_0$ 清零，因此我们称 74 LS160 为同步十进制加法计数器。

由时序图还可以看出，如果 CP 的频率为 F_0，那么 Q_0、Q_1、Q_2、Q_3 的频率分别为 $1/2f_0$、$1/4f_0$、$1/8f_0$、$1/10f_0$，说明计数器具有分频作用，也叫分频器，各级依次称为二分频、四分频、八分频、十分频。

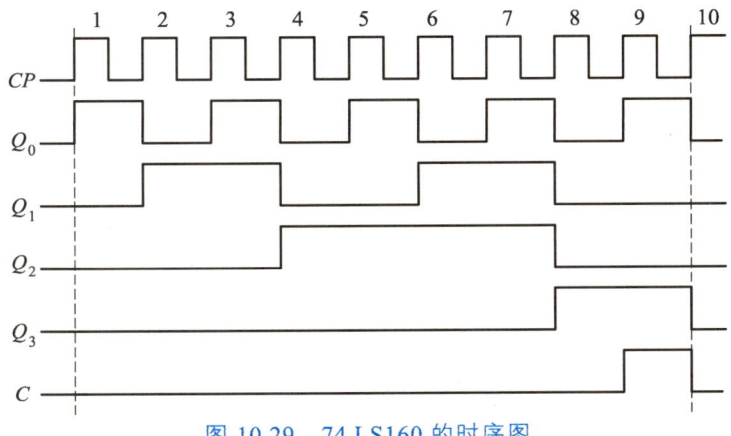

图 10.29　74 LS160 的时序图

二、同步二进制计数器

集成同步二进制加法计数器 74 LS161 的管脚图和功能表与 74 LS160 基本相同，唯一不同的是 74 LS161 是集成同步二进制加法计数器，而 74 LS160 是集成同步十进制加法计数器。

三、异步计数器

异步计数电路简单，但计数速度慢，多用于仪器、仪表中。图 10.30 是二-五-十进制集成计数器 74 LS290 的逻辑符号和外引脚排列图。它兼有二进制、五进制和十进制三种计数功能。当十进制计数时，又有 8421BCD 和 5421BCD 码选用功能，表 10.11 是它的功能表

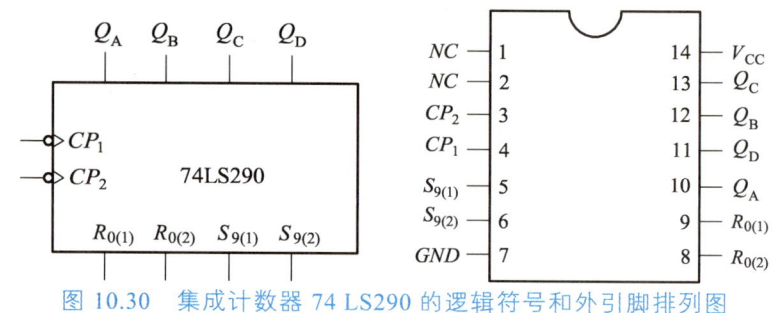

图 10.30　集成计数器 74 LS290 的逻辑符号和外引脚排列图

表 10.11　74 LS290 的功能表

输　　入				输　　出			
$R_{0(1)}$	$R_{(2)}$	$S_{9(1)}$	$S_{9(2)}$	Q_A	Q_B	Q_C	Q_D
1	1	0	×	0	0	0	0
1	1	×	0	0	0	0	0
×	×	1	1	1	0	0	1
×	0	×	0	计　数			
0	×	0	×				
0	×	×	0				
×	0	0	×				
外部接线			①将 Q_A 接 CP_2，执行 8421BCD 码 ②将 Q_D 接 CP_1，执行 5421BCD 码				

由表可知，74 LS290 具有如下功能：

1. 异步置 0

当 $R_{0(1)} = R_{0(2)} = 1$ 且 $S_{9(1)}$ 或 $S_{9(2)}$ 中任一端为 0，则计数器清零，即 $Q_D Q_C Q_B Q_A = 0000$。

2. 异步置 9

当 $S_{9(1)} = S_{9(2)} = 1$，则计数器置 9，即 $Q_D Q_C Q_B Q_A = 1001$。

3. 计数

当 $R_{0(1)}$、$R_{0(2)}$ 和 $S_{9(1)}$、$S_{9(2)}$ 均至少有一个为低电平时，计数器处于计数工作状态。

计数时有以下四种情况：

若计数脉冲由 CP_1 输入，从 Q_A 输出，则构成一位二进制计数器。

若计数脉冲由 CP_2 输入，从 $Q_D Q_C Q_B$ 输出，则构成五进制计数器。

若将 Q_A 接 CP_2，计数脉冲由 CP_1 输入，输出为 $Q_D Q_C Q_B Q_A$ 时，则构成 8421BCD 码十进制计数器。

若将 Q_D 接 CP_1，计数脉冲由 CP_2 输入，输出从高位到低位为 $Q_D Q_C Q_B Q_A$ 时，则构成 5421BCD 码十进制计数器。

在二、五、十进制的基础上，利用反馈控制置 0 或置 9 的方法，将 Q_D、Q_C、Q_B、Q_A 与 $R_{0(1)}$、$R_{0(2)}$ 及 $S_{9(1)}$、$S_{9(2)}$ 作适当连接，可得到二到十等九种进制的计数中的任一种。

四、用集成组件构成任意进制计数器

二进制和十进制以外的进制统称为任意进制。要构成任意进制的计数器，只有利用集成二进制或十进制计数器，用反馈置零法或反馈置数法来实现。假设已有 M 进制计数器，要构成 N 进制计数器，有 $M>N$ 和 $M<N$ 这两种可能。下面首先讨论 $N>M$ 时的情况。

在 N 进制计数器的计数过程当中，设法跳过（$M-N$）个状态，就可得到 N 进制计数器。实现跳跃的方法有清零法和置数法两种。

1. 清零法

清零法有异步清零和同步清零两种，74LS160 和 74LS161 都是异步清零的集成计数器。计数器从全"0"状态开始计数，计满 N 个状态后产生清零信号，使计数器回到初态。图 10.31 为 74LS161 用清零法构成的十二进制计数器，由状态图看出，当第 12 个脉冲到来时，计数器输出状态 $Q_3 Q_2 Q_1 Q_0$ 输出为 1100，与非门反馈输出为 0，由于是异步清零端，即只要端为零，计数器不等下一个计数脉冲到来，输出 $Q_3 Q_2 Q_1 Q_0$ 立即为零，状态 1100 到状态 0000 的时间很短，所以该电路是十二进制计数器。

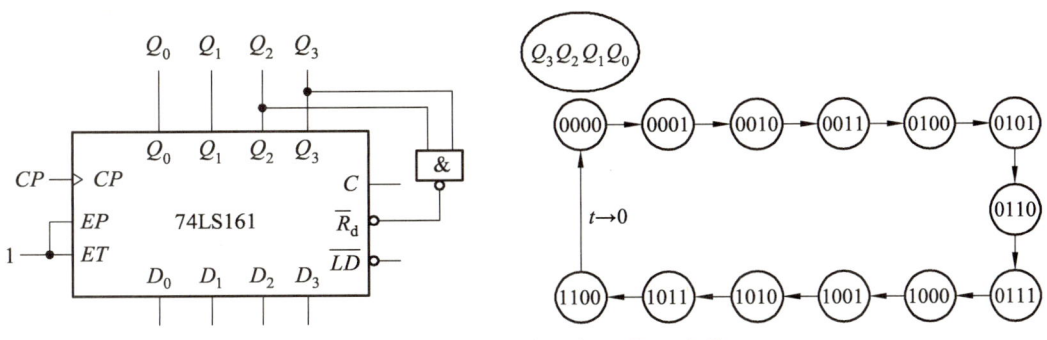

图 10.31 清零法构成的十二进制计数器

2. 置数法

通过预置数功能让计数器从某个预置状态开始计数，计满 N 个状态后产生置数信号，使计数器又进入预置数状态，然后重复上述过程。图 10-21 为由 74 LS160 用置数法构成的七进制计数器，电路中 $D_3D_2D_1D_0$ 的预置数为 0，当第 6 个脉冲到来时，计数器输出为 0110，此时与非门反馈环节输出为 0，使预置数端有效，但此时计数器输出却并没有置为 0，因为 74 LS160 是同步预置功能，只有等第 7 个脉冲的上升沿到来时，计数器才同步预置为 0，所以此电路为七进制计数器。

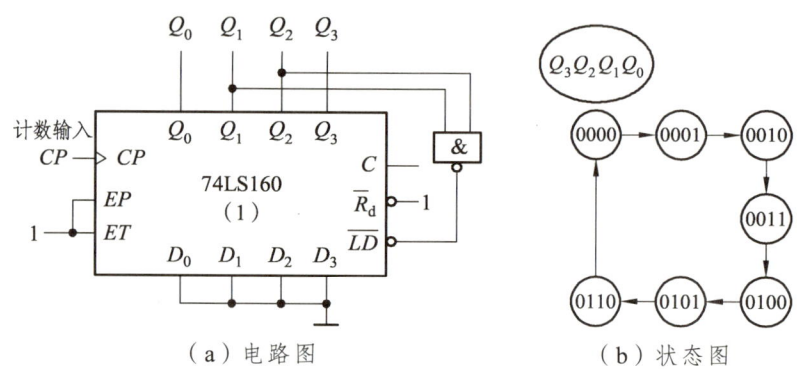

图 10.32　置数法构成的七进制计数器

五、集成计数器应用

根据 74 LS290 的逻辑功能表接成的九进制计数器如图 10.33 所示。

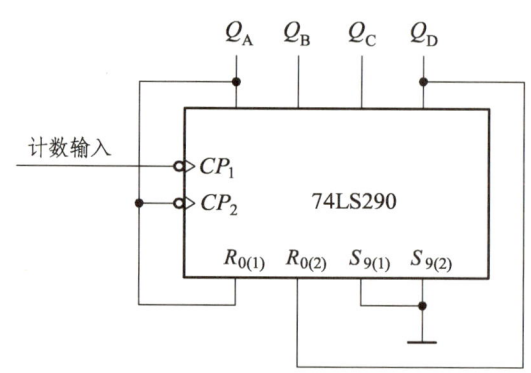

图 10.33　九进制计数器

小　结

时序逻辑电路是数字电路的另一种类型，它一般是由组合逻辑电路和具有记忆功能的触发器组成的。它的特点是其输出状态不仅与现时的输入状态有关，而且还与电路原来所处的状态有关。常用的时序逻辑电路有许多种，本章主要介绍的是寄存器和计数器。

触发器是时序逻辑电路一种逻辑单元。双稳态触发器有 0 和 1 两个稳定输出状态,在一定外界信号的作用下可以从一个稳定状态翻转为另一个稳定状态。因此,双稳态触发器是具有记忆功能的元件。

触发器的逻辑功能可用逻辑状态表来表示。根据逻辑功能的不同,触发器可分为 RS、JK、D、T 等几种类型。由于内部电路结构不同,因而触发方式和时刻也不同。基本 RS 触发器为低电平触发;可控 RS 触发器为高电平触发;其他触发器一般多采用时钟脉冲的上升或下降沿触发。

寄存器是具有存储数码或信息功能的逻辑电路。它分为数码和移位寄存器两类,数码寄存常采用并行输入-并行输出的方式存储;移位寄存器的特点是不仅能存放数码组成的数据,而且能将数码所在的高位或低位状态进行移位(左移、右移和双向移位)。

计数器是对脉冲的个数进行计数,具有计数功能的电路。计数器有二进制和非二进制、异步和同步、加减可逆计数等类别,可以用分散的组合逻辑门和集成触发器组成,也有现成的集成组件。

利用反馈置数、反馈清零等方法可将集成计数器组成任意进制计数器。

思考与练习

一、练一练

1. 任务准备

数字电路实验箱、计数器 74 LS90。

2. 任务实施

(1)按照电路图 10.34 所示连接,实现 0~9 十进制计数功能。

实验原理图如下:(函数信号发生器 XFG1:5 V 3 Hz 偏移 2.5 V 方波)

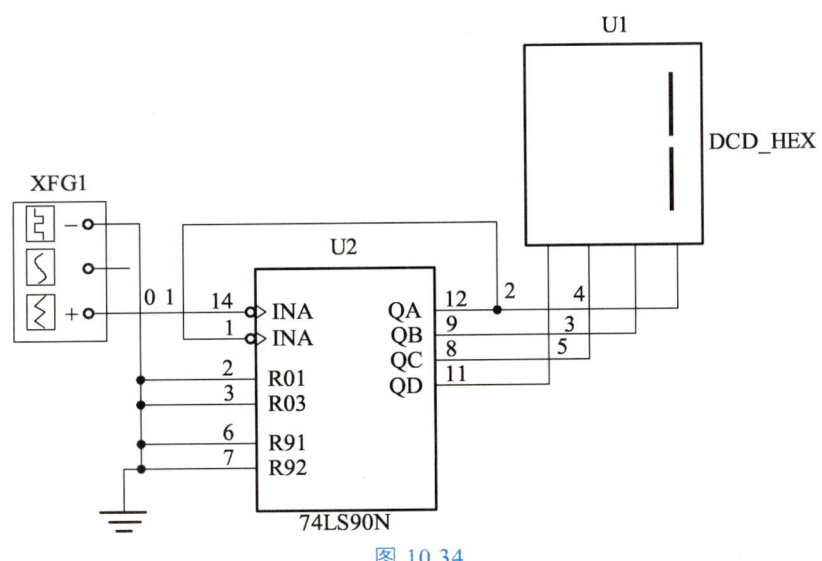

图 10.34

（2）按照电路图 10.35 所示连接，实现六进制计数功能。（解码器上依次显示 0~5 六个数字）

实验原理图如下：（函数信号发生器 XFG1：5 V 3 Hz 偏移 2.5 V 方波）

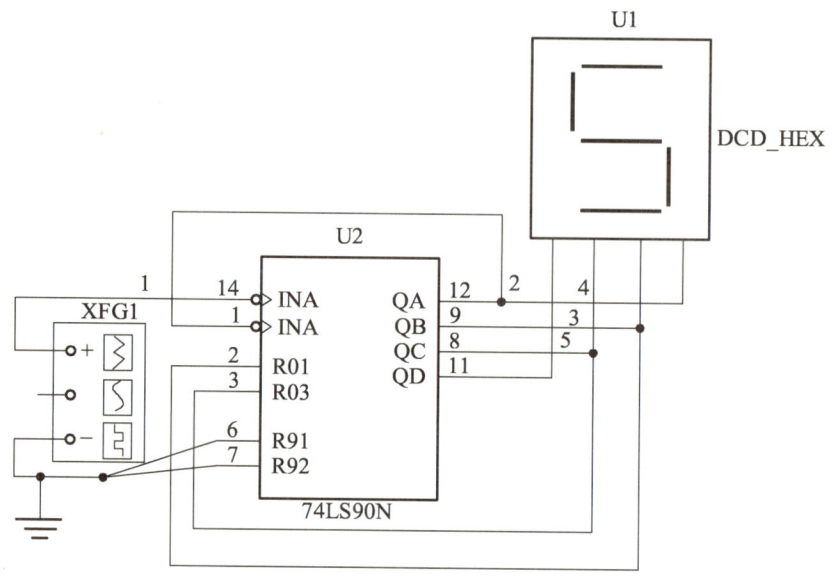

图 10.35　电路图

（3）按照电路图 10.36 所示连接，实现 0、2、4、6、8、1、3、5、7、9 计数功能。（解码器上依次显示 0、2、4、6、8、1、3、5、7、9 十个数字）。

实验原理图如下：（函数信号发生器 XFG1：5 V　3 Hz　偏移 2.5 V 方波）

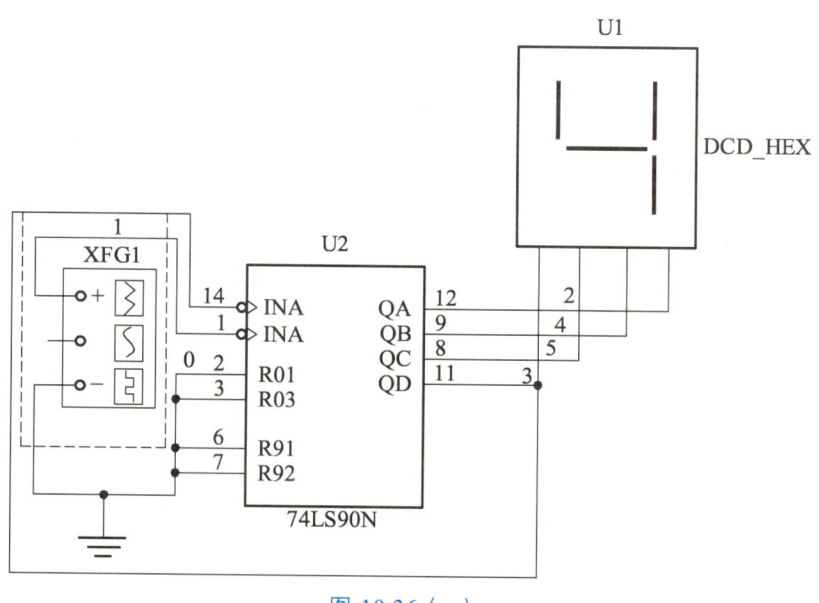

图 10.36（a）

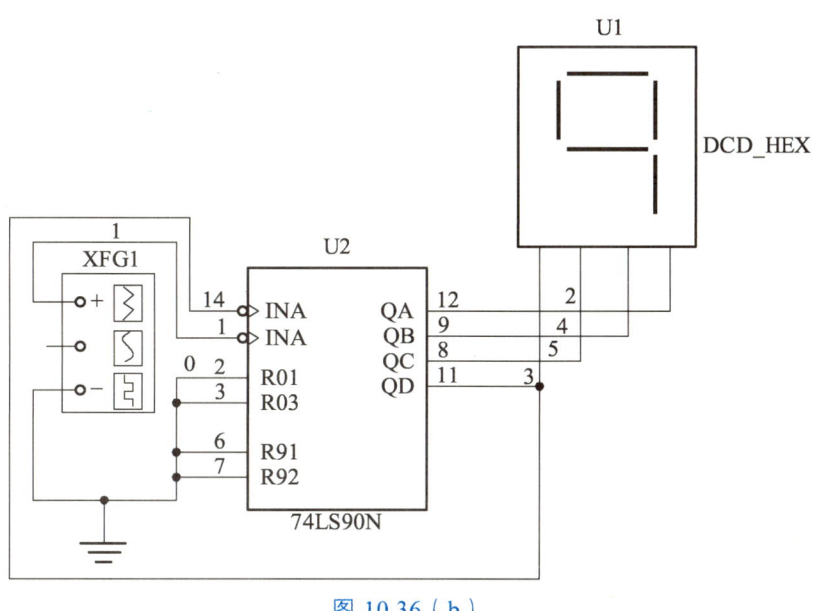

图 10.36（b）

3．任务评价

任务评价表如表 10.12 所示：

表 10.12 任务评价表

评价项目		评价内容	自评			互评			教师评		
学习态度		对小组任务认真对待，认真参与									
组织合作		每位组员都有自己的分任务，成员间团结合作、配合默契									
工作能力	电路连接	能依据原理图正确连接导线									
	仪器使用	能规范正确使用仪器（函数发生器）									
工作成效		能否实现逻辑功能									
评价效果选项			优秀	良好	加油	优秀	良好	加油	优秀	良好	加油

二、巩固与提高

（一）填空题

1．与组合逻辑电路不同，时序逻辑电路的特点是：任何时刻的输出信号不仅与_____有关，还与_____有关。

2．触发器是数字电路中_____（选有记忆或非记忆）的基本逻辑单元。

3．触发器有两个互补输出端 Q、$\bar{Q}$，定义 $Q=1$，$\bar{Q}=0$ 为触发器的_____状态。$Q=0$，$\bar{Q}=1$ 为触发器的_____状态。可见触发器状态是指_____端的状态。因此，触发器有_____个稳态。

4．基本 RS 触发器有_____、_____、_____功能。用与非门组成的基本 RS 触发器在 $\bar{R}=0$，$\bar{S}=1$ 时，触发器_____；在 $\bar{R}=1$，$\bar{S}=0$ 时，触发器_____；在 $\bar{R}$

$\overline{R}=1$，$\overline{S}=1$ 时，触发器_____；在正常工作时，不允许 $\overline{R}=\overline{S}=0$ 的信号，即该触发器的约束条件是_____。

5. 按触发器的逻辑功能分类有：_____触发器、_____触发器、_____触发器、_____触发器和_____触发器。

6. JK 触发器具有_____、_____、_____和_____功能；D 触发器有_____和_____功能，因此又称_____；T 触发器有_____功能。

7. 寄存器按其功能可分为_____和_____两大类。

8. 数码寄存器有_____、_____、_____等功能。

9. 移位寄存器除了具有_____功能外，还有_____功能。在移位脉冲的作用下，右移寄存器的数据是由_____位向_____位移动；左移寄存器的数据是由_____位向_____位移动。

10. 按计数进制的不同，可将计数器分为_____、_____和 N 进制计数器等类型。

11. 同步计数器是指_____；异步计数器是指_____。

（二）选择题

1. 下列电路不属于时序逻辑电路的是（　　）。
   A. 数码寄存器　　B. 编码器　　C. 触发器　　D. 计数器

2. 在下列触发器中，有约束条件的是（　　）。
   A. JK 触发器　　B. D 触发器　　C. 同步 RS 触发器　　D. T 触发器

3. 下列电路没有记忆功能的是（　　）。
   A. 译码器　　B. RS 触发器　　C. 寄存器　　D. 计数器

4. 存储 8 位二进制信息要（　　）个触发器。
   A. 2　　B. 4　　C. 8　　D. 16

5. 对于 T 触发器，若原态 $Q^n=0$，欲使新态 $Q^{n+1}=1$，应使输入 $T=$（　　）。
   A. 0　　B. 1　　C. Q　　D. 以上都不对

6. 对于 T 触发器，若原态 $Q^n=1$，欲使新态 $Q^{n+1}=1$，应使输入 $T=$（　　）。
   A. 0　　B. 1　　C. Q　　D. 以上都不对

7. 对于 D 触发器，欲使 $Q^{n+1}=Q^n$，应使输入 $D=$（　　）。
   A. 0　　B. 1　　C. Q　　D. $\overline{Q}$

8. 下列具有记忆功能的电路是（　　）。
   A. 加法器　　B. 显示器　　C. 译码器　　D. 计数器

9. 数码寄存器采用的输入输出方式为（　　）。
   A. 并行输入、并行输出　　B. 串行输入、串行输出
   C. 并行输入、串行输出　　D. 串行输入、并行输出

10. 4 个触发器构成的 8421BCD 码计数器共有（　　）个无效转态。
    A. 6　　B. 8　　C. 10　　D. 4

11. 仅具有置 0 和置 1 功能的触发器是（　　）
    A. JK 触发器　　B. D 触发器　　C. RS 触发器　　D. T 触发器

12. 基本 RS 触发器改为同步 RS 触发器，主要解决的问题是（　　）
    A. 输入端的约束　　B. 输入端 RS 的直接控制

C. 计数时空翻　　　　　　　　　　D. 不稳定状态

（三）判断题

1. 寄存器具有存储数码和信号的功能。（　）
2. 构成计数器电路的器件必修有记忆能力。（　）
3. 移位寄存器只能串行输出。（　）
4. 移位寄存器就是数码寄存器，它们没有区别。（　）
5. 同步时序电路的工作速度高于异步时序电路。（　）
6. 移位寄存器具有接收、暂存、清除和数码移位等作用。（　）
7. 同步触发器存在空翻现象，而边沿触发器克服了空翻。（　）
8. 计数器计数前不需要先清零。（　）
9. 在异步计数器中，当时钟脉冲到达时，各触发器同时翻转。（　）
10. JK 触发器能克服 RS 触发器存在的缺点。（　）
11. 边沿触发器的状态变化发生在 CP 上升沿或者下降沿到来时刻，其他时间触发器状态均不变。（　）

（四）综合题

1. R_D 端和 S_D 端的输入信号如图 10.37 所示，设基本 RS 触发器的初始状态为 1，试画出 Q 端的输出波形。

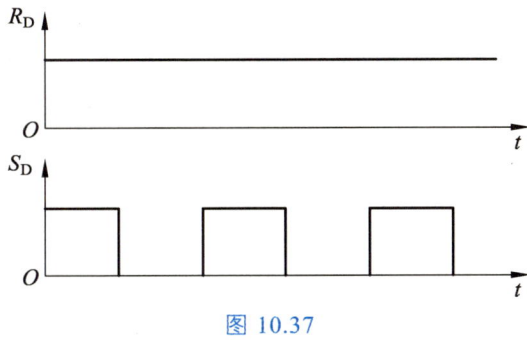

图 10.37

2. 设维持阻塞 D 触发器的初始状态为 0，当 D 端和 CP 端的输入信号波形如图 10.38 所示，试画出 Q、$\overline{Q}$ 端的输出波形。

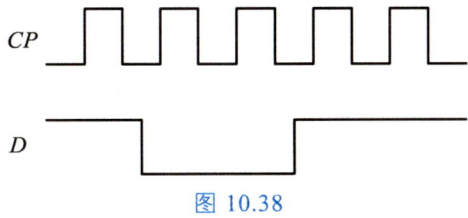

图 10.38

3. R 端和 S 端的输入信号如图 10.39 所示，设同步 RS 触发器的初始状态为 0，试画出 Q、$\overline{Q}$ 端的输出波形。

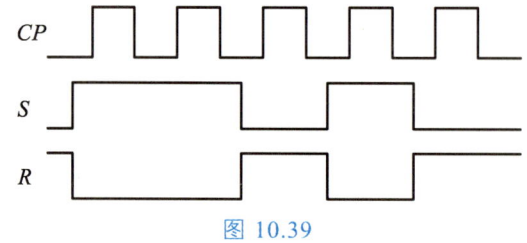

图 10.39

4.根据 CP 时钟脉冲，画出下图 10.37 所示各触发器 Q 端的输出波形。设图 10.40（a）、(b) 初始状态为 1，图 10.40（c）、（d）初始状态为 0。

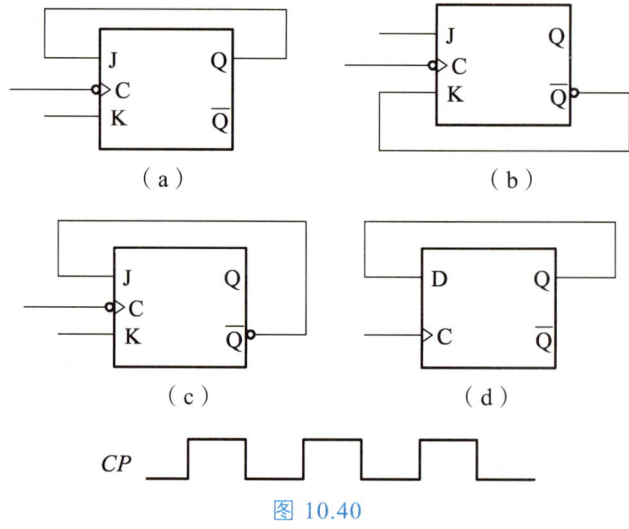

图 10.40

5. 在图 10.41 所示电路中，设触发器原状态为 $Q_1Q_2=00$，试分析 3 个 CP 脉冲后 Q_1Q_2 的状态。

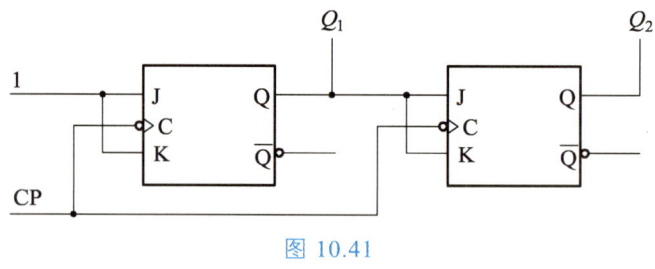

图 10.41

6.如图 10.42（a）所示，CP、A、B 端的输入波形如题图 10.39（b）所示，试画出 Q、$\overline{Q}$ 端的输出波形。设触发器的初始状态为 $Q=0$。

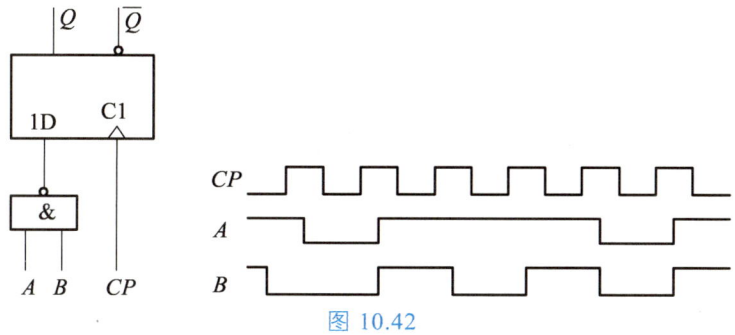

图 10.42

7. 试分析下图 10.43，列出该计数器的状态表，说明它是几进制计数器。设初始状态为 0000。

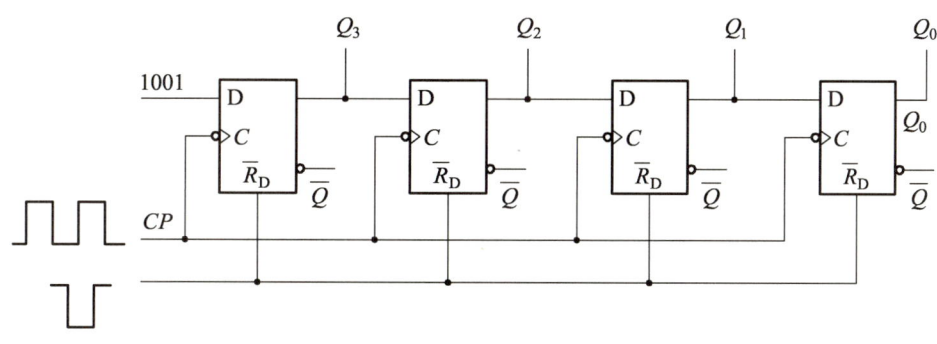

图 10.43

提 升 篇

项目十一　常用电工工具及仪器仪表

【任务导入】

电工工具及仪器仪表是电气操作人员实现电路连接、维修的基础。电气操作人员必须熟练掌握各类工具、仪器仪表的结构和正确的使用方法，才能提高工作效率和保障安全。本项目让学生认识常用的电工工具和电工仪表，并能正确使用，以便为后续任务的开展奠定基础。

【教学目标】

知识目标

（1）熟悉电工常用工具的名称、型号、规格和选用原则。
（2）掌握电工常用工具、仪表的使用方法。
（3）掌握常用电工仪表的使用、分类和型号。

能力目标

（1）正确使用电工常用工具。
（2）妥善保养和维护常用电工工具。
（3）能用常见电工仪表对低压电路进行测量

素质目标

（1）培养学生勤于思考、善于动手的学习习惯。
（2）培养学生的劳动组织能力和团队协作能力

思政目标

通过讲解电工工作中的安全事故案例，让学生认识到不规范操作可能带来的严重后果。同时，强调电工工作的社会价值和责任担当，鼓励学生在未来的工作中为社会做出贡献。

重难点

剥线钳、验电笔、万用表、钳形电流表的正确使用。

任务一　常用电工工具及其使用

知识目标

（1）了解验电笔、螺丝刀、钢丝钳、尖嘴钳、剥线钳、压线钳、电工刀的型号、规格和选用原则。

（2）掌握验电笔、螺丝刀、钢丝钳、尖嘴钳、剥线钳、压线钳、电工刀的使用方法。

能力目标

正确使用常用电工工具。

素质目标

勤学多练，培养学生的劳动意识，提高学生的实践能力。

思政目标

通过介绍电工工具的历史渊源和发展历程，尤其是与古代工匠精神的联系，让学生理解并传承中华民族的工匠精神。同时，将传统文化中的精髓如精益求精、专注执着等品质融入电工工具的学习中，培养学生的职业素养和道德情操。

重难点

验电笔、剥线钳、电工刀等常用电工工具的正确使用。

一、验电笔

低压验电器常称作验电笔，简称电笔，也称为试电笔。它是用来测试开关、导线、插座等低压导体和电气设备是否带电的低压验电工具。它体积小，易于携带，是电工必备的工具之一。

1. 验电笔的外形与结构

常用验电笔的外形如图 11.1 所示，有钢笔式、旋具式以及带有 LED 屏的数显验电笔。

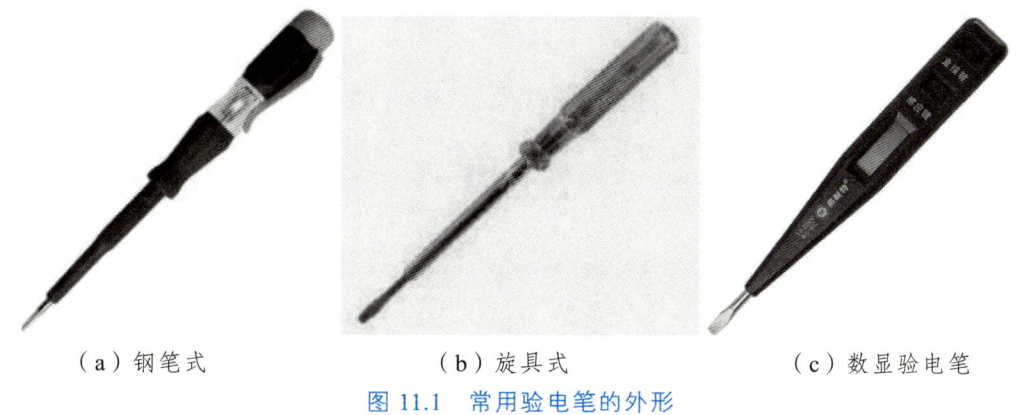

（a）钢笔式　　　（b）旋具式　　　（c）数显验电笔

图 11.1　常用验电笔的外形

验电笔为了工作和携带方便，常做成钢笔式或螺丝刀式。其结构如图 11.2 所示，是由笔尖金属探头、高值电阻、氖管、弹簧和笔尾的金属触头构成，笔身侧面有观察孔方便观察氖管状态。

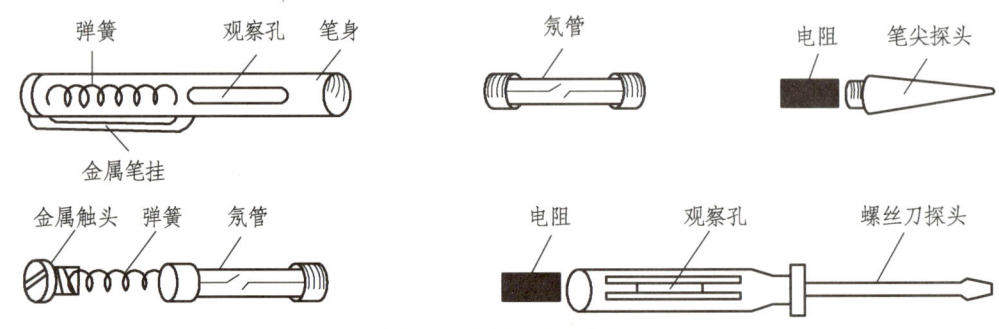

图 11.2　验电笔的结构

2. 验电笔的使用

验电笔的检测范围为 60～500 V，它不允许在高压电气设备或线路上进行检测。使用验电笔测试带电体时，手拿验电笔，手指触及笔尾的金属触头，此时带电体经笔尖金属探头、电阻、氖管、弹簧、笔尾的金属触头，再经过人体接入大地，形成回路，氖管灯发亮，说明被测体带电。验电笔使用时正确的握笔方法如图 11.3 所示。

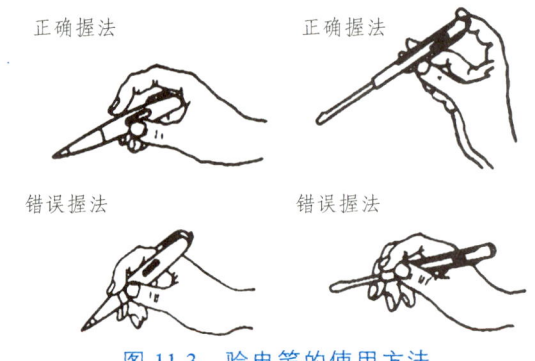

图 11.3　验电笔的使用方法

验电笔通常用来区分相线与零线时，用完好的验电笔触及导线裸露处，氖管发光的导线是相线，正常情况下零线不会使氖管发光；还可以测试导线是同相还是异相，操作者必须站在与大地绝缘的橡胶垫或其他绝缘物上，两手各持一只完好的验电笔，同时分别接触待测的两根导线，如果两只电笔都发光，则两根导线不同相，否则就是同相。

3. 验电笔的使用注意事项

（1）在使用验电笔检测前应进行检查，看是否损坏、氖管是否会发光，检查合格后方可使用。

（2）在使用时，一定要手握笔帽端金属挂钩或尾部金属触头，笔尖金属探头接触带电设备，湿手不要去验电，不要用手接触笔尖金属探头。

(3)使用时用力要轻,扭力不可过大,以防损坏。
(4)使用后要保持整洁、放置于干燥处,严防摔碰。

二、螺丝刀

电工常用工具中的螺丝刀是旋具的一种,又称为改锥、起子,也叫螺钉旋具。

1. 结构与功能

螺丝刀通常由刀柄和刀体组成,是用来紧固或拆卸各种带槽螺钉的工具,根据其头部形状可分为一字形和十字形,如果11.4所示。

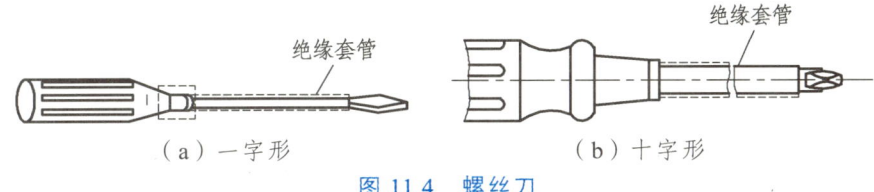

图 11.4 螺丝刀

电工不可使用金属直通柄的螺丝刀,因此按握柄材料的不同,螺丝刀又可分为塑料柄和木柄两种。随着技术的发展,为了使用方便,有一些螺丝刀在其刀体顶部加有磁性,还有一种常见的组合螺丝刀,由一个刀柄和多个刀体组成。

2. 螺丝刀的使用

(1)使用螺丝刀时应尽量选用与螺丝钉相符合的螺丝刀刀口,避免损坏螺丝钉或电气元件。

(2)使用螺丝刀紧固或拆卸带电的螺钉时,手不得触及螺丝刀的金属杆,以免发生触电事故。

(3)螺丝刀较大时,除手指应夹住握柄外,手掌还要顶住柄的末端以防旋转时滑落。螺丝刀较小时,用大拇指和中指夹着握柄,同时用食指顶住柄的末端用力旋转,如图11.5为螺丝刀正确握法。

 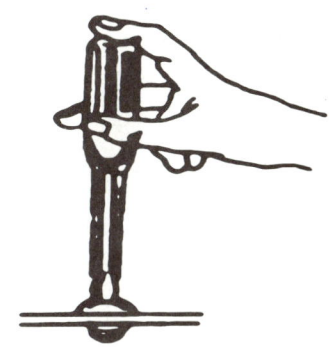

(a)大型螺丝刀握法 (b)小型螺丝刀握法

图 11.5 螺丝刀的正确握法

3. 螺丝刀的使用注意事项

（1）使用螺丝刀时，须将螺丝刀头部放至螺丝钉槽口中，并用力推压螺钉，平稳旋转螺丝刀，不要在槽口中蹭动，特别是拆卸螺钉时，以免磨毛槽口。

（2）螺丝刀不得作为凿子使用，以免损坏绝缘手柄，造成触电事故的发生。

三、扳 手

扳手分为活络扳手、呆扳手、梅花扳手、两用扳手、套筒扳手、内六角扳手等，如图 11.6 所示，扳手是一种旋紧或拧松角螺丝钉或螺母的工具。

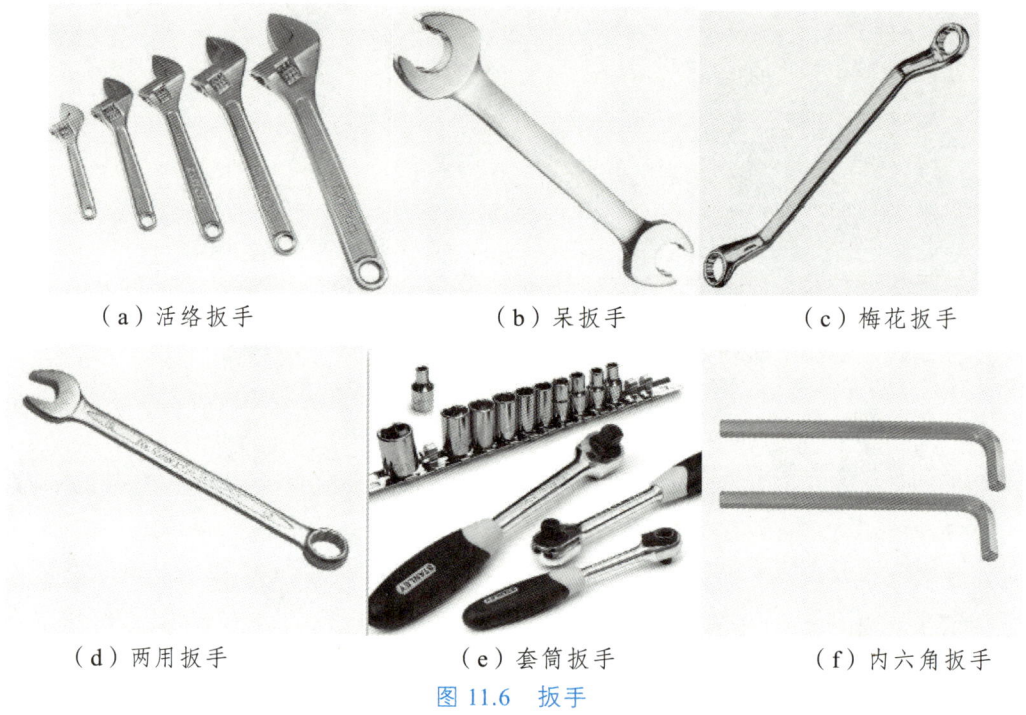

（a）活络扳手　　　（b）呆扳手　　　（c）梅花扳手

（d）两用扳手　　　（e）套筒扳手　　　（f）内六角扳手

图 11.6　扳手

1. 结构与功能

活络扳手由头部和尾部组成，头部又有活络扳唇、呆扳唇、扳口、蜗轮、轴销等组成，如图 11.7 所示。旋转蜗轮可调节扳口大小。它的开口宽度可在一定范围内调节，其规格以长度乘以最大开口宽度来表示，活络扳手的规格较多，电工常用的有 150 mm×19 mm、200 mm×24 mm、250 mm×30 mm、300 mm×36 mm 等几种。

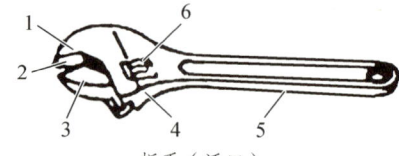

扳手（活口）

1—呆扳唇；2—扳口；3—活络扳唇；4—轴销；5—手柄；6—蜗轮。

图 11.7　活络扳手的结构

2. 扳手的使用方法

活络扳手的使用方法如图 11.8 所示。使用时，右手握住手柄，手越靠后，扳动起来越省力。

（a）扳动大螺母　　　　（b）扳动小大螺母
图 11.8　活络扳手的使用方法

（1）扳动大螺母时，需要用较大的力矩，手应握在近尾处。

（2）扳动小螺母时，因需要不断地转动蜗轮以调节扳口的大小，所以手应握在靠近呆扳唇处，并用大拇指转动蜗轮，以调节开口的大小。

3. 扳手的使用注意事项

（1）活络扳手的扳口夹持螺母时，呆板唇在上，活络扳唇在下，切不可反过来使用，要让固定钳口受主要作用力，防止活动钳口松动造成人员受伤以及部件损坏。

（2）在扳动生锈的螺母时，可在螺母上滴几滴煤油或机油，这样就比较容易拧动。

（3）使用时按我们要拧的部件调整扳手的尺寸，不能有间隙，防止打滑，损坏部件。

（4）使用时要让扳手的开口线与螺母的六角边平行，不要把扳手放在螺母的六个角上就开始使用，会损坏部件。

（5）不要用过大的扳手去拧尺寸较小的螺钉，这样容易扳断螺钉。

（6）不要当锤击工具使用，扳手手柄也不要任意接长。使用时用力方向不要站人，防止用力不当造成人员受伤。

（7）使用完扳手注意用酒精或者除锈剂进行清洁，防止生锈，造成使用不便。

三、钢丝钳

钢丝钳俗称卡丝钳、手钳、电工钳，是电工用来剪切或夹持电线、金属丝和工件的常用工具。

1. 结构与功能

钢丝钳的结构主要由钳头和钳柄组成，钳头又由钳口、齿口、刀口和铡口四个工作口组成，其中钳口用来弯绞和钳夹线头；齿口用来旋转螺钉、螺母；刀口用来切断电线、起拔铁钉、剥削绝缘层等；铡口用来铡断硬度较大的金属丝，如铁丝等。电工常用的钢丝钳有 150 mm、175 mm、200 mm 三种规格。

2. 钢丝钳的使用方法

使用时，一般用右手操作，将钳头的刀口朝内侧，即朝向操作者，以便于控制剪切部位。再用小指伸在两钳柄中间来抵住钳柄，张开钳头，这样分开钳柄比较灵活。形状如图 11.9 所示。

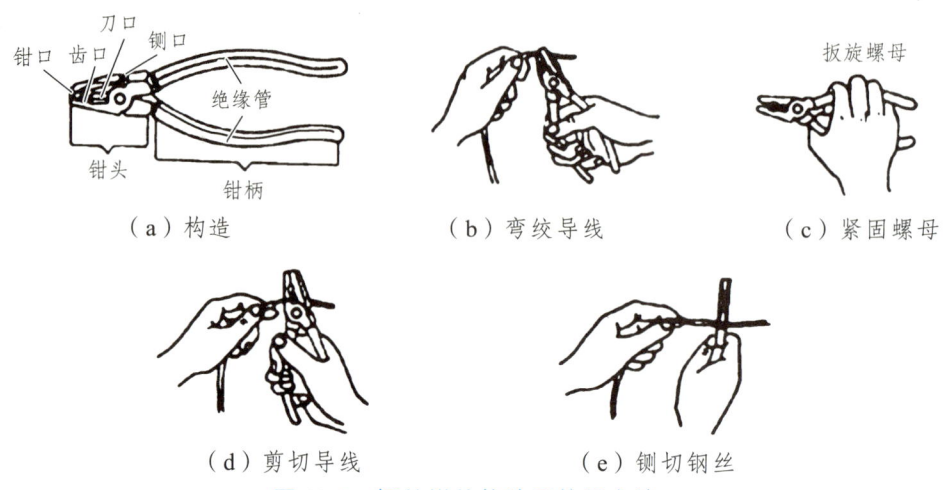

图 11.9 钢丝钳的构造及使用方法

3. 钢丝钳的使用注意事项

钢丝钳使用时不能当作敲打工具，以免变形。切勿损伤绝缘手柄，并注意防潮。带电操作时手与钢丝钳的金属部分需保持 2 cm 以上的距离，剪切带电导线时，不得同时剪切相线和零线，以免发生短路故障。根据用途不同，要选用不同规格的钢丝钳。日常维护时钳轴要经常加油，防止生锈。使用前，应检查绝缘柄的绝缘是否完好，钢丝钳的绝缘护套的耐压一般为 500 V。钳柄的绝缘管破损后应及时调换，不可勉强使用，以防在作业中钳头触到带电部位而发生意外事故。

四、尖嘴钳

尖嘴钳是制作和维修工具，既适用于电气仪器的制作和维修操作，又适用于家庭日常修理，使用灵活方便，如图 11.10 所示。尖嘴钳也有铁柄和绝缘柄两种，绝缘护套的耐压为 500 V。

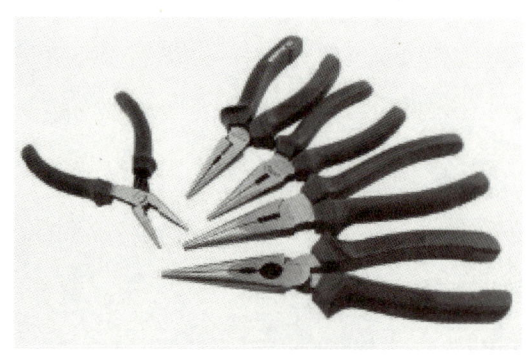

图 11.10 尖嘴钳

1. 结构与功能

尖嘴钳分为钳头、钳柄和绝缘套管三部分，如图 11.11 所示。因钳头部分比较细长，因而能在比较狭小的地方工作。其用途与钢丝钳相仿，主要用于切断较小的导线、金属丝等，并可用于弯曲单股导线"羊眼圈"接线端子成型。

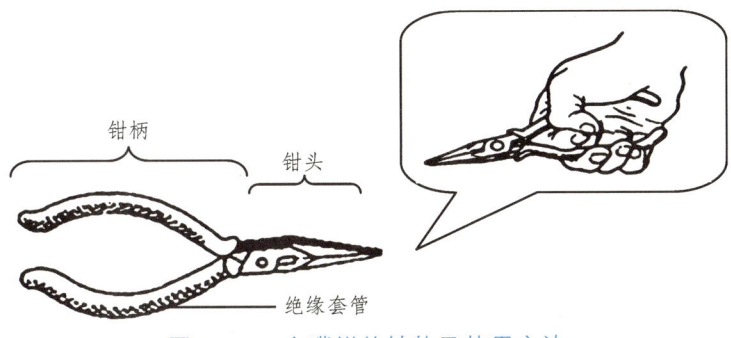

图 11.11 尖嘴钳的结构及使用方法

尖嘴钳按其长度不同分成不同的规格，一般可分为 130 mm、160 mm、180 mm 和 200 mm 四种。

2. 尖嘴钳的使用方法

使用尖嘴钳时，需要正确地握持钳子，握持手柄的姿势不正确，会大大影响操作效果。握持时，应该将手柄握在手跟处，而后指尖轻轻夹持尖嘴，以免手指被尖钳夹到，如图 11.11 所示。

3. 尖嘴钳的使用注意事项

（1）在使用时注意不要用其装卸螺丝、螺母，不可用力夹持硬金属导线及硬物，以免钳嘴损坏。

（2）对带绝缘柄的尖嘴钳，要保护好绝缘，不可使用绝缘柄已损坏的尖嘴钳带电操作。如需带电操作，手与尖嘴钳的金属部分需保持 2 cm 以上的距离，以保证人身安全。

五、剥线钳

剥线钳是一种用来剥离小直径（≤6 mm²）导线绝缘层的专用工具。形状如图 11.12 所示。

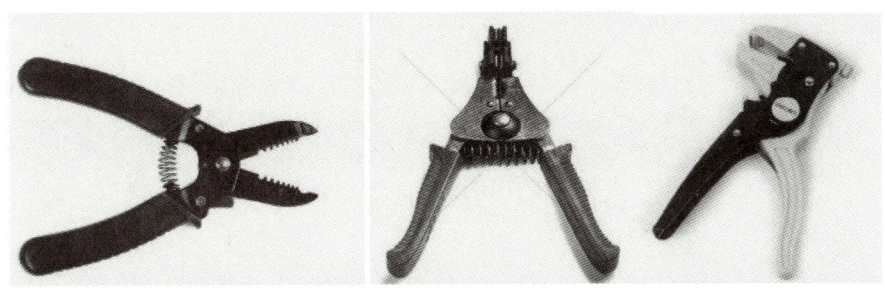

图 11.12 剥线钳

1. 结构与功能

剥线钳主要由钳头和钳柄组成，钳口有几个不同直径的切口位置，以适应不同导线的线径要求。

2. 剥线钳的使用方法

（1）根据缆线的粗细型号，选择相应的剥线刀口。
（2）将准备好的电缆放在剥线工具的刀刃中间，选择好要剥线的长度。
（3）握住剥线工具手柄，将电缆夹住，缓缓用力使电缆外表皮慢慢剥落。
（4）松开工具手柄，取出电缆线，这时电缆金属应整齐露出，其余绝缘塑料完好无损。

3. 剥线钳的使用注意事项

（1）导线放入钳口时，必须放入比导线直径稍大的刀口，否则会伤及导线或剪断导线。
（2）维修电工在使用剥线钳进行带电工作时，必须检查绝缘护套是否良好，以防绝缘护套损坏，发生触电事故。

六、斜口钳

斜口钳又称扁口钳、断线钳、剪线钳，是专供剪断较粗的金属线、线材及导线等用的，其形状如图 11.13 所示。

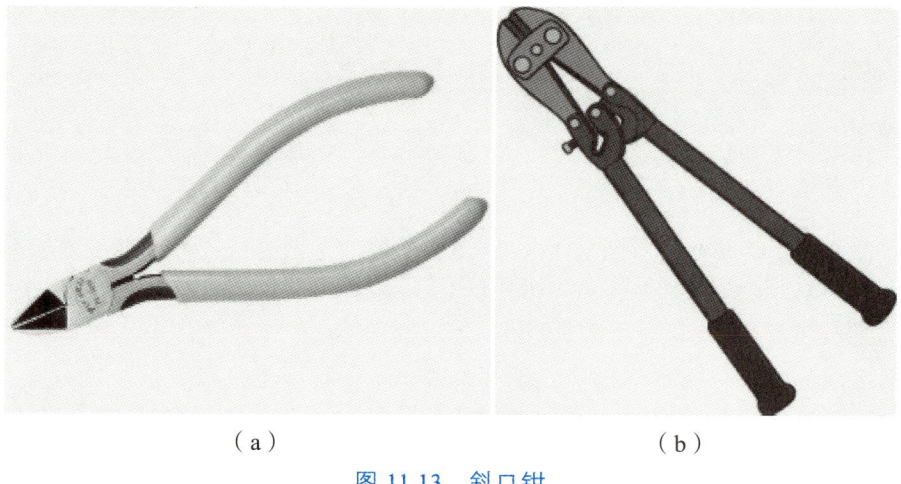

(a)　　　　　　　　　　(b)

图 11.13　斜口钳

1. 结构与功能

斜口钳从外形上看，主要是由钳体、刀口和手柄组成。斜口钳有 450 mm、600 mm、750 mm 等几种。它的柄部有铁柄、管柄和绝缘柄之分，电工常用绝缘柄断线钳，绝缘护套的耐压为 500 V 或 1 000 V。

2. 斜口钳的使用方法

斜口钳主要用于剪断较粗的电线和其他金属丝，还常用于剪掉印制线路板焊接点上多余的导线和插接件过长的引线，还可用于剪切绝缘套管、尼龙扎线卡等。斜口钳的握法与使用注意事项与尖嘴钳的大体相同。不要用斜口钳剪切硬度较大的钢丝和螺钉等，否则会损坏钳口。

3. 斜口钳的使用注意事项

（1）使用斜口钳时，要保持手柄干燥，以防滑动或者失去控制。
（2）使用斜口钳时，要保持手柄与身体的距离，以防止误伤。
（3）使用斜口钳时，要避免过度用力，以免损坏物品或工具本身。
（4）使用斜口钳时，要根据实际需要选择合适的类型和尺寸。
（5）使用完毕后，应及时清洁并存放在干燥通风的地方，以延长其使用寿命。

七、压线钳

1. 结构与功能

压线钳的主要功效在于连接和固定导线，压线钳有多种规格，常用压线钳如图 11.14 所示。

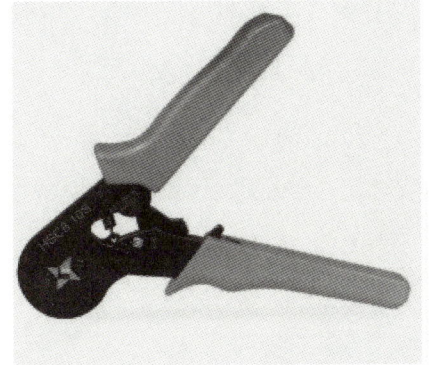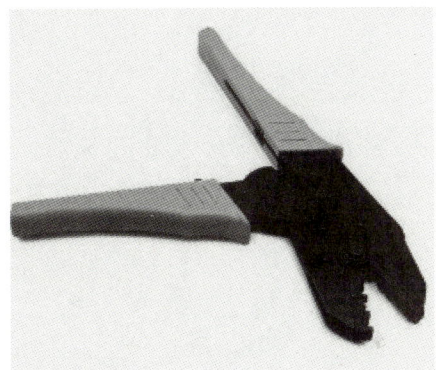

图 11.14　压线钳

2. 压线钳的使用方法及注意事项

（1）首先剥好导线，把裸露的导线插入接线端子。
（2）把接线端子放入压线钳，另外一端要留出一截，用力按压手柄，如图 11.15 所示。
（3）压好后的端子应该只留有铜线，而没有碰到绝缘皮。

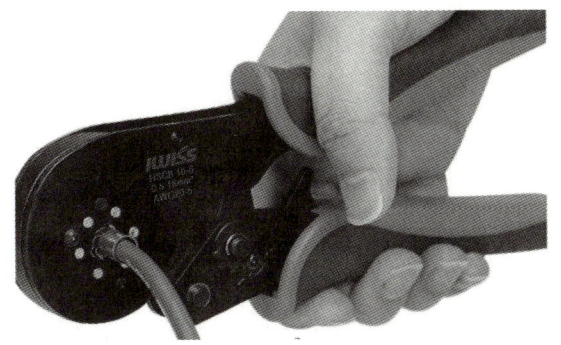

图 11.15　压线钳的使用方法

八、电工刀

电工刀是用来刨削电工材料绝缘层和切割电工材料的常用工具,如图 11.16 所示。

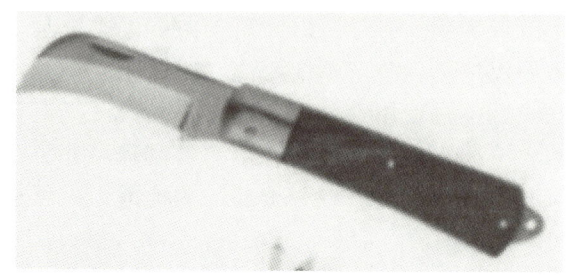

图 11.16 电工刀

1. 结构与功能

普通的电工刀由刀片、刀刃、刀把、刀挂等构成。不使用时,把刀片收缩在刀把内。刀片根部与刀柄相接,其上带有刻度线及刻度标识,前端形成螺丝刀刀头,两面加工有锉刀面区域,刀刃上具有一段内凹形弯刀口,弯刀口末端形成刀口尖,刀柄上设有防止刀片退弹的保护钮。

2. 电工刀的使用方法

使用电工刀时,刀口倾斜向外,以 45°角倾斜切入,以 15°角倾斜推削使用。使用完毕,要及时把刀身折入刀柄内,以免刀刃受损或伤及人身。

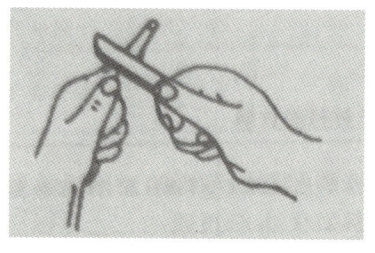 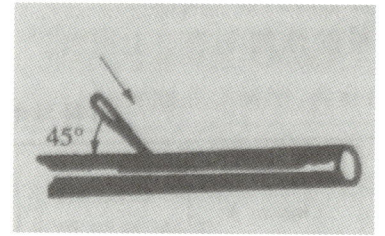

(a)握刀姿势　　　　　　(b)以 45°角倾斜切入

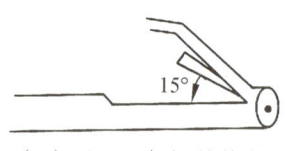 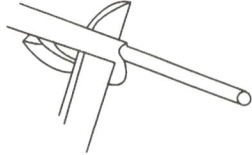

(c)以 15°角倾斜推削　　　(d)切去翻开塑料层

图 11.17 电工刀的使用方法

3. 电工刀的使用注意事项

(1)使用电工刀时应注意避免伤手,不得传递刀片未折进刀把的电工刀。
(2)刀柄无绝缘保护时,不能用于带电作业,以免造成触电事故。
(3)电工刀操作完毕后,应将刀片折进刀把。

任务二　万用表的使用

知识目标

了解万用表的结构和原理。

能力目标

掌握万用表的基本使用方法，会用万用表测量电阻、电压等物理量。

素质目标

学生在场景化的氛围中体会学习，探索科学的奇妙世界。

思政目标

在讲解万用表的功能和用途时，强调其"万用"的特性，并引导学生思考如何在学习和工作中灵活应对各种挑战和变化。

重难点

（1）万用表的使用。

（2）万用表又叫多用表、三用表、复用表，是一种多电量、多量程、多功能的便携式电测仪表。万用表一般可以用来测量直流电流、直流电压、交流电压、电阻和音频电平等电量。有的万用表还可以测量电容、电感、功率以及晶体管的某些参数等。

（3）万用表有指针式和数字式两种，本任务以指针式万用表中的 MF47 型万用表为例进行分析，外形如图 11.18 所示。

图 11.18　MF-47 型万用表

一、指针式万用表的基本组成

主要由指示部分、测量电路和转换装置三部分组成。指示部分，俗称表头，它是一只高灵敏度的磁电式直流电流表，万用表的主要性能指标基本上取决于表头的性能。表头的灵敏度是指表头指针满刻度偏转时流过表头的直流电流值，这个值越小，表头的灵敏度愈高。测电压时的内阻越大，其性能就越好；测量部分是把被测的电量转换为适合表头要求的微小直流电流，通常包括分流电路、分压电路和整流电路；转换装置也叫转换开关，其作用是用来选择各种不同的测量线路，以满足不同种类和不同量程的测量要求。

如图 11.19 所示。MF-47 型万用表刻度盘与档位盘印制成红、绿、黑三色。表盘颜色分别按交流红色，晶体管绿色，其余黑色对应制成，使用时读数便捷。刻度盘共有六条刻度线，第一条刻度线专供测量电阻时使用；第二条刻度线专供测量交直流电压、直流电流使用；第三条刻度线专供测量晶体管放大倍数用；第四条刻度线专供测量电容使用；第五条刻度线专供测量电感使用；第六条刻度线专供测量音频电平使用。刻度盘上装有反光镜，以达到消除减小视差的目的。

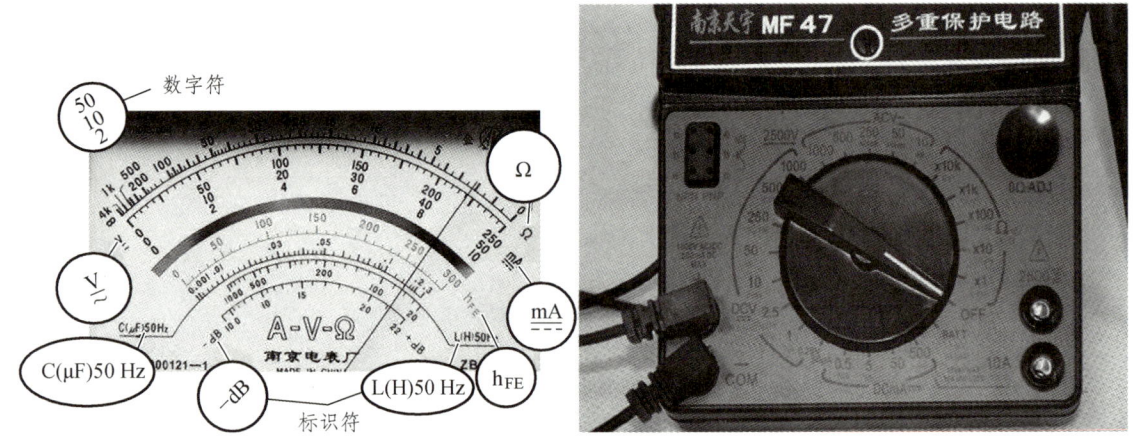

图 11.19　MF-47 型万用表表盘及转换开关

除交直流 2 500 V 和直流 10 A 分别有单独插座之外，其余各挡只须转动一个转换开关，使用方便。

在使用前应检查指针是否指在机械零位上，如不指在零位时，可旋转表盖的调零器使指针指示在零位上。

将测试棒红黑插头分别插入"+"和"-"插座中，如测量交流 2 500 V 或直流 10 A 时，红插头则应分别插到标有 2 500 V 或"10 A"的插座中。

二、指针式万用表的使用

（一）操作中的注意事项

（1）进行测量前，先检查红、黑表笔连接的位置是否正确。红色表笔接到红色接线柱或标有"+"号的插孔内，黑色表笔接到黑色接线柱或标有"-"号的插孔内，不能接反，否则在测量直流电量时会因正负极的反接而使指针反转，损坏表头部件。

（2）在表笔连接被测电路之前，一定要查看所选档位与测量对象是否相符。否则，误用档位和量程，不仅得不到测量结果，而且还会损坏万用表。

（3）测量时，须用右手握住两支表笔，手指不要触及表笔的金属部分和被测元器件。

（4）测量中若需转换量程，必须在表笔离开电路后才能进行，否则选择开关转动产生的电弧易烧坏选择开关的触点，造成接触不良的事故。

（二）测电阻

（1）安装好电池（注意电池正负极）。

（2）插好表笔，黑表笔插入"-"端，红表笔插入"+"端。

（3）万用表在测量前，应注意水平放置时，看表头指针是否处于交直流档标尺的零刻度线上。若不在零位，应进行机械调零（即用小螺丝刀调整表头下方机械调零旋钮，如图 11.20 所示），使指针回到零位。

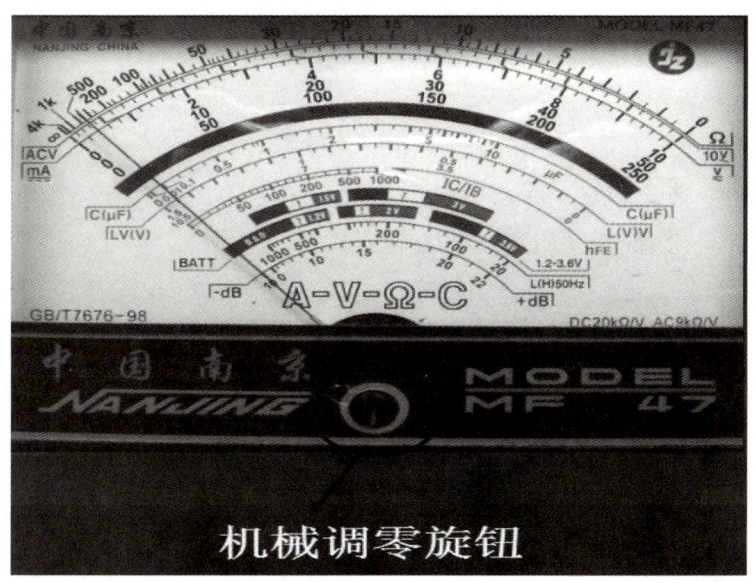

图 11.20　机械调零

（4）量程的选择。

第一步：试测

先粗略估计所测电阻阻值，再选择合适量程，如果被测电阻不能估计其值，可将转换开关拨在 $R \times 100$ 或 $R \times 1K$ 的位置进行初测，然后看指针是否停在中线附近，如果是，说明挡位合适。

第二步：选择正确挡位

测量时，指针停在中间或附近。

注意：如果指针太靠右侧零刻度线，则要减小挡位；如果指针太靠近左侧无穷大，则要增大挡位。

（5）欧姆调零。

选择合适挡位后，将红黑两笔短接，看指针是否指在零刻度位置，如果没有，调节欧姆调零旋钮，使其指在零刻度位置，如图11.21所示。

注意：量程选准以后在正式测量之前必须调零，否则测量值有误差。如果重新换挡以后，在正式测量之前也必须欧姆调零一次。

图 11.21　欧姆调零

（6）连接电阻测量。

万用表两表笔并接在所测电阻两端进行测量。

注意：不能带电测量；被测电阻不能有并联支路。

（7）读数。

阻值 = 刻度值 × 倍率。

（8）测量完毕，将转换开关旋转至OFF位置。

（二）测交流电压

（1）插好表笔，黑表笔插入"－"端，红表笔插入"＋"端。

（2）万用表在测量前，应注意水平放置时，看表头指针是否处于交直流挡标尺的零刻度线上。若不在零位，应进行机械调零（即用小螺丝刀调整表头下方机械调零旋钮，如图11.20所示），使指针回到零位。

（3）选择挡位，如果能够预估被测电压值，应选略高于被测电压值的挡位；如果无法预知，应从最高档逐步调整至合适挡位。

（4）将两表笔并接在被测电压两端进行测量（交流电不分正负极），两手不可与表笔金属部分接触，如图11.22所示。

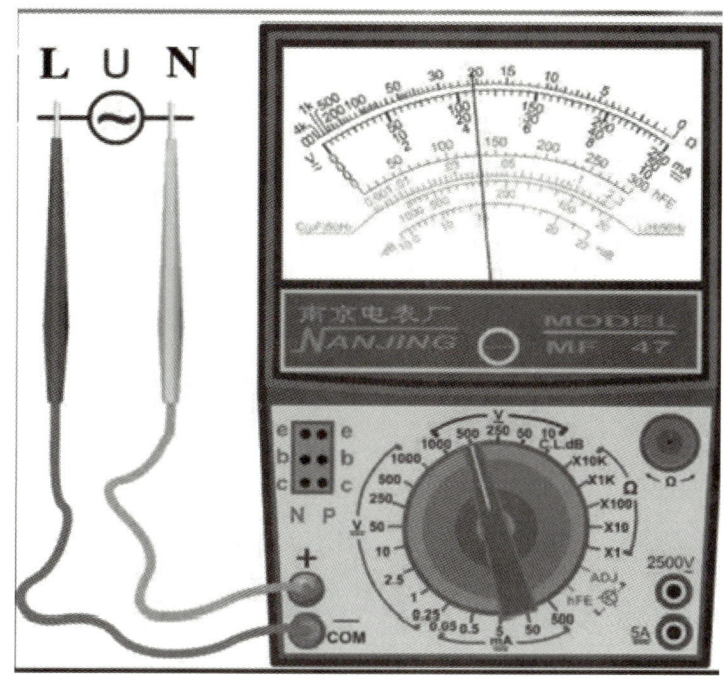

图 11.22 测交流电压

（5）读数，看表针指示的格数，读出测量电压值，读数为第二条刻度，从左至右，目光要与表盘刻度垂直。

$$电压 = 读数 \times \frac{量程}{满刻度值}$$

如图 11.22 所示，所选量程为 500 V，测量时指针读数为 22，测量电压值 $U = ?$

$$U = 22 \times (500 \div 50) = 220 \text{ V}$$

（6）测量完毕，将转换开关旋转至 OFF 位置。

（三）测直流电压

直流电压的测量方法和交流电压类似，注意表笔接入电路时，红表笔连接正极、黑表笔连接负极，如图 11.23 所示。

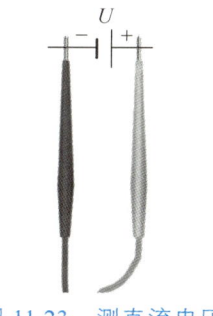

图 11.23 测直流电压

（四）测直流电流

测量步骤和方法同直流电压，但测量时表笔应串接在电流回路中，红笔接正，黑笔接负与负载串联，如图 11.24 所示。

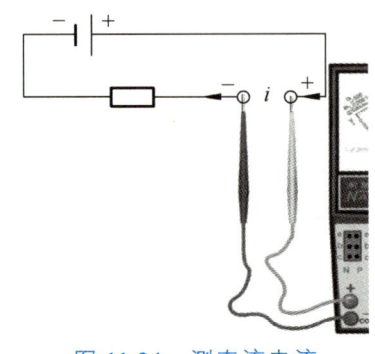

图 11.24　测直流电流

三、指针式万用表使用的注意事项

（1）红色表笔连接线要接到红色端钮上（或标有"+"号插孔内），黑色表笔的连接线应接到黑色端钮上（或接到标有"-"号插孔内）。

（2）根据测量对象将转换开关转到需要的挡位。如测量电流应将转换开关转到相应的电流挡，测量电压转到相应的电压挡。

（3）根据被测量的大致范围，将转换开关转至该被测量的适当量程上。测量电压或电流时，最好使指针在满量程的二分之一到三分之二的范围内，读数较为准确。

（4）在万用表的标度盘上有很多标度尺，它们分别适用于不同的被测对象。因此测量时，在对应的标度尺上读数的同时，也应注意标度尺读数和量程挡的配合，以避免差错。

（5）测量之前看指针是否在刻度盘左侧"零"位，不在"零"位时，应当先机械调零，保证测量的准确性。

（6）测量时，须用右手握住两支表笔，手指不要触及表笔的金属部分和被测元器件。

（7）测量中若需转换量程，必须在表笔离开电路后才能进行，否则选择开关转动产生的电弧易烧坏选择开关的触点，造成接触不良的事故。

任务三　钳形电流表的使用

知识目标

了解钳形电流表的结构及工作原理。

能力目标

正确使用钳形电流表测量交流电流。

素质目标

勤学多练,培养学生的劳动意识,提高学生的实践能力。

思政目标

对比钳形电流表和万用表测量的过程,引导学生认识到工具只是手段而非目的,关键在于如何合理、有效地利用工具解决问题,同时关注人的需求和感受。

重难点

钳形电流表的使用。

钳形电流表是一种用于测量正在运行的电气线路的电流大小的便携式电工仪表。操作简便,适用于"带电"测量交流电流的大小,不影响用电设备的正常工作。

这种仪表按其结构分为互感器式和电磁系两种。常用的是互感器式钳形电流表,主要由一只电流互感器、钳形扳手和一只整流式磁电系仪表所组成,它只能测量交流电流。电磁系仪表的可动部分偏转方向与极性无关,它可以测量交、直流电流。根据测量显示方式分为指针式(图11.25)和数字式(图11.26)两种。

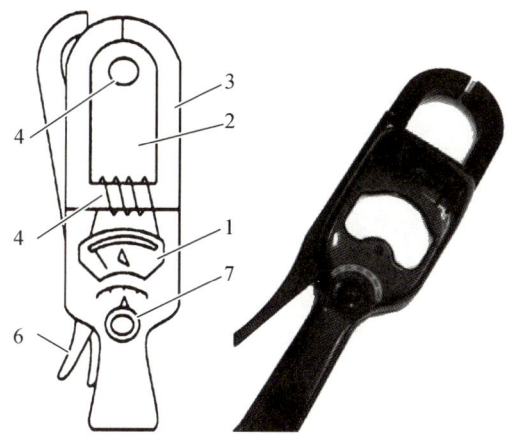

1—电流表;2—电流互感器;3—铁芯;4—被测导线;5—二次绕组;6—手柄;7—量程选择开关

图 11.25 指针式钳形电流表结构及实物图

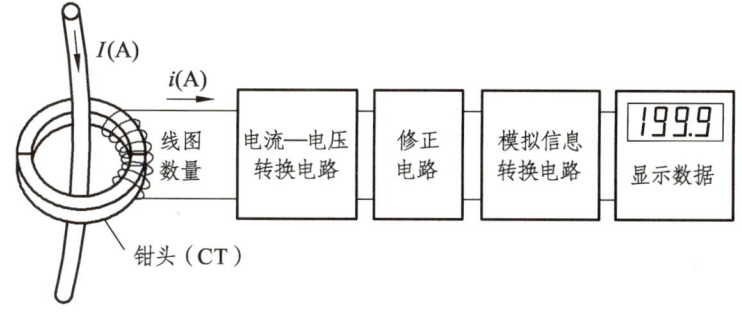

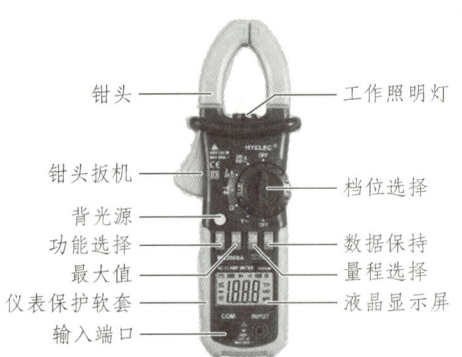

图 11.26 数字式钳形电流表内部电路结构及实物图

一、互感器式钳形电流表的工作原理

钳形电流表主要由一只电磁式电流表和穿心式电流互感器组成。穿心式电流互感器的二次绕组缠绕在铁心上且与电流表相连,它的一次绕组即为穿心互感器中心的被测导线。旋钮实际上是一个量程选择开关,扳手的作用是开合穿心式互感器铁心的可动部分,以便使其钳入被测导线。

测量电流时,按动扳手,打开钳口,将被测载流导线置于穿心式电流互感器的中间,当被测导线中有交变电流通过时,交流电流的磁通在互感器二次绕组中感应出电流,该电流通过电流表的线圈,使指针发生偏转,在表盘标度尺上指出被测电流值。

二、钳形电流表的使用与维护

1. 测量前的准备和维护

使用钳形电流表前应熟悉仪表的技术性能,注意其测量范围。并熟悉各旋钮或按键的功能。测量时先要选择适当的量程。

(1)检查钳形电流表指针是否指向零位。否则,应进行机械调零。

(2)检查钳形电流表开口处的开合情况,如钳口的开合是否灵活,两边钳口接合面的接触是否紧密。

(3)先估计被测电流的大小,以此来选择合适的量程挡位,一般挡位量程略大于被测电流值。对于指针式钳形电流表,若无法预先估计被测电流的大小,可先选用较大的量程挡测量,然后根据反应电流大小的指针指示的最佳位置,逐步切换到合适的量程挡。注意,切换量程挡位时,不得带电操作。

(4)被测电路电压不能超过钳形电流表上所标明的数值,否则容易造成接地事故,或者引起触电危险。

2. 钳形电流表的使用

(1)当测量较小电流时,为了使读数较为准确,可将被测导线多缠绕几圈后放入钳口进行测量,以增大读数量。测量的实际电流值等于仪表的读数除以导线的圈数。

（2）钳形表每次只能测量一相导线的电流，不可以将多相导线都夹入钳形窗口测量，如图 11.27 所示。

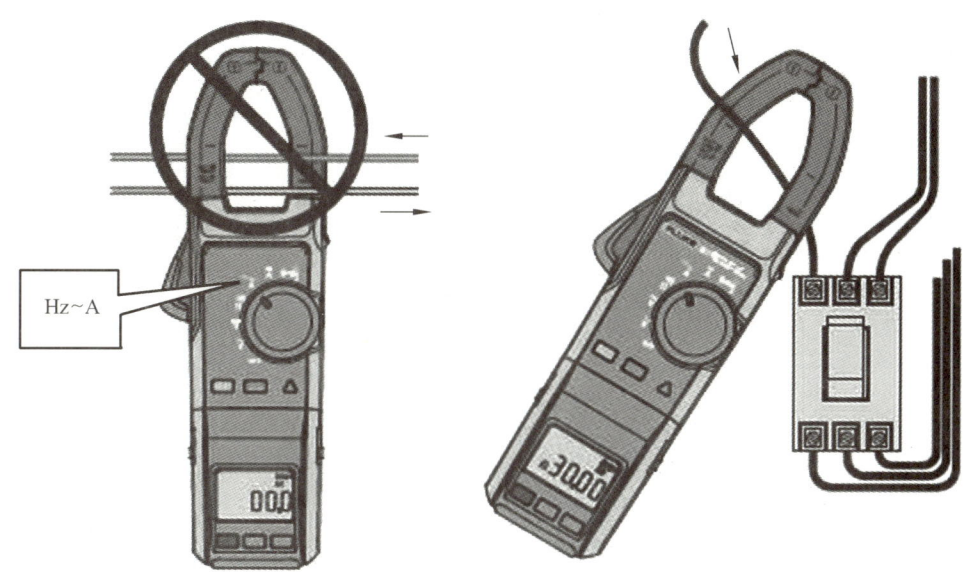

图 11.27　钳形电流表测量电流

（3）测量三相异步电动机的三相电流时，可以每相测一次，也可以三相测一次，此时表上的数字应为零（因三相电电流的向量和为零），当钳口内有两根相线时，表上显示数值为第三相的电流值。通过测量电动机各相电流，可以判断电动机是否有过载现象、电动机内部或电源电压是否有问题。三相异步电动机的三相电流不平衡度不得超过 10%。

三、钳形电流表使用时的注意事项

（1）为了避免发生意外触电事故，绝不允许用钳形电流表测量裸导线中的电流，更不允许去测量高压电路中的电流。

（2）测量完毕后，一定要将仪表的量程开关置于最大位置上。以免下次使用时不慎过流，并应将表保存于干燥环境中。

（3）使用钳形电流表在测量时，钳口闭合要紧密，闭合后如有杂音，可打开钳口重合一次，如果杂音仍不能消除时，应检查钳口表面是否光洁，有尘污时要擦拭干净。

（4）使用高压钳形电流表时应注意钳形电流表的电压等级，严禁用低压钳形表测量高电压回路的电流。用高压钳形表测量时，应由两人操作，非值班人员测量还应填写第二种工作票，测量时应戴绝缘手套，站在绝缘垫上，不得触及其他设备，以防止短路或接地。

（5）当电缆或供电系统有一相接地时，严禁测量。防止出现因电缆头的绝缘水平低，发生对地击穿爆炸而危及人身安全。

（6）钳形表测量电流时，对旁边靠近的导线电流也有影响，所以还要注意三相导线的位置要均等。

小　结

本项目介绍常用电工工具（验电笔、螺丝刀、扳手、钢丝钳、尖嘴钳、剥线钳、斜口钳、压线钳、电工刀）的结构及使用方法，介绍了常用仪器仪表（万用表、钳形电流表）的用途、结构、工作原理、使用方法等。

思考与练习

一、练一练

（一）任务准备

表 11.1　实训工具及材料

序号	分类	名称	型号及规格	数量	单位	备注
1	工具	电工常用工具		1	套	
2	仪表	万用表	MF47 型	1	块	
3	材料	导线若干	0.5 mm²、1.5 mm²、2.5 mm² 铝线或铜线	若干	块	

（二）任务实施

（1）请使用验电笔测量并判断正常照明电路的火线和零线，观察其现象。

（2）请练习使用剥线钳剖削导线。

（3）请使用电工刀剖削导线护套绝缘层。

（4）使用万用表测量实训室插座上的电压。

（三）任务评价

表 11.2　任务评价表

项目	序号	内容	配分	评分标准	得分	备注
常用电工工具和仪表的使用	1	验电笔测量火线和零线	20	使用方法正确，能够正确判断火线和零线，20 分		
	2	剥线钳剥导线	20	正确使用剥线钳，线芯无损伤，20		
	3	电工刀剖削导线护线套绝缘层	20	正确使用电工刀，导线无划伤，20		
	4	万用表测量交流电压	20	正确使用万用表，读数准确，20		
	5	安全文明生产	20	操作中遵守安全文明生产考核要求，操作完成后能够整理好工作台，20		

二、巩固与提高

（一）填空题

1. 常见的万用表有＿＿＿＿＿＿万用表和＿＿＿＿＿＿万用表两种。

2. 万用表在测量电压与电流时，红表笔作为电表的＿＿＿＿＿＿极；在测量电阻时，红表笔作为电表的_____极。

3. 当万用表测量无法估测大小的电流时,应选用电流表的_____档。

4. 万用表在测电压时要与被测电路_____联,在测电流时与被测电路_____联。

5. 使用钳形电流表时,被测导线应放在_____。

(二)判断题

1. 在电气线路安装时,应根据不同的使用对象选用相应规格的螺丝刀,可以大带小,不可以小带大,以免损坏电气元件。( )

2. 电工刀的刀口应朝外进行操作,使用完毕随即把刀身折入刀柄。( )

3. 验电笔的金属探头能承受一定的扭矩,故能作为螺丝刀使用。( )

4. 低压验电笔进行验电前必须先在有电设备上试验,确保验电笔良好,方可进行验电。( )

5. 利用钢丝钳的钳口不可以直接进行钢丝剪切,应利用钢丝钳的铡口剪切钢丝。( )

(三)简答题

1. 使用钳形电流表测量电流时的注意事项。

项目十二　导线的连接

【任务导入】

导线在生活中随处可见。华灯初上，星星点点的光源汇集在一起，交织成一条条璀璨的金线，明亮的路灯、闪烁的灯牌、居民楼里透出的温馨灯光共同构成了美丽的城市夜色。这都离不开电能，导线传输能量给形形色色、各种各样的用电设备，那您想过没有，导线是怎样通过各式各样的连接方式，把电能传送到千家万户的？通过本项目的学习，让我们来共同认识一下导线，学习导线连接的技能吧！

【教学目标】

知识目标

（1）了解导线的选取原则。
（2）学会导线的处理方法及导线的加工工艺。
（3）实作练习导线的剖削与连接和导线绝缘层的恢复与封端。

能力目标

（1）能分辨出不同类型的导线。
（2）学会根据不同的配电线路合理选择导线规格并会按照要求选择正确的敷设方法。
（3）学会处理导线的方法。
（4）学会导线绝缘层的恢复。

素质目标

（1）进一步提高动手能力和良好的操作习惯。
（2）具备良好的职业道德素养和社会责任感。
（3）具备电工作业人员的综合素质和职业素养。

思政目标

导线连接起了各个电力元件间复杂的电气关系和能量传输，例如我国的西电东送和特高压工程，其中导线的连接方法起到了极其关键的重要作用，因而对于导线连接的作业方法学习，可以培养学生安全操作的好习惯、养成符合行业文明生产的职业素养以及具备精益求精和吃苦耐劳的工匠精神。

重难点

（1）按照导线的加工工艺进行实践操作。
（2）导线绝缘的恢复方法。

任务一　导线的剖削与连接

知识目标

（1）了解导线的分类。
（2）学习常见导线的型号，会根据实际情况选择合适的导线规格。
（3）熟练掌握导线的加工工艺。

能力目标

了解常见导线的类型、型号及其选择使用的原则，学会导线的加工方法。

素质目标

（1）通过导线的认识，掌握导线的选用原则
（2）通过导线剖削与连接练习，进一步培养学生的动手能力和良好的操作习惯。

思政目标

引导学生注重导线连接的细节处理，如导线的剥线长度、接线端子的压接质量等，确保每一个连接点都符合工艺要求。通过反复练习和精益求精的态度，培养学生的工匠精神和职业素养。

重难点

导线连接的方法。

导线是电能传输的重要载体，其应具有良好的导电性能，足够的机械强度，耐振动疲劳和抵抗空气中化学杂质腐蚀的能力。

生活和工作当中，常采用铜和铝作为导电材料，制成导线。因为这两种材料导电性能较好，机械强度较大，容易加工和焊接，并且受自然环境影响较小。

一、导线的分类

导线有很多种分类方法，通常按每根导线线芯的股数可分为单股线和多股线，一般 6 mm² 以上的绝缘电线都是多股线，6 mm² 及以下的绝缘电线可以是单股线，也可以是多股线。我们又习惯把 6 mm² 及以下单股线称为硬线，多股线称为软线。不同的线路要按要求选择不同的导线，既要保证安全性又要杜绝浪费。以下是导线的主要分类方法。

（1）按材质分类：聚氯乙烯（PVC）绝缘电线，橡皮绝缘电缆，低烟低卤，低烟无卤，硅橡胶导线，四氟乙烯线等类型。
（2）按防火要求分类：普通型和阻燃类型。
（3）按线芯分类：BV，BVR（单股 0.5 mm 左右），RV 线（单根 0.3 mm 左右）。
（4）按温度分类：普通 70 ℃，耐高温 1 050℃。
（5）按颜色分类：黑色线、黄色线、绿色线、红色线、蓝色线等，线路导线颜色的选择

是有一定要求的。

（6）按电压分类：额定电压值 300/500 V，450/750 V 等。

二、常用导线型号

在线路敷设时，常在系统图中标注出所用导线的型号及敷设方式，我们需要根据图纸中的标识来正确地选择导线、敷设方法及敷设位置。

常用导线及电缆型号及意义见表 12.1 和表 12.2。

表 12.1 常用导线型号及名称

型号	名称	型号	名称
BX	铜芯橡皮线	RVS	铜芯塑料绞型软线
BV	铜芯塑料线	BVR	铜芯塑料平型线
BLX	铝芯橡皮线	BLXF	铝芯氯丁橡皮线
BLV	铝芯塑料线	BXF	铜芯氯丁橡皮线
BBLX	铝芯玻璃丝橡皮线	LJ	裸铝绞线
BVV	铜芯塑料护套线	TMY	铜母线

表 12.2 常用电缆型号、名称及用途

型号		名称	用途
YHQ	橡套电缆	软型橡套电缆	交流 250 V 以下移动式用电装置，能受较小机械力
YZH		中型橡套电缆	交流 500 V 以下移动式用电装置，能受相当的机械外力
YHC		重型橡套电缆	交流 250 V 以下移动式用电装置，能受较大机械力
铜芯 VV29	电力电缆	聚氯乙烯绝缘	敷设于地下，能承受机械外力作用，但不能承受大的拉力
铝芯 VLV29		聚氯乙烯护套铠装电缆	
铜芯 KVV	控制电缆	聚氯乙烯绝缘	敷设于室内,沟内或支架上
铝芯 KLV		聚氯乙烯护套铠装电缆	

表 12.3 线路敷设方式、敷设部位表

SR	沿钢线槽敷设	TC	电缆沟敷设
BE	沿屋架或跨屋架敷设	CE	混凝土排管敷设
CLE	沿柱或跨柱敷设	MR	金属线槽敷设
WE	沿墙面明敷设	PR	塑料线槽敷设
CE	沿天棚面或顶板面明敷设	SC	穿焊接钢管敷设
ACE	在能进人的吊顶内敷设	MT	穿电线管敷设
BC	暗敷在梁内	PC	穿硬塑料管敷设
CLC	暗敷在柱内	FPC	穿阻燃半硬聚氯乙烯管敷设
WC	暗敷设在墙内	CT	电缆桥架敷设
CC	暗敷设在顶棚内	M	用钢索敷设

续表

ACC	暗敷设在不能进入的吊顶内	KPC	穿聚氯乙烯塑料波纹电线钢敷设
FC	暗敷设在地面内	CP	穿金属软管敷设
DB	直接埋设		
导线敷设部位的标注			
AB	沿或跨梁（屋架）敷设	WS	沿墙面敷设
AC	沿或跨柱敷设	SCE	吊顶内敷设
F	地板或地面下敷设		

线路敷设时的方式及部位见表 12.3。

配电线路的标注格式为：

$$a\text{-}b(c \times d)e\text{-}f$$

式中　a——线路编号或用途；

　　　b——导线符号；

　　　c——导线根数；

　　　d——导线截面积；

　　　e——导线的敷设方式；

　　　f——导线敷设部位。

例如：BV（3×2.5）PR-WS 表示连接导线是 3 根 2.5 mm² 铜芯塑料绝缘导线，通过硬质塑料线槽方式沿墙面敷设。

三、导线的加工

导线的加工是电气操作人员在日常工作中经常用到的基本技能之一。导线的加工工艺直接影响着线路和设备正常运行的可靠性和安全性。

（一）导线绝缘层的剥除

导线在连接之前，需要先剥除其绝缘层。剥除绝缘层常用的电工工具有剥线钳、钢丝钳、电工刀等，工具的选择可根据剥去导线绝缘层的长度、导线的直径和导线的股数来决定。剥除绝缘层时应注意不要伤及线芯。

用钢丝钳剥除绝缘层，用力要适中，要保持芯线的完整，不得伤及芯线，操作方法如图 12.1 所示。

使用电工刀剥除绝缘层，也要注意掌握力度，切入和推削角度要合适。如图 12.2 所示为电工刀剥除单层导线绝缘层和塑料套管绝缘层的方法。切忌将刀刃垂直导线切割绝缘层，以免割伤线芯。

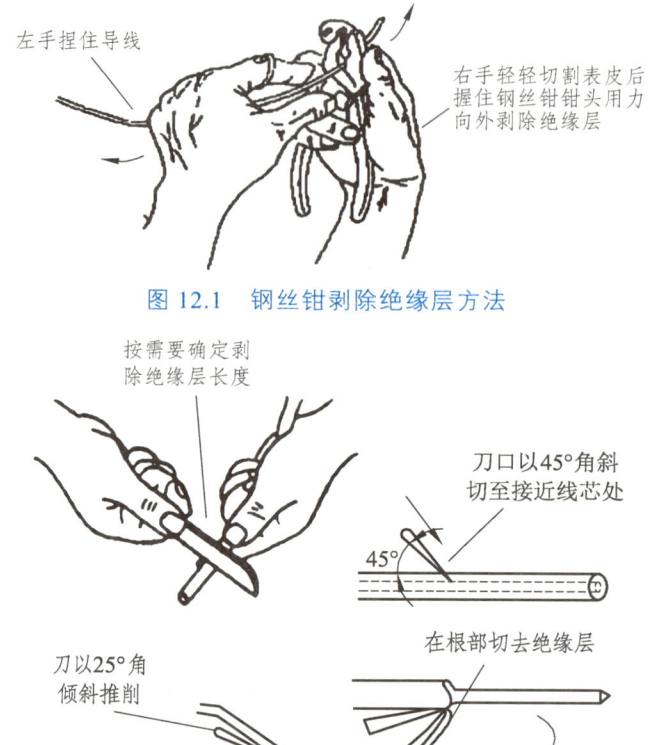

图 12.1 钢丝钳剥除绝缘层方法

（a）电工刀剥除单层导线绝缘层方法

（b）电工刀剥除塑料套管绝缘层方法

图 12.2 电工刀剥除绝缘层方法

（二）导线与接线桩的连接

在电气装置上，很多地方都需要将导线与接线桩进行连接。常用的接线桩有针孔式、平压式和瓦式三种。

1. 导线与针孔式接线桩的连接

导线与针孔式接线桩的连接根据芯线的股数分为单股与多股芯线两种，线芯又会根据插孔的大小进行适当的成型。

单股导线与针孔式接线桩连接时，如果导线线芯横截面积与接线桩插孔大小适宜，只需把芯线直接插入针孔再旋紧螺钉即可，如图 12.3（a）所示。如果单股导线线芯较细，需把芯线折成两折，再插入针孔，旋紧螺钉即可，如图 12.3（b）所示。

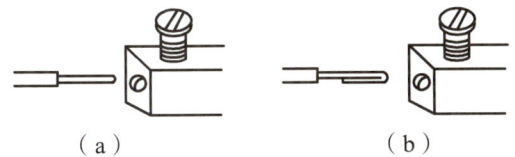

图 12.3　单股芯线与针孔式接线桩连接

多股导线与针孔式接线桩连接时，如果导线线芯横截面积与接线桩插孔大小适宜，应先绞紧线芯，再把芯线直接插入针孔旋紧螺钉即可，如图 12.4（a）所示，注意不要有细丝露在针孔外。如果多股导线线芯较细，需把芯线折成两折，或者用其他细裸线扎成绑扎线，再插入针孔，旋紧螺钉即可，如图 12.4（b）所示。相反的，如果多股导线线芯比插孔粗，就需把芯线分散开，适量剪去几股，然后绞紧线头插入针孔，再旋紧螺钉即可，如图 12.4（c）所示。

导线与接线桩连接紧密后，预留一部分导线，这样可以避免对接线处拉力过大，也可以为将来的检修留下适量的导线材料，如图 12.4（d）所示。

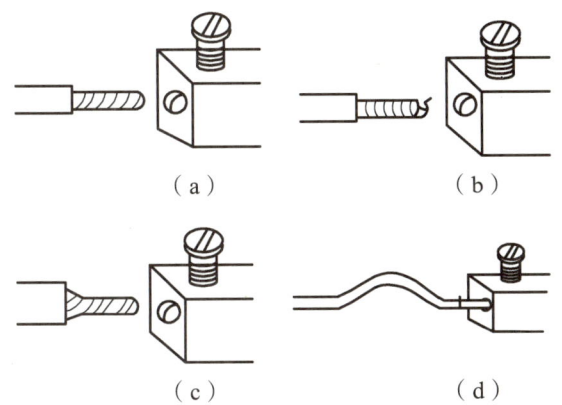

图 12.4　多股芯线与针孔式接线桩连接

2. 导线与平压式接线桩的连接

导线与平压式接线桩连接时经常把接头部分弯成羊眼圈。羊眼圈一般用尖嘴钳成型，即先在绝缘层剥头根部约 3 mm 处把导线弯成约 45°左右的折角，然后用尖嘴钳的钳嘴部分把导线弯成略大于螺钉直径的弯曲环，芯线多余部分剪去，最后修正成圆环，如图 12.5 所示。连接接线桩时把羊眼圈套在接线桩螺丝上，羊眼圈弯曲的方向应该与螺钉拧紧的方向一致，最后旋紧螺钉。

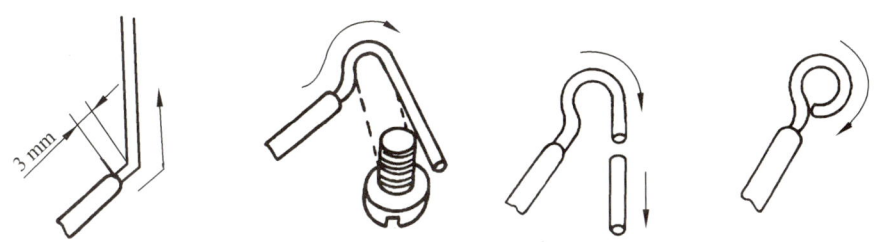

图 12.5　单股芯线羊眼圈弯法

3. 导线与瓦式接线桩的连接

导线与瓦式接线桩连接时,通常用尖嘴钳钳嘴部分把线头弯成"U"形,钩在接线桩的螺钉上,最后上紧螺钉即可。如一个接线桩上需连接两根导线时,两个线头都弯成"U"形,按相反的方向叠在一起,见图12.6。

 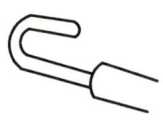  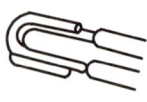

图 12.6　导线与瓦式接线桩连接方法

四、导线的连接

1. 导线连接的方法

导线之间的连接分为单股导线的连接和多股导线的连接,按连接结构不同又有一字型和T字型等连接方式,下面就逐一的介绍一下这几种连接方法,详见表12.4、12.5、12.6、12.7。

表 12.4　单股导线一字型连接方法

步骤	示意图	连接方法
1		把需要进行连接的两根导线处做好处理,先剥线,用剥线钳剥开导线绝缘层,导线剥离长度大概是导线线径的60~70倍左右,剥线时注意不要伤及线芯。用细砂纸打磨线芯,去掉线芯表面的氧化层
2		在距离导线绝缘层大概2厘米左右处把两根导线剥离后的纤芯按X状交叉,相互绞合,大概绞合2~3圈,进行初步固定。如果线径和导线硬度较大时可以用尖嘴钳夹紧交叉处,再进行缠绕
3		调整导线,使导线呈直线状,待缠绕的线芯基本与导线垂直
4		将两边线头垂直地在线芯上紧密缠绕6~8圈
5		用剥线钳剪去多余的芯线,并钳平余下线头的末梢

表 12.5　单股导线 T 字型连接方法

步骤	示意图	连接方法
1	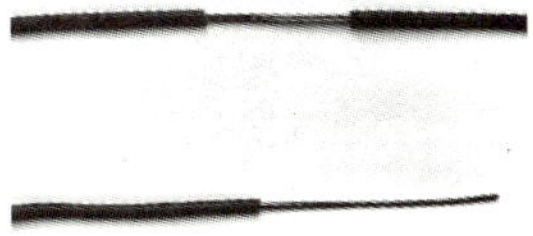	用剥线钳剥开导线绝缘层，支线导线剥离长度大概是导线线径的 60~70 倍左右。用细砂纸打磨线芯，去掉线芯表面的氧化层。
2	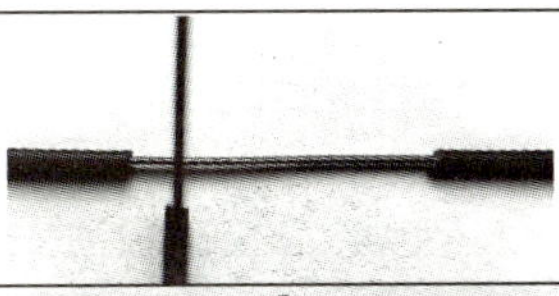	将支路芯线线头与在距离干路绝缘层 3~5 mm 的线芯处十字相交。
3	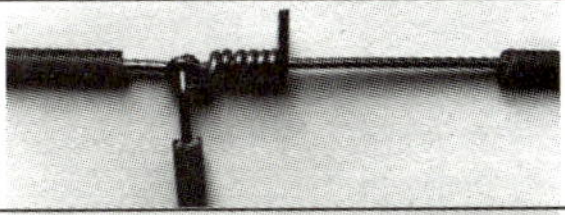	将支路线芯绕过干线做成结状，再按顺时针方向绕干路芯线进行缠绕 6~8 圈。
4	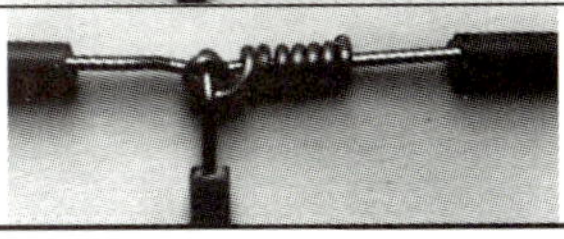	用剥线钳剪去多余的芯线，并钳平余下线头的末梢

表 12.6　多股导线一字型连接方法

步骤	示意图	连接方法
1	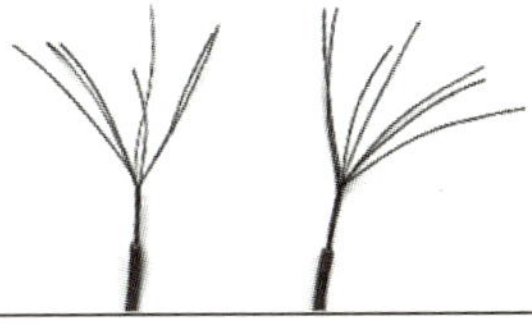	将线头绝缘层剥去，并用细砂纸打磨线芯，去掉线芯表面的氧化层。把靠近绝缘层 1/3 处的线芯绞紧，再把线芯的 2/3 部分松开并扳直，整理成伞状。
2		把两个伞骨形线芯一根隔一根地交叉插在一起。
3		压平相互交叉插入的线芯并夹紧。
4	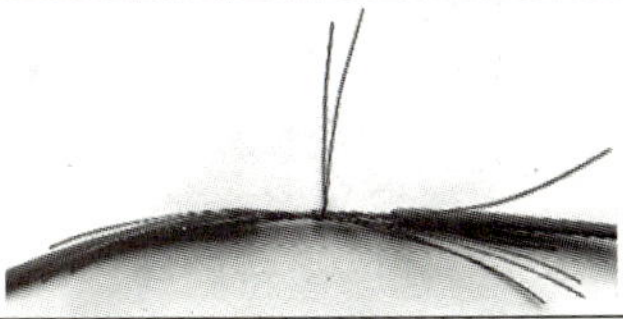	把左边线头任意两根相邻的线芯扳直，并按顺时针方向缠绕 2~3 周后，把余下的线头向右弯折 90 度，紧靠芯线并顺着线芯的方向压好。
5		在上两根线头的左侧把任意两根相邻的线头扳直，压住前两根弯折的线头，顺时针进行缠绕。
6		缠绕 2~3 周后，把余下的线头向右弯折 90 度，紧靠芯线并顺着线芯的方向压好。再把左边余下的三根相邻的线头扳直，按顺时针方向紧压住前两根弯折的线头进行缠绕。
7		再用相同的办法缠绕右边线头的芯线。用剥线钳剪去多余的芯线，并钳平余下线头的末梢。

表 12.7　多股导线 T 字型连接方法

步骤	示意图	连接方法
1	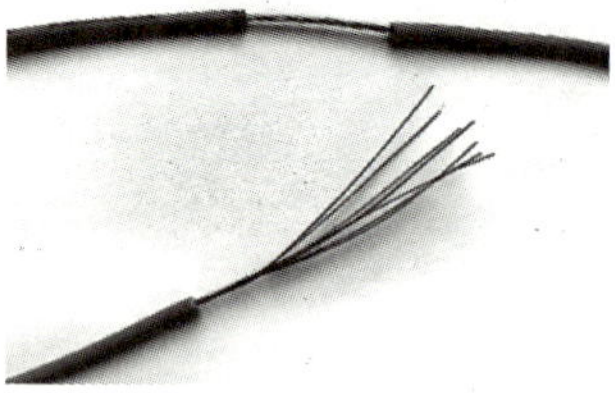	将干线和支线的导线绝缘层剥离，并用细砂纸打磨线芯，去掉线芯表面的氧化层。将靠近绝缘层线芯的 1/6 部分绞紧。
2	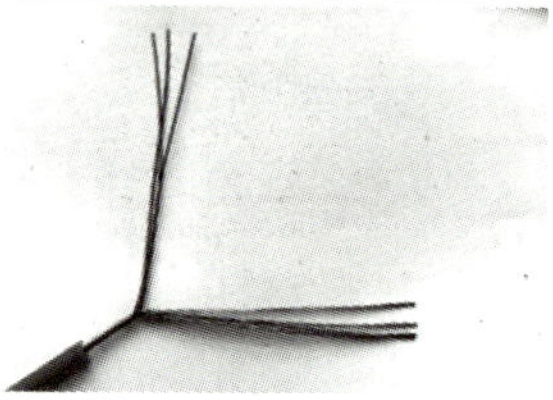	将支线线芯 5/6 的部分散开扳直。
3		把支线线芯分成两份并整理好交叉叠在干线的中间部分
4	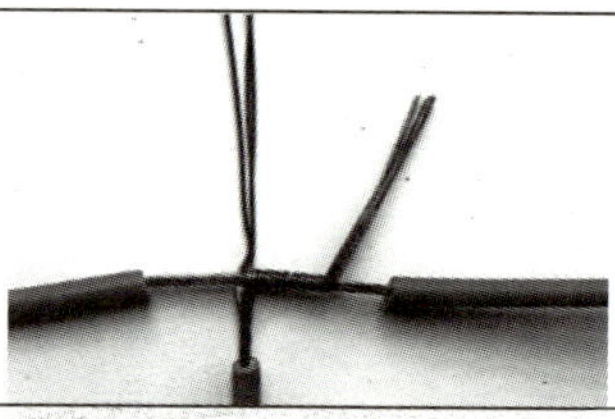	将插接在干线的上半部分支线向右边，顺时针方向紧密缠绕在导线线芯上，缠绕 6~8 圈。
5	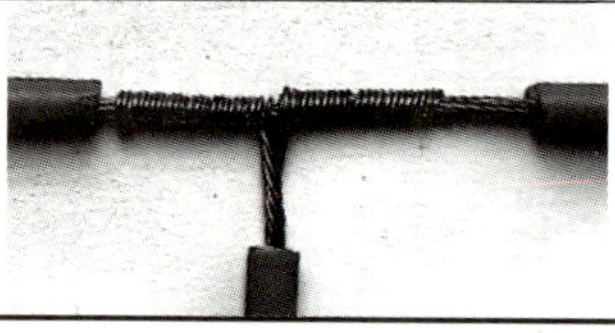	用相同的办法处理剩下的芯线。用剥线钳剪去多余的芯线，并钳平余下线头的末梢。

最后再检查一下，缠绕的线芯之间是否缝隙较大，如果比较大可以用尖嘴钳进行调整；再沿导线方向拉一下导线，检查连接处是否牢固。

2. 导线连接的要求

（1）连接点处接触紧密，接触电阻小，稳定性好，与同长度同截面导线的电阻比应不大于 1~1.2 倍；

（2）接头的机械强度应不小于导线机械强度的 80%~90%；

（3）耐腐蚀，对于铝与铝连接，如采用熔焊法，主要防止残余熔剂或熔渣的化学腐蚀，对于铝与铜联系，主要防止电腐蚀；

（4）不同线号的导线及不同金属的导线不得在受张力的地方连接；

（5）接头的绝缘强度应与导线的绝缘强度一样；

（6）铜铝线连接时必须采用铜铝接或压接，不准用自缠的方法；

（7）导线的连接应采用压接或焊接（管压接法、电阻焊法、气焊法、封端连接）；

（8）单股小截面铜、铝导线联接时，可将铜线涮锡后再相互联接，6 mm² 以下铜导线可采用缠绕法连接。

任务二　导线绝缘层的恢复

知识目标

1.了解常用的绝缘材料。

2. 掌握绝缘恢复的基本概念。

能力目标

掌握导线绝缘恢复的方法和技巧。

素质目标

1. 认识常用的几种绝缘材料。

2. 通过导线绝缘恢复的练习，进一步培养学生的动手能力和良好的操作习惯。

思政目标

在导线绝缘层恢复的过程中，鼓励学生尝试新的方法和技巧，如使用不同的绝缘材料、改进包扎方式等。通过创新实践，激发学生的创新思维和创造力，培养他们的创新意识和探索精神。

重难点

导线绝缘恢复的方法和技巧。

一、绝缘材料简介

绝缘材料又称电介质，是指在直流电压作用下，不导电或导电极微的物质，其电阻率一般大于 $10^{10} \Omega \cdot m$。绝缘材料的主要作用是在电气设备中将不同电位的带电导体隔离开来，使电流能按一定的路径流通，还可起机械支撑和固定，以及灭弧、散热、储能、防潮、防霉或改善电场的电位分布和保护导体的作用。因此，要求绝缘材料有尽可能高的绝缘电阻、耐热性、耐潮性，还需要一定的机械强度。

绝缘材料是电工产品具有先进技术性的关键，也是电工产品长期安全可靠运行的重要保障。因此，要求绝缘材料不断发展新品种，提高产品性能与质量，以适应电工产品不断发展的需要。

二、电工常用的绝缘材料

绝缘材料是在允许电压下不导电的材料，但不是绝对不导电的材料，在一定外加电场强度作用下，也会发生导电、极化、损耗、击穿等过程，而长期使用还会发生老化。电工中常用的绝缘材料

我国目前带电作业使用的绝缘材料大致有下列几种：绝缘板材：包括硬板和软板。其种类有层压制品，如3240环氧酚醛玻璃布板和工程塑料中的聚氯乙烯板、聚乙烯板等。绝缘管材：包括硬管和软管。种类有层压制品，如3640环氧酚醛玻璃布管、带或丝的卷制品。塑料薄膜：如聚丙烯、聚乙烯、聚氯乙烯、聚酯等塑料薄膜。橡胶：天然橡胶、人造橡胶、硅橡胶等。绝缘绳：天然蚕丝、人工化纤丝编织的，如尼龙绳、绵纶绳和蚕丝绳（分 生蚕丝绳和熟蚕丝绳两种），其中包括绞制、编织圆形绳及带状编织绳。绝缘油、绝缘漆、绝缘黏合剂等。

由于绝缘材料在不同温度下的绝缘性能会有很大差异，所以国际电工委员会（简称IEC）按电气设备正常运行所允许的最高工作温度（即耐热等级），把绝缘材料分为Y、A、Z、B、F、H、C七个耐热等级。其允许工作温度分别为90 ℃、105 ℃、120 ℃、130 ℃、155 ℃、180 ℃及180 ℃以上。上述绝缘材料等级符号中的Y、E、F和H还可以分别用DAB、BC和CB来表示。

从绝缘材料的属性上分，又分为绝缘层压制品、新型绝缘材料、塑料、绝缘黏结剂和涂料、绝缘绳索等。

三、导线绝缘的恢复

导线在连接处或者绝缘封皮破损时要及时恢复绝缘，这时常用到绝缘胶布。绝缘胶布又称作电工胶布，用于包扎裸露的线头或金属，使之达到绝缘的效果，避免意外触电或者短路现象的出现。绝缘胶布常见的为绝缘黑胶布和PVC电气阻燃胶布。绝缘黑胶布只有绝缘功能，但是不防水；PVC电气阻燃胶布具有绝缘、阻燃和防水三种功能，但是由于是PVC材质，所以延展性能较差，不能把接头处包裹的十分严密。

当发现导线绝缘层破损或完成导线连接后，一定要恢复导线的绝缘。要求恢复后的绝缘强度不应低于原有绝缘层。所用材料通常是黄蜡带、涤纶薄膜带和黑胶带，黄蜡带和黑胶带一般选用宽度为20 mm的。

黄蜡带的主要功能是绝缘、防潮，适用于潮湿环境的导线绝缘层恢复。正确使用方法是在导线连接处先包裹黄蜡带，再于外层包裹绝缘黑胶布。

黑胶带的主要功能是绝缘、防水。早期使用的黑胶带的材质多是以棉布为底，浸透其他绝缘材料制作而成；现市场上广泛使用的是PVC为基材的黑胶带，具有良好的绝缘、耐热、耐压等性能

（一）一字型连接接头的绝缘恢复

（1）首先将黄蜡带从导线左侧距离切口约两根带宽距离的绝缘层上开始缠绕，包缠进入无绝缘层的接头部分。

（2）包缠时，应将黄蜡带与导线保持约55°的倾斜角，每圈叠压带宽的1/2左右。

（3）包缠一层黄蜡带后，把黑胶布接在黄蜡带的尾端，按另一斜叠方向再缠绕一层黑胶布，每圈仍要压叠带宽的1/2，如图3.7所示。

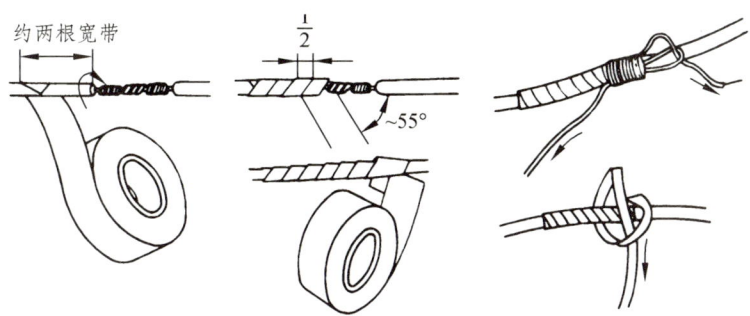

图12.7 直线连接接头的绝缘恢复

（二）T字形连接接头的绝缘恢复

（1）首先将黄蜡带从接头左端距离切口约两根带宽距离的绝缘层上开始缠绕，每圈叠压带宽的1/2左右，如图12.8（a）所示。

（2）缠绕至支线时，用左手拇指顶住左侧直角处的带面，使它紧贴于转角处芯线，而且要使处于接头顶部的带面尽量向右侧斜压，如图12.8（b）所示。

（3）当围绕到右侧转角处时，用手指顶住右侧直角处带面，将带面在干线顶部向左侧斜压，使其与被压在下边的带面呈X状交叉，然后把带再回绕到左侧转角处，如图12.8（c）所示。

（4）使黄蜡带从接头交叉处开始在支线上向下包缠，并使黄蜡带向右侧倾斜，如图12.8（d）所示。

（5）在支线上绕至绝缘层上约两个带宽时，黄蜡带折回向上包缠，并使黄蜡带向左侧倾斜，绕至接头交叉处，使黄蜡带围绕过干线顶部，然后开始在干线右侧芯线上进行包缠，如图12.8（e）所示。

（6）包缠至干线右端的完好绝缘层后，再接上黑胶带，按上述方法缠绕一层即可，如图12.8（f）所示。

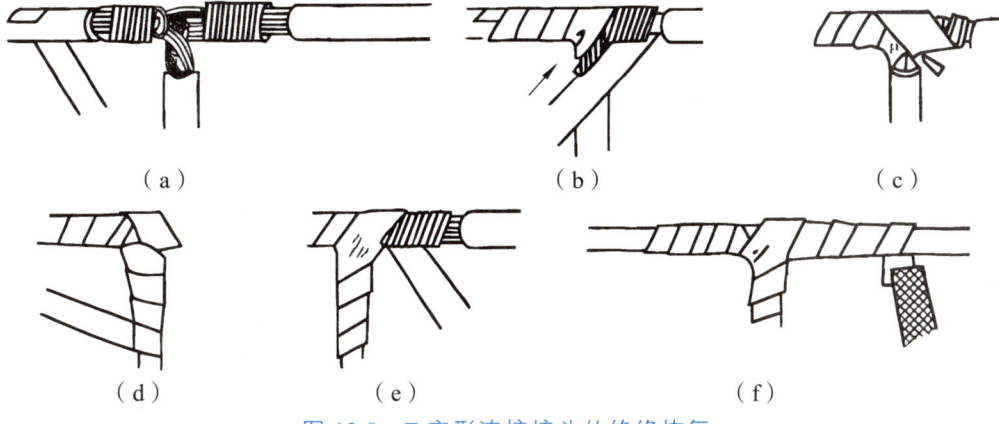

图12.8 T字形连接接头的绝缘恢复

(三）绝缘恢复的要求

（1）在为工作电压为 380 V 的导线恢复绝缘时，必须先包缠 1-2 层黄蜡带，然后再包缠一层黑胶带。

（2）在为工作电压为 220 V 的导线恢复绝缘时，应先包缠一层黄蜡带，然后再包缠一层黑胶带，也可只包缠两层黑胶带。

（3）包缠绝缘带时，不能过疏，更不能露出芯线，以免造成触电或短路事故。

（4）绝缘带平时不可放在温度很高的地方，也不可浸染油类。

为了保证安全用电，导线在连接和绝缘层破损后都要恢复绝缘，并且恢复后的绝缘性能不应低于原有的绝缘能力。

小　结

导线连接是电气工程中的基础和关键技术，是电工作业的一项基本工序，也是一项非常重要的工序，连接质量的好坏直接关系到电气设备的稳定性和安全性。

思考与练习

一、练一练

（一）任务准备

实施本次任务教学所使用的实训工具及材料可参考表 12.8

表 12.8　实训工具及材料

序号	分类	名称	型号及规格	数量	单位	备注
1	工具	电工常用工具		1	套	
2	材料	单股铜芯导线	2.5 mm^2	6	根	
3		多股铜芯导线	2.5 mm^2	6	根	

（二）任务实施

1. 单股导线连接

（1）单股导线的一字型连接方法参照表 12.4。

（2）单股导线的 T 字型连接方法参照表 12.5。

2. 多股导线连接

（1）多股导线的一字型连接方法参照表 12.6。

（2）多股导线的 T 字型连接方法参照表 12.7。

（三）考核评价

对任务实施的完成情况进行检查，并将检查结果填入表 12.9。

表 12.9 任务评价表

项目	序号	内容	配分	评分标准	得分	备注
导线连接	1	单股导线的一字型连接	20	1. 正确连接 10 分； 2. 导线连接工艺 10 分		
	2	单股导线的T字型连接	25	1. 正确连接 15 分； 2. 导线连接工艺 10 分		
	3	多股导线的一字型连接	20	1. 正确连接 10 分； 2. 导线连接工艺 10 分		
		多股导线的T字型连接	25	1. 正确连接 10 分； 2. 导线连接工艺 15 分		
	4	安全文明生产	10	操作中遵守安全文明生产考核要求 10 分		

二、巩固与提高

1. 试说出常用导线的分类。
2. 请指出 BV（2×1.5）PC-F 的含义？
3. 导线与接线桩的连接包括哪几种？
4. 导线连接的要求有哪些？
5. 请列举出四种电工常用绝缘材料。
6. 导线绝缘恢复的要求有哪些？
7. 实作练习：
（1）练习导线绝缘层的剥除。
（2）练习羊眼圈成型。

项目十三　常用照明电路

【任务导入】
照明电路在日常生活和生产实际中应用非常广泛，本项目让学生学会安装、调试常用照明电路。

【教学目标】

知识目标
（1）了解常用照明电路的结构，掌握常用照明电路的电路原理，能够正确选择电器元件。
（2）知道常用照明电路的安装要求与规范。

能力目标
（1）会进行照明电路的安装、检测与维修。
（2）能够对电路进行检测。

素质目标
（1）培养学生的自主学习、独立思考的能力。
（2）培养严谨务实的工作作风。

思政目标
照明电路在日常生活中应用十分广泛，通过对常用照明电路的学习，可以让学生深刻体会所学即所用、所用即所会，在解决实际问题中去实践理论，从而培养学生知行合一、踏实严谨的优秀品质。

重难点
（1）电能表的接线。
（2）两地控制照明线路的连接。
（3）多路开关控制多盏灯电路的连接。

任务一　电能表

知识目标
（1）了解电能表的功能、型号。
（2）掌握电能表的计量单位，并能够计算一段时间的用电量。

能力目标
正确连接单相电能表、三相三线电能表、三相四线电能表。

素质目标

勤学多练，培养学生的劳动意识，提高学生的实践能力。

思政目标

通过正确认识电能表的作用，引导学生树立安全用电的意识，同时根据电能表的计费功能，倡导学生节约用电。

重难点

电能表的连接。

电能表又称为电度表，或称千瓦小时表，俗称"火表"，是计量某一段时间用电器（如灯、电视机等电气负载）所消耗电能的仪表。在工业、农业、国防和生活中是不可少的一种仪表。根据其接入方式分类，可分为单相电能表和三相电能表；根据工作原理可分为机械式电能表、电子式电能表、智能电能表。

一、电能表的型号及含义

电能表的型号由具有不同含义的字母和数字组成，即类别代号＋组别代号＋设计序号＋派生号。

（1）类别代号：D-电能表。

（2）组别代号

① 表示相线：D-单相，T-三相四线有功，S-三相三线有功，X-三相无功。

② 表示用途：B-标准，D-多功能，M-脉冲，S-电子式，Z-最大需量，Y-预付费，F-复费率。

（3）设计序号：用阿拉伯数字表示。

（4）派生号：T-湿热、干燥两用，TH-湿热带用，TA-干热带用，G-高原用，H-船用，F-化工防腐用。

例如：DD 表示单相电能表，如 DD862 型、DD701 型、DD95 型。

DS 表示三相三线有功电能表，如 DS8 型、DS310 型、DS864 型等。

DT 表示三相四线有功电能表，如 DT862 型、DT864 型。

DX 表示无功电能表，如 DX8 型、DX9 型、DX310 型、DX862 型。

DZ 表示最大需量表，如 DZ1 型。

DB 表示标准电能表，如 DB2 型、DB3 型。

二、电能表的铭牌

电能表的铭牌应包含以下内容：

（1）商标。

（2）计量许可标志（CMC）。

（3）计量单位名称或符号，如有功电能表为"千瓦·时"或"kW·h"，无功电能表为"千乏·时"或"kVar·h"。

（4）电能表的名称及型号。

（5）基本电流和最大额定电流。基本电流（标定电流）是确定电能表有关特性的电流值，是电能表的基本工作电流，以 I_b 表示；最大额定电流是仪表能满足其制造标准规定的准确度的最大电流值，以 I_{max} 表示。如 1.5（6）A 表示电能表的基本电流为 1.5 A，最大额定电流为 6 A。如果最大额定电流小于基本电流的 150%，则只标明基本电流。对于三相电能表应在前面乘以相数，如 3×5（20）A。

（6）参比电压。参比电压是确定电能表有关特性的电压值，是电能表的工作电压，以 U_n 表示。参比电压对于三相三线电能表以相数乘以电压表示，如 3×220/380 V；对于单相电能表则以相电压表示，如 220 V。

（7）参比频率。参比频率是确定电能表有关特性的频率值，即工频，以赫兹（Hz）为单位。

（8）电能表常数。电能表常数是表示电能表记录的电能和相应的转数或脉冲数之间关系的常数。

（9）准确度等级。以圆圈中的等级数字表示，无标志时视为 2 级。

（10）相数、线数的符号。

（11）耐受环境条件的能力级别，分为 P、S、A、B 四级。

（12）制造标准。

三、电能表的接线

（一）单相电能表的连接

单相电能表接线盒里共有 4 个接线桩，从左到右按 1、2、3、4 编号。按编号 1、3 接进线（1 接火线，3 接零线），2、4 接出线（2 接火线，4 接零线），如图所示 13.1 所示，国产电能表统一采用这种接线方式。

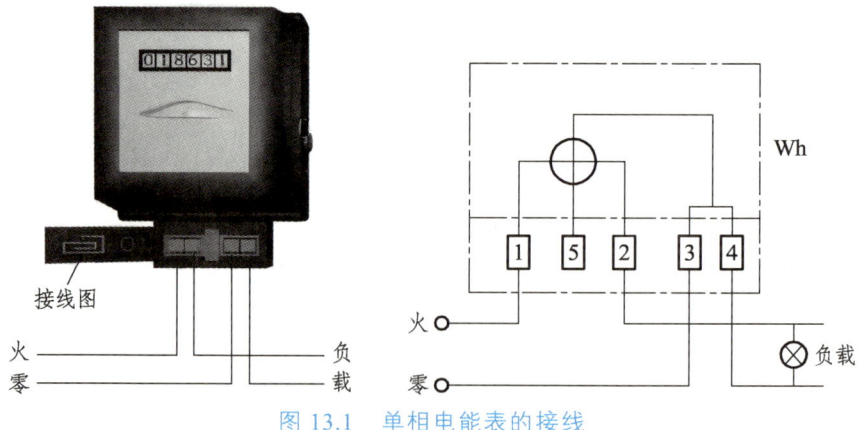

图 13.1 单相电能表的接线

（二）三相电能表的连接

三相三线电能表的电压线圈的额定电压为线电压（380 V），主要用于三相三线制供电或三相四线制供电系统中的三相平衡负载的电能计量。三相电能表的接线分为直接式和间接式，如图 13.2 所示。

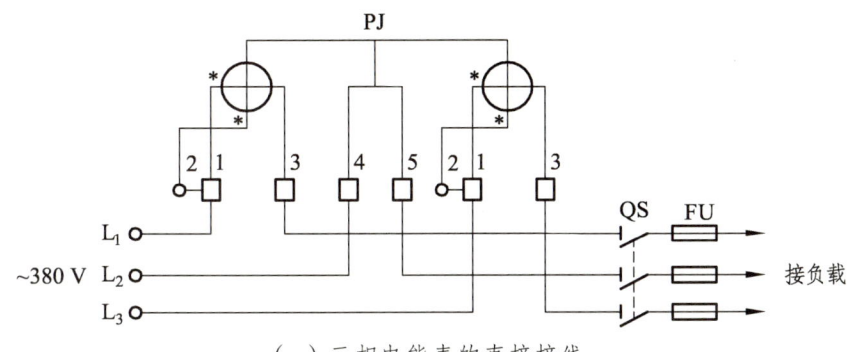

（a）三相电能表的直接接线

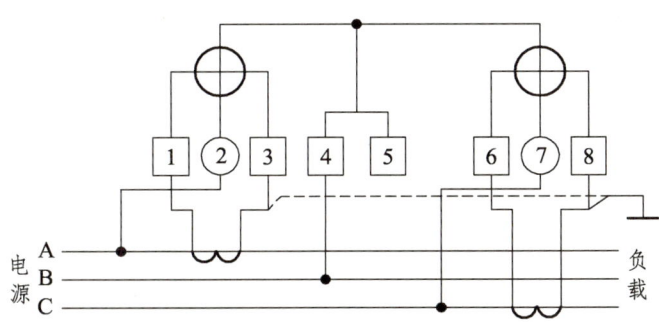

（b）三相三线电能表的间接接线

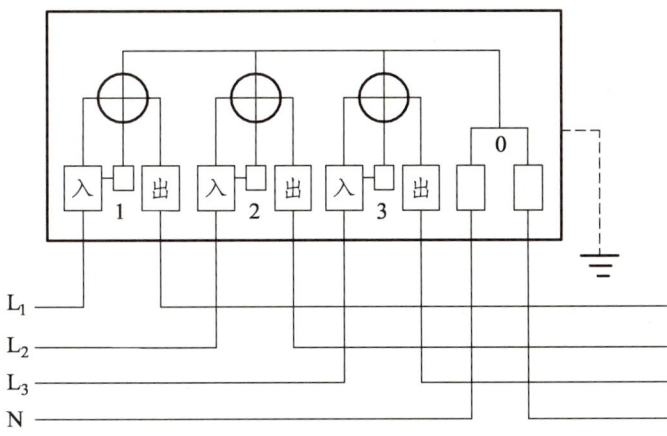

（c）三相四线电能表的直接接线

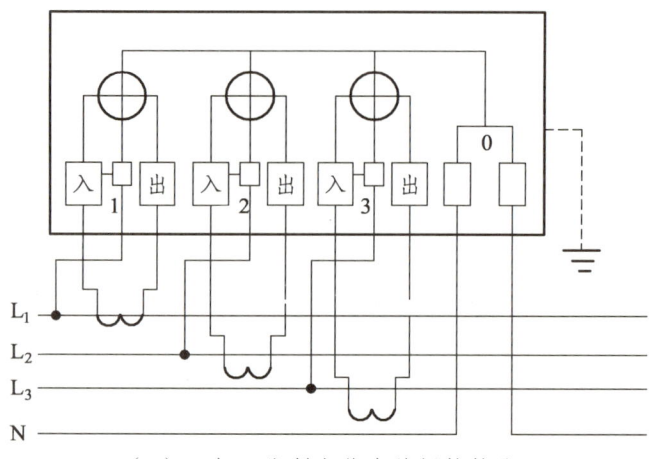

(d)三相四线制电能表的间接接线

图 13.2

任务二　简单照明电路的装接

知识目标

(1)了解简单照明电路的结构及工作原理。
(2)掌握简单照明电路的安装要求及安装步骤。
(3)掌握简单照明电路的检修方法。

能力目标

(1)进一步熟练使用常用电工工具。
(2)熟练应用导线的连接技巧。

素质目标

(1)培养积极的学习态度,通过理论联系实际,更好地提升知识水平和能力水平。
(2)养成积极参与实践操作、重视质量、安全文明等优良的劳动态度和行为习惯。

思政目标

通过学习简单照明电路的装接,引导学生学以致用,安装和检修家中照明电路,用理论指导实践,让科技创造美好生活。

重难点

简单照明电路的连接及检修。

一、电路分析

图 13.3 所示为日常生活中常见的简单照明电路。电路由电能表、开关、白炽灯、日光灯和插座等器件组成。闭合电源空气开关 QF_1 后,单相电能表不转动;再闭合空气开关 QF_2,

此时电路进入通电状态。

（1）闭合开关 K_1，白炽灯 EL 发亮，电能表表盘旋转（从左向右转），开始计量电能。

（2）闭合开关 K_2，日光灯点亮，由于日光灯与白炽灯同时发光，负荷增大，电能表表盘的转速变快。

（3）插座接通，左边是中性线，右边是相线，电压是相电压 220 V；插上电热器，因为电热器是大功率负载，电能表表盘的转速变得非常快。

安装线路的工艺要求："横平竖直，拐弯呈直角，少用导线少交叉，多线并拢一起走"。其意思是横线要水平，竖线要垂直，转弯要直角，不能有斜线；接线时，要尽量避免交叉线，如果一个方向有多条导线，要并在一起走。

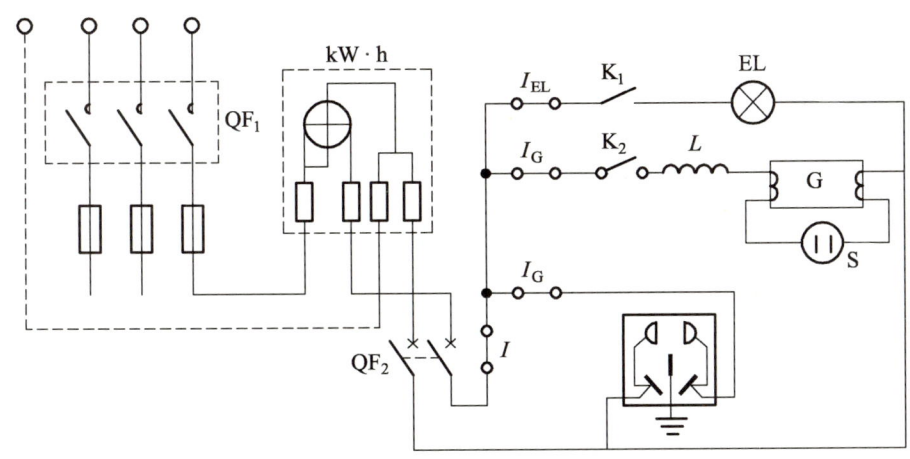

图 13.3　简单照明电路

二、照明电路的装接步骤

（1）按图 13.3 所示电路，准备好所需的元器件，并把元器件固定在木板上。

（2）用万用表测量所用元器件的好坏。根据测量各种开关、白炽灯、镇流器、日光灯和电热器电阻的大小，判断它们的好坏。

（3）根据工艺要求按图 13.3 安装线路。

（4）用万用表检查线路情况。将万用表置于"$R \times 1\text{k}$"挡；两个表笔放在 QF_2 下方相线、中性线上，如果一开始读数为零，则说明线路中相线、中性线有直接短路现象，要马上寻找短路点；当读数显示 ∞ 时，闭合开关 K_1，如果测到白炽灯的阻值，则表明相线到白炽灯的线路没有问题。

（5）通过上述检查正确后，闭合开关 QF_1、QF_2，接通电源。闭合 K_1、K_2，观察白炽灯、日光灯的发光情况。

（6）用万用表测量插座上的电压，并判断插座是否为左接中性线、右接相线；在电水壶中装上水，把电水壶的插头插到插座上，看电水壶是否正常工作。

（7）通电完毕，断开 QF_1、QF_2，切断电源。

三、注意事项

（1）通电要在教师的监护下进行。
（2）分清实训台上电源的相线和中性线，开关应接在相线上，插座接法应该为"左零右火上接地"。
（3）电水壶在插到插座通电时，应注意先装上水，禁止干烧。
（4）通电前，应认真检查线路，防止发生短路。

任务三　两地控制灯照明线路

知识目标

（1）了解双控开关的种类、内部结构和原理。
（2）理解单相照明线路两地控制的原理。
（3）熟练掌握两地控制照明线路的原理和实物安装方法。
（4）掌握两地控制照明线路的检修方法。

能力目标

（1）进一步熟练掌握照明线路安装工艺。
（2）能够根据两地控制照明线路的原理图和安装图，正确安装照明线路。

素质目标

（1）培养积极的学习态度，通过理论联系实际，更好地提升知识水平和能力水平。
（2）养成积极参与实践操作、重视质量、安全文明等优良的劳动态度和行为习惯。

思政目标

两地控制灯照明线路的两条通道都能实现对照明灯的控制，展现了不同的路径可以达到同一目标的可能性。通过两地控制灯照明线路的两条通道类比职业教育与普通教育，引导学生理解多元路径的价值、尊重个体选择、培养包容心态、强调努力与坚持的重要性。

重难点

两地控制照明线路的连接及检修。

一、两地控制照明线路原理

1. 两地控制照明线路的组成

两地控制照明线路由断路器、双控开关、连接导线、照明灯具等组成。两地控制是指同一照明灯具由两个开关控制，两个开关均能控制灯的亮灭。两地控制既不是两个开关的串联，也不是两个开关的并联，而是两个双控开关的组合。两地控制的关键元件是双控开关，它广泛应用于楼道、房间、客厅、车间等照明场所。

2. 双控开关的种类

双控开关可分为单联双控开关和多联双控开关。联指的是同一个开关面板上有几个开关按钮，所以单联指一个按钮，双联指两个按钮，以此类推。如图13.4所示分别为单联开关和双联开关。

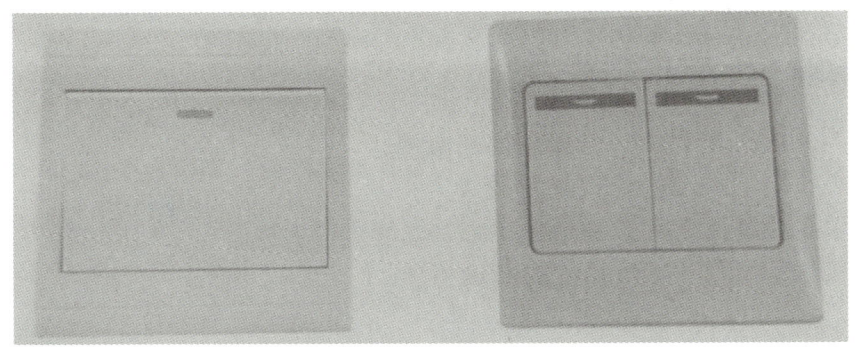

（a）单联开关　　　　（b）双联开关

图13.4　双空开关

控指的是开关按钮的控制方式，一般分为单控和双控两种。单控表示只有一对触点（常开触点或常闭触点），双控表示有两对触点（一对常开触点和一对常闭触点），如图13.5所示。

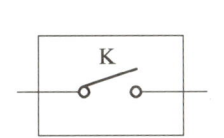 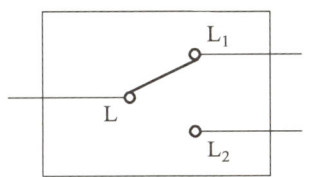

（a）单控开关内部原理示意图　　（b）双控开关内部原理示意图

图13.5　开关内部原理示意图

双控开关有三个接线端子，端子L为开关公共端子，L_1、L_2为常开或常闭端子（即一对）。单控开关和双控开关实物图如图13.6所示

（a）单控开关实物图（背面）　　（b）双控开关实物图（背面）

图13.6　开关实物图

3. 双控开关的工作原理

双控开关的接线孔边上有三个端子：L、L_1、L_2。其中，L 是公共端子，L_1、L_2 是控制端子。开关存在两种状态，要么 L 与 L1 接通，要么 L 与 L_2 接通。其中 L 端子为连铜片（简称连片），它就像一个活动的桥梁，无论怎样按动开关，L 端子连片总要跟端子 L_1、L_2 中的一个保持接通，从而达到控制电路通断的目的。

4. 两地控制照明线路原理图

两地控制照明线路原理图如图 13.7 所示。K_1、K_2 为两个单联双控开关，220 V 交流电源火线接开关 K_1 的 L_1 端子，开关 K_1 的 L_{11} 端子与开关 K_2 的 L_{21} 端子串联，开关 K_1 的 L_{12} 端子与开关 K_2 的 L_{22} 端子串联，开关 K_2 的 L_2 端子为出线端，通过导线连接所控制照明设备的一个接线端，照明设备的另一接线端通过导线连接 220 V 交流电源零线。

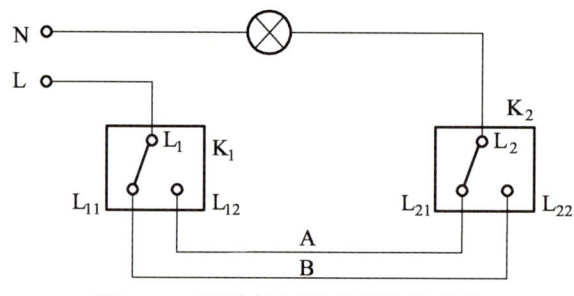

图 13.7　两地控制照明线路原理图

二、两地控制照明线路工作过程

如图 13.7 所示，双控开关 K_1 的 L_1 端子接交流 220 V 电源相线（即火线 L），开关 K_1 的 L_{11} 端子与开关 K_2 的 L_{21} 端子串联，开关 K_1 的 L_{12} 端子和开关 K_2 的 L_{22} 端子串联，开关 K_2 的 L_2 端子接灯泡一端，灯泡另一端接交流 220 V 电源零线，分别构成 A、B 两条通路。

此时任意按动双控开关 K_1 或 K_2，均可接通 A、B 中任一条线路而使灯泡发光，即端子 L_1 和 L_{11} 闭合，端子 L_{21} 和 L_2 闭合，构成 A 通路；或端子 L_1 和 L_{12} 闭合，端子 L_{22} 和 L_2 闭合，构成 B 通路。再任意按动双控开关 K_1 或 K_2，A、B 两条线路均断开，灯泡不亮，即端子 L_1 和 L_{12} 闭合，端子 L_{21} 和 L_2 闭合；或端子 L_1 和 L_{11} 闭合，端子 L_{22} 和 L_2 闭合。

三、两地控制照明线路的安装与调试

（一）安装与工艺要求

1. 安装要求

（1）根据原理图检查所用元器件数量和质量。
（2）根据安装图在电路安装模拟板上合理安装元器件。

（3）按照接线示意图进行布线。
（4）严禁带电安装。
（5）合理使用工具，不损坏元器件。
（6）安装过程中保持合作。

2. 工艺要求

（1）元器件布置合理、匀称，安装可靠，便于走线。
（2）按照安装图进行布线。
（3）接线规范正确，走线合理，无节点松动、露铜、导线过长、反圈、压绝缘层等现象。

（二）两地控制照明线路的调试

按照原理图或接线示意图接线完毕后，检查线路连接是否正确，导线连接是否牢靠；正确连接火线、零线，确认无误后，在教师监护下进行通电测试，如有故障应进行排除。

调试步骤如下：

（1）将断路器开关扳至"ON"位置，用万用表交流电压挡测量开关出线端电压为交流 220 V。

（2）按下双控开关 K_1，电灯点亮，再次按下双控开关 K_1，电灯熄灭；按下双控开关 K_2 电灯点亮，再次按下双控开关 K_2，电灯熄灭。

（3）电灯点亮时用万用表交流电压挡测量灯座两端电压为交流 220 V，电灯熄灭时灯座两端电压为 0 V。

四、两地控制照明线路检修方法及实例

（一）两地控制照明线路的检修方法

1. 直观检查法

通过观察来初步判断线路中元器件是否存在故障，如灯泡钨丝断裂，开关或断路器、导线、接线端子等有明显烧黑、烧焦现象。

2. 电阻检查法

（1）用万用表 $R \times 100$ 挡测量灯泡直流电阻，如 220 V/60 W 灯泡直流电阻正常值为 800 Ω。

（2）用万用表 $R \times 10$ 或 $R \times 100$ 挡测量断路器对应端子直流电阻，开关闭合时正常阻值为 0，开关断开时正常阻值为 ∞。

（3）用万用表 $R \times 10$ 或 $R \times 100$ 挡测量双控开关 L 端子、L_1 端子、L_2 端子之间的电阻，L 与 L_1 端子或 L 与 L_2 端子总有一组正常阻值为 0，另一组为 ∞，L_1 与 L_2 端子之间的正常阻值为 ∞。

3. 电压检查法

用万用表 250 V 交流电压挡测量电源电压、灯座两端电压，正常值为 220 V。

（二）两地控制照明线路检修实例

检修实例：按下任一开关，灯泡不亮。

断开 220 V 交流电，用万用表 $R×100$ 挡测得 220 V/60 W 灯泡电阻值为 800 Ω 左右，说明灯泡良好。灯泡不亮的原因可能为灯座或开关接线松动或接触不良。拆开灯座，用万用表 $R×10$ 挡测量灯头接线柱与灯头内对应部分，未发现接触不良现象。用万用表 $R×10$ 挡测量开关的 L 与 L_1 端子、L_2 端子之间的电阻，发现其中一个双控开关的 L 与 L_2 端子之间的阻值在任何情况下均为 ∞，更换该双控开关，严格按照原理图进行接线，接通电源，按下开关，灯泡可正常亮灭，故障排除。

任务四　多路开关控制多盏灯电路

知识目标

（1）了解多联双控开关的种类、内部结构和原理。
（2）理解多路开关控制多盏灯电路的工作原理。
（3）识读多路开关控制多盏灯电路原理图及安装图。
（4）掌握多路开关控制多盏灯电路的故障检修方法。

能力目标

（1）熟练掌握万用表检查线路和排除故障的方法。
（2）熟练掌握照明线路安装工艺。
（3）能够根据多路开关控制多盏灯电路的原理图和安装图，正确安装照明线路。

素质目标

（1）培养积极的学习态度，通过理论联系实际，更好地提升知识水平和能力水平。
（2）养成积极参与实践操作、重视质量、注意安全文明等优良的劳动态度和行为习惯。

思政目标

多路开关控制多盏灯电路的设计初衷是为了满足人们多样化的生活需求。通过这一任务的学习和实践，引导学生关注身边的人和事，了解并思考如何通过科技手段改善人们的生活质量和环境。

重难点

多路开关控制多盏灯电路的连接及检修。

一、多路开关控制多盏灯电路

1. 电路组成

多路开关控制多盏灯电路由断路器（或漏电保护器）、多联双控开关、连接导线、多个照明灯具等组成。多路开关控制是指由多联双控开关控制各个照明灯具，每路开关均能控制灯的亮灭。

2. 多联双控开关的种类

多联双控开关可分为双联双控开关、三联双控开关、四联双控开关，如图13.8所示。

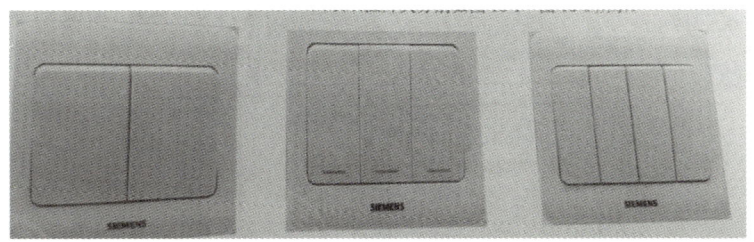

（a）双联双控开关　　（b）三联双控开关　　（c）四联双控开关

图 13.8　多联双控开关

3. 多联双控开关的工作原理

多联双控开关实质上是多个单联双控开关的组合，但它们又相互独立。多联双控开关与单联双控开关的工作原理基本相同，多联双控开关的每联开关接线孔边上都有三个端子 L、L_1、L_2。每组双控开关的 L 端子总要跟其对应的 L_1、L_2 端子中的一个保持接通，从而达到控制多个电路通断的目的。双联双控开关是指在一个面板上，通过两个按钮来控制两个照明设备，即两个开关控制两个电路。双联双控开关内部示意图如图13.9所示。

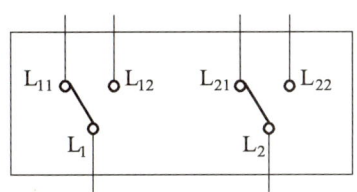

图 13.9　双联双控开关内部示意图

4. 双联双控开关控制两盏灯电路

双联双控开关控制两盏灯电路原理图如图13.10所示。K_1、K_2 为两个双联双控开关，220 V 交流电源火线接开关 K_1 的 L_1 端子和 L_2 端子，开关 K_1 的 L_{11} 端子与开关 K_2 的 L_{11} 端子串联，开关 K_1 的 L12 端子与 K_2 的 L_{12} 端子串联，开关 K_2 的 L_1 端子为出线端，通过导线连接灯泡 L_2 的接线端，灯泡 L_2 的另一接线端通过导线连接 220 V 交流电源零线，构成第一个控制电路；开关 K_1 的 L_{21} 端子与开关 K_2 的 L_{21} 端子串联，开关 K_1 的 L_{22} 端子与开关 K_2 的端子 L_{22} 串联，开关 K_2 的 L_2 端子为出线端，通过导线连接灯泡 L_1 的接线端，灯泡 L_1 的另一接线端通过导线连接 220 V 交流电源零线，构成第二个控制电路。

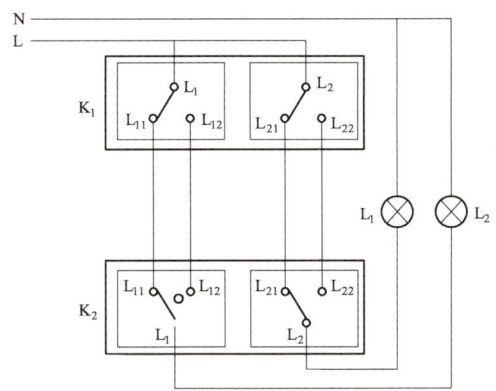

图 13.10　双联双控开关控制两盏灯电路原理图

二、多路开关控制多盏灯电路的安装与调试

（一）电路的安装

1. 主要材料和工具

安装使用的主要材料和工具见表 13.1 所示。

表 13.1　安装使用的主要材料和工具

序号	名称	型号及规格	数量	备注
1	万用表	MF47 型	1 只	
2	平装螺口灯座	4 A/250/E27	2 个	
3	白炽灯	220 V/60 W	2 盏	
4	双联双控开关	4 A/250 V	1 个	
5	断路器	DZ47 型	1 个	
6	导线	1 mm^2	若干	
7	电路安装模拟板	60cm×60cm	1 块	
8	常用电工工具		1 套	

2. 安装及工艺要求

1）安装要求

（1）根据电路原理图，检查所用元器件质量和数量。

（2）根据安装图在电路安装模拟板上合理安装元器件。

（3）按照接线示意图进行布线。

（4）严禁带电安装。

（5）合理使用工具，不损坏元器件。

（6）安装过程中保持合作。

2）工艺要求

（1）元器件布置合理、匀称，安装可靠，便于走线。

（2）按照安装图进行布线。

（3）接线规范正确，走线合理，无松动、露铜、导线过长、压绝缘层等现象。

（二）电路的调试

接线完毕，检查线路连接是否正确，导线连接是否牢靠；正确连接火线、零线，确认无误后，在教师监护下进行通电测试，如有故障应进行排除。

调试步骤如下：

（1）将 DZ47 型断路器开关扳至"ON"位置，用万用表交流电压挡测量开关出线端电压为交流 220 V。

（2）按动双联双控开关 K_1 的一联按键，电灯 L_2 点亮，再次按动开关 K_1 该联按键，电灯

L_2 熄灭；按动双联双控开关 K_2 一联按键，电灯 L_2 点亮，再次按动开关 K_2 该联按键，电灯 L_2 熄灭。再次按动开关 K_1 该联按键，电灯 L_2 再次点亮，按动开关 K_2 该联按键，电灯 L_2 熄灭；按动开关 K_2 该联按键，电灯 L_2 再次点亮，按动开关 K_1 该联按键，电灯 L_2 熄灭。

（3）按动双联双控开关 K_1 的另一按键，电灯 L_1 点亮，再次按动开关 K_1 该联按键，电灯 L_1 熄灭；按动双联双控开关 K_2 另一联按键，电灯 L_1 点亮，再次按动开关 K_2 该联按键，电灯 L_1 熄灭。再次按动开关 K_1 该联按键，电灯 L_1 再次点亮，按动开关 K_2 该联按键，电灯 L_1 熄灭；按动开关 K_2 该联按键，电灯 L_1 再次点亮，按动开关 K_1 该联按键，电灯 L_1 熄灭。

（4）电灯点亮时用万用表交流电压挡测量灯座两端电压为交流 220 V，电灯熄灭时灯座两端电压为 0 V。

三、多路开关控制多盏灯电路的检修

1. 双联双控开关控制两盏灯的常见故障现象

（1）按下任一开关的一联，该联开关所控制的灯泡都不亮。
（2）开关的一联或两联所控制的灯泡忽亮忽灭。
（3）按下任一开关的一联，该联开关所控制的灯泡有时亮，有时不亮。
（4）开关的一联或两联所控制的灯泡常亮。

2. 检修方法

1）直观检查法

通过观察来初步判断电路中元器件是否存在故障，如灯泡钨丝断开，开关或断路器、导线、接线端子等有明显烧黑、烧焦现象。

2）电阻检查法

（1）用万用表 $R×100$ 挡测量灯泡电阻值，220 V/60 W 灯泡电阻值正常为 800 Ω。
（2）用万用表 $R×10$ 或 $R×100$ 挡测量断路器对应端子电阻值，开关闭合时正常电阻值为 0，开关断开时正常电阻值为 ∞。
（3）用万用表 $R×10$ 或 $R×100$ 挡测量双控开关各联 L 端子、L_1 端子、L_2 端子之间的电阻值，L 与 L_1 端子或 L 与 L_2 端子总有一组正常电阻值为 0，另一组为 ∞，L1 与 L_2 端子之间的正常电阻值为 ∞。

3）电压检查法

用万用表 250 V 交流电压挡测量电源电压、灯座两端电压，正常值为 220 V。

小　结

本项目介绍了电能表的基础知识，如型号、作用、电能表的铭牌及电能表的接线，并介绍了几个常见照明电路（简单照明电路、两地控制照明线路、多路开关控制多盏灯电路）的构成、工作原理、接线及调试与检修。

思考与练习

一、练一练

按照如图所示电路完成两地控制照明线路的连接。

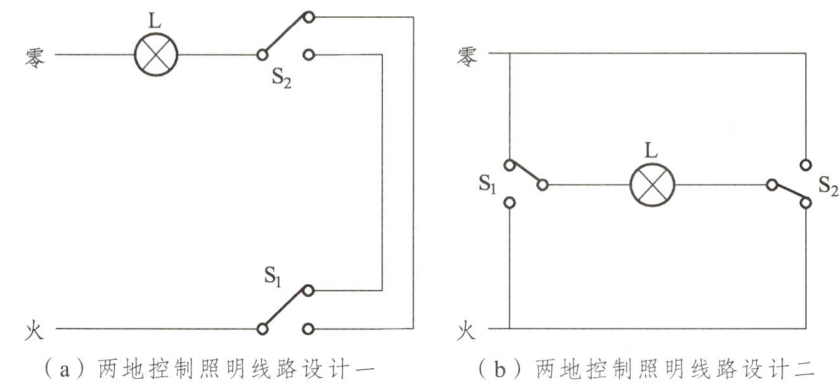

（a）两地控制照明线路设计一　　（b）两地控制照明线路设计二

图 13.11　两地控制照明线路原理图

（一）任务准备

实施本次任务教学所使用的实训工具及材料可参考表 13.2

表 13.2　实训工具及材料

序号	分类	名称	型号及规格	数量	单位	备注
1	工具	电工常用工具		1	套	
2	材料	单股铝芯导线	2.5 mm²	若干	m	
3	元器件	单联双控开关	4 A/250 V	2	个	
4	元器件	螺口灯座及灯泡	4 A/250/E27，220 V/60 W	1	套	
5	元器件	断路器	DZ47 型	1	个	
6	材料	安装板	60cm×60cm	1	块	
7	工具	卷尺	2 m	1	个	
8	仪表	万用表	MF47 型	1	个	

（二）任务实施

（1）设计元器件安装示意图。

（2）按照原理图 13.11（a）或（b）进行电路连接。

（3）用万用表检测电路，无异常后在老师指导下通电。

（4）从功能、安全等角度分析电路（a）和（b）。

（三）考核评价

对任务实施的完成情况进行检查，并将检查结果填入表 13.3。

表 13.3 任务评价表

项目	序号	内容	配分	评分标准	得分	备注
两地控制照明线路的连接	1	元器件安装示意图	15	设计合理 15 分。		
	2	电路连接工艺	15	横平竖直，无悬空，15 分。（1 处扣 1 分）		
	3	元器件安装	15	能够根据元器件安装示意图，正确并牢固安装元器件，15 分。（1 处扣 2 分）		
	4	导线连接	15	导线连接无安全隐患，绝缘恢复良好，10 分。（1 处扣 2 分）		
	5	安全文明生产	20	操作中遵守安全文明生产考核要求，操作完成后能够整理好工作台。20 分		
	6	电路分析	20	能够正确分析（a）和（b）两个电路		

二、巩固与提高

（一）填空题

1. 两地控制照明线路由_____、_____、_____、_____等组成。
2. 双控开关有_____个接线端子，端子 L 为开关_____端子，L_1、L_2 为_____或_____端子（即一对）。
3. 电能的单位_____，电能表按接入相线可分为_____、_____、_____电能表。

（二）简答题

1. 简述双联双控开关工作原理。
2. 画出双联双控开关控制两盏灯电路原理图并简述其工作原理。

项目十四　三相异步电动机的控制和连接

【任务导入】

电动机是把电能转换成机械能的一种设备。电动机按使用电源不同分为直流电动机和交流电动机,电力系统中的电动机大部分是交流电机,而交流电机又包括同步电机和异步电机。电动机主要由定子与转子组成,通电导线在磁场中受力运动的方向跟电流方向和磁感线(磁场方向)方向有关。电动机工作原理是磁场对通有电流的导线受力的作用,使电动机转动。三相交流异步电动机是使用三相交流电,产生转矩,从而对外做功的交流电动机。三相交流异步电动机具有结构简单、运行可靠、价格便宜、使用、安装、维护方便等优点,被广泛地应用于各个领域。

【教学目标】

知识目标

(1)了解常用低压配电电器及低压控制电器的结构、工作原理。
(2)认识三相异步电动机的基本结构,掌握三相异步电动机的工作原理。
(3)掌握三相异步电动机的启动相关知识。

能力目标

(1)熟悉常用低压配电电器、低压控制电器的结构,能拆装、检修低压电器。
(2)能正确地将三相异步电动机接入电源,并正确进行使用。
(3)规范地进行电动机控制线路的安装与调试。

素质目标

通过认识使用新设备,提高学生接受新事物的能力和探索新知识的信心。

思政目标

实现全方位的育人目标,要持有正确的态度,面对一切挑战和困难,要有积极向上、勇于探索、敢于挑战,发挥集体最大效应的团队精神。

重难点

(1)三相异步电动机的工作原理。
(2)三相异步电动机的启动。
(3)三相异步电动机的调速。
(4)三相异步电动机的制动。

任务一　常用低压电器的认识与使用

知识目标

了解常用低压配电电器及低压控制电器的结构、工作原理和用途。

能力目标

熟悉常用低压配电电器、低压控制电器的结构，能拆装、检修开关、按钮、交流接触器的等低压电器。

素质目标

通过学习新知识，提高学生学习能力和动手操作能力。

思政目标

通过学习刀开关、低压断路器、熔断器、按钮和接触器等低压电器各自在电路中的作用，引导学生正确认识制造生产过程中各个工段、工位的重要作用，培养学生扎根基层工作岗位、认真做好本职工作的爱岗敬业情怀。

一、低压配电电器

所谓电器，是指根据外界特定的信号和要求自动或手动接通与断开电路，断续或连续改变电路参数，实现对电路或非电对象的切换、控制、保护、检测和调节的电工器械。而低压电器是指工作在交流电压 1 200 V 或者直流电压 1 500 V 以下的电路中，起通断、保护、控制或调节作用的电气元件或设备，它是构成电气控制线路的基本元件。按用途分，低压电器可分为低压配电电器和低压控制电器。低压配电电器主要用于低压配电系统及动力设备中，它包括刀开关、组合开关、低压断路器、熔断器等。这里主要介绍组合开关和倒顺开关、熔断器。

（一）组合开关

组合开关又叫转换开关，它是由分别装在多层绝缘件内的动、静触片组成。动触片装在附有手柄的绝缘方轴上，手柄沿任一方向每转动 90°，触片便轮流接通或分断。

扭簧储能机构使开关在切断电路时能迅速灭弧，开关能快速接通与断开，提高开关的通断能力。其常用于交流 50 Hz、电压 380 V 以下和直流电压 220 V 以下的电路中，供手动不频繁地接通和断开电源，以及控制 5 kW 以下异步电动机的直接启动、停止和正反转。如图 14.1 所示，为 HZ10 系列组合开关的外形、内部结构和电路符号。

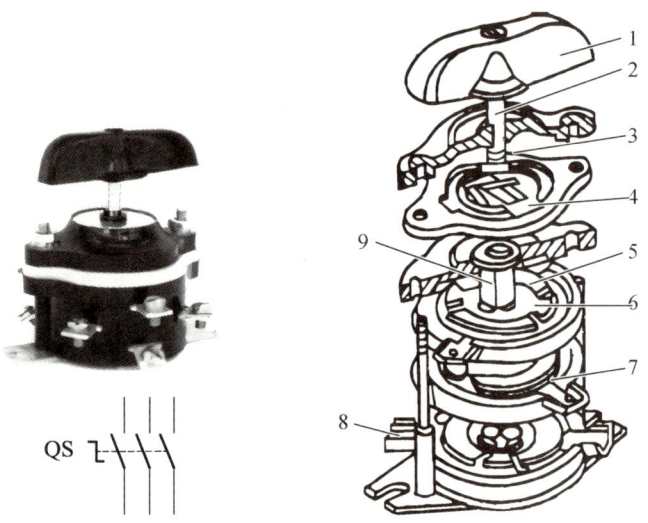

1—手柄；2—转轴；3—弹簧；4—凸轮；5—绝缘垫板；
6—动触片；7—静触片；8—接线端子；9—绝缘杆

图 14.1　HZ10 系列组合开关

（二）倒顺开关

倒顺开关手柄有"倒""停""顺"三个位置，当手柄位于"停"的位置时，动触头不与静触头接触，电路断开；当手柄位于"倒"或"顺"的位置时，动触头与左、右两组静触头的其中一组接触，使电路接通。然而，"倒"或"顺"两位置的所接通的线序是不同的，这就可以实现三相电路的相序变换。倒顺开关主要用于控制三相小功率电机的正转、反转和停止。如图 14.2 所示为其外形图与符号。

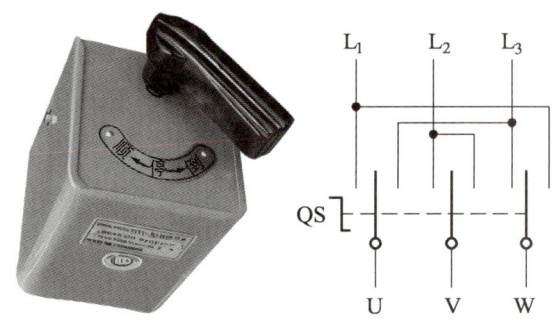

图 14.2　倒顺开关

（三）熔断器

熔断器是一种结构最简单、使用最方便、价格最低廉的短路保护电器。下图 14.3 为熔断器结构图及电路符号。

1. 组　成

它由熔体和安装熔体的绝缘管或绝缘座组成。

2. 原 理

当该电路发生严重过载或短路故障时，熔体自行熔断，切断故障电流。

3. 分 类

熔断器的类型主要有瓷插式、螺旋式和管式三种。

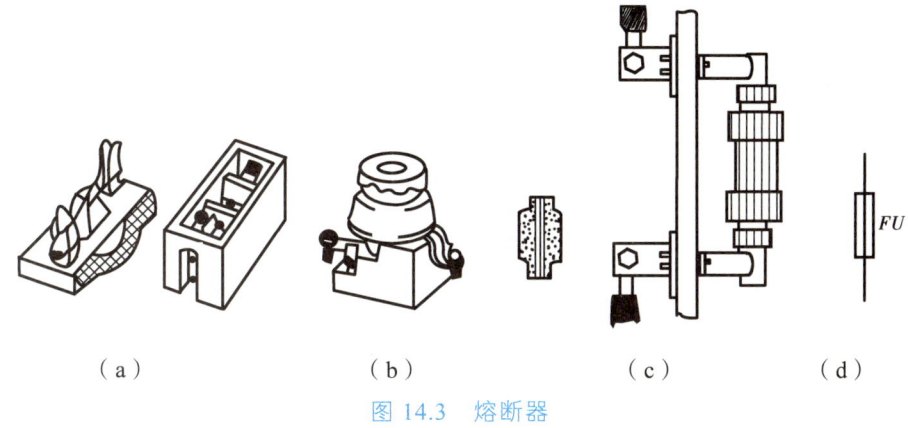

图 14.3 熔断器

4. 应用时按以下方法选择

（1）对于电炉和照明等电阻性负载，可用作过载保护和短路保护，熔体的额定电流应稍大于或等于负载的额定电流。

（2）电动机的起动电流很大，熔体的额定电流因需要考虑起动时熔体不能熔断而应选得较大，因此对电动机只宜作短路保护而不能作过载保护。对于单台电动机，熔体的额定电流（I_{fN}）应不小于电动机额定电流（ΣI_N）的 1.5～2.5 倍，即：$I_{fN} \geqslant (1.5 \sim 2.5) I_N$。轻载起动或起动时间较短时，系数可取近 1.5，带负载起动、起动时间较长或起动较频繁时，系数可取 2.5。对于多台电动机的短路保护，熔体的额定电流（I_{fN}）应不小于最大一台电动机的额定电流（$I_{N\max}$）的 1.5～2.5 倍，加上同时使用的其他电动机额定电流之和（ΣI_N），即：$I_{fN} \geqslant (1.5 \sim 2.5) I_{N\max} + \sum I_N$

二、低压控制电器

低压控制电器主要用于各种控制电路和控制系统的电器，如按钮、行程开关、主令开关、接触器、继电器等。常用的有按钮、位置开关、交流接触器、热继电器和时间继电器。

（一）按 钮

按钮是一种短时接通或断开小电流电路的手动电器，常用于控制电路中发出启动或停止等指令，以控制接触器、继电器等电器的线圈电流的接通或断开，再由它们去接通或断开主电路。按钮开关是一种结构简单，应用十分广泛的主令电器。下图 14.4 为常用各种按钮实物图。

图 14.4　各种按钮

1. 结　构

按钮的结构种类很多，可分为普通揿钮式、蘑菇头式、自锁式、自复位式及钥匙式等。按钮一般由按钮帽、复位弹簧、桥式动触头、静触头、支柱连杆和外壳等部分组成。其内部结构如下图 14.5 所示。

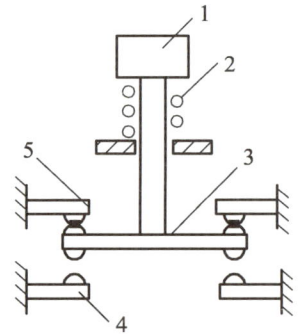

1—按钮帽；2—复位弹簧；3—动触点；4—常开静触点；5—常闭静触点

图 14.5　结构图

如果根据静态时触头的分合状态，按钮可分为常开按钮、常闭按钮和复合按钮，可总结为图 14.6。

名称	常开按钮（启动按钮）	常闭按钮（停止按钮）	复合按钮
结构	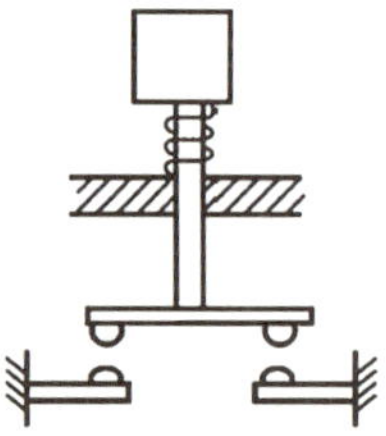	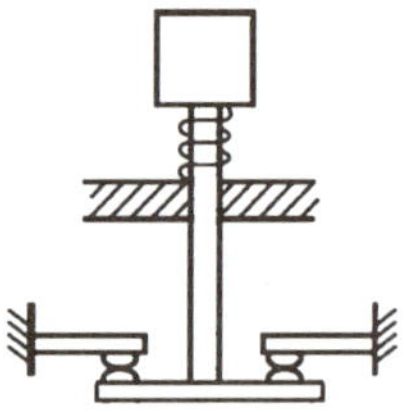	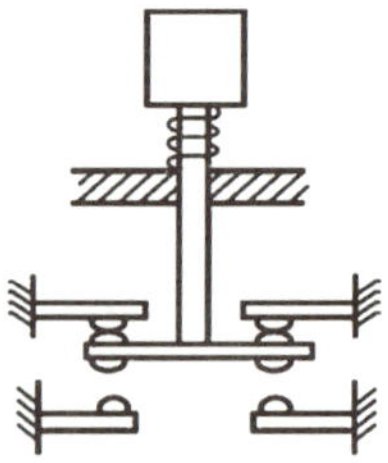
符号	 SB	 SB	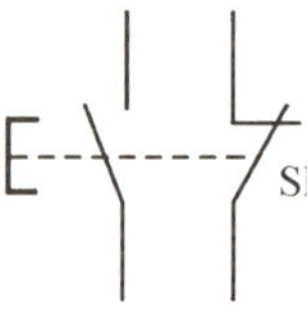 SB

图 14.6　按钮的结构与符号

（1）常开按钮：未按下时，触头是断开的；按下时，触头闭合；松开后，在复位弹簧作用下触头又返回原位断开，它常用作启动按钮。

（2）常闭按钮：未按下时，触头是闭合的；按下时，触头断开；松开后，在复位弹簧作用下触头又返回原位闭合，它常用作停止按钮。

（3）复合按钮：将常开按钮和常闭按钮组合为一体。未按下时，常开触头是断开的，常闭触头是闭合的。按下复合按钮时，其常闭触头先断开，然后常开触头再闭合；松开复合按钮时，在复位弹簧作用下，常开触头先恢复分断，常闭触头后恢复闭合。它常用在控制电路中作为电气联锁。

2. 使用说明

在使用过程中，为了避免操作失误，通常我们将按钮帽做成不同的颜色，以示区别。一般用红色表示停止按钮，绿色表示启动按钮。如果需要控制电机正、反转启动，可分别用绿色和黑色来表示。

（二）行程开关

行程开关又称位置开关或限位开关，作用原理与按钮类似，当运动部件到达一个预定位置时，利用生产机械运动部件的碰压使其触头动作，从而将机械信号转变为电信号，以实现对机械运动的控制或者实现运动部件极限位置的保护。下图14.7为常见行程开关实物图。

（a）按钮直动式　　（b）单轮滚转式　　（c）双轴滚转式　　（d）微动式

图 14.7　行程开关

1. 结　构

位置开关主要由触头系统、操作机构和外壳组成，符号如图14.8（a）所示。位置开关按其结构可分为直动式、滚轮式和微动式三种；位置开关动作后，复位方式有自动复位和非自动复位两种。

2. 动作原理

当运动机构的挡铁压到位置开关的滚轮上时，杠杆连同转轴一起转动，使凸轮推动撞块，当撞块被压到一定位置时，碰触微动开关，使其常闭触点断开，常开触点闭合。挡铁移开后，复位弹簧使其复位。下图14.8（b）为行程开关的动作原理图。

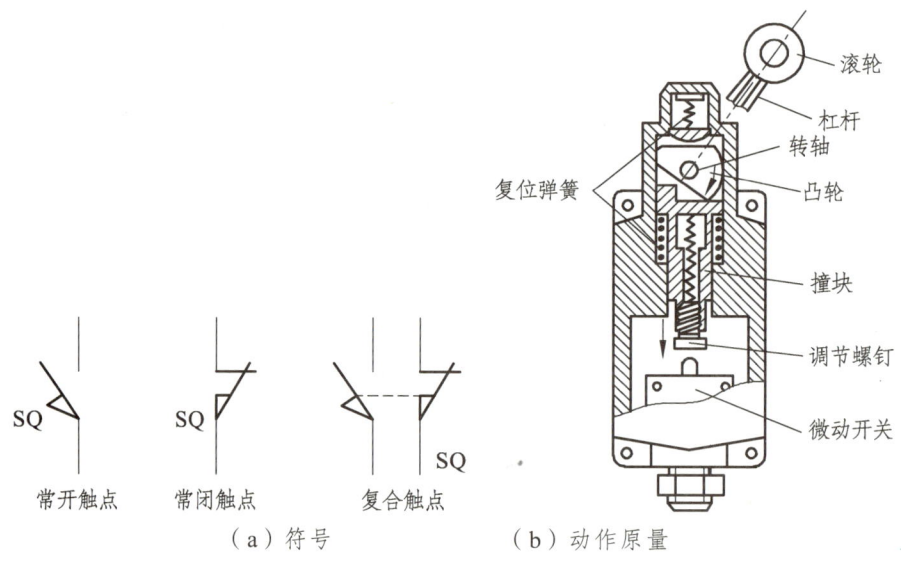

(a) 符号　　　　　　　　　(b) 动作原理

图14.8　行程开关的动作原理和符号

(三) 交流接触器

接触器是利用电磁力来接通和断开大电流电路的一种自动控制电器，它常用在控制电动机的主电路上，也可用于控制其他负载，如电热设备、电焊机等。接触器不仅能实现远距离自动操作和欠电压释放保护功能，而且有控制容量大、工作可靠、操作频率高、使用寿命长等优点，广泛应用于自动控制系统中。接触器按照主触头通过的电流种类的不同，可分为直流接触器和交流接触器。图14.9为CJ10系列交流接触器的外形图。

图14.9　CJ10系列交流接触器外形

1. 结构、符号

交流接触器主要由电磁系统（含动、静铁心和线圈）、触头系统（含3对常开辅助触头、一对常闭辅助触头）、灭弧装置及辅助部分等组成。

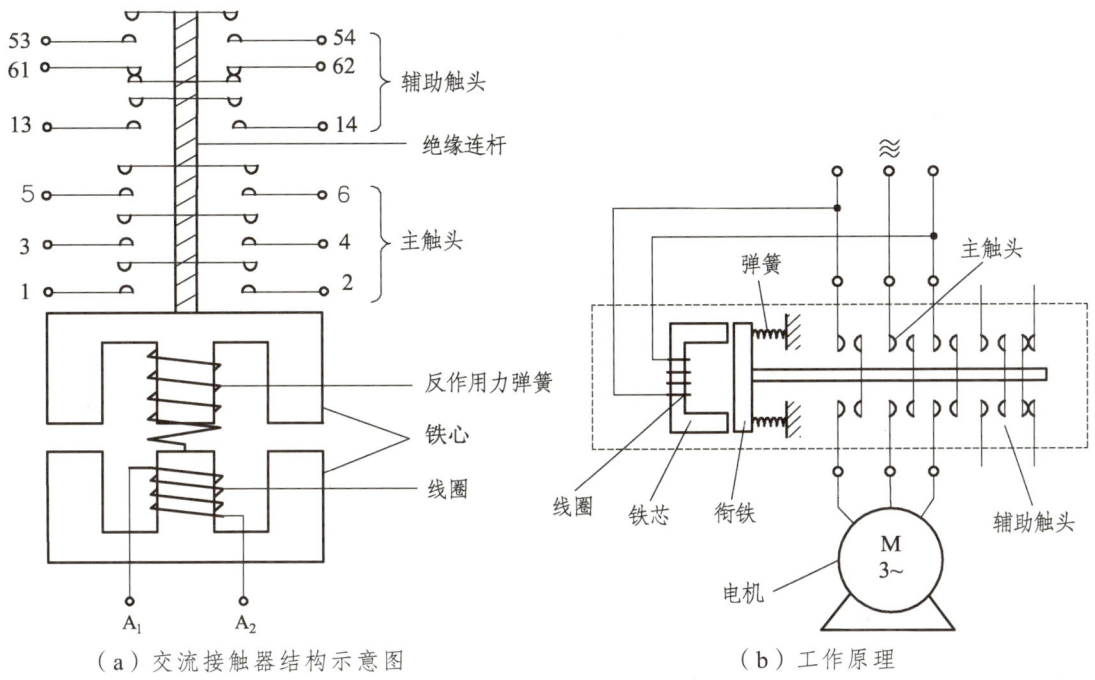

(a)交流接触器结构示意图　　　　　　(b)工作原理

图 14.10　交流接触器的结构和工作原理

图 14.10（a）为 CJX2-12 交流接触器结构示意图，主要由电磁机构（含动、静铁心和线圈）、触头系统（含三对常开主触头、两对常开辅助触头、一对常闭辅助触头）和灭弧装置三个主要部分组成。图形符号如下图 14.11 所示。

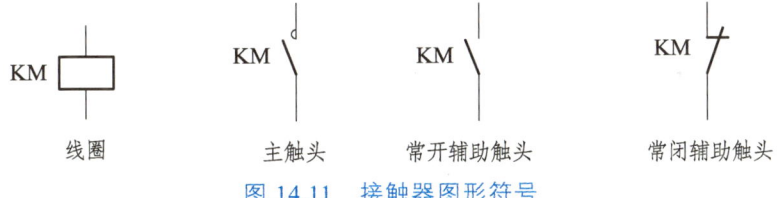

图 14.11　接触器图形符号

2. 工作原理

见图 14.10（b）所示，工作时线圈接在控制线路中，当线圈通电后，线圈电流产生磁场，使静铁心产生电磁吸力将动铁心（衔铁）吸合，衔铁带动绝缘连杆上的动触头动作，使常闭辅助触头（又称动断辅助触头）首先断开，常开主触头（又称动合主触头）和常开辅助触头（又称动合辅助触头）随后闭合。当线圈断电时，电磁吸力消失，衔铁在反作用弹簧力的作用下释放，各对触点复位。此外，当线圈电压不足时，由于电磁吸力较小，在反作用力弹簧的作用下衔铁也会释放，各触点复位，所以，交流接触器本身也带有欠压保护的能力。

3. 选　用

（1）接触器的额定电压应大于或等于负载回路的额定电压。
（2）吸引线圈的额定电压应与所接控制电路的额定电压等级一致。
（3）额定电流应大于或等于被控制回路的额定电流。

（四）热继电器

热继电器主要是利用电流热效应原理制成的一种低压保护电器。其结构简单、体积小，使用方便，常与接触器配合使用对三相交流电动机起断相和过载保护。我们常遇到过载情况，只要过载时间不长、过载不严重，绕组不超过允许的温升，对电动机的危害都不大，但如果过载过大，时间较长，电动机电流超过额定值，引起过热，使绝缘损坏，就会减少电动机的使用寿命，甚至可能使电动机烧毁。这时，采用热继电器进行过载保护是很有必要的。

1. 结构、符号

热继电器由热元件、动作机构、触头系统、电流整定系统、复位机构和温度补偿元件等部分组成。热继电器一般有一个常开触头和一个常闭触头。如图 14.12 所示。

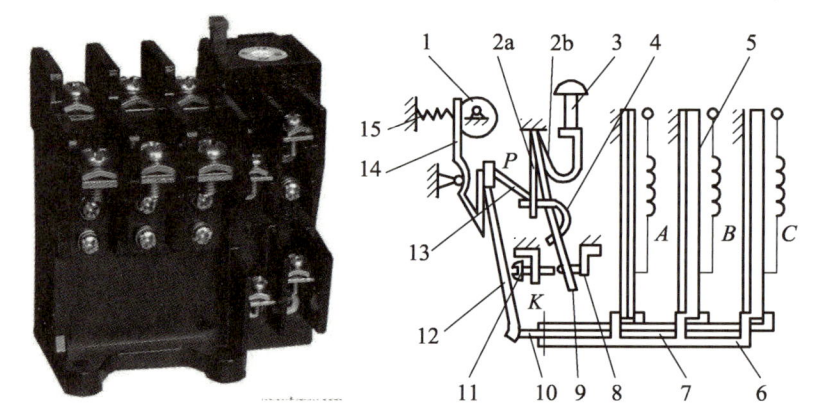

1—电流调节凸轮；2—片簧；3—手动复位按钮；4—弓簧；5—主双金属片；6—外导板；7—内导板；8—静触头；9—动触头；10—杠杠；11—复位调节螺钉；12—补偿双金属片；13—推杆；14—连杆；15—压簧。

图 14.12 热继电器

2. 工作原理

热元件由主双金属片和绕在外面的电阻丝组成。主双金属片是由两种热膨胀系数不同的金属片复合而成。使用时，将热继电器的三相热元件的电阻丝分别串接在电动机的三相主电路中，常闭触头串接在控制电路的接触器线圈回路中。当电动机正常运行时，流过电阻丝的电流产生的热量虽然能使双金属片弯曲，但不足以使热继电器动作。当电动机过载时，电流超过热继电器整定电流值，双金属片温度增高，一段时间后，主双金属片弯曲推动导板，使触头系统动作，热继电器的常闭触头断开，于是切断电动机控制电路，使电动机停转，达到了过载保护的目的。电源切除后，主双金属片逐渐冷却使触点复位。除自动复位外，热继电器还设置了手动复位。

实际安装时，常把热继电器分成两部分，每一部分安装的位置不同。一部分是热元件，接在电动机与接触器之间；另一部分是触电元件，接在控制电路中，与接触器的线圈电路相串联。

3. 选 用

热继电器的选择主要根据电动机的额定电流来确定热继电器的型号及热元件的额定电流的等级。对星形连接的电动机可选三极型热继电器，对三角形连接的电动机应选带断相保护的热继电器。热继电器整定电流值要根据电动机额定电流值、电动机本身过载能力以及拖动的负载情况等确定。

（五）时间继电器

时间继电器又称为延时继电器，是利用电磁原理或机械动作原理实现触头延时闭合和延时断开的自动控制器件。工作时从得到输入信号起，经过一段时间的延时才动作的继电器，常用于电路的定时控制。

时间继电器按其动作原理和构造的不同可分为电磁式、电动式、空气阻尼式、晶体管式和数字式等类型。按延时方式分有通电延时型和断电延时型两种类型。下图 14.13 为时间继电器的图形和文字符号，图中每对延时触点都有两种图形符号表示。

选用时间继电器时，应在延时方式、延时触点和瞬动触点的数量、延时时间、线圈电压等方面应满足电路的要求。

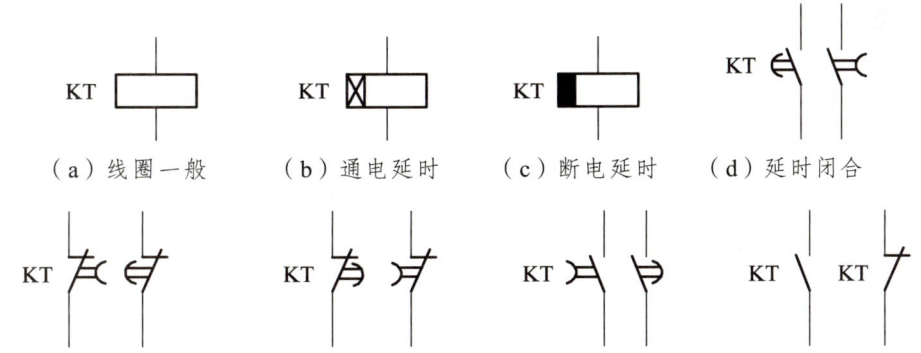

图 14.13　时间继电器符号

任务二　三相异步电动机的认识和使用

知识目标

了解三相异步电动机的基本结构；理解三相异步电动机的工作原理；了解三相异步电动机的使用方法。

能力目标

能正确地将三相异步电动机接入电源，并能进行正确的使用。

素质目标

通过获取新知识，有效地提高将理论知识运用到技能训练中的能力。

思政目标

通过对三相异步电动机实际工作中选型问题讲解，引导学生将专业知识与生产实际相结合，融入工匠精神和劳动教育，有效提升学生的专业技能和综合素养。

一、认识三相异步电动机

电动机是电能与机械能相互转换的设备，是利用电磁感应原理实现电能与机械能相互转化的机电装置。根据使用的电源不同，电动机可分为直流电动机和交流电动机，交流电动机又分异步电动机和同步电动机。生产、生活上主要采用的是三相异步电动机，因为它具有结构简单、坚固耐用、运行可靠、成本低廉、维护方便等特点。被广泛地用于驱动各种金属切削机床、水泵、鼓风机和起重机等。图 14.14 为几种常见的电动机外形。

图 14.14 常见的电动机外形

（一）三相异步电动机的结构

三相异步电动机主要由定子和转子两个基本部分组成，此外还有端盖、风叶、接线盒等附属部分，如图 14.15 所示。

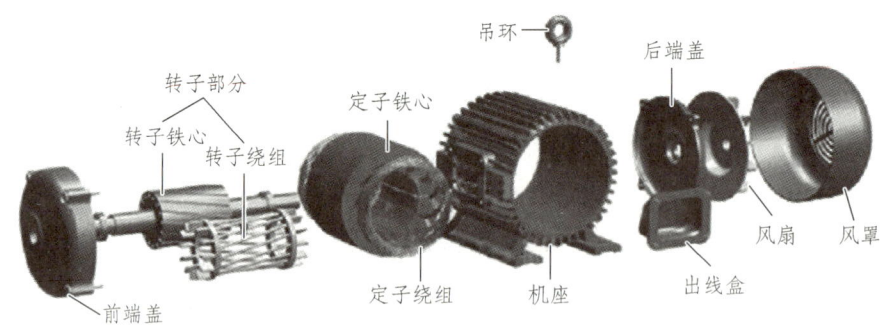

图 14.15 三相异步电动机的结构图

1. 定 子

定子是异步电动机的静止不动部分，主要由机座、装在机座内的定子铁芯和镶嵌在铁芯中的三相定子绕组组成。

（1）定子铁芯一般采用 0.5 mm 厚、两面涂有绝缘漆的硅钢片叠压制成，形状为环形，沿内圆表面均匀轴向开槽。定子铁芯具有导磁和安放绕组的作用。

（2）定子绕组是电动机的电路部分，由三相对称绕组组成，按一定规则连接，有六个出线端，即将 U_1-U_2、V_1-V_2、W_1-W_2 接到机座的接线盒中，定子绕组可接成星形或三角形。图 14.16 所示为定子绕组和机座接线盒。

图 14.16　定子绕组和机座接线盒

图 14.17 定子绕组星形连接图及线圈连接示意图；图 14.18 定子绕组三角形连接及线圈连接示意图。

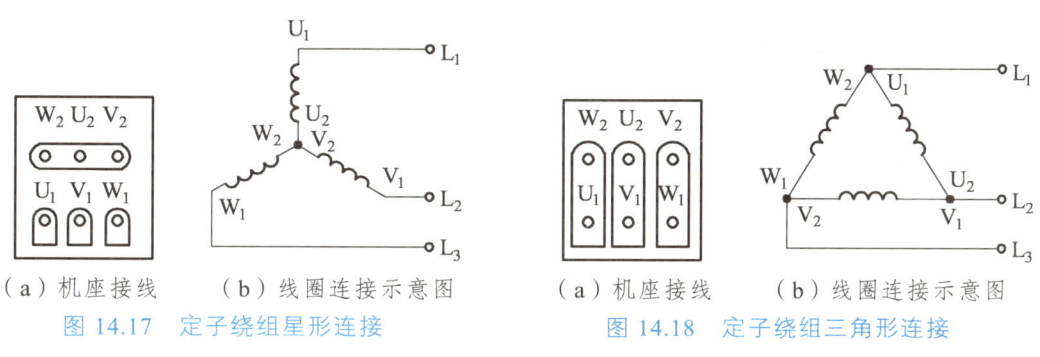

图 14.17　定子绕组星形连接　　　　　图 14.18　定子绕组三角形连接

2. 转　子

转子是异步电动机的旋转部分，由转子铁芯、转子绕组和气隙三部分组成，其作用是输出机械转矩。

（1）转子铁芯：是电动机主磁路的一部分，采用 0.5 mm 厚硅钢片叠压而成，转子铁芯外圆上有均匀分布的槽，用以嵌放转子绕组，一般小型异步电动机转子铁芯直接压装在转轴上。

（2）转子绕组：是转子的电路部分，用来产生转子电动势和转矩。根据构造的不同，转子绕组分为笼式和绕线式两种。

（3）笼式转子：图 14.19 所示的转子绕组做成鼠笼状，即转子铁芯的槽中放置导条，两端用端环连接，称为鼠笼式转子；图 14.20 所示的转子其槽内的导体、转子的两个端环以及风扇叶一起用铝铸成一个整体，为铸铝的鼠笼型转子。

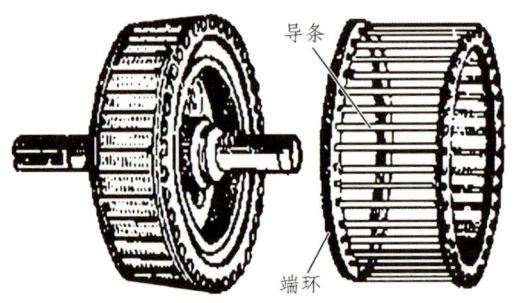

（a）转子　　　　（b）转子绕组

图 14.19　鼠笼形转子

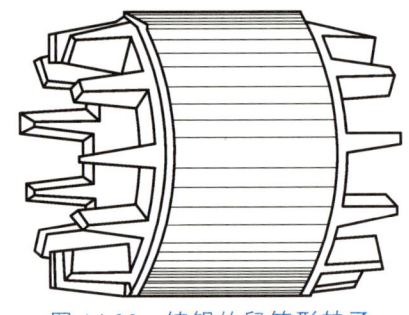

图 14.20　铸铝的鼠笼形转子

（4）绕线式转子：绕线式转子的绕组与定子绕组相似，在转子铁芯槽内嵌放三相对称绕组，接成星形。每相绕组的始端连接在三个固定在转轴上的铜制滑环上，再通过一套电刷装置引出与外电路相连。环与环、环与转轴之间都是相互绝缘的。转轴由中碳钢制成，其两端由轴承支撑，电动机通过转轴输出机械转矩。结构如图 14.21 所示。

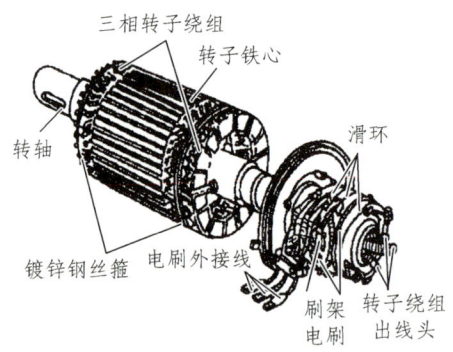

图 14.21　线绕式转子的结构示意图

3. 气　隙

三相异步电动机的气隙是指定子、转子之间的间隙。气隙的大小对异步电动机性能影响很大。对于异步电动机来说它的气隙很小，中小型异步电动机的气隙在 0.2～1.0 mm。

（二）三相异步电动机的基本原理

为了说明三相异步电动机的转子是怎样旋转起来的，先通过一个演示实验来进行说明。

如图 14.22 所示：有一个装有手柄的马蹄形磁铁，在磁极中间放置一个可以自由转动的导电的鼠笼转子，转子与磁极之间没有机械联系。当摇动手柄使马蹄形磁铁旋转时，就会看到鼠笼转子跟着磁铁旋转。手柄摇得越快，转子转得越快，若是改变磁铁的旋转方向，鼠笼转子的旋转方向也跟着改变。由上述实验可知，转子转动的首要条件是要有一个旋转磁场。

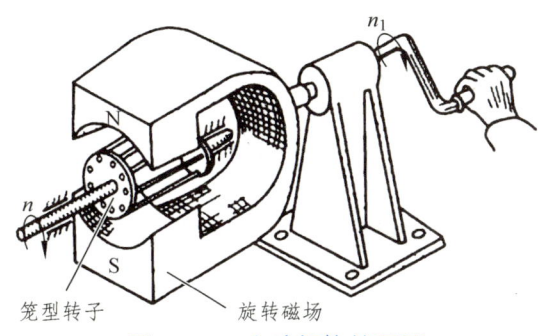

图 14.22　电动机旋转原理

1. 定子旋转磁场的产生

实际的笼形异步电动机中，旋转磁场是由定子绕组中的三相交流电产生的。如果三相异步电动机的定子铁心中放有三相对称绕组（U_1—U_2，V_1—V_2，W_1—W_2），并呈星（Y）联接，接入三相对称电源时，三相对称绕组中有电流通过，即

$$i_U = I_m \sin \omega t \tag{14-1}$$

$$i_V = I_m \sin(\omega t - 120°) \tag{14-2}$$

$$i_W = I_m \sin(\omega t + 120°) \tag{14-3}$$

三相对称电流的波形如图 14.23 所示。规定交流电正半周时，电流从绕组首端流入，从末端流出；负半周时，电流从绕组末端流入，从首端流出。当交流电流过三相绕组时，每相绕组都将产生一个按正弦规律变化的磁场，三相绕组的合成磁场随着时间的推移而不断改变方向形成旋转磁场，如图 14.24 所示。当 $\omega t = 0$ 时，U 相绕组电流 $i_U = 0$；V 相绕组电流 i_V 为负半周，按规定电流是从末端 V_2 流入，从首端 V_1 流出；W 相绕组电流 i_W 为正半周，电流从绕组首端 W_1 流入，从末端 W_2 流出。根据右手螺旋定则可以判定，三相电流的合成磁场的 N 极在正上方，S 极在正下方，如图 14.24（a）所示。

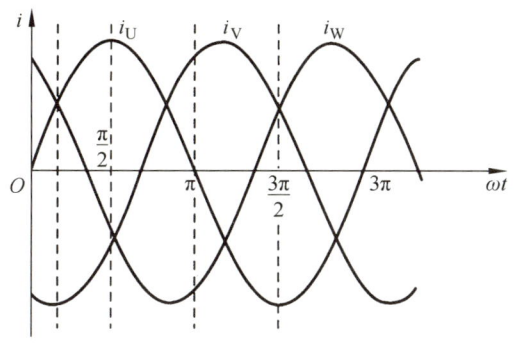

图 14.23　三相对称电流的波形

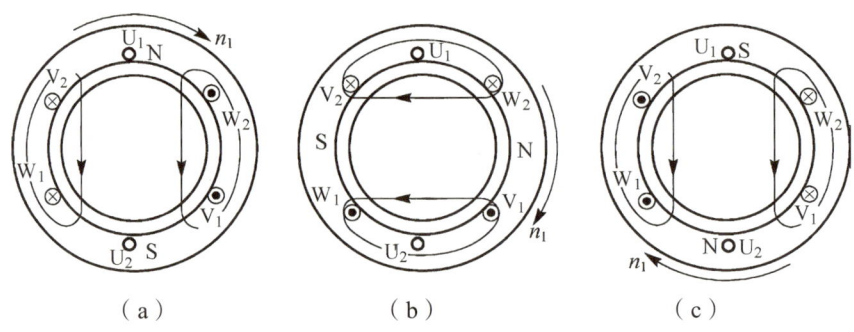

图 14.24 三相电流产生的磁场

当 $\omega t = 90°$ 时，i_U 为正半周，电流从绕组首端 U_1 流入，由末端 U_2 流出；V 相和 W 相电流 i_V 和 i_W 都是负半周，电流分别从绕组末端 V_2 和 W_2 流入，从首端 V_1 和 W_1 流出。三相电流的合成磁场如图 14.24（b）所示，可以看出合成磁场的轴线沿顺时针方向转了 $90°$。此时，磁场的 N 极在右方，S 极在左方。

当 $\omega t = 180°$ 时，U 相绕组电流 $i_U = 0$；V 相绕组电流 i_V 为正半周，电流从首端 V_1 流入，从末端 V_2 流出；W 相绕组电流 i_W 为负半周，电流从绕组末端 W_2 流入，从首端 W_1 流出。可以判定，两相电流的合成磁场的 N 极在正下方，S 极在正上方，如图 14.24（c）所示。三相电流的合成磁场的轴线又沿顺时针方向转了 $90°$。从上述分析可知，当异步电动机定子绕组分别通入对称三相交流电后，在定子空间能产生一个随时间延续的旋转磁场。如图 14.24 所示，每相定子绕组只有两个线圈，三相绕组的首端之间空间相差 $120°$。合成磁场有两个磁极，也称一对磁极。对一对磁极来说，在三相交流电流变化一周时，磁场在空间旋转一周。当交流电流的频率为 2 Hz 时，磁场转速为 2 r/s；当交流电流的频率为 3 Hz 时，磁场转速为 3 r/s；以此类推，当交流电流的频率为 f 时，磁场转速为 $n_1 = f$ r/s。通常旋转磁场的转速都折合成每分钟多少转，这样一对磁极旋转磁场的转速（r/min）是：

$$n_1 = 60f \tag{14-4}$$

如果每相绕组由两个线圈串联组成，则每相绕组的首端之间相差 $60°$ 空间角。如图 14.25 所示，磁场有 4 个磁极，即两对磁极。可以看到，交流电流变化一周只转过 $180°$。以此类推，当旋转磁场具有任意磁极对数时，交流电流变化一周，旋转磁场在空间只能转过 $1/p$ 周，p 表示旋转磁场的磁极对数。因此，旋转磁场的转速 n_1 与交流电频率、磁极对数之间的关系为：

$$n_1 = \frac{60f}{p} \tag{14-5}$$

式中，n_1 为旋转磁场的转速（同步转速），r/min；f 为三相交流电源的频率，Hz；p 为旋转磁场的磁极对数。

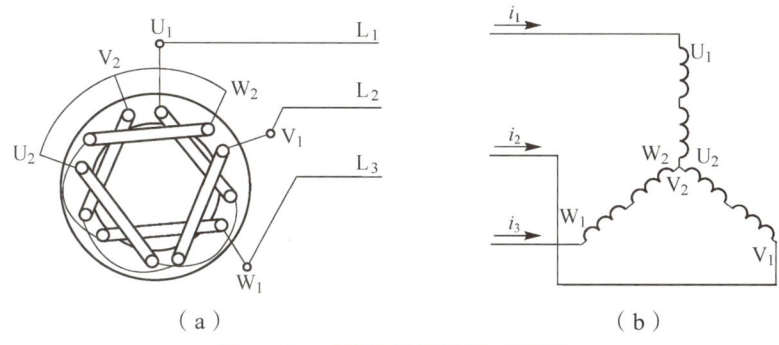

图 14.25 两对磁极及定子绕组

2. 旋转磁场对转子的作用

定子中产生的旋转磁场将切割转子铜条,此时可以把磁场看成不动,而认为转子相对于磁场运动。假设旋转磁场是沿顺时针方向旋转,那么转子相对于磁场可看成是做逆时针方向转动,如图 14.26 所示。在转子铜条中产生感应电动势和感应电流,可用右手定则确定其方向。在转子上半部的铜条中,感应电流的方向指向读者,在转子下半部的铜条中,感应电流的方向背离读者。

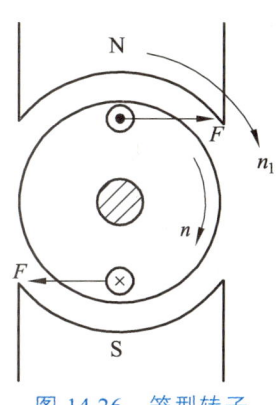

图 14.26 笼型转子

转子中载有感应电流的铜条与旋转磁场作用,产生电磁力。根据左手定则判定:转子上顶部铜条所受的力是指向右方,下底部铜条所受的力是指向左方。这两个力大小相等,方向相反,构成电磁转矩,于是转子就跟随旋转磁场转动起来,这就是三相笼型异步电动机的转动原理。转子转速 n 必定小于同步转速 n_1。如果 $n = n_1$,则转子与旋转磁场之间没有相对运动,转子上的辐条不能切割磁感线,就不会产生感应电动势和感应电流,也就不能形成电磁转矩,所以转子不能以同步转速运行。实际上,转子转速总是小于同步转速,即 $n < n_1$。也就是说,转子转速与旋转磁场的转速不同步,而是异步的,这就是异步电动机名称的由来。正常运行时,转子的转速称为三相异步电动机的额定转速。例如,有一种一对磁极的三相异步电动机,同步转速为 3000 r/min,正常运行时的额定转速为 2906 r/min。转子的转动方向与旋转磁场的旋转方向是一致的。如果把按顺时针方向旋转称为电动机的正转,那么按逆时针方向旋转称为电动机的反转。旋转磁场的转向与通入定子绕组的三相交流电流的相序有关。如果把三相电源接到定子绕组首端的三根导线中的任意两相对调位置,则旋转磁场反转,电动机也就跟着改变转动方向。

二、三相异步电动机的选用

(一) 三相异步电动机的铭牌

目前我国已经推广使用 Y 系列三相异步电动机。现在以 Y132M2-4 为例,介绍铭牌数据。

1. 型　　号

Y 系列电动机型号由 4 部分组成，第一部分汉语拼音字母 Y 表示异步电动机，第二部分数字表示中心高（转轴中心至安装平台表面的高度）；第三部分英文字母为机座长度代号（S 表示短机座、M 表示中机座、L 表示长机座），字母后的数字为铁心长度代号（1-短铁心，2-长铁心），横线后的数字为电动机的极数；第四部分为特殊环境代号，没标符号者表示电动机只适用于普通环境，W 表示用于户外环境，F 表示用于化工防腐环境。

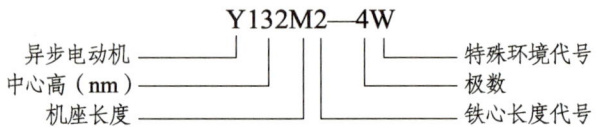

2. 功　　率

铭牌上所标出的功率是在额定运行情况下，电动机转轴上输出的机械功率，又叫容量，通常用 P_N 或 P_2 表示，单位是瓦（W）或千瓦（kW）。

3. 额定频率

指电动机在额定运行时的电频率，我国规定工频为 50 Hz。

4. 额定电压

指电动机额定运行时加在定子绕组上的线电压值，单位是伏（V）。

5. 额定电流

指电动机在额定运行时定子绕组的电流值，单位是安（A）。

6. 额定转速

指电动机在额定运行时电动机的转速，单位是 r/min。

7. 工作方式

电动机的运转状态分连续、短时、断续等三种。"连续"是指电动机在额定运行情况下长期连续使用，用 S_1 表示；"短时"是指电动机在限定时间内短期运行，用 S_2 表示，断续是指电动机以间歇方式运行，用 S_3 表示。

（二）三相异步电动机的选择

三相异步电动机应用很广，所拖动的生产机械多种多样，要求也各不相同。选用电动机时应从技术和经济两方面综合考虑，以实用、合理、经济和可靠为原则，正确选用其种类、型式、功率及转速等，以确保安全可靠地运行。

1. 种类选择

三相异步电动机中的鼠笼式电动机结构简单、价格低廉、运行可靠、控制和维护方便，虽调速性能差、起动电流大、起动转矩较小、功率因数较低，但在一些不需调速的生产机械，如水泵、压缩机、通风机、运输机械以及一些金属切削机床上，有着广泛的应用。三相线绕式异步电动机的起动和调速性能比鼠笼式优越,但其结构复杂、运行维护较困难,价格也较贵。一般只用于对起动转矩和起动电流有特殊要求,或者需要在一定范围内调速的情况,如起重机、卷扬机和电梯等。

2. 型式的选择

电动机外部防护形式有开启式、防护式、封闭式和防爆式等数种。应根据电动机工作环境的条件来进行选择。开启式电动机内部空气与外界畅通、散热条件好、价格便宜,适用于干燥、清洁的工作环境。防护式电动机,有防滴式、防溅式和网罩式等数种,可防止水滴、铁屑等杂物落入电机内部,但不能防止潮气和灰尘侵入,适用于比较干燥、灰尘不多的环境。封闭式电动机有严密的罩盖,潮气、粉尘等不易侵入,但体积较大、散热差、价格较贵,适用于灰尘、湿气较多的环境。防爆式电动机外壳和接线端完全密封,能防止外部易燃、易爆气体侵入机内,但体积和重量更大、价格更贵,适用于如油库、化工企业、煤矿等有易燃、易爆气体的环境。

3. 功率的选择

电动机功率如果选得太小,就不能保证可靠地运行,甚至将因严重过载而烧坏,实际也不一定经济。如果选得太大,不但使设备的成本、体积和重量增加外,而且由于电机处于轻载运行,它的效率和功率因数都较低,使运行费用也增加。在多数情况下,电机功率的选择通常根据其发热条件,即发热接近其许可的温升,但不得超过为基础,计算所需的功率。初定功率后,再校验其过载能力和起动转矩是否满足生产机械要求。实际上很多生产机械的负载是变动的,或短时的、或断续的等,要根据各种情况的具体特点合理选择电动机的功率。

4. 转速的选择

应全面考虑电动机的工作情况、设备投资、占地面积和维护费用,以及系统动能储存量等因素,确定合适的传动比和电动机额定转速。

任务三 三相异步电动机控制线路的分析及安装

知识目标
能够分析三相异步电动机点动控制、正反转控制线路工作过程。

能力目标
能正确地进行电动机控制线路的安装与调试。

素质目标
通过理论联系实际,提高学生的动手操作能力。

思政目标
通过复兴号列车动车电机组装班,兢兢业业,将300多个零部件组装成一台台运行可靠的动车电机案例,引导学生工作时应立足本职工作岗位,踏实勤奋,不断进行改革和创新,努力成长为一名优秀的技能型人才。

一、三相异步电动机点动控制线路

电动机接通电源后,转子转速从零达到稳定转速的过程称为起动。起动时若加在电动机定子绕组上的电压是电动机工作时的额定电压,就称为全压起动。这种起动方式设备简单、操作方便、起动时间短,但起动电流大。在实际工作中要尽量避免电动机的频繁起动。如车削加工时,使用摩擦离合器或电磁离合器将主轴与电动机转轴分离,从而减少电动机的起动和停车,避免起动电流过大,影响电动机的使用寿命。一般来说,笼型异步电动机额定功率小于 7.5 kW,或者额定功率大于 7.5 kW 但小于供电电源容量的 20%,都可以采用直接起动。

(一)点动控制电路

用接触器构成的点动控制电路。图中 L_1、L_2、L_3 为三相电源线,该电路由刀开关 QS、熔断器 FU 和接触器 KM、按钮 SB 等组成。其中由 QS、FU、KM 主触头、热继电器 FR 的热元件与电动机 M 构成主电路,由 SB 及 KM 线圈、热继电器 FR 的常闭触头构成辅助控制电路,其电源由 L_1、L_2、L_3 中的任两相提供。如图 14.27 所示为点动控制电路。

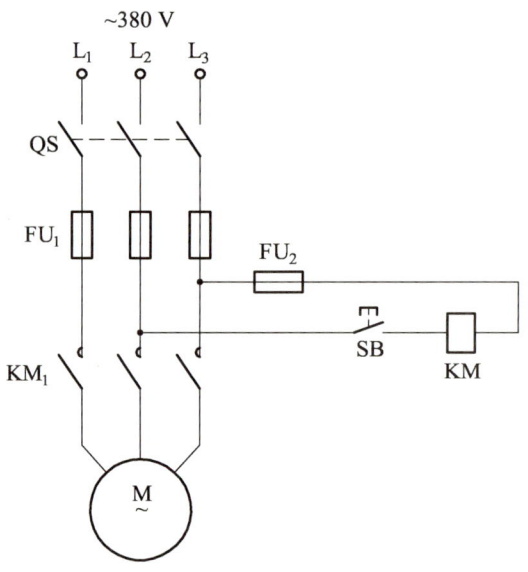

图 14.27 点动控制电路

(二)电路工作原理

当电动机需点动控制时,先合上电源开关 QS 引入三相电源,按下起动按钮 SB,接触器线圈 KM 通电,其衔铁吸合带动触头系统动作,连接在主电路中的三个常开主触头 KM 闭合,电动机 M 接通电源起动运行。松开 SB 按钮,接触器 KM 线圈断电,其衔铁受弹簧力的作用而复位,其触头系统恢复常态,即接在主电路中的三个主触头断开,电动机断电停转。这种只有按下按钮 SB 时,电动机才旋转,松开按钮 SB 时就停转的电路,称为点动控制电路。

（三）所需电器元件

表 14.1　所需元件明细

代号	名称	数量	备注
QS	刀开关	1	
FU	螺旋式熔断器	4	
KM	交流接触器	1	
FR	热继电器	1	
SB	按钮	1	SB 绿

（四）安装接线及调试

首先按照要求摆放好元器件，电路中元器件布局应考虑实际接线箱，按照接线箱安放好元器件的位置，接线时，按照电路图 14.27 一般先将主电路用导线连接起来，然后连接控制电路，最后接电机即可。

检查接线无误后，接通交流电源，合开关 QS，此时电机不转，按下按钮 SB，电动机即可启动，松开按钮电动机即停转。

二、三相异步电动机的正反转电路

（一）接触器联锁的正反转控制电路

三相异步电动机的正反转电路，如图 14.28 所示。采用两个接触器 KM_1、KM_2。当 KM_1 主触头接通时，电路按 L_1-U、L_2-V、L_3-W 接通，输入电动机定子绕组的电源电压相序为 L_1-L_2-L_3；而当 KM_2 主触头接通时，电路按 L_1-W、L_2-V、L_3-U 接通，输入电动机定子绕组的电源电压相序为 L_3-L_2-L_1。相应的控制线路有两条，一条是由按钮 SB_1 和 KM_1 线圈组成的正转控制线路，另一条是由按钮 SB_2 和 KM_2 线圈组成的反转控制线路。而在启动按钮 SB_1 和 SB_2 两端分别并接的接触器 KM_1 和 KM_2 的常开辅助触头就是自锁触头。

由于接触器 KM_1 和 KM_2 的主触头不允许同时闭合，否则将造成两相（L_1 和 L_3 相）电源短路事故。为了使两接触器不能同时得电动作，在正、反转控制线路中分别串接了对方接触器的一对常闭辅助触头，这样，当一个接触器得电动作时，通过其常闭辅助触头断开另一个接触器的线圈支路，使另一个接触器不可能得电动作。接触器间这种相互制约的作用叫作接触器联锁（或互锁），而两对起联锁作用的触头叫作联锁触头。

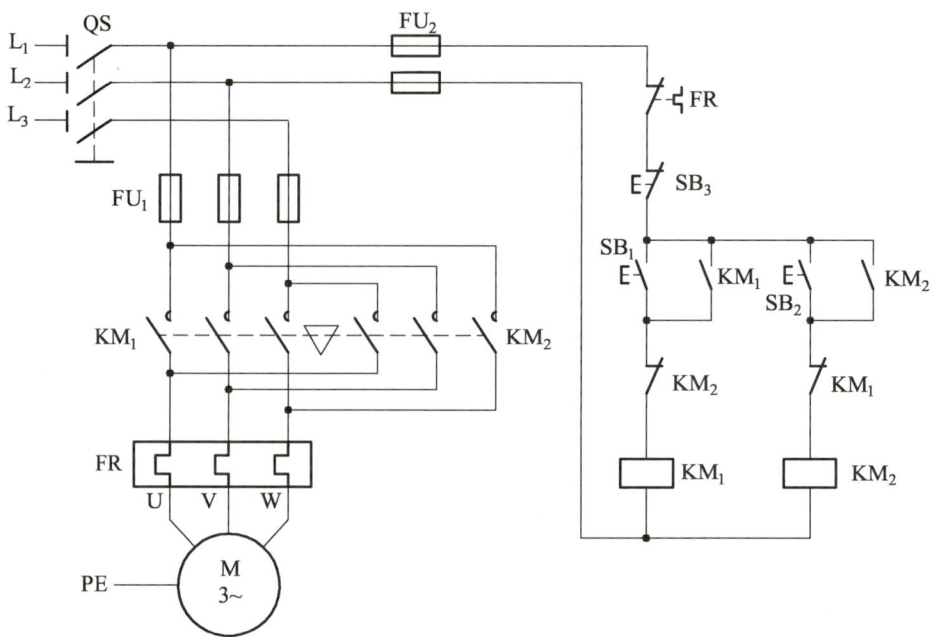

图 14.28　接触器联锁的正反转控制电路

（二）电路工作原理

线路的工作原理如下，先合上电源开关 QS。

（1）正转控制：

（2）停止（电机正转时的停止过程，反转时的停止过程读者可以自己分析）；

（3）反转控制：

该电路如要改变转向必须先按下停止按钮，使接触器触头复位后，才能按下另一个起动按钮使电动机反向转动。

（三）所需电器元件

所需电器元件明细如表 14.2 所示。

表 14.2　所需电器元件明细

代号	名称	型号	规格	数量	备注
QS	刀开关			1	
FU	螺旋式熔断器	RL1-15	配熔体 3 A、2 A	3、2	
KM_1 KM_2	交流接触器	CJX-2-0910	线圈 AC380 V，50/60 HZ	2	
FR	热继电器	NR2-25	整定电流 0.63-1 A	1	
SB_1 SB_2 SB_3	按钮开关	LAY16	一常开一常闭自动复位	4	SB_1 红 SB_2 红 SB_3 黑
XT	接线端子排	JF5	AC660 V，25 A	6	
M	三相鼠笼式异步电动机		U_N380 V（Y）I_N0.53 A P_N160 W	1 台	

（四）电气安装接线图

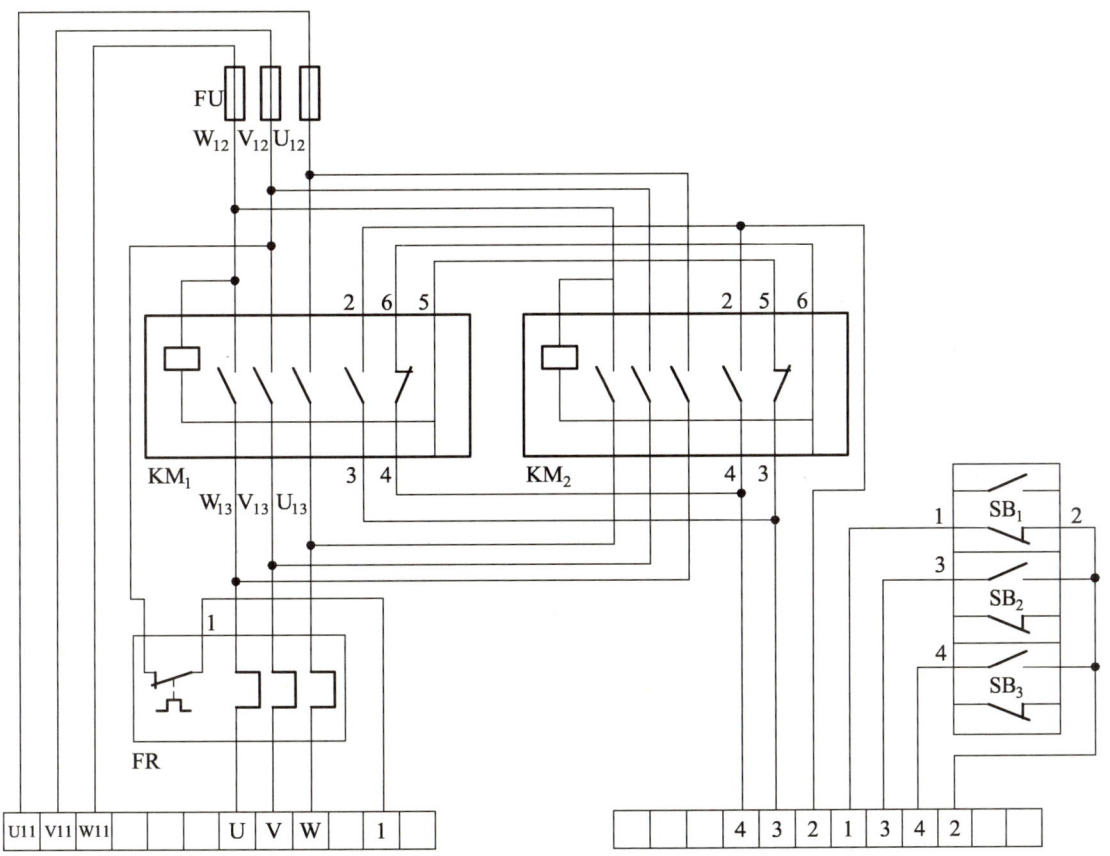

图 14.29　接触器联锁的正反转电气安装接线图

（五）常见故障分析及排除

常见故障分析及排除方法如表 14.3 所示。

表 14.3 常见故障分析及排除方法

故障	原因分析	排除方法
按下 SB_2，电动机不转	QS 未合闸	合上 QS
	FR 未复位	恢复复位
	FU 断路	检查断路并接通
	SB_2 按钮接触不良	排除或更换
	KM_1 线圈断路或主触头卡滞不吸合	排除或更换
按下 SB_3，电动机不能反转	QS、FR、FU、SB_3 检查同上	检查
	KM_2 线圈断路或主触头卡滞不吸合	排除或更换
按下 SB_2 或 SB_3，FU 烧坏	KM_1、KM_2 线圈或其他部位短路	排除短路故障点或者更换

小　结

（1）低压电器是指工作在交流电压 1 200 V 或者直流电压 1 500 V 以下的电路中，起通断、保护、控制或调节作用的电气元件或设备，它是构成电气控制线路的基本元件。可分为低压配电电器和控制电器两大类。

（2）低压配电电器主要用于低压配电系统及动力设备中，它包括刀开关、组合开关、低压断路器、熔断器等。

（3）低压控制电器主要是用于各种控制电路和控制系统的电器，如按钮、行程开关、主令开关、接触器、继电器等。常用的有按钮、位置开关、交流接触器、热继电器和时间继电器。

（4）继电器是一种根据输入的电信号或非电信号来控制电路中电流的通与断的自动控制电器。包括控制继电器如中间继电器、时间继电器、保护继电器等。

（5）接触器是一种用来接通或分断交流、直流主电路或大容量控制电路的低压控制电器。由电磁系统、触头系统和灭弧系统组成。

（6）三相异步电动机的种类很多，主要有由定子和转子两大基本部分及端盖、轴承、风扇、接线盒等附件组成。

（7）定子是由定子铁芯、定子绕组和机座等部分组成。定子的作用是产生旋转的磁场。

（8）转子是异步电动机的旋转部分。它主要由转子铁芯、转子绕组和转轴三部分组成。

（9）电气控制系统的基本线路有：三相异步电动机的点动控制电路、自锁控制电路、正反转控制电路等。它们是分析和设计机械设备电气控制线路的基础。

（10）三相异步电动机直接启动优点是启动简单；缺点是启动电流较大，将使线路电压下降，影响负载正常工作。

（11）点动控制电路：按下按钮，电动机转动，松开按钮，电动机停止。

（12）正反转控制电路：按下正转或反转启动按钮，电动机正向或反向转动，按下停止按钮，电动机停止。

思考与练习

一、练一练

（一）任务准备

（1）所需元器件明细表如上表14.2。

（2）接触器联锁的正反转控制线路电气安装图14.29所示。

（二）任务实施

（1）检查所需要的元器件的质量，各项技术指标应符合规定要求，否则应予以更换。

（2）根据图14.28所示，在控制板上安装所有的电器元件。元件排列要求合理、整齐、匀称、间距合理，元件紧固程度适当。元件安装可参考图14.29所示的布置图。

（3）根据图14.29所示，进行布线。要求"横平竖直，直角弯线，少用导线少交叉，多线并拢紧贴安装板一起走。"严禁损伤线芯和导线绝缘；接点牢靠，不松动，不压绝缘层，不露铜过长等。

（4）根据图14.29所示的线路图，检查控制板布线的正确性。

（5）安装电动机，要求安装牢固平稳。

（6）可靠连接电动机和按钮金属外壳的保护接地线。

（7）连接电源、电动机等控制板外部的导线。

（8）按要求认真检查，并经指导教师检查通电运行。

（9）通电运行时，指导教师在现场进行监护。出现故障时，学生应独立进行检修。若需带电检修，须有指导教师在现场监护。

（10）通电试车完毕后，切断电源。先拆除三相电源线，再拆除电动机负载。

（三）任务评价

对任务实施的完成情况进行检查，并将检查结果填入表14.4。

表14.4 任务评价表

项目	序号	内容	配分	评分标准	得分	备注
接触器联锁的正反转控制线路	1	元器件安装示意图	15	设计合理15分		
	2	电路连接工艺	15	横平竖直，无悬空，15分。（1处扣1分）		
	3	元器件安装	15	能够根据元器件安装示意图，正确并牢固安装元器件，15分。（1处扣2分）		
	4	导线连接	10	导线连接无安全隐患，10分。（1处扣2分）		
	5	安全文明生产	20	操作中遵守安全文明生产考核要求，操作完成后能够整理好工作台，20分		
	6	电路功能	25	能够实现电路功能，25分		

二、巩固与提高

（一）选择题

1. 三相异步电动机对称运行时，定、转子绕组的两个旋转磁场的关系是（　　）。
   A. 始终同步　　　　　　　　　　B. 反向
   C. 同相、但不同步　　　　　　　D. 有时同步、有时不同步

2. 三相异步电动机的正反转控制关键是改变（　　）。
   A. 电源电压　　　　　　　　　　B. 电源相序
   C. 电源电流　　　　　　　　　　D. 负载大小

3. 在实际工作中，正反转控制电路最常用和最可靠的是（　　）。
   A. 倒顺开关　　　　　　　　　　B. 接触器联锁
   C. 按钮联锁　　　　　　　　　　D. 按钮、接触器双重联锁

（二）填空题

1. 行程开关又叫作＿＿＿＿＿＿或者＿＿＿＿＿＿，是利用生产机械运动部件触碰其＿＿＿＿＿＿而发出控制信号的一种低压电器。

2. 交流接触器是一种用来＿＿＿＿＿＿的自动切换电器，主要用于自动＿＿＿＿＿＿和＿＿＿＿＿＿电路，而且还有＿＿＿＿＿＿和＿＿＿＿＿＿等优点。

3. 热继电器是利用＿＿＿＿＿＿来工作的保护电器，主要是对长时间运行的电动机进行＿＿＿＿＿＿保护。其主要由＿＿＿＿＿＿、＿＿＿＿＿＿和＿＿＿＿＿＿三部分，工作时其中的其中的＿＿＿＿＿＿与被保护电动机的定子绕组串联在一起。

（三）简答题

1. 分别写出熔断器、热继电器、交流接触器、按钮、时间继电器、行程开关的文字符号和图形符号。
2. 鼠笼式异步电动机按结构主要可分为哪两大部分？
3. 电动机定子绕组的常用接法有哪两种？
4. 如何改变电机的转动方向？

项目十五　5V直流稳压电源的制作

【任务导入】

直流稳压电源是各种电子电路常用的直流电源,它的主要功能是将交流电转换成直流电。常用的直流稳压电源由变压器、整流电路、滤波电路及稳压电路四部分组成。5V直流稳压电源常被应用于各种电子产品中,如手机、数码设备、嵌入式系统等。

【教学目标】

知识目标

(1) 掌握5V直流稳压电源电路的组成。
(2) 了解5V直流稳压电源电路的工作原理。
(3) 掌握5V直流稳压电源电路电子工艺制作流程。
(4) 了解5V直流稳压电源电路的测试与故障排除。

能力目标

(1) 能够分析直流稳压电源电路工作原理。
(2) 会按照电子工艺要求组装电路。
(3) 运用所学知识完成直流稳压电路的故障排除与功能调试。

素质目标

(1) 运用直流稳压电源的相关知识,培养学生分析、设计及解决电路故障的能力;
(2) 培养学生良好的职业道德和责任心。

思政目标

通过对直流稳压电源的学习,可以得出直流稳压电源能够把交流电网提供的能量转换成直流电提供给电子设备,从而引导学生在工作中要积极进行转换和变换,从而解决科学难题;同时,在电力的转化中也对电网产生了谐波污染,从而引导学生明白任何事物都具有多面性,要用科学发展的眼光全面看待。

重难点

(1) 会按照电子工艺要求组装电路;
(2) 运用所学知识完成直流稳压电路的故障排除与功能调试。

一、直流稳压电源的功能介绍

任何电子设备都有一个共同的电路——电源电路，所有的电子设备都必须在电源电路的支持下才能正常工作。由于电子技术的特性，电子设备对电源电路的要求就是能够提供持续稳定、满足负载要求的电能，而且通常情况下都要求提供稳定的直流电能。本项目制作的产品功能就是可固定输出 + 5 V 的直流稳压电能。

二、电路工作原理与元器件介绍

电路原理图如图15.1所示。该直流电源主要由降压、整流、滤波、稳压、指示、保护等电路组成。T_1 为电源变压器，由于输出选用三端固定集成稳压器7805，所以输出电压为5 V，最大输出电流为 1.5 A。输入端电容 C_1，构成电容滤波，滤除交流成分，使脉动直流更加平滑，输入端电容 C_2 用以抵消输入端较长接线的电感效应，以防止自激振荡，还可抑制电源的高频脉冲干扰，一般取 0.1~1 μF。输出电容 C_3、C_4 用以改善负载的瞬态响应，消除电路的高频噪声，同时也具有消振作用。D_2 是保护二极管，用来防止在输入端短路时输出电容 C_3 所存储电荷通过稳压器放电而损坏器件。发光二极管 LED 是电源指示灯。电阻 R_1 是发光二极管的限流电阻。

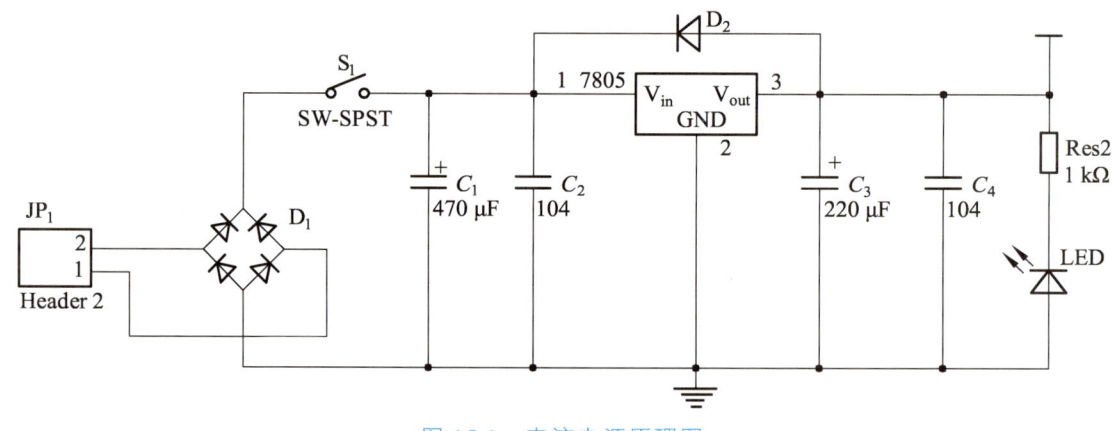

图 15.1　直流电源原理图

三、电路的安装及考核

（一）元器件的检测

1. 外观质量检查

电子元器件应完好无损，各种型号、规格、标识应清楚。

2. 元器件检测

按电子元器件的检测方法，对图中的所有元件进行质量检测。

（1）变压器的检测：用万用表电阻挡判断变压器原、副边有无短路和开路；将变压器原边接入 220 V 交流电压，用交流档测变压器副边电压，观察是否与标称值（15 V）一致。

（2）整流二极管的检测：根据图 15.1 中整流二极管的图形初步认识二极管的极性，再用万用表检测确认整流二极管的极性与质量好坏，主要元件为 4 个型号为 1N4001 二极管。

（3）电容的检测：根据图 15.1 中电解电容的图形初步认识电解电容的型号与极性；再用万用表简易检测出电容的质量好坏。

（二）电路板的装配焊接

1. 元器件布局的原则

（1）应保证电路性能指标的实现。
（2）有利于布线，方便于布线。
（3）满足结构工艺的要求。
（4）有利于设备的装配、调试和维修。

2. 元器件排列的方法及要求

元器件位置的排列方法，因电路要求不同、结构设计各异，以及设备不同的使用条件等情况，其排列方法有多种。常见的排列方式有：

按电路组成顺序成直线排列，按电路性能及特点的排列，按元器件的特点及特殊要求排列，从结构工艺上考虑元器件的排列等。

一般按电路组成顺序成直线排列的方法，即按电原理图组成的顺序（即根据主要信号的放大、变换的传递顺序）按级成直线布置。电子管、晶体管电路及以集成电路为中心的电路常采用该排列方式。这种排列的优点是：

（1）电路结构清楚，便于布设、检查，也便于各级电路的屏蔽或隔离。
（2）输出级与输入级相距甚远，使级间寄生反馈减小。
（3）前后级之间衔接较好，可使连接线最短，减小电路的分布参数。

3. 焊接元器件

元器件质量检测和电路板准备完成后，下一步是元器件的焊接，元器件的焊接要符合焊接工艺的要求。

1）焊接工艺要求

焊接时，焊点用锡量要适中，整个印制电路板上的焊点要均匀、光亮、无虚焊假焊；导线焊接时应搪锡后再连接。

2）正确焊接

手工焊接的操作过程中，必须掌握以下要领：
① 做好焊前准备。
② 掌握电烙铁加热焊点的方法及焊料的供给方法。

③ 掌握电烙铁的撤离方法。
④ 掌握合适的焊接时间和温度。
⑤ 做好焊接后的处理工作。

4. 检查

焊接后的检查是关系产品质量的重要因素，检查的内容主要有：有无漏焊、虚焊、拉尖、桥接、球埠、印制电路板铜箔起翘、焊盘脱落、导线焊接不当等。并进行即时修整。

（三）电路的调试

焊接好的电路要进行实验验证才能使用，通电实验验证前要求先进行外观检查，在无直观问题的前下才能通电实验验证，实验验证的目的是证明设计的正确性和技术参数是否符合要求，若符合要，即可整理技术文档并可进行实践应用。

通电实验验证后，若不符合设计与技术要求，要进行调试和检修，直到符合设计与技术要求。实验中发现问题即时断电检查，分析产生问题的原因，提出解决问题的方法，然后再进行检查与维修，直到问题解决。

（四）故障及排查

（1）故障现象：变压器次级无输出交流电压。

查找方法：先测量变压器的初级是否有 220 V 交流电压，从而判断故障点在变压器之前还是之后。若无 220 V 交流电压，说明是接线插头断路或电源开关断路。若有 220 V 交流电压，可取出保险管测量，进一步判断故障源。

（2）桥式整流电容滤波电路故障

故障现象①：输出直流电压约为 $1.4U_i$（正常应为 $1.2U_i$）。

产生原因：输出负载空载。

故障现象②：输出直流电压约为 $1U_i$（正常应为 $1.2U_i$）。

产生原因：桥式整流电路中的二极管有一对没有正确接入电路，使电路变成半波整流。滤波电容接入电路，滤波电路工作。

故障现象③：输出直流电压约为 $0.9U_i$（正常应为 $1.2U_i$）。

产生原因：滤波电容未能接入电路，滤波电路没有工作。

故障现象④：输出直流电压约为 $0.45U_i$（正常应为 $1.2U_i$）。

产生原因：滤波电容未能接入电路，滤波电路没有工作，而且桥式整流电路中的二极管有一对没有正确接入电路，使电路变成半波整流。

故障现象⑤：输出直流电压纹波过大，即脉动系数 S 太大。

产生原因：滤波电容不够大，或负载阻值太小。

3. 稳压器电路故障

故障现象：稳压器电路的输出电压与输入电压完全相等（正常应输出至少比输入小 2~3 V）。

（五）考核与总结

1. 考核要求

可参考表 15.1 对学习者制作过程进行考核。

表 15.1　5 V 直流稳压电源考核表

项目	内容	分值	考核要求	评分标准	得分
态度	1. 是否安全操作 2. 是否遵守纪律	20	积极参加，有良好的职业道德和敬业精神	违反安全操作-20，不守纪律-10	
物料盘点	1. 元器件的清点 2. 电路图的识别	20	物料准备，归类，数量清点符合6S标准	违反6S任一标准的扣-4	
电路安装	1. 元器件的安插 2. 元器件的焊接	30	元件安装正确，焊接工艺规范。所焊接的元器件的焊点呈凹面状，无漏、假、虚、连焊，焊点平滑、浸润、干净、无毛刺，焊点基本一致，引脚加工尺寸及成形符合工艺要求；导线长度、剥线头长度符合工艺要求，芯线完好	元件安装不正确一处-2，电路焊接错误一处-10	
故障检修	找出电路中故障点并进行修复	10	能够找出电路中的故障点，记录排除故障记录，并进行修复	每个修复的故障点工艺不符合工艺规范的-0.5，最多扣-2	
功能调试	电路功能的调试	20	熟悉电路的功能，并熟练掌握常用仪器仪表的使用	功能调试不正确-10	
合计：100				得分合计：	

2. 总结

通过实际制作，深入理解直流稳压电源的工作原理和电路结构，掌握电子元件的选择、安装、检修和电路调试的基本技能，提高动手能力和实际解决问题的能力。

项目十六 八路抢答器

【任务导入】

通过前面学习的逻辑门电路、编码器、译码器、数码显示、触发器、555 定时器的基础模块，综合所学知识，进而熟悉八路抢答器的设计理念、工作原理及实现的功能，满足其在竞赛、抢答中的应用，从而实现功能性和经济性的融合。

【教学目标】

知识目标

（1）熟悉门电路、计时器、555 定时器、译码器编码器及数码显示的功能。
（2）熟悉逻辑电路、脉冲电路、数字电路的组合方法。

能力目标

（1）能够掌握八路抢答器的整体设计思路，认识电路中常见的集成元器件。
（2）能够分析出八路抢答器的工作状态的特点。体验由集成逻辑门实现复杂逻辑关系的一般方法。

素质目标

（1）锻炼学生自身的动手能力，培养独立分析问题的能力。
（2）能够加强学生之间的共同协作能力、沟通能力。

思政目标

通过对八路抢答器实际应用的学习，从抢答器本身出发可以解决在多人同时参与选择中的公平问题，从而培养学生公平公正的美好品德，在未来的职业生涯中，积极遵守公平原则，努力用公平公正的方法和原则解决工作和学习中的困难。

重难点

编码、译码、数码显示、触发器、555 定时器的综合应用，进而来分析八路抢答器的工作原理。

一、抢答器功能介绍

（一）抢答器功能

设计一个带有倒计时功能八人抢答器，当主持人按下复位键，倒计时开始，选手可进行抢答，此时任一选手按下抢答键，数码显示此选手序号，同时计时器显示处于暂停，其他选手再按下按键不会改变目前状态，只有主持人再次按下复位键，才可以解锁目前状态并再次进入抢答状态，具体要求如下：

（1）倒计时从"9"开始，计时器显示9，8，7，6，5，4，3，2，1，时，红灯不亮，表示此时可以抢答。

（2）计时器显示 O 时，红灯亮，表示抢答已结束。

（3）倒计时状态时，任何一选手按下抢答键，均会有蜂鸣器发出声音。

（4）计时器显示 O 时，选手按下抢答键，数码显不再显示选手序号，蜂鸣器也不会响。

（5）计时器倒计时至 0 以后，蜂鸣器发出持续 1 秒左右报警声，提示倒计时时间结束，然后计数器一直维持 0 不变，直到再次按下复位键，才可以解锁目前状态并再次进入抢答状态。

（二）抢答器工作流程图

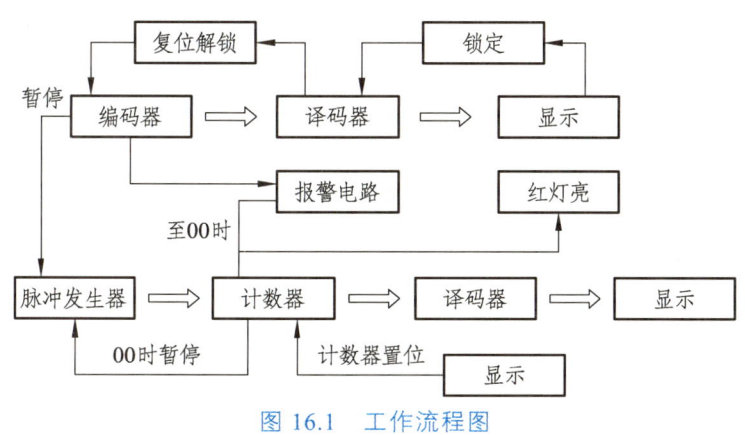

图 16.1　工作流程图

如图 16.1 所示，工作流程图说明如下：

（1）电源:为直流电源 5-6 V。

（2）接通电源后，需稍停几秒钟，电路进入初始状态，计数器方可开始计数。

（3）本电路是纯数字电路，没有单片机，因此没有程序。

（4）线路板上所有的二极管 $D_1 \sim D_{25}$ 都采用 1N4148 型号。

（5）采用电池供电，要保证电池电力充足，电力不足会导致计数不准确或者功能不正常。

二、电路工作原理

（一）抢答器电路图

总电路主要由抢答器、倒计时电路、报警电路组成，下图 16.2 所示为电路图。

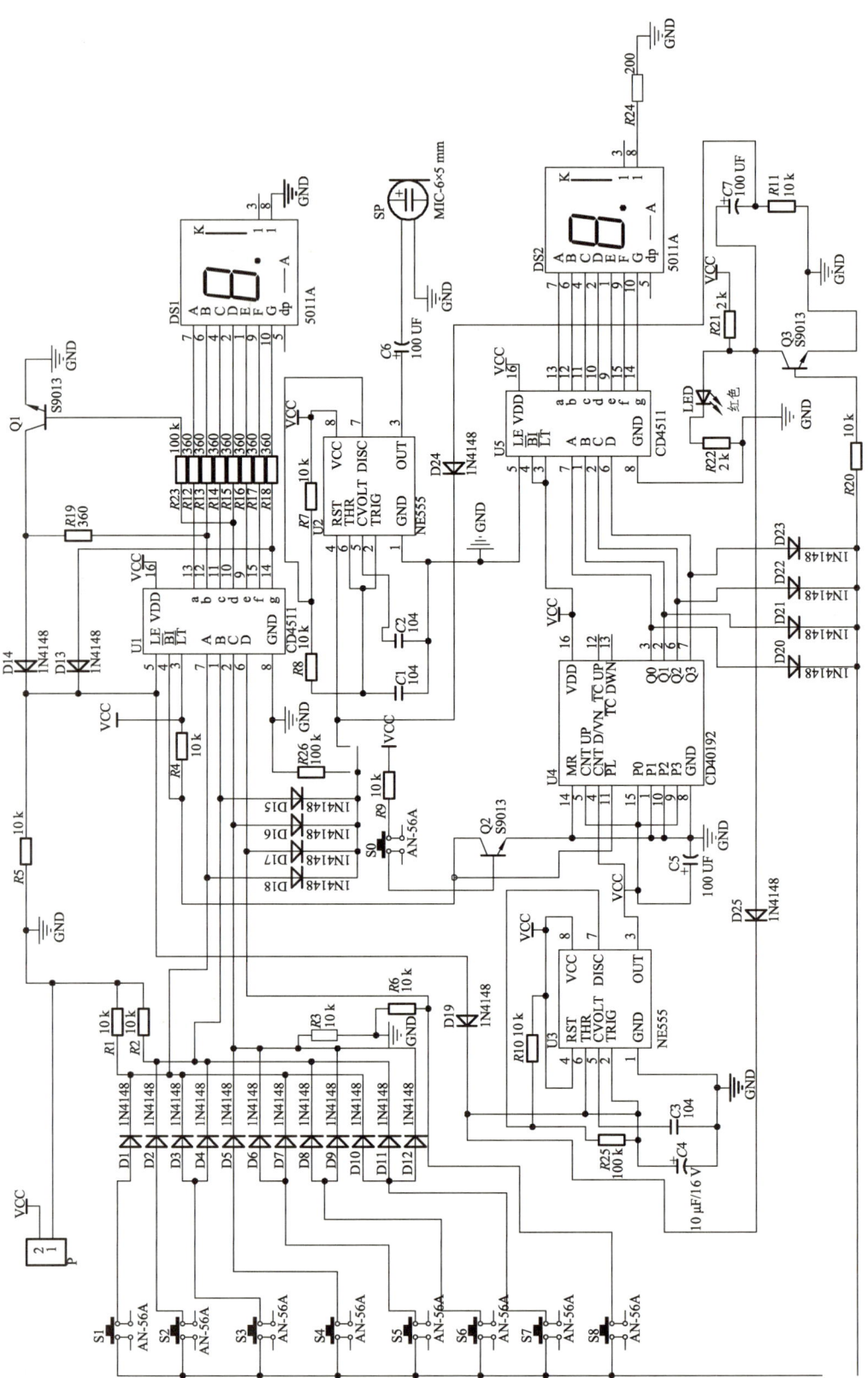

图 16.2 八路抢答器电路图

（二）抢答器工作原理

1. 抢答器

按键 S_1-S_8、二极管 D_1-D_{12} 电阻 R_1，R_2，R_3，R_6 组成按键式编码器，比如按下 S_1，高电平经 S_1，D_1 向 CD4511（U_1）第 7 管脚输出高电平，这时候 CD4511（U_1）的 6、2、1、7 管脚电平依次为 0001（1），同理按下 S2，CD4511（U1）得到 0010（2），按下 S3，CD4511（U_1）得到 0011（3）……，CD4511 是译码器，能够将得到的二进制数转换为相应的数字通过数码管显示出来。数码管第 5 管脚的作用是锁定，只要显示不是 0，会有高电平经过 D_{13}，D_{14} 通过 CD4511 锁定译码器，这时候改变其输入值，输出也不会变化。

2. 倒计时电路

NE555（U_3）和电阻 R_{10}，R_{25} 以及电容 C_3，C_4 组成脉冲发生器，产生的脉冲信号驱动计数器 CD40192 进行倒计时计数，倒计时期间，按下任何抢答键或者计数器倒计时为 0 会通过 D_{19} 或 D_{25} 传送过来高电平会使脉冲发生器暂停。CD40192 的作用是倒计时计数，平时其 11 管脚是高电平，执行正常倒计时计数，按下 S_0 强制 11 管脚得到高电平，此时读入预置数 9，松开 S_0，CD40192 会再次进入倒计时状态。

3. 报警电路

NE555（U_2）和电阻 R_7，R_8 以及电容 C_1，C_2 组成振荡器，只要第 NE555 的 4 管脚得到高电平这个振荡器会工作，蜂鸣器会发出声音。倒计时期间，按下抢答键会触发报警电路；D_{20}-D_{23} 这 4 个二极管用于检测计数器是否处于 0 状态，只要是 0 就会触发报警器电路工作，同时红灯亮。

三、主要元件介绍

（一）集成电路 CD4511

电路中的核心元器件为 CD4511，CD4511 集成芯片实物图如图 16.3 所示，引脚图如图 16.2 所示。1、2、6、7 脚为 BCD 码输入端，从引脚图可知，6、2、1、7 脚分别代表 BCD 码的 8、4、2、1 位。9~15 脚为显示输出端，可连接七段显示数码管。3 脚为测试端 $\overline{LT}$，当 $\overline{LT}$ 为 "0" 时，输出全为 "1"。4 脚为消隐端 $\overline{BI}$，当 $\overline{BI}$ 为 "0" 时，输出全为 "0"。5 脚为锁存允许端 LE，当 LE 端由 "0" 变成 "1" 时，a、b、c、d、e、f、g 七个输出端保持在 LE 为 "0" 时所加 BCD 码对应的数码显示状态，实现锁存功能。16、8 脚分别接电源正负极。

图 16.3　八路抢答器集成芯片及数码管实物

（二）编码电路

编码电路如图 16.2 所示：8 个按钮开关 Key1～Key8 组成八路抢答键，12 个开关二极管 D_1～D_{12} 组成数字编码器，该电路通过二极管编成 BCD 码输入高电平到 CD4511 所对应的输入端。复位后能正常抢答时，1 号选手按下 Key1，高电平通过编码二极管 D_1 加到 CD4511 集成芯片的 7 脚，7 脚为高电平，1、2、6 脚保持低电平，CD4511 输入 BCD 码为"0001"；2 号选手按下 Key2，高电平通过编码二极管 D_2 加到芯片的 1 脚，1 脚为高电平，2、6、7 脚保持低电平，此时芯片输入 BCD 码为"0010"；3 号选手按下 Key3，高电平通过编码二极管 D_3、D_4 加到芯片的 1、7 脚，1、7 脚为高电平，2、6 脚保持低电平，此时芯片输入 BCD 码为"0011"。依次类推，按下 Key4，芯片输入 BCD 码为"0100"；按下 Key5，芯片输入 BCD 码为"0101"；按下 Key6，芯片输入 BCD 码为"0110"；按下 Key7，芯片输入 BCD 码为"0111"；按下 Key8，芯片输入 BCD 码为"1000"。可见，芯片的 BCD 输入码对应按键号码。

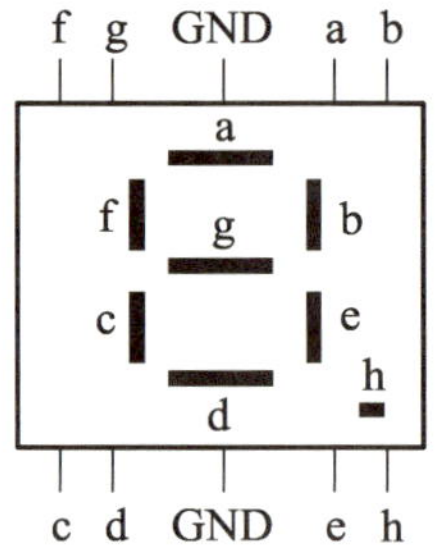

图 16.4 数码管显示结构

（三）数码显示电路

用 CD4511 芯片驱动七段数码管，分别连接数码管的七个阳极，使用时共阴极接地。数码显示电路如图 16.2 所示，数码管显示结构如图 16.4 所示。

（四）CD4511 单元控制电路

（1）单元控制电路主要由译码电路及优先锁存电路构成。译码电路为了使输入 CD4511 集成芯片的 BCD 码显示出来，还需要译码电路。CD4511 内部电路能实现译码和优先锁存功能，在测试端 $\overline{LT}$ 为"1"、消隐端 $\overline{BI}$ 为"1"、锁存端 LE 为"0"的情况下可进行译码。读者可根据十进制译码器理论知识，推出其译码真值表，如表 16.1 所示。

表 16.1 CD4511 译码真值表

输入				输出							显示
D	C	B	A	a	b	c	d	e	f	g	
0	0	0	0	1	1	1	1	1	1	0	0
0	0	0	1	0	1	1	0	0	0	0	1
0	0	1	0	1	1	0	1	1	0	1	2
0	0	1	1	1	1	1	1	0	0	1	3
0	1	0	0	0	1	1	0	0	1	1	4
0	1	0	1	1	0	1	1	0	1	1	5
0	1	1	0	0	0	1	1	1	1	1	6
0	1	1	1	1	1	1	0	0	0	0	7
1	0	0	0	1	1	1	1	1	1	1	8

（2）优先锁存电路如图 16.2 所示，优先锁存电路由 2 个二极管、1 个三极管、2 个电阻及 CD4511 的锁存允许端 *LE* 连接组成，可实现优先抢答功能。当抢答键都未按下或复位后，由于 CD4511 的四个输入端分别通过电阻接地，此时输入端 BCD 码为"0000"，输出端连接的数码管显示为"0"。根据表 16.1 可知，此时 a~g 中只有 g 为低电平，其余均为高电平。由于 d 为高电平，三极管 Q_1 导通，D_{13}、D_{14} 正极接低电平，使锁存允许端 *LE* 接低电平，此时允许 BCD 码输入。当任一抢答键按下时，CD4511 的输出端 d 输出低电平或输出端 g 为高电平，使 CD4511 的 LE 端由"0"变"1"，从而实现优先锁存功能，将首先输入的数字锁存并保持。此时，其他按键无法输入，从而达到了抢答的目的。

（五）元器件清单

元器件清单如下表 16.2 所示。

表 16.2 元件清单

序号	名称	型号规格	数量	符号	备注
1	色环电阻	10K	12	R1-R11，R20	棕黑黑红棕
2	色环电阻	360	8	R12-R19	橙蓝黑黑棕
3	色环电阻	2K	2	R21，R22	红黑黑棕棕
4	色环电阻	100K	3	R23，R25，R26	棕黑黑橙棕
5	色环电阻	200	1	R24	红黑黑黑棕
6	三极管	9013	3	Q1-Q3	EBC
7	无源蜂鸣器	12095	1	SP	
8	瓷片电容	104	3	C1-C3	无极性电容
9	电解电容	10μF	1	C4	板上阴影为负极
10	电解电容	100μF	3	C5-C7	板上阴影为负极
11	二极管	1N4148	25	D1-D25	黑色圈是负极
12	微动开关	6*6*5	9	S0-S8	按键
13	发光管	3 MM 红	1	LED	长管脚为正
14	集成电路	CD4511	2	U1，U5	译码器
15	集成电路	CD40192	1	U4	计数器
16	集成电路	NE555	2	U2，U3	时基电路
17	16PIC 座	DIP 16P	3	U1，U4，U5	集成电路插到 IC 座
18	8PIC 座	DIP 8P	2	U2，U3	IC 座焊接到线路板
19	数码管	5011	2	DS1，DS2	共阴极
20	PCB 板	78*124	1	—	

四、电路安装及考核

(一) 安 装

（1）将元器件安装在 PCB 板，装配是电子类专业学生进行电路制作需具备的基本技能，对于初学者来说掌握装配顺序、焊接步骤、焊点质量判别是立身之本。图 16.5 为八路抢答器 PCB 板。

（2）装配八路抢答器时，首先要根据元件清单整理元器件，整理的同时有助于学生认识元器件外观，了解元器件大小。

（3）整理完成后，可参照图 16.2 和元件清单表 16.2，按照"先低后高、先小后大、先核心再外围"的焊接顺序进行焊接，顺序为二极管、电阻器、瓷片电容、IC 插座、轻触开关、三极管等。

（4）对于初学者来说，在进行手工焊接时一般以"准备-预热-送锡-撤锡-移开烙铁"五步焊接法进行。焊点要做到大小适中、光滑、圆润、干净，无毛刺，无漏、假、虚、连焊，所焊接元器件与封装对应。

（5）焊接完成后，如图 16.6 所示，还需再次检查二极管、电解电容、芯片等元器件方向是否正确。

（6）用万用表检测电源接口是否短路。

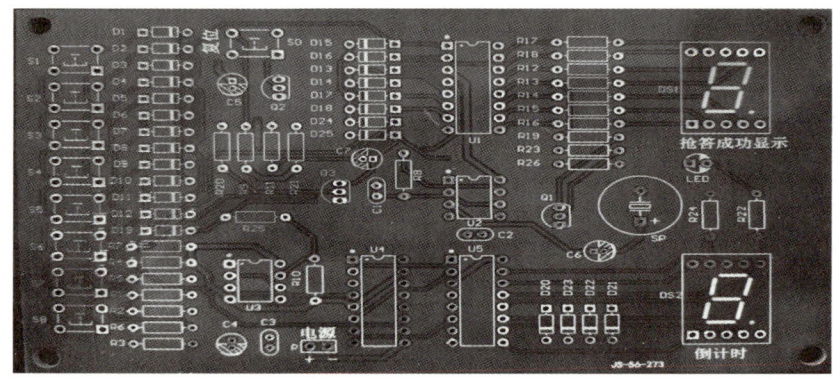

图 16.5　八路抢答器印制电路板

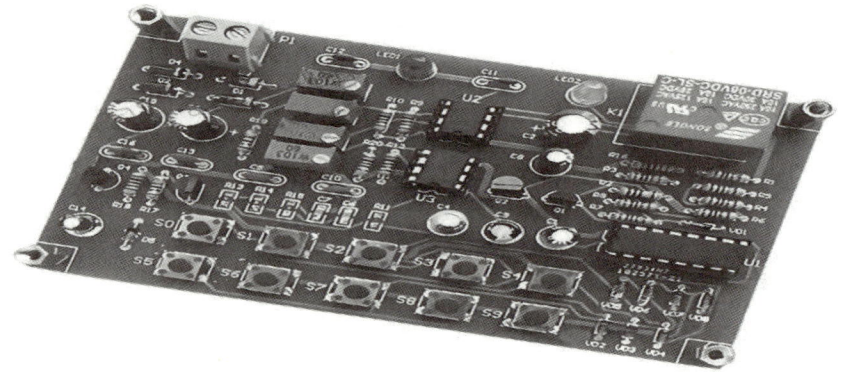

图 16.6　八路抢答器电路板

（二）测试考核

1. 八路抢答器实操考核标准

表 16.3　八路抢答器测试考核表

项目	内容	分值	考核要求	评分标准	得分
态度	1. 是否安全操作 2. 是否遵守纪律	20	积极参加，有良好的职业道德和敬业精神	违反安全操作-20，不守纪律-10	
物料盘点	1.元器件的清点 2.电路图的识别	20	物料准备，归类，数量清点符合 6S 标准	违反 6S 任一标准的扣-4	
电路安装	1. 元器件的安插 2. 元器件的焊接	30	元件安装正确，焊接工艺规范。所焊接的元器件的焊点呈凹面状，无漏、假、虚、连焊，焊点平滑、浸润、干净、无毛刺，焊点基本一致，引脚加工尺寸及成形符合工艺要求；导线长度、剥线头长度符合工艺要求，芯线完好	元件安装不正确一处-2，电路焊接错误一处-10	
故障点检修	找出所焊电路中故障点并进行修复	10	能够找出电路中的故障点，记录排除故障记录，并进行修复。	每个修复的故障点工艺不符合工艺规范的-0.5，最多扣-2	
功能验证	1. 电路功能的验证 2. 结果的记录	20	熟练电路的逻辑功能并记录测试结果	验证不正确-5，记录结果错误-5	
合计：100				得分合计：	

2. 考核总结

按照考核表计算考核得分，并进行得分排名。根据排名对前三名同学进行奖励，从而激发学生的学习热情和学习能动性。

项目十七　循迹小车

【任务导入】

人工智能是引领未来发展的战略性技术，是未来国际竞争的焦点和经济发展的新引擎。随着人工智能技术的快速发展和国家政策的大力支持，作为人工智能载体的智能机器人在当今社会变得越来越重要，越来越多的领域和岗位都需要智能机器人参与。智能寻迹小车（简称 AGV），是一种移动的机器人，它作为智能机器人中的一种，目前被广泛应用于工业自动化和仓库物流等领域，可以有效地提高物流运营效率和生产效率以及替代人工完成一些危险作业。随着研究的深入，智能寻迹小车将会越来越普及，应用场景将会更广泛。

智能小车集计算机技术、传感器技术、信息技术、导航定位技术、人工智能技术于一体的综合技术，在工业、农业、交通等传统行业得到广泛应用。在教育领域，智能小车正成为各个高校开展电子类专业教学的重要载体。其技术的实践性、综合性和前瞻性，受到学生的普遍青睐，特别是在各级各类比赛中，如世界大学生电子竞技大赛、全国大学生电子设计大赛、全国大学生机器人大赛、全国职业院校技能大赛和行业大赛及省级比赛中得到广泛的应用。因此，开展智能小车的教学和研究，对于加强大学生技术技能训练，增强动手实践能力，增强对专业知识的理解、掌握和应用，掌握新技术、新工艺，培养学生的动手能力、团队协作能力、创新意识和职业素养，具有重要的意义。

【教学目标】

知识目标

（1）掌握电路的组成及功能、理解电路的工作原理。
（2）了解电路的电子工艺制作流程。

能力目标

（1）会分析电路、会检测元器件的好坏。
（2）运用所学知识完成电路的排故和检修的能力。

素质目标

培养学生在学习中增强动手操作能力及团队合作的精神。

思政目标

通过对循迹小车项目的学习，引导学生了解未来人工智能的发展方向，积极参与创造未来的智能生活。通过小车项目的焊接制作，培养学生的动手能力，体会产品制造中严谨求实、精益求精的工艺精神。

重难点

（1）电气原理设计与分析。
（2）测试与故障排查。

一、循迹小车功能介绍

本项目所述智能小车是一种自动导引小车,如下图 17.1 所示,能够在给定的区域内沿着轨迹自动进行行进。小车运行过程由路面检测和电机驱动两个部分控制,采用与白色地面颜色有较大差别的黑色线条作引导。小车的核心硬件平台采用的是单片机微控制器作为控制核心。智能小车识别黑色引导线,通过速度传感器控制当前速度。

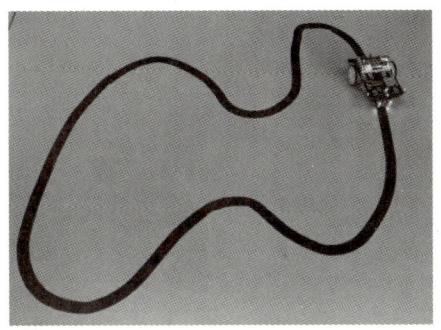

图 17.1 智能循迹小车示意图

二、电路工作原理

循迹小车的原理图如下图 17.2 所示,从电气原理图我们可以看到,传感器模块是智能小车的导航系统,智能小车运行的关键就是结合传感器模块获取前方的道路信息,通过电压比较器和电机驱动部分的运动控制实现对参数的控制,最后输出信号驱动后轮电机和舵机实现小车的智能行驶。

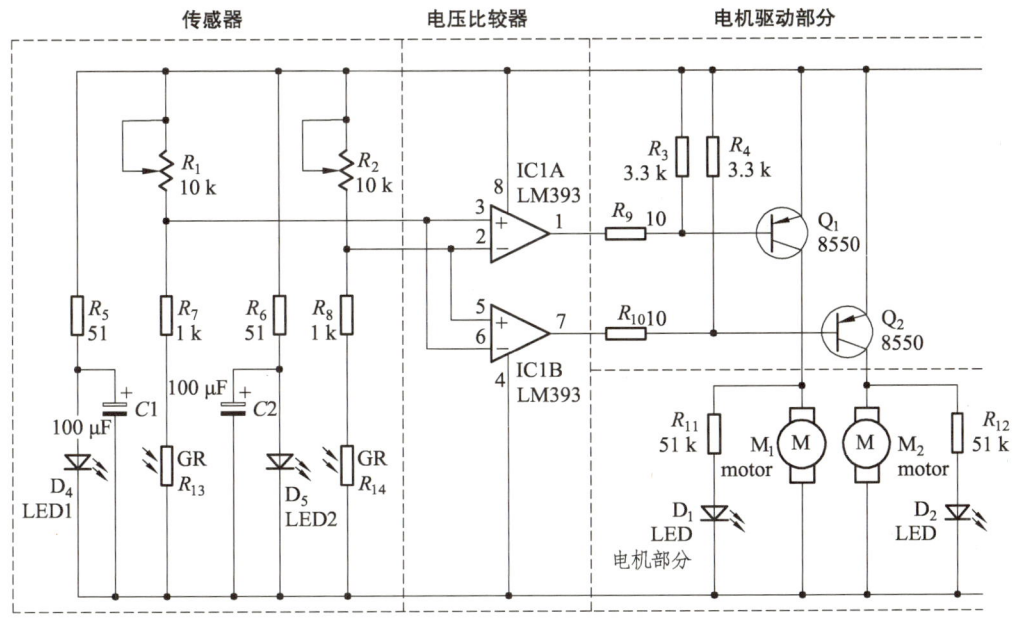

图 17.2 循迹小车原理图

三、主要元件介绍

循迹小车系统主要由以下几部分构成：传感器模块、电源模块、电机舵机模块、电压比较器模块等。

1. 光敏电阻器件

光敏电阻如下图17.3所示，它能够检测外界光线的强弱，外界光线越强光敏电阻的阻值越小，外界光线越弱阻值越大，当红色LED光投射到白色区域和黑色跑道时因为反光率的不同，光敏电阻的阻值会发生明显区别，便于后续电路进行控制。

图 17.3　光敏电阻实物图

检测光敏电阻器时，将万用表设置在 $R\times1\text{k}$ 档，将两表笔分别接到光敏电阻器的引线上，然后按照下面的方法进行检测。

（1）检测暗阻（避光检测法）。用黑纸将光敏电阻器的透光窗口遮住，将万用表的档位开关调整至欧姆档，然后用万用表的两个表笔测量其两端的电阻，此时如果万用表的指针基本保持不动，阻值很大或接近无穷大，则说明光敏电阻器性能越好。如果阻值很小或接近零，则说明此光敏电阻器已击穿损坏，不能继续使用。

（2）检测亮阻（透光检测法）。将光源对准光敏电阻器的透光窗口，用万用表的两个表笔接触光面电阻器的两个引线，如果此时万用表的指针有较大幅度的摆动，阻值明显减小说明此光敏电阻器是正常的。阻值越小说明光敏电阻器性能越好，如果阻值很大甚至为无穷大，则说明此光敏电阻器内部开路损坏，不能继续使用。

（3）检测灵敏性（间断受光检测法）。将光敏电阻器的透光窗口对准入射光源，用黑纸片在光敏电阻器的透光窗口上部晃动，使它间断受光，如果此时万用表指针随黑纸片的晃动而左右摆动，则说明该光敏电阻器是正常的。如果万用表指针始终停在某一位置而不随纸片晃动而摆动，则说明此光敏电阻器的光敏材料已经损坏，不能继续使用。

2. LM393比较器集成电路

LM393是双路电压比较器集成电路，由两个独立的精密电压比较器构成，如下图17.4所示。它的作用是比较两个输入电压，根据两路输入电压的高低改变输出电压的高低。输出有两种状态：接近开路或者下拉接近低电平，LM393采用集电极开路输出，所以必须加上拉电阻才能输出高电平。

图 17.4　LM393 比较器集成电路实物图

3. 带减速齿轮的直流电机

直流电机驱动小车的话必须要减速，否则转速过高的话小车跑得太快根本也来不及控制，而且未经减速的话转矩太小甚至跑不起来，因此该项目采用的这种电机已经集成了减速齿轮大大降低了制作难度，非常适合实训使用。如下图 17.5 所示。

图 17.5　带减速齿轮的直流电机图

四、电路安装与考核

（一）焊接工艺

1. 名词解释

（1）电烙铁：一种手工焊接的主要工具。

（2）助焊剂：松香熔于酒精（1∶3）形成"松香水"，又称助焊剂。

2. 正确使用电烙铁

（1）电烙铁使用前要上锡，具体方法是：将电烙铁烧热，待刚刚能熔化焊锡时，涂上助焊剂（松香），再用焊锡均匀地涂在烙铁头上，使烙铁头均匀地吃上一层锡（亮亮的薄薄的就可以）。

（2）在进行普通焊接的时候（比如在万能板上焊接直插式元件），一手拿烙铁，一手拿焊锡丝，靠近根部，两头轻轻一碰，一个焊点就形成了。

（3）在万能板上焊接直插元件时，要将引脚尽量插到底。

（4）焊接时间不宜过长，否则容易烫坏元件，必要时可用镊子夹住管脚帮助散热。

（5）焊接完成后，要用酒精把线路板上残余的助焊剂清洗干净，以防炭化后的助焊剂影响电路正常工作。

（6）电烙铁应放在烙铁架上。

3. 元件焊接顺序

先难后易，先低后高，先贴片后插装。宗旨：焊接方便，节省时间。先焊接难度大的，这主要是指管脚密集的贴片式集成芯片。如果把这些难度大的放于最后焊接，一旦焊接失败把焊盘搞坏，那就会前功尽弃。先低后高，先贴片后插装。这样焊接起来方便。如先把高的元件焊接了，有可能妨碍其他元件的焊接，尤其是高大的元件密集众多的时候。如果先焊接插装的元件，电路板就会在焊台上放不平，影响焊接心情。

4. 手工焊接贴片元件方法经验

首先在干净的焊盘上涂上一层助焊剂，再用干净的恒温电烙铁往焊盘上薄薄一层焊锡（一般电路板制作的时候都已上好锡，不过有时手工上锡还是非常必要的）把元件放置上去对准，上锡固定好对角，然后随意挑一边用烙铁垂直引脚出线方向较缓滑过，同时稍用力下压元件这条边，然后就同样方法焊对边。最后检查，不好的地方重新焊过。焊接时电烙铁温度要适中，一般 400 ℃ 左右为好。检查方法：首先目测，然后用尖细的东西检查每个引脚是否松动，最后可用万用表测量。在电子制作活动中，焊接是一个非常重要的技术问题，焊接的好坏直接影响制作的质量。

5. 电烙铁的选择

焊接的主要工具是电烙铁。常用的除有内热式与外热式电烙铁外，还有吸锡电烙铁与恒温电烙铁。目前，市售的多为内热式电烙铁，常用规格有 20 W，40 W，70 W 几种。选哪一种电烙铁，这要根据具体的焊接对象来决定。如果装制半导体收音机或其他小型电子元件，那么应该选 20 W 的电烙铁，因为它具有发热快，耗电省，体积小和重量轻等特点。如果装制电视机或维修较大型的家用电器时，要选用功率大一点的比如 40 W 的电烙铁。电烙铁的功率选择一定要确当，过大会烫坏晶体管或其他怕热元件，过小往往会焊不牢元件，表面上看焊牢了，实际上很容易产生假焊或虚焊现象。

电烙铁的烙铁头一般是用紫铜制作的，常用的烙铁头有直型和弯型两种。新的电烙铁或刚换上的烙铁头刃口表面有一层氧化层，因此上不了锡，使用时，先用砂纸将烙铁头刃口表面氧化层打磨掉，然后给电烙铁通电加热一段时间后，在打磨干净的地方涂上一层松香，再涂上一层锡，这过程叫上锡。上好锡的电烙铁就可以正常使用了。在以后的使用过程中，烙铁头刃口又会发生氧化上不了锡，这种现象叫烧死，还必须采用以上方法重新进行上锡处理。

6. 焊锡的选用

焊接时常用的焊料是焊锡，最适用的是市场上供应的一种叫焊锡丝的焊料，它的熔点低，导电性好，并存一定的强度，内部事先填了松香，焊接起来十分方便，最适合电子线路的制作。

7. 焊接前的准备工作

首先将印刷电路板的表面进行处理，用一张细砂纸将印刷电路板上的铜泊表面磨光亮，

8. 焊接方法

先将准备好的元件插入印刷电路板规定好的位置上,在元件与印刷电路板铜箔的连接点上,涂上少许焊剂,待电烙铁加热后用烙铁头的刃口上些适量的焊锡,上的焊锡多少要根据焊点的大小来决定。焊接时,要将烙铁头的刃口接触焊点与元件引线,根据焊点的形状作一定的移动,使流动的焊锡布满焊点并渗入被焊物的缝隙,接触时间大约在 3~5 秒左右,然后拿开电烙铁。拿开电烙铁的时间、方向和速度,决定了焊接的质量与外观的正确的方法是,在将要离开焊点时,快速地将电烙铁往回带一下,后迅速离开焊点,这样焊出的焊点既光亮、圆滑,又不出毛刺。在焊接时,焊接时间不要太长,免得把元件烫坏,但亦不要太短,造成假焊或虚焊。焊接结束后,用列子夹住被焊元件适当用力拉拨一下,检查元件是否被焊牢。如果发现有松动现象,必须重新进行焊接。

(二)电路安装

1. 电路部分基本焊接

电路焊接部分比较简单,焊接顺序按照元件高度从低到高的原则,首先焊接 8 个电阻,焊接时务必须使用万用表确认阻值是否正确,焊接有极性的元件如三极管、绿色指示灯、电解电容务必分清楚极性,尽量参考图片的元件方向焊接,焊接电容时引脚短的是负极插入 PCB 丝印上阴影的一侧,焊接绿色 LED 时注意引脚长的是正极,并且焊接时间不能太长否则容易焊坏,D_4、D_5、R_{13}、R_{14} 可以暂时不焊,集成电路芯片可以不插,初步焊接完成后请务必细心核对,防止粗心大意。

2. 机械组装

将万向轮螺丝穿入 PCB 孔中,并旋入万向轮螺母和万向轮。电池盒通过双面胶贴在 PCB 上,引出线穿过 PCB 预留孔焊接到 PCB 上,红线接 3 V 正电源,黄线接地,多余的引线可以用于电机连线。

机械部分组装可以先组装轮子,轮子由三片黑色亚克力轮片组成,装配前请将保护膜揭去,最内侧的轮片中心孔是长圆孔,中间的轮片直径比较小,外侧的轮片中心孔是圆的,用两个螺丝螺母固定好三片轮片,并用黑色的自攻螺丝固定在电机的转轴上,再将硅胶轮胎套在车轮上。

用引线连接好电机引线,最后将车轮组件用不干胶粘贴在 PCB 制定位置,注意车轮和 PCB 边缘保持足够的间隙,将电机引线焊接到 PCB 上,注意引线适当留长一些,防止电机旋转方向错误后便于调换引线的顺序。

3. 安装光电回路

光敏电阻和发光二极管(注意极性)是反向安装在 PCB 上的,和地面间距约 5 mm 左右,光敏电阻和发光二极管之间距离也在 5 mm 左右。最后可以通电测试效果。

4. 整车调试

在完成了整车的集成装配后,需要对照原理图,对小车进行调试。在电池盒内装入 2 节电池,开关拨在"ON"位置上,小车正确地行驶,反相是沿万向轮方向行驶,如果按住左边的光敏电阻,小车的右侧的车轮应该转动,按住右边的光敏电阻,小车的左侧的车轮应该转动,如果小车后退行驶可以同时交换两个电机的接线,如果一侧正常另一侧后退,只要交换后退一侧电机接线即可,小车实物图如下图 17.6 所示。

图 17.6　循迹小车实物图

(三)产品全周期生产过程记录

产品在车间实际生产过程中是非常严谨和严肃的过程,对于产品全生命周期的记录都十分完备,以便用于交付客户时备查和售后等服务。在产品的生产中,每一件物料除自身的名字外,都在该公司的物料系统(如 SAP 等)中有独一无二的身份代号,在装配过程和售后过程,可以追溯物料的全生命周期。如下表 17.1 所示,该表以某生产企业实际使用的工艺过程点检记录表为模板与循迹小车项目相结合,实训人员可结合上文叙述的工艺内容,对该表进行完善,配合实训过程使用。

表 17.1　产品全周期生产过程记录表

生产日期	产品型号	产品名称	SAP 物料号	产前审核	加工单号	数量	填写人

序号	工序	工艺内容及技术要求	变差来源	物料号	关键物料	数量	注意事项/检测结果	操作者	互检人	装配异常信息备注
1	物料上线									
2	元器件的安插									
3	元器件的焊接									
4	机械组装									
5	功能初检									
6	故障排除									
7	功能复测									

（三）测试考核

为对学习者制作成果有一个直观的评价，可根据下表 17.2 对制作过程进行考核。

表 17.2 循迹小车测试考核表

项目	内容	分值	考核要求	评分标准	得分
态度	1.是否安全操作 2.是否遵守纪律	20	积极参加，有良好的职业道德和敬业精神	违反安全操作-20分，不守纪律-10分	
物料盘点	1.元器件的清点 2.电路图的识别	20	物料准备、归类，数量清点符合6S标准	违反6S任一标准的扣-4分	
电路安装	1.元器件的安插 2.元器件的焊接	30	元件安装正确，焊接工艺规范。所焊接的元器件的焊点呈凹面状，无漏、假、虚、连焊，焊点平滑浸润、干净、无毛刺，焊点基本一致，引脚加工尺寸及成形符合工艺要求；导线长度、剥线头长度符合工艺要求，芯线完好	元件安装不正确一处-2分，电路焊接错误一处-10分	
故障检修	找出样车中故障点并进行修复	10	能够找出样车中的故障点，记录排除故障记录，并进行修复	每个修复的故障点工艺不符合工艺规范的-0.5分，最多扣-2分。	
功能验证	1.小车功能的验证 2.结果的记录	20	熟练电路的逻辑功能并记录测试结果	验证不正确-5分，记录结果错误-5分	
合计：100			得分合计：		

五、小　结

通过测试证明，在该循迹小车设计生产项目中，通过对小车的外围电路进行设计，然后进行系统集成和测试，小车能达到预定技术要求。小车运行稳定可靠，观赏性强，能极大地激发学生的好奇心和求知欲，对于学生知识学习、技能训练、综合素质提高有很重要的意义。

参考文献

- [1] 邱关源,罗先觉. 电路[M]. 北京:高等教育出版社,2006.5
- [2] 周守昌. 电路原理(上册)[M]. 北京:高等教育出版社,2004.8
- [3] 黄泽界,康颖,张政军. 电工电子技术与技能[M]. 哈尔滨:哈尔滨工程大学出版社,2021.8
- [4] 黄宇平,林勇坚. 电工基础[M]. 北京:机械工业出版社,2017.8
- [5] 徐超明,王堂祥. [M]. 北京:人民邮电出版社,电工技术,2020.4
- [6] 白乃平,唐政平. 电工基础(第五版)[M]. 西安:西安电子科技大学出版社,2021.6
- [7] 秦曾煌,姜三勇. 电工学(第七版)[M]. 北京:高等教育出版社,2009.5
- [8] 田媛媛. 维修电工实训与技能[M]. 成都:西南交通大学出版社,2018.2
- [9] 王晨炳,王国玉,易法刚. 照明线路安装与检修[M]. 北京:电子工业出版社,2020.11
- [10] 李广明,卢永强. 电工电子基础[M]. 哈尔滨:哈尔滨工程大学出版社,2020.7
- [11] 赵歆. 电工电子技术[M]. 北京:北京邮电大学出版社,2013.4
- [12] 雷少刚. 电工电子技术[M]. 西安:西安电子科技大学出版社,2011.2
- [13] 李新德,李道臣. 电工基础(修订版)[M]. 北京:中国商业出版社,2014.9
- [14] 黄洪全,顾民. 电工与电子技术[M]. 哈尔滨:哈尔滨工程大学出版社,2009.2
- [15] 周明,唐永强. 电子技术[M]. 北京:电子工业出版社,2013
- [16] 孙英伟. 电工与电子技术[M]. 北京:北京邮电大学出版社,2019
- [17] 电子技术基础[M]. 北京:中国劳动社会保障出版社,2021